浙江省普通本科高校"十四五"重点立项建设教材

量子物理学

叶高翔　编著

科学出版社

北　京

内 容 简 介

本书系统阐述了量子物理学的基本原理、研究方法及在诸多学科领域中的实际应用. 其特色是尽可能减少烦琐的数学推导, 注重物理思想和基本原理及方法的正确、系统和简明描述, 深入浅出, 通俗易读, 注重应用; 加强了量子物理学基本原理在相关理工科领域(如化学、材料科学、光电科学与工程、量子信息、生命科学等)中的实际应用介绍, 帮助读者达到"学以致用"的目的; 此外, 本书还对该领域目前的一些主要热点问题进行了分析和展望.

学习本书, 需要预修的课程包括微积分、线性代数、常微分方程和大学物理. 有关偏微分方程等数学物理方法的内容, 在本书最后设有数学附录, 方便读者查阅.

本书可作为高等学校理工科专业本科生和研究生相应基础课程的教材或参考书, 也可作为相关科技人员的参考书.

图书在版编目(CIP)数据

量子物理学 / 叶高翔编著. -- 北京：科学出版社, 2025. 2. --(浙江省普通本科高校"十四五"重点立项建设教材). -- ISBN 978-7-03-080387-0

Ⅰ. O413

中国国家版本馆 CIP 数据核字第 20249NH207 号

责任编辑：窦京涛　崔慧娴 / 责任校对：杨聪敏
责任印制：赵　博 / 封面设计：有道文化

科 学 出 版 社　出版

北京东黄城根北街 16 号
邮政编码：100717
http://www.sciencep.com

北京九州迅驰传媒文化有限公司印刷
科学出版社发行　各地新华书店经销

*

2025 年 2 月第 一 版　开本：720×1000　1/16
2025 年 10 月第三次印刷　印张：21 3/4
字数：438 000

定价：89.00 元

(如有印装质量问题, 我社负责调换)

序　言

　　量子物理学是研究物质世界微观粒子运动、现象及规律的基础科学，它与相对论一起构成现代物理学的理论基础，也是诸多其他理工学科(如材料、化学、光电、信息等)的应用基础. 然而，对于除物理学专业之外的其他理工科专业而言，开设传统的"量子力学"课程遇到了诸多困难，例如所需数学工具较多且繁杂、物理概念比较抽象、实际应用例子较少等，不利于学生的学习.

　　按照"科教兴国"国家战略，为适应我国现代科技高速发展的形势，夯实理工科学生的量子物理学基础，2018年浙江大学推出一项教学改革举措：在原有的"原子物理学"和"近代物理学"课程基础上，为全校理工科(非物理专业)学生开设"量子物理学"选修课. 该课程根据现代理工学科的最新发展和实际需求，结合量子物理学的基本框架结构，对教学内容进行精心设计、重组和更新，旨在为学生提供一条比较完整系统地学习量子物理学基本原理、掌握实际应用能力的途径，2020年春季正式对全校开设该选修课. 本书即为该课程的配套教材.

　　本书是根据作者多年来在浙江大学讲授"原子物理学"和"量子物理学"课程的讲义修改和补充而成，内容包括旧量子论及量子假说、波函数与薛定谔方程、不确定性原理、定态问题、力学量的算符表达、中心力场问题、电子自旋及原子磁矩、泡利原理及元素周期律、定态微扰论、量子跃迁、自发辐射与受激辐射理论、多粒子体系、量子物理学应用举例等. 此外，为适应理工科学生的需求，本书在原子光谱、X射线、量子隧道效应、周期势与能带、固体磁性、激光原理、化学键、金属电子论、量子信息导论以及相关热点问题(量子纠缠、量子物理学完备性等)的实际应用方面作了较多介绍.

　　结合量子物理学教学内容的特点，本书对诸如"创新、严谨、实证"的科学作风、"科学无国界，科学家有祖国"和"哥本哈根学派形成以及对我们的启示"等问题也进行了阐述和讨论，在立德树人、弘扬"科学精神"和"科学家精神"等方面进行了有益探索.

　　本书尽可能减少烦琐的数学推导，注重物理思想和基本原理及方法的正确、系统和简明描述，深入浅出，通俗易读，注重实用；加强了量子物理学基本原理在其他理工科领域(如化学、材料科学、光电科学与工程、量子信息、生命科学等)中的实际应用介绍,并对该领域目前的一些前沿热点问题及进展进行阐述和讨论;本书采用国际单位制.希望学生通过学习本书内容,为学习后续的专业知识打下扎实的量子物理学基础.

为了方便教学,本书有两种使用方式供选择:若讲授全部内容,一般需要108学时;若忽略目录中标有"*"的章节,则只需要70学时左右.

在本书的撰写过程中,作者衷心感谢林海青院士对本书整体框架的建议、审定以及所提出的宝贵修改意见;衷心感谢陈茂定、杨雅云、金博文、卢兆伦、王业伍和赵道木等教授对撰写本书的鼓励和建议;衷心感谢盛正卯、万歆、李有泉、路欣、谭明秋、陈庆虎等教授对本书进行了仔细审定并提出中肯建议.感谢陶向明和杨波副教授、沈佳伟和许海潮博士多年来参与本课程教学工作,并对本书的撰写提供了许多帮助;感谢叶自然副教授为本书的图表制作、习题选择以及全文校对等做了大量工作.还要特别感谢浙江大学历届选修本课程的学生们对本书框架结构、讲授内容以及习题、思考题等所提出的有益建议和意见.正是上述老师和同学们的帮助,本书才得以完稿.

本书在撰写过程中得到了浙江大学物理学院的资助以及多方面的大力支持与帮助,在此表示衷心感谢!本书的出版得到了窦京涛编辑的细心指导,在此一并致谢.

由于作者水平有限,书中不妥之处在所难免,恳请读者批评指正.

叶高翔

2025 年春于杭州求是园

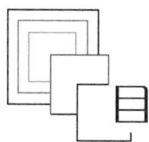

目　录

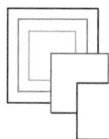

第1章 量子物理学前夜——旧量子论

从 16 世纪到 19 世纪末,经典物理学的发展逐渐完备,形成了庞大的知识体系,成为人类文明进步的重大里程碑. 对于许多物理学家来说,经典物理学已可以解决人类面对的几乎所有问题. 与此同时,随着科学技术的不断发展,实验越来越精确,越来越深入,经典物理学的局限性也逐渐暴露出来. 到了 20 世纪初,经典物理学理论与实验的矛盾日渐凸显,预示着物理学伟大革命的到来.

本章系统阐述旧量子论的基本思想、方法及内容,包括黑体辐射实验及普朗克量子假说、光电效应实验及爱因斯坦光子假说、氢光谱及玻尔原子模型等. 其中,光电效应、光谱分析、碱金属原子光谱、X 射线衍射及能谱等物理原理已在许多领域得到广泛应用.

1.1 黑体辐射实验及普朗克量子假说

19 世纪末,有关黑体辐射的实验结果与经典物理学理论预测值严重矛盾,为了解释实验结果,德国物理学家普朗克(M. Planck)提出了黑体辐射量子假说,拉开了 20 世纪物理学革命的序幕.

在物理学领域,黑体(或绝对黑体)是指对任何波长的入射电磁波均吸收而无反射的物体. 这是一个理想的物理模型,就像经典物理学中假设的质点、刚体、理想气体等物理模型一样,是一种近似. 实验上,开有小孔的空腔就是黑体的一个很好的实验模型,因为空腔所开的小孔很小,任何波长的电磁波一旦入射,再被反射出来的可能性极小,如图 1.1 所示. 此外,如太阳、高温炉等也可近似被认为是黑体,因为电磁波辐射至它们的表面,被反射回来的部分很小. 因此,黑体并不一定是黑的,黑体虽无反射,但可辐射. 事实上,所有物体(包括黑体)均向外辐射电磁波,只是波长和强度不同而已.

按经典统计物理和电磁场理论,在热平衡下,空腔内的辐射场以驻波形式存在. 单位体积内,频率 $\nu \sim \mathrm{d}\nu + \nu$ 之间的驻波数为

$$N(\nu)\mathrm{d}\nu = \frac{8\pi\nu^2}{c^3}\mathrm{d}\nu \tag{1.1}$$

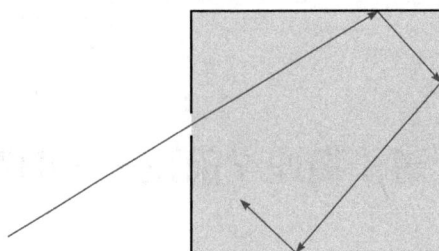

图 1.1 开有小孔的空腔是黑体的实验模型

又根据经典统计力学，每一驻波的平均能量为

$$\bar{\varepsilon} = \frac{\int_0^\infty \varepsilon e^{-\varepsilon/(k_B T)} d\varepsilon}{\int_0^\infty e^{-\varepsilon/(k_B T)} d\varepsilon} = k_B T \tag{1.2}$$

于是得到频率在 $\nu \sim d\nu + \nu$ 之间的辐射能量密度为

$$u(\nu, T) d\nu = \frac{8\pi k_B T}{c^3} \nu^2 d\nu \tag{1.3}$$

其中，c 为光速，T 为黑体的绝对温度，k_B 为玻尔兹曼常量. 式(1.3)即由经典物理学求得的黑体辐射公式，称为瑞利-金斯公式(R-J 公式). 在低频时，该公式与实验符合得很好，但在高频时，$u(\nu, T) \propto \nu^2$，与实验严重不符，如图 1.2 中虚线所示，故称之为"紫外灾难".

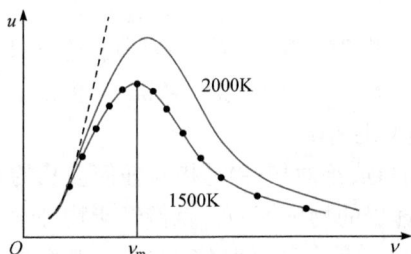

图 1.2 黑体辐射能量密度的实验值与理论值
圆点：实验结果；虚线：R-J 公式结果；实线：普朗克公式结果

为了解释实验结果，1900 年，普朗克提出了著名的黑体辐射量子假说：电磁辐射的能量交换只能是量子化的，即 $\varepsilon_n = nh\nu$，$n = 1, 2, 3, \cdots$，其中 $h = 6.63 \times 10^{-34}$ J·s，称之为普朗克常量. 这一假说认为：电磁辐射的能量交换只能是 $\varepsilon_0 = h\nu$ 的整数倍.

于是，辐射能量交换从连续变化到量子化，式(1.2)应改成

$$\bar{\varepsilon} = \frac{\sum_{n=0}^\infty \varepsilon_n e^{-\varepsilon_n/(k_B T)}}{\sum_{n=0}^\infty e^{-\varepsilon_n/(k_B T)}} = \frac{h\nu}{e^{h\nu/(k_B T)} - 1} \tag{1.4}$$

从而得普朗克公式

$$u(\nu,T)\mathrm{d}\nu = \frac{8\pi\nu^2}{c^3}\frac{h\nu}{\mathrm{e}^{h\nu/(k_\mathrm{B}T)}-1}\mathrm{d}\nu \tag{1.5}$$

当低频且高温时，$h\nu \ll k_\mathrm{B}T$，$\mathrm{e}^{h\nu/(k_\mathrm{B}T)} = 1 + \dfrac{h\nu}{k_\mathrm{B}T} + \cdots$，式(1.5)化为

$$u(\nu,T)\mathrm{d}\nu \approx \frac{8\pi\nu^2}{c^3}k_\mathrm{B}T\mathrm{d}\nu \tag{1.6}$$

所以，当在低频且高温时，式(1.5)化为 R-J 公式，也与实验值完全符合；但在高频且低温时，只有式(1.5)与实验完全符合，圆满解决了"紫外灾难"难题. 此外，尽管普朗克的量子假说只是一种"猜测"，但其意义重大而深远：首先是历史上第一次提出了电磁辐射能量量子化的概念；其次是引进了重要常量 h.

当然，作为一个正确的理论，它还应该能够解释其他相关实验. 根据公式(1.5)，温度为 T 的黑体，单位时间内，单位表面积向前半球空间发射各种频率的热辐射(电磁波)的总能量，即总辐射本领 R 应该为

$$R = \int_0^\infty u(\nu,T)\mathrm{d}\nu = \frac{8\pi h}{c^3}\int_0^\infty \frac{\nu^3\mathrm{d}\nu}{\mathrm{e}^{h\nu/(k_\mathrm{B}T)}-1}$$

令 $x = h\nu/(k_\mathrm{B}T)$，于是

$$R = \frac{8\pi h}{c^3}\left(\frac{k_\mathrm{B}T}{h}\right)^4 \int \frac{\left(\dfrac{h\nu}{k_\mathrm{B}T}\right)^3 \mathrm{d}\left(\dfrac{h\nu}{k_\mathrm{B}T}\right)}{\mathrm{e}^{h\nu/(k_\mathrm{B}T)}-1} = \frac{8\pi h}{c^3}\left(\frac{k_\mathrm{B}}{h}\right)^4 \cdot T^4 \int_0^\infty \frac{x^3\mathrm{d}x}{\mathrm{e}^x-1} = \frac{4}{c}\sigma T^4 \tag{1.7}$$

其中常数 $\sigma = 5.67 \times 10^{-8}\,\mathrm{W/(m^2 \cdot K^4)}$. 式(1.7)与著名的斯特藩-玻尔兹曼实验定律完美符合.

此外，在图 1.2 中，为求辐射能量密度极大值所对应的频率 ν_m，对式(1.5)求导数，令 $\dfrac{\mathrm{d}u(\nu,T)}{\mathrm{d}\nu} = 0$ 得

$$3\nu^2[\mathrm{e}^{h\nu/(k_\mathrm{B}T)}-1] - \nu^3\frac{h}{k_\mathrm{B}T}\mathrm{e}^{h\nu/(k_\mathrm{B}T)} = 0$$

即

$$x = 3(1 - \mathrm{e}^{-x})$$

当 x 较大，即 $h\nu \gg k_\mathrm{B}T$ 时，忽略上式括弧中第 2 项，得 $x \approx 3$，即 $\dfrac{h\nu_\mathrm{m}}{k_\mathrm{B}T} = 3$，即

$$\nu_\mathrm{m} \propto T \tag{1.8}$$

式(1.8)即维恩位移律：辐射能量密度最大值所对应频率 ν_{m} 与 T 成正比. 或者写成另一种形式：$\lambda_{\mathrm{m}}T = $ 常数，即辐射能量密度极大值所对应的波长 λ_{m} 与温度 T 的乘积为常量.

维恩位移律的另一种证明方法：利用公式 $\nu = \dfrac{c}{\lambda}$，$\mathrm{d}\nu = -\dfrac{c}{\lambda^2}\mathrm{d}\lambda$，代入式(1.5)，将其转换成波长 λ 的函数，然后直接对 λ 求导数并令其等于零，同样可得到式(1.8).

1.2　光电效应实验及爱因斯坦光子假说

早在 1887 年，赫兹(H. Hertz)已发现了光电效应，但直至电子发现后，人们才知道该效应是由于紫外光的照射，电子从金属表面逸出所产生的现象. 光电效应实验示意图如图 1.3 所示：在一个真空管内，阴极 K 是一金属板，它与阳极 A 之间有电压 U. 当入射光透过窗口照射到金属表面时，若光的频率高于某红限 ν_0，光电流瞬间产生；但当入射光的频率低于 ν_0 时，无论光强多大，照射时间多长，均无光电流产生. 然而，根据经典电磁场理论，不论光的频率 ν 为多少，只要光的强度足够大，电子作受迫振动，当电子振动能量积累到一定程度时，就脱离金属表面而逸出. 因此，光电效应现象无法用经典理论解释.

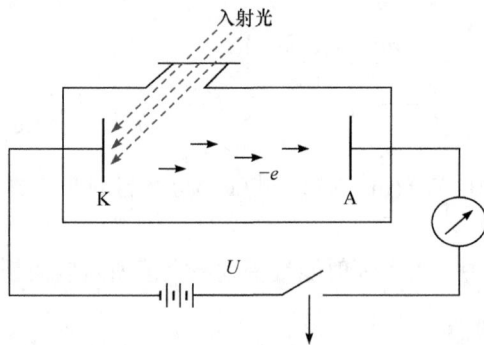

图 1.3　光电效应实验示意图

受到普朗克量子假说的启发，爱因斯坦(A. Einstein)提出了光电效应假说：光是由以光速 c 传播的微粒组成，称之为光子，其能量 $E = h\nu$，静质量 $m_0 = 0$，动质量 $m = \dfrac{E}{c^2} = \dfrac{h\nu}{c^2}$；当光子照射到某电子时，把全部能量 $h\nu$ 瞬间转移给该电子，一部分转化为电子动能 E_{k}，另一部分变为电子离开金属表面时所做的逸出功 W，其值与金属元素相关，即

$$E_{\mathrm{k}} = h\nu - W \tag{1.9}$$

函数关系式(1.9)如图 1.4 所示，由图可知：

(1) 电子吸收光子后逸出，光电流瞬间产生；

(2) 当入射光的频率大于红限 ν_0，即 $\nu > \nu_0 = \dfrac{W}{h}$ 时，有光电流产生，光电子的动能与光频成正比(线性)；

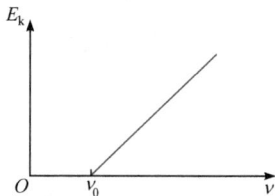

(3) 当光频率小于 ν_0 时，动能为负值，无论如何照射，均不可能使电子逸出，没有光电流产生.

这些结论与实验完全符合. 此外，当光频率小于 ν_0 时，若有两个及以上光子同时被一个电子吸收，是否也可能使电子逸出呢？事实上，由于原子内部物质分布极度空旷，此种概率极其微小，完全可以被忽略.

图 1.4　电子动能与频率成正比

例 1.1　试证明自由电子不能吸收光子.

证　设光子能量比自由电子动能大很多，故可假设吸收光子前，电子静止，质量为 m_e，能量为 $E_0 = m_e c^2$，动量为 $p_0 = 0$；光子的能量为 $h\nu$，动量为 $h\nu / c$. 假如电子可吸收光子，吸收后能量为 E，动量为 $p = \sqrt{E^2 - E_0^2} / c$. 根据吸收前后能量动量守恒，得

$$\begin{cases} h\nu + E_0 = E \\ \dfrac{h\nu}{c} = \sqrt{E^2 - E_0^2} / c \end{cases} \tag{1.10}$$

解上式得

$$\sqrt{E - E_0} = \sqrt{E + E_0} \tag{1.11}$$

若要上式成立，E_0 必须等于零. 但电子静止能量 $E_0 = m_e c^2$ 不等于零，故此吸收过程的能量和动量不可能守恒，因此，自由电子不能吸收光子. 在上述光电效应实验中，电子可吸收光子是在金属中原子核的媒介作用导致的.

1.3　氢光谱及玻尔原子模型

光谱是指光的强度随光波长 λ(或波数 $\tilde{\nu} = \dfrac{1}{\lambda}$)的分布. 原子光谱是了解原子内部结构的重要依据. 氢原子(H)的核为一个质子，核外仅有一个电子绕核转动，是元素周期表中最简单的原子，因而吸引了当时许多物理学家的关注，对其光谱的测量和理论解释为量子物理学的诞生作出了重大贡献.

1885 年，已在可见光区域观察到 14 条氢光谱线，巴耳末(J. J. Balmer)将其用

一个经验公式描述, 形成巴耳末系. 随后又在红外和紫外区发现了氢光谱的其他谱线系. 氢原子光谱可总结如下.

莱曼系：　$\tilde{\nu} = R_H\left(\dfrac{1}{1^2} - \dfrac{1}{n^2}\right)$, 　$n = 2, 3, \cdots$, 　紫外区

巴耳末系：$\tilde{\nu} = R_H\left(\dfrac{1}{2^2} - \dfrac{1}{n^2}\right)$, 　$n = 3, 4, \cdots$, 　可见光区

帕邢系：　$\tilde{\nu} = R_H\left(\dfrac{1}{3^2} - \dfrac{1}{n^2}\right)$, 　$n = 4, 5, \cdots$, 　红外区

布拉开系：$\tilde{\nu} = R_H\left(\dfrac{1}{4^2} - \dfrac{1}{n^2}\right)$, 　$n = 5, 6, \cdots$, 　红外区

普丰德系：$\tilde{\nu} = R_H\left(\dfrac{1}{5^2} - \dfrac{1}{n^2}\right)$, 　$n = 6, 7, \cdots$, 　红外区

将上述五个谱线系统一归纳, 1888 年里德伯(J. R. Rydberg)提出普遍方程:

$$\tilde{\nu} = R_H\left(\frac{1}{n'^2} - \frac{1}{n^2}\right) = T(n') - T(n), \quad n > n' = 1, 2, 3, \cdots$$

$$R_H = 109677.58 \text{cm}^{-1} \tag{1.12}$$

称之为里德伯方程, 其中, R_H 称为里德伯常量; $T(n) = \dfrac{R_H}{n^2}$ 称为动项, $T(n') = \dfrac{R_H}{n'^2}$ 称为定项, 统称为光谱项.

1909 年, 卢瑟福(E. Rutherford)和他的学生盖革(H. Geiger)、马斯登(E. Marsden)完成了一个重要实验, 他们用铋(Bi)的同位素放射出的 α 粒子轰击很薄的金箔, 进行散射实验, 发现竟然有约八千分之一概率被反弹回来. 于是, 卢瑟福在 1911 年提出了著名的原子"核式模型", 该模型认为: 原子中的正电荷集中分布在占原子直径约十万分之一的原子核中, 带负电的电子围绕着原子核转动, 原子质量的 99.9% 集中在原子核中.

核式原子模型完美地解释了金箔与 α 粒子散射实验, 但根据经典物理学, 其缺陷无法调和: 假设质量为 M 的原子核带电 Ze, 质量为 m_e、带电为 $-e$ 的电子绕原子核做圆周运动, 半径为 r. 电子与原子核之间的库仑力提供向心力, 即

$$m_e \frac{v^2}{r} = \frac{1}{4\pi\varepsilon_0} \frac{Ze^2}{r^2}$$

即

$$r = 4\pi\varepsilon_0 \frac{L^2}{m_e Ze^2} \tag{1.13}$$

其中, ε_0 为介电常量, v 是电子的线速率, $L = m_e vr$ 是电子的轨道角动量. 对于

氢原子，$Z=1$. 电子的总能量等于动能加势能，即

$$E = E_k + V = -\frac{1}{4\pi\varepsilon_0} \cdot \frac{Ze^2}{2r} \tag{1.14}$$

根据麦克斯韦经典电磁场理论，电子将因加速运动而不断向四周辐射电磁波，从而迅速损失动能，最终将掉进原子核中，此过程仅用约 10^{-9}s 即可完成. 这一结论与事实严重不符. 因为如果真是如此，我们的物质世界应该由原子核组成，而不是由原子组成.

1. 玻尔假说

1913 年，玻尔(N. Bohr)提出了著名的玻尔假说：

(1) 电子只能在一些分立轨道上绕核转动，且不产生电磁辐射，此时电子处于稳定的能量状态(定态)；

(2) 当电子从能量为 E_n 的定态轨道跃迁到能量为 $E_{n'}$ 的定态轨道时，发射(或吸收)一个光子，其频率为

$$\nu = \frac{E_n - E_{n'}}{h} \tag{1.15}$$

(3) 电子轨道角动量 L 满足量子化条件

$$L = n\hbar, \quad \hbar = \frac{h}{2\pi}, \quad n = 1, 2, \cdots \tag{1.16}$$

其中，n 称为主量子数，$\hbar = h/(2\pi)$，也称为(约化)普朗克常量.

根据上述玻尔假说，马上可推导出如下量子化结果.

将电子轨道角动量 $L = n\hbar$ 代入式(1.13)，得定态轨道半径

$$r_n = 4\pi\varepsilon_0 \frac{n^2\hbar^2}{m_e Ze^2}, \quad n = 1, 2, \cdots \tag{1.17}$$

若取 $n=1, Z=1$，得氢原子第一玻尔半径 $r_1 = a_0 = 4\pi\varepsilon_0 \dfrac{\hbar^2}{m_e e^2} \approx 0.529$Å ($1$Å $= 10^{-10}$m).

类氢离子的第 n 个轨道半径为

$$r_n = \frac{n^2}{Z} a_0 \tag{1.18}$$

将式(1.17)代入式(1.14)得著名的玻尔氢原子(类氢离子)能级公式

$$E_n = -\frac{1}{(4\pi\varepsilon_0)^2} \frac{m_e Z^2 e^4}{2n^2\hbar^2}, \quad n = 1, 2, \cdots \tag{1.19}$$

若取 $n=1$，$Z=1$，得氢原子基态能量(即能量最低态)

$$E_1 = -\frac{1}{(4\pi\varepsilon_0)^2}\frac{m_e e^4}{2\hbar^2} = -13.6\ \text{eV}$$

类氢离子的第 n 个轨道上电子能量为

$$E_n = \frac{Z^2}{n^2}E_1$$

2. 氢原子(类氢离子)光谱的解释

根据玻尔假说式(1.15)，利用式(1.19)，得

$$\nu = \frac{E_n - E_{n'}}{h}$$

$$\tilde{\nu} = (E_n - E_{n'})/(hc) = \frac{2\pi^2 m_e Z^2 e^4}{(4\pi\varepsilon_0)^2 h^3 c}\left(\frac{1}{n'^2} - \frac{1}{n^2}\right) \tag{1.20}$$

与式(1.12)相比较，得

$$R_\infty = \frac{2\pi^2 m_e e^4}{(4\pi\varepsilon_0)^2 h^3 c} = 109737.31\text{cm}^{-1} \tag{1.21}$$

根据式(1.12)，氢原子的实验值为 $R_H = 109677.58\text{cm}^{-1}$，与式(1.21)相比，两者之间有约万分之五误差，其原因是没有考虑核的运动(见 1.4 节). 事实上，式(1.21)的推导过程已假设核是不动的，即认为核的质量为无穷大. 因此，R_∞ 是当 $M \to \infty$ 时的里德伯常量.

根据上述玻尔理论，电子从外轨道向内轨道跃迁，发射一个光子；从内轨道向外轨道跃迁，需吸收一个光子. 描述氢原子光谱式(1.12)的解释如图 1.5 所示，其中氢原子的电离能为 13.6eV；从基态到第一激发态跃迁所需电势为 10.2V，称

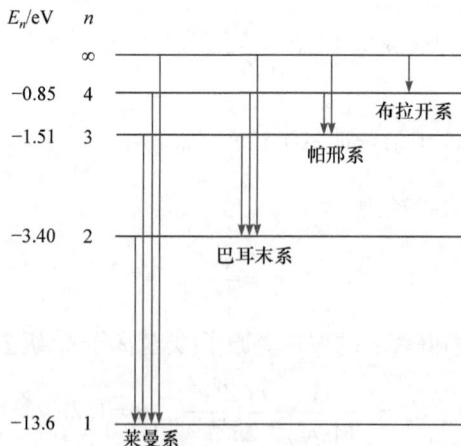

图 1.5　氢原子光谱能级跃迁示意图

之为共振电势；通常，巴耳末系第一条谱线，即从 $n = 3$ 至 $n' = 2$ 跃迁所形成的光谱线，称之为 H_α.

3. 里德伯常量的修正

里德伯常量的理论值 R_∞ 与实验值 R_H 有万分之几的差别，原因是在推导式(1.21)时，已经假设了原子核质量 $M \to \infty$. 如果考虑 m_e / M 值的影响，则可将里德伯常量修正得更加精确.

对于氢原子和类氢离子(如 Li^{++}、He^+ 等)的里德伯常量修正，若考虑到核的质量 M 不是无穷大，需要考虑二体问题，电子与原子核的距离为 r，它们与质心的距离分别为 r_1 和 r_2，根据质心定义有

$$r_1 + r_2 = r$$
$$m_e r_1 = M r_2 \tag{1.22}$$
$$r_1 = \frac{M}{m_e + M} r, \quad r_2 = \frac{m_e}{m_e + M} r$$

由于电子与原子核围绕质心转动的角速度是一样的，均为 ω，则有

$$v = \omega r_1, \quad V = \omega r_2$$

两粒子之间的库仑吸引力提供它们围绕质心转动的向心加速度

$$m_e \frac{v^2}{r_1} = M \frac{V^2}{r_2} = \frac{Ze^2}{4\pi\varepsilon_0 r^2} \tag{1.23}$$

总角动量应满足式(1.16)，即

$$L = m_e v r_1 + M V r_2 = \mu r^2 \omega = n\hbar, \quad n = 1, 2, 3, \cdots$$

其中折合质量 $\mu = \dfrac{m_e M}{m_e + M}$. 因为

$$\frac{Ze^2}{4\pi\varepsilon_0 r^2} = M\omega^2 r_2 = M\omega^2 \frac{m_e}{m_e + M} r = \mu\omega^2 r$$

或

$$\frac{Ze^2}{4\pi\varepsilon_0} = \mu\omega^2 r^3 = \mu^2 \omega^2 r^4 \frac{1}{\mu r} = L^2 \frac{1}{\mu r} = n^2 \hbar^2 \frac{1}{\mu r_n}$$

最后得

$$r_n = 4\pi\varepsilon_0 \frac{n^2 \hbar^2}{\mu Z e^2}, \quad n = 1, 2, 3, \cdots \tag{1.24}$$

与式(1.17)相比较，上式只是将原来的电子质量 m_e 改为折合质量 μ，其余均

相同. 系统的总能量为

$$E_n = \frac{1}{2}m_e v^2 + \frac{1}{2}MV^2 - \frac{Ze^2}{(4\pi\varepsilon_0)r_n} = -\frac{Ze^2}{(4\pi\varepsilon_0)2r_n}$$

上式最后一步利用了式(1.22)和式(1.23). 将式(1.24)代入上式得

$$E_n = -\frac{\mu Z^2 e^4}{(4\pi\varepsilon_0)^2 2n^2\hbar^2}, \quad n=1,2,3,\cdots \tag{1.25}$$

与式(1.19)相比较，式(1.25)只是将原来的电子质量 m_e 改为折合质量 μ，其余均相同. 于是，电子在能级式(1.25)之间的跃迁产生光谱的波数为

$$\tilde{v} = \frac{E_n - E_{n'}}{hc} = \frac{2\pi^2\mu Z^2 e^4}{(4\pi\varepsilon_0)^2 h^3 c}\left(\frac{1}{n'^2} - \frac{1}{n^2}\right) = R_A Z^2\left(\frac{1}{n'^2} - \frac{1}{n^2}\right)$$

$$R_A = \frac{2\pi^2\mu e^4}{(4\pi\varepsilon_0)^2 h^3 c} = R_\infty \cdot \frac{M}{m_e + M} = R_\infty \frac{1}{1+\frac{m_e}{M}} \tag{1.26}$$

其中，R_A 为元素 A 的里德伯常量.

与式(1.21)相比较，式(1.26)只是将原来的电子质量 m_e 改为折合质量 μ，其余均相同. 对于氢原子

$$R_H = R_\infty \frac{1}{1+\frac{m_e}{M_H}} = 109677.58\text{cm}^{-1}$$

上式与实验值式(1.12)完全符合. 对氦离子

$$R_{He} = R_\infty \frac{1}{1+\frac{m_e}{M_{He}}} = 109722.27\text{cm}^{-1}$$

上式结果与实验值相符合.

例 1.2 求 He$^+$光谱的波数特征(令 $n'=4$).

解 对于 He$^+$，$Z=2$. 令 $n'=4$，则波数为

$$\tilde{v}_{He} = R_{He} 2^2\left(\frac{1}{4^2} - \frac{1}{n^2}\right), \quad n=5,6,7,\cdots$$

$$= R_{He}\left(\frac{1}{2^2} - \frac{1}{\left(\frac{n}{2}\right)^2}\right), \quad \frac{n}{2} = 2.5, 3, 3.5, \cdots$$

1897 年，天文学家毕克林(E. C. Pickering)观察船舻座ζ星的光谱时发现毕克林谱线系，该谱线系完全符合上述光谱波数公式. 因此，玻尔理论成功地预言在该星内存在大量 He$^+$.

例 1.3　求氢和氘原子 H_α 谱线的波长差.

解　氢有三种同位素，即 ${}_1^1H$、${}_1^2H$ 和 ${}_1^3H$，分别称为氢(H)、氘(D)和氚(T). 1932 年，尤雷(H. C. Urey)将 1L 液氢蒸发至 $1cm^3$，从而使其中氘(D)的百分比大大增加，然后测量其光谱的 H_α 线($n=3, n'=2$). 实验发现：此 H_α 线由两条谱线组成，其中 $\lambda_H = 6562.79 Å$，$\lambda_D = 6561.00 Å$，$\lambda_H - \lambda_D = 1.79 Å$.

根据式(1.26)，得

$$\tilde{\nu}_H = R_H \left(\frac{1}{2^2} - \frac{1}{3^2} \right) = \frac{5}{36} R_H, \quad \lambda_H = \frac{36}{5R_H}$$

$$\tilde{\nu}_D = \frac{5}{36} R_D, \quad \lambda_D = \frac{36}{5R_D}$$

氢原子核中含一个质子；氘原子核中含一个质子和一个中子，它们的质量很接近. 根据式(1.26)，得

$$R_H = R_\infty \frac{M_H}{M_H + m_e}, \quad R_D \approx R_\infty \frac{2M_H}{2M_H + m_e}$$

于是

$$\Delta \lambda = \lambda_H - \lambda_D = \frac{36}{5} \frac{R_D - R_H}{R_H R_D} = 1.79 Å$$

理论与实验相符合.

1.4　索末菲理论

玻尔理论是成功的，但是仅局限于氢原子和类氢离子，而且该理论认为电子绕原子核转动的轨道是圆形轨道也是一个问题. 因此，索末菲(A. J. W. Sommerfeld)随后(1916 年)提出了一个改进理论，即索末菲理论.

1. 索末菲量子化通则

考虑一个质量为 m，广义坐标为 q，对应的广义动量为 p，角频率为 ω 的一维线性谐振子，根据经典物理理论，其能量 ε 为可表示为

$$\varepsilon = \frac{p^2}{2m} + \frac{1}{2} m \omega^2 q^2$$

或

$$\frac{p^2}{(\sqrt{2m\varepsilon})^2} + \frac{q^2}{\left(\sqrt{\frac{2\varepsilon}{m\omega^2}} \right)^2} = 1 \tag{1.27}$$

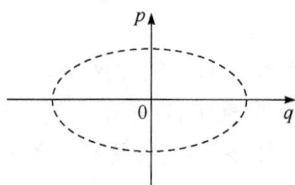

图 1.6　相空间中线性谐振子的运动轨迹

由广义坐标和广义动量组成的空间称为相空间. 式(1.27)在相空间中是一椭圆, 如图 1.6 所示, 表示在相空间中, 一维线性谐振子运动轨迹是椭圆, 其半短轴和半长轴分别为 $\sqrt{2m\varepsilon}$ 和 $\sqrt{\dfrac{2\varepsilon}{m\omega^2}}$.

对图 1.6 中的"运动轨迹"进行相空间闭路曲线积分, 应该等于该椭圆所围面积

$$\oint p\mathrm{d}q = \pi\sqrt{2m\varepsilon}\sqrt{\frac{2\varepsilon}{m\omega^2}} = \frac{2\pi\varepsilon}{\omega} = nh, \quad n = 1, 2, \cdots \tag{1.28}$$

上式最后一步是将普朗克假说 $\varepsilon = nh\nu$ 代入其中.

将式(1.28)推广至多自由度周期运动系统, 假设每个自由度均满足

$$\oint p_i\mathrm{d}q_i = n_ih, \quad n_i = 1, 2, 3, \cdots \tag{1.29}$$

其中, q_i 和 p_i 分别是第 i 个自由度的广义坐标和相应的广义动量, 量子数 n_i 为整数. 式(1.29)即所谓的量子化通则, 它说明: 每一个自由度的相空间闭路曲线积分为 h 整数倍的运动状态才是允许的.

2. 索末菲椭圆轨道

对于氢原子, 核外电子质量为 m_e, 设想其在二维平面上受库仑力绕核周期性转动, 广义坐标为 r 和 φ, 根据量子化通则式(1.29), 有量子化条件

$$\oint L\mathrm{d}\varphi = n_\varphi h \tag{1.30}$$

$$\oint p_r\mathrm{d}r = n_r h \tag{1.31}$$

式中, L 是轨道角动量, n_φ 是与其对应的角量子数; p_r 是径向动量, n_r 是与其对应的径向量子数.

在式(1.30)中, 库仑相互作用是一种有心力, 因此角动量守恒, L 与 φ 无关, 故积分得

$$L = n_\varphi \hbar \tag{1.32}$$

此外, 可由式(1.31)计算得到径向量子数 n_r 与角量子数 n_φ 的关系[①]

$$n = n_\varphi + n_r = 1, 2, 3, \cdots$$

$$n_\varphi = 1, 2, 3, \cdots, n \tag{1.33}$$

$$\frac{a}{b} = \frac{n}{n_\varphi}$$

---

① 参阅: 苟清泉. 原子物理学. 3 版. 北京: 高等教育出版社, 1982.

其中，n 是主量子数，因为 n_φ 有 n 种取值，实空间中电子椭圆轨道半长轴 a 和半短轴 b 之比也有 n 种，即有 n 种不同的轨道. 因此，电子轨道(量子态)由两个量子数(n, n_φ)描述，即

$$a = n^2 \frac{a_0}{Z}, \quad b = nn_\varphi \frac{a_0}{Z} \tag{1.34}$$

式中，a_0 是第一玻尔半径. 最后，系统能级仍然是 $E_n = \frac{E_1}{n^2} Z^2$，$E_1 = -13.6\text{eV}$，它与 n_φ 无关，由于 n_φ 有 n 种不同取法，即 n 种不同轨道对应同一个能量，称之为简并，简并度为 n.

按照上述结果，在氢原子中，电子绕原子核转动，若 $n=1$，则 $n_\varphi=1$，$a=b$，是一个圆轨道；若 $n=2$，则 $n_\varphi=1, 2$，有一个圆轨道和一个椭圆轨道；若 $n=3$，则 $n_\varphi=1, 2, 3$，有一个圆轨道和两个椭圆轨道，如图 1.7 所示.

$n=1, n_\varphi=1, a=b$

$n=2, n_\varphi=1, 2$

$n=3, n_\varphi=1, 2, 3$

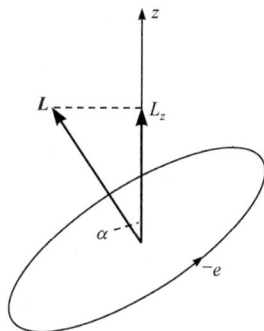

图 1.7　不同量子数的电子轨道形状示意图　　图 1.8　原子中电子轨道角动量在 z 方向投影

在上述平面轨道基础上，可讨论三维情况，即空间量子化问题，如图 1.8 所示.

式(1.30)和式(1.31)已对平面运动的角动量 L 和径向角动量 p_r 的量子化通则进行了计算，得到了量子数 n_φ、n_r 以及与主量子数 n 的关系式(1.33). 在三维情况下，需要考虑角动量 L 在 z 轴方向的投影值 L_z，它们之间的夹角为 α. 根据量子化通则式(1.29)，有

$$\oint L_z \mathrm{d}\Phi = n_\alpha h \tag{1.35}$$

其中，Φ 是绕 z 轴转动的方位角，$n_\alpha = m$ 是绕 z 轴转动的量子数，称为磁量子数. 因为是有心力，所以 L_z 也是守恒量，故上述积分等于

$$L_z = m\hbar \tag{1.36}$$

由于 L_z 是 L 在 z 轴方向的投影，因此有

$$\cos\alpha = \frac{L_z}{L} = \frac{m\hbar}{n_\varphi \hbar} = \frac{m}{n_\varphi}$$

因为 $|\cos\alpha| \leqslant 1$，故磁量子数的取值有如下要求：

$$m = n_\varphi, n_{\varphi-1}, \cdots, 0, \cdots, -(n_\varphi - 1), -n_\varphi \qquad (1.37)$$

共有 $2n_\varphi + 1$ 个 m 取值. 例如：

若 $n_\varphi = 1$, $L = \hbar$，则 $m = 1, 0, -1, L_z = \hbar, 0, -\hbar$；

若 $n_\varphi = 2$, $L = 2\hbar$，则 $m = 0, \pm 1, \pm 2, L_z = 2\hbar, \hbar, 0, -\hbar, -2\hbar$.

上述索末菲理论结果比玻尔理论更加接近实际情况，例如电子运动轨道可以是圆轨道，也可以是椭圆轨道等. 但索末菲理论与量子物理学的精确结论仍然相差甚远. 例如在上述索末菲理论中，角动量 z 分量 L_z 的最大值可等于 L，见式 (1.32) 和式 (1.37)，即 L 可以完全指向 z 轴.

在量子物理学中(见第 5 章)，轨道角动量的公式为

$$L = \sqrt{l(l+1)}\,\hbar, \quad l = n_\varphi - 1 = 0, 1, 2, \cdots, (n-1)$$
$$L_z = m\hbar, \quad m = 0, \pm 1, \pm 2, \cdots, \pm l \qquad (1.38)$$

其中，l 是电子的轨道角动量量子数，磁量子数 m 共有 $(2l+1)$ 取值. 上式说明 L_z 永远小于 L，或 L 永远不可能完全指向 z 轴.

总之，根据上面介绍，玻尔-索末菲理论具有许多成功之处. 首先，该理论对氢原子和类氢离子光谱的解释十分成功，对碱金属光谱的解释也与实际情况接近 (见 1.5 节)；此外，它提出了诸多量子物理概念，如量子态、量子跃迁等概念，在量子物理学中沿用至今. 在量子物理学的诞生过程中，玻尔-索末菲理论是具有里程碑意义的成果，为量子物理学的诞生作出了巨大贡献.

不过，该理论仍然没有跳出经典物理学的框架，将微观粒子看成是经典的粒子(质点)，它们的运动有轨道可循等，从而使该理论属于经典理论到量子物理学的过渡理论，仍然称不上是微观世界的普遍规律. 例如，它仅对氢原子、类氢离子成立，对多电子原子无能为力，对光谱线强度、宽度、偏振、选择定则等也无法解释.

在以后的讨论中，习惯上对电子和原子状态符号统一命名如下：

电子的轨道角动量量子数 $l = 0, 1, 2, 3, 4, \cdots, (n-1)$，分别用英文字母 s, p, d, f, g, h, $\cdots$ 与之一一对应表示. 电子状态用简写 nl 表示，如 1s; 2s, 2p; 3s, 3p, 3d; 4s, $\cdots$.

对于原子而言，核外所有电子轨道角动量耦合后，其总轨道角动量量子数 $L = 0, 1, 2, 3, 4, 5, \cdots$，分别用大写英文字母 S, P, D, F, G, H, $\cdots$ 与之一一对应表示. 原子状态采用 nL 表示，如 1S；2S，2P；3S，3P，3D；$\cdots$.

1.5　碱金属原子光谱

元素周期表中的第一族元素即为碱金属原子，包括 Li、Na、K、Rb、Cs、Fr，其特点是最外层仅有一个价电子，这一点与氢原子及类氢离子相似；但不同的是碱金属原子内部还有其他电子，它们把内部壳层中的量子态均填满，因而是满壳层的电子层. 一般将碱金属原子的构成分为两部分，即碱金属原子 = 价电子 + 原子实(核 + 满内壳层电子)，如图 1.9 所示.

根据 1.4 节介绍可知，当 Li 原子的主量子数 $n = 2$ 时，角量子数 $l = 0, 1$，或 $nl = 2s, 2p$，根据式(1.34)，这两种轨道如图 1.10 所示.

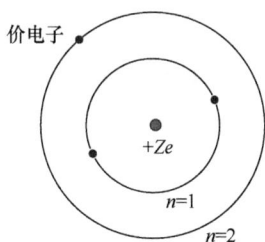

图 1.9　Li 原子电子壳层填充示意图　　　　图 1.10　两种不同的价电子轨道

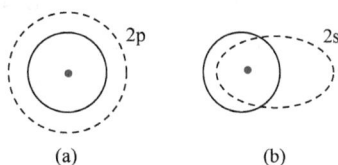

价电子轨道不同，其感受到原子实的电荷数是不同的，一般会出现两种效应.

1. 轨道贯穿

在图 1.10 中，由于 2s 和 2p 两个轨道不同，价电子所受到的电荷屏蔽效应不同. 定义电荷屏蔽常数为 σ，则屏蔽常数 $\sigma_{2p} > \sigma_{2s}$；定义有效电荷 $Z^* = Z - \sigma$，显然 $Z^*_{2p} < Z^*_{2s}$.

2. 原子实极化

由于价电子轨道不同，原子实要发生极化，原子实中的电子云远离价电子，原子核趋近价电子，正负电荷错开距离 Δr，从而产生电偶极矩 $p = e\Delta r$，产生附加能量 $\Delta E = -\dfrac{1}{4\pi\varepsilon_0}\dfrac{pe}{r^2}$，对价电子吸引，降低能量.

由于上述两个原因，借鉴类氢离子的做法，即光谱项写成 $T_n = \dfrac{R_A Z^2}{n^2}$，能量

为 $E_n = -T_n hc$ ，碱金属原子光谱项和能量可分别表达为

$$T_{nl} = \frac{R_A Z^{*2}}{n^2} = \frac{R_A}{\left(\dfrac{n}{Z^*}\right)^2} = \frac{R_A}{n^{*2}} = \frac{R_A}{(n-\Delta l)^2}, \quad E_{nl} = -T_{nl}hc \qquad (1.39)$$

其中，$n^* = n - \Delta l$ 是有效主量子数，Δl 是主量子数修正，其值大小与 l 有关，可根据实验测得. 对于锂(Li)和钠(Na)两种元素，Δl 的实验值如表 1.1 所示：当 $l = 0$ 或较小时，Δl 对主量子数的修正明显；当 l 增加时，轨道贯穿和原子实极化两种效应减弱，Δl 趋向零.

表 1.1　主量子数修正 Δl 的实验值

元素	$l = 0$ Δs	$l = 1$ Δp	$l = 2$ Δd	$l = 3$ Δf
Li	0.40	0.05	0.001	0.000
Na	1.35	0.86	0.01	0.000

由于对主量子数的修正，光谱项与量子数 n 和 l 均有关，碱金属光谱与类氢离子光谱明显不同. 例如 Li 原子光谱可分成若干个谱线系.

主线系：　　$n\mathrm{P}(n \geqslant 2) \to 2\mathrm{S}$

$$\tilde{\nu} = \frac{R_{\mathrm{Li}}}{(2 - \Delta s)^2} - \frac{R_{\mathrm{Li}}}{(n - \Delta p)^2}, \quad n = 2, 3, \cdots$$

锐线系：　　$n\mathrm{S}(n \geqslant 3) \to 2\mathrm{P}$

$$\tilde{\nu} = \frac{R_{\mathrm{Li}}}{(2 - \Delta p)^2} - \frac{R_{\mathrm{Li}}}{(n - \Delta s)^2}, \quad n = 3, 4, \cdots$$

漫线系：　　$n\mathrm{D}(n \geqslant 3) \to 2\mathrm{P}$

$$\tilde{\nu} = \frac{R_{\mathrm{Li}}}{(2 - \Delta p)^2} - \frac{R_{\mathrm{Li}}}{(n - \Delta d)^2}, \quad n = 3, 4, \cdots$$

基线系：　　$n\mathrm{F}(n \geqslant 4) \to 3\mathrm{D}$

$$\tilde{\nu} = \frac{R_{\mathrm{Li}}}{(3 - \Delta d)^2} - \frac{R_{\mathrm{Li}}}{(n - \Delta f)^2}, \quad n = 4, 5, \cdots$$

其中，主线系的第一条谱线(波长最长)通常称为共振线；漫线系也称为第一辅线系；锐线系也称为第二辅线系；基线系也称为柏格曼线系. 光谱图如图 1.11 所示，其中可总结出光谱的跃迁选择定则 $\Delta l = \pm 1$，即跃迁前后的 l 值改变 1. 因为跃迁时要放出一个光子，其自旋角动量为 1，所以跃迁前后电子的角动量改变为 1，电子与光子的角动量之和是守恒的(见第 6 章).

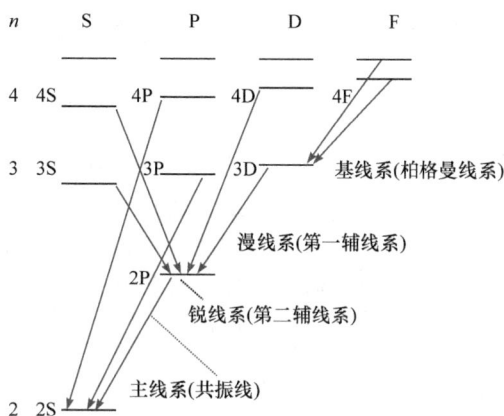

图 1.11 Li 原子能级光谱示意图

1.6 X 射线的产生机制及物理本质

1895 年，德国物理学家伦琴(W. C. Röntgen)发现了一种神秘的射线，由于当时不知道是什么射线，故而命名为 X 射线，也被称为 X 光. 后来实验证明，X 射线是一种波长很短(约为 0.1nm)的电磁波，它具有类似高能射线的强大穿透力，同时也具有干涉、衍射等波动特性. 由于这一发现，伦琴在 1901 年成为第一位诺贝尔物理学奖的获得者.

X 射线管的工作原理如图 1.12 所示. 在真空管内，由阴极发出的电子被高压 U 加速，撞击在靶的表面突然减速，产生 X 射线. 一般加速电子的电压在数万伏特.

X 射线一般是由两部分组成的，即连续谱和分立谱(也称特征谱或标识谱)，图 1.13 是钨靶 X 射线管的连续谱，X 射线的相对强度随波长 λ 连续分布，加速电压越大，谱线越趋向短波方向，每一分布均有一最短波长 $\lambda_{\min}$，它只与外加电压有关，小于此波长，X 射线相对强度等于零.

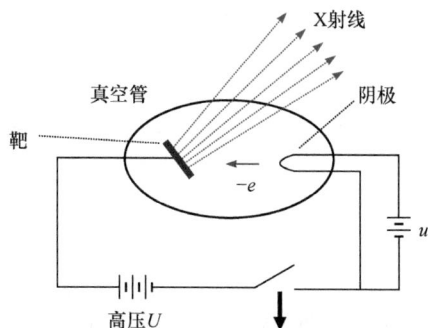

图 1.12 X 射线管的工作原理示意图

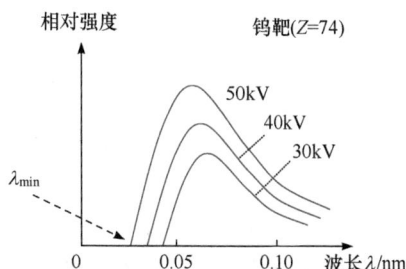

图 1.13 钨靶 X 射线管的连续谱

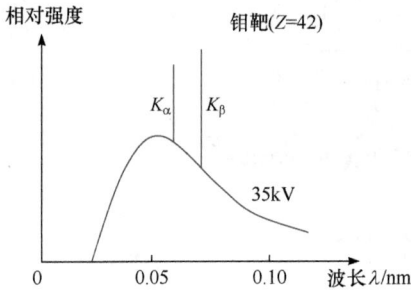

图 1.14　叠加在连续谱之上的分立谱 X 射线

X 射线分立谱是叠加在连续谱之上的, 图 1.14 是钼靶 X 射线管的分立谱, 其中, 在连续谱之上叠加有非常锐的两个分立谱 K_α 和 K_β. 值得注意的是, 这些分立谱只与靶材有关, 即分立谱的峰所对应的波长与靶材一一对应, 故也称特征谱或标识谱, 反映了靶材的特征.

1. 连续谱 X 射线的产生机制

实验显示: 连续谱的最短波长反比于外加电压, 即 $1/\lambda_{\min} \propto U$, 或最高频率 $\nu_{\max} \propto U$, 因此这是一种电子因运动受阻而被加速后所产生的轫致辐射, 或称电光效应. 根据经典电磁场理论, 运动电荷向外辐射能量随时间的变化率与电子加速度 a 的平方成正比, 即

$$-\frac{\mathrm{d}E}{\mathrm{d}t} = \frac{1}{4\pi\varepsilon_0} \frac{2e^2 a^2}{3c^3} \tag{1.40}$$

电子因电压 U 加速而获得速度 V, 其动能为 $\frac{1}{2}m_e V^2$; 又因撞击靶材而运动受阻, 速度连续改变, 加速度连续变化, 故 X 射线的强度随波长连续改变, 形成连续谱. 从微观看, X 射线由 X 光子组成, 假设其频率为 ν, 则根据能量守恒定律有

$$h\nu = \frac{1}{2}m_e V^2 - W \tag{1.41}$$

其中, W 是电子在靶内的能量损耗. 当电子动能全部转变为 X 光子能量时, 则

$$\frac{1}{2}m_e V^2 = eU = h\nu_{\max} = h\frac{c}{\lambda_{\min}}$$

于是

$$\lambda_{\min} = \frac{hc}{eU} = \frac{1.24}{U(\mathrm{kV})}\mathrm{nm} \tag{1.42}$$

例如, $U = 50000\mathrm{V}$, $\lambda_{\min} \approx 0.025\mathrm{nm}$.

2. 特征谱 X 射线的产生机制

1909 年, 巴克拉(C. G. Barkla)发现了 X 射线的特征谱: 某一材料的特征谱显示若干个谱系, 分别记为 K 系、L 系、M 系等, 而且 K 系中有 K_α、K_β、K_γ 等,

L 系中有 L_α、L_β、L_γ 等.

　　实验结果表明：X 射线特征谱只与靶材有关，其特征峰十分锐利，所对应的波长与靶材一一对应. 根据射线能量大小可以推测：特征谱是由材料中原子的内层电子跃迁产生的. 此外，实验还显示：不同元素的特征谱不显示周期性变化，且与元素的化合状态基本无关. 进一步说明：特征谱是原子内层电子跃迁产生的.

　　1913 年，莫塞莱(H. G. J. Moseley)测量了数十种元素的 X 射线谱后，发现各种元素 X 射线特征谱系的频率开方 $\sqrt{\nu}$ 与原子序数 Z 呈线性关系，如图 1.15 所示.

　　经过拟合，莫塞莱得到经验公式：

$$\nu = 0.248 \times 10^{16}(Z-\sigma)^2 \ \text{Hz} \qquad (1.43)$$

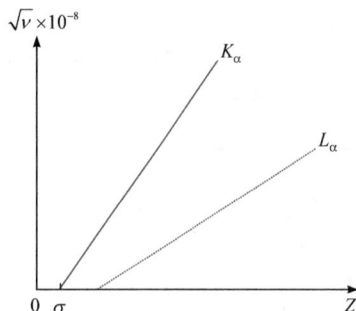

图 1.15　特征谱的 $\sqrt{\nu}$ 与 Z 呈线性关系

对于 K_α 线系，$\sigma_{K_\alpha} \approx 1$. 后来的实验还发现，对于 L 线系，$\sigma_{L_\alpha} \approx 7.4$.

　　莫塞莱发现，式(1.43)可由玻尔理论得到：考虑原子内层电子跃迁，$\nu_{K_\alpha} = \dfrac{c}{\lambda}$，

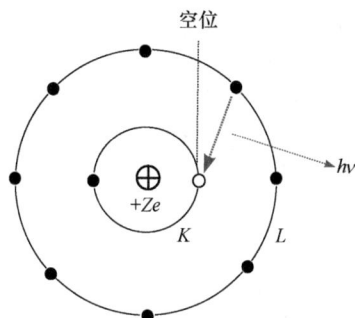

$\Delta E = h\nu = h\dfrac{c}{\lambda} = hc\tilde{\nu}$. 原子最内电子壳层 K 壳层 $(n=1)$ 本来应有两个电子，如果通过适当方法，如高能电子轰击等，使 K 壳层一个电子电离，产生一个空位，其他内层电子就将跃迁至 K 壳层而发射光子. 如果是 L 壳层$(n=2)$的电子跃迁下来填充 K 壳层空位而放出光子，如图 1.16 所示，根据玻尔理论有

图 1.16　K_α 线产生示意图

$$\Delta E_{K_\alpha} = hcR(Z-1)^2\left(\frac{1}{1^2} - \frac{1}{2^2}\right)$$

即

$$\nu_{K_\alpha} = cR(Z-1)^2\left(\frac{1}{1^2} - \frac{1}{2^2}\right) = 0.247 \times 10^{16}(Z-1)^2 \ \text{Hz} \qquad (1.44)$$

其中，$(Z-1)^2$ 表示 L 壳层电子感受到 $Z-1$ 个正电荷. 比较式(1.43)和式(1.44)，它们基本一致，且 $\sigma_{K_\alpha} \approx 1$.

　　对于 L_α 线系，L 壳层有一电子电离而产生空位，M 壳层$(n=3)$电子来填充. 据上述玻尔理论得 $\sigma_{L_\alpha} = 9$，跃迁电子感受到 $Z - \sigma_{L_\alpha}$ 个正电荷. 实验测得 $\sigma_{L_\alpha} \approx 7.4$，若考虑到原子壳层中电子的极化等效应，此结果应该是很好的近似.

　　莫塞莱实验第一次提供了精确测量 Z 的方法，历史上曾用此方法测得了许多元素的 Z 值.

　　使原子内层电子电离而产生空位的方法较多，例如，采用电子、质子、离子、X 光子等轰击的方法，均可以在原子内层产生空位，从而产生特征 X 射线.

　　事实上，当 K 壳层有一电子电离而产生空位时，L 壳层电子跃迁下来填充，

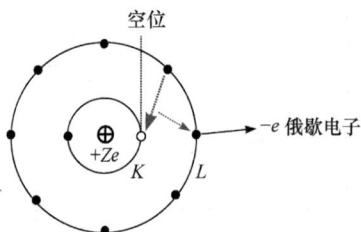

图 1.17　产生俄歇电子示意图

释放能量有两种方式：一种是上面讲到的放出 X 光子；另一种是将能量直接交给 L 壳层或其他外壳层电子，并使其飞出，如图 1.17 所示. 这种飞出的电子称为俄歇(Auger)电子. 一般而言，对于重元素，放出 X 光子的概率较大；而对于较轻的元素，放出俄歇电子的概率较大. 俄歇电子的动能可由轨道之间的能量差精确计算出来，由于俄歇电子的动能与元素成分一一对应，分析俄歇电子的动能分布，即分析俄歇电子谱，是一种非常普遍的现代元素分析手段，用于判断材料中元素的种类和含量，广泛应用于生命科学、医学、化学等领域.

　　根据上述分析，特征 X 射线谱是原子内层电子跃迁所形成的，即

K 系：K 壳层电子电离，出现空位，L 壳层电子填补，发 K_α 线.

　　K 壳层电子电离，出现空位，M 壳层电子填补，发 K_β 线.

　　K 壳层电子电离，出现空位，N 壳层电子填补，发 K_γ 线.

　　……

L 系：L 壳层电子电离，出现空位，M 壳层电子填补，发 L_α 线.

　　L 壳层电子电离，出现空位，N 壳层电子填补，发 L_β 线.

　　……

　　于是，可将上述描述表示成特征 X 射线的伦琴能级图，如图 1.18 所示.

　　由图 1.18 可知，X 射线特征峰对应该原子内层电子的能级间距. 因此，通过测量 X 射线特征谱峰值所对应的波长以及峰的相对强度，可精确确定材料中的元素成分和相对含量比例，这一方法已被广泛应用于各种材料(如功能材料、复合材料等)的元素成分分析等领域.

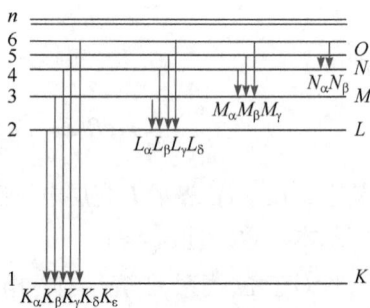

图 1.18　X 射线伦琴能级示意图

3. X 射线具有波动性

X 射线的波动性可以采用光栅衍射方法加以证明. 不过, 由于 X 射线的波长很短, 约 0.1nm, 因此要求光栅的光栅常数也接近这一数量级. 1912 年, 劳厄 (M. von Laue)首先建议采用晶体作为光栅进行 X 射线衍射实验, 因为一般晶体的晶格常数(或晶面间距)与 X 射线的光波长具有相同的数量级, 故晶体是一种天然光栅.

假设某晶体(简立方晶格)的晶格常数为 d(或晶面间距), 入射 X 射线的波长为 λ, 根据两光波衍射极大原理, 若 Ⅰ 和 Ⅱ 两束光的光程差满足如下布拉格公式:

$$2d\sin\theta = n\lambda, \quad n = 1, 2, \cdots \tag{1.45}$$

其中, θ 称为掠射角(即入射线和晶面间的倾角), 在 θ 方向出射的 X 射线即出现衍射加强, n 取整数, 如图 1.19 所示. 该公式由 W. H. Bragg 和 W. L. Bragg 在 1913 年提出.

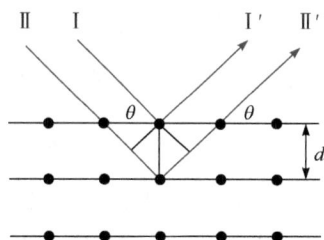

在衍射过程中, 若要发生衍射加强峰, 实验条件必须满足式(1.45), 一般有两种方法.

图 1.19　布拉格公式示意图

(1) 单晶衍射法: 采用单晶体作为衍射光栅, 晶格常数为 d, 当入射光与某晶面夹角固定时, 即 θ 角已经固定. 此时采用连续波长的 X 射线入射到单晶表面, 其中, 总有某一波长 λ 可使式(1.45)满足, 从而发生衍射加强. 在此种情况下, 衍射加强与晶面一一对应. 由于晶面之间的夹角不是连续的, 故而衍射斑点(也称劳厄斑点)也是点阵分布, 如图 1.20 所示. 每一劳厄斑点, 对应于一组晶面; 斑点的位置反映了对应晶面的方向(对称性).

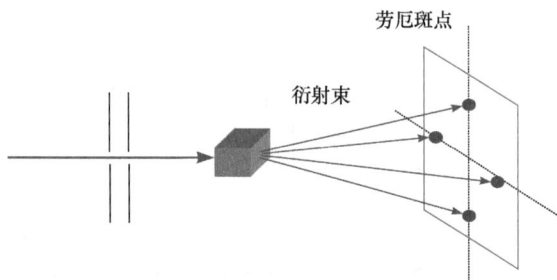

图 1.20　单晶体衍射的劳厄斑点示意图

(2) 德拜(Debye)多晶粉末法: 采用多晶粉末作为衍射光栅, 由于多晶粉末中小晶粒(晶格常数为 d)众多, 晶粒中的晶面与入射光的夹角 θ 连续变化. 因此, 采用波长 λ 固定的单色 X 射线即可满足式(1.45), 从而在胶片上产生衍射环, 如图 1.21 所示.

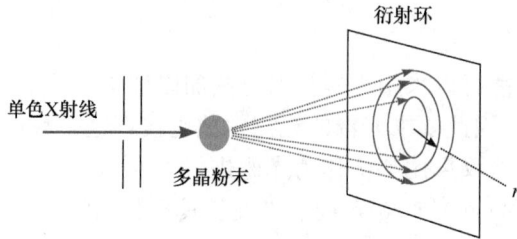

图 1.21　多晶粉末衍射产生衍射环示意图

在图 1.21 中，r 代表使布拉格公式(1.45)满足的某一 θ 值. 不同圆环代表不同的晶面阵，环的强弱反映了晶面上原子的密度大小. 若已知 λ，测量圆环所对应的角度，便可求得 d.

因此，上述两种晶体衍射方法已被广泛应用于单晶和多晶材料的晶相结构测量，包括测量晶体的结构参数、结晶度等.

4. X 射线具有粒子性——康普顿效应

根据经典波动光学理论，一束波长为 λ 的光入射到介质中反射或透射后，该光束的波长是不变的，仍然为 λ. 然而，在 1923 年，美国物理学家康普顿(A. H. Compton)发现：当 X 射线与石墨介质散射后，其波长发生了微小变长. 受到爱因斯坦光电效应假说的影响，康普顿提出了 X 射线也具有粒子性的假说，成功解释了康普顿散射的实验结果.

康普顿散射实验原理如图 1.22 所示. X 射线是来自钼靶的 K_α 线，波长为 $\lambda = 0.071\text{nm}$，入射到石墨上后，在偏离入射方向 φ 角处，让散射后的 X 射线入射到一晶体表面，然后用探测器探测其衍射加强峰，从而检测散射后的 X 射线波长 λ'.

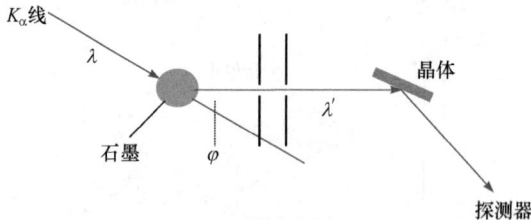

图 1.22　康普顿散射实验原理示意图

实验发现：散射前后 X 射线波长差满足公式

$$\Delta\lambda = \lambda' - \lambda = \lambda_c(1 - \cos\varphi) \tag{1.46}$$

其中，$\lambda_c = 0.002426\text{nm}$，称为康普顿波长.

康普顿认为：X 射线由静止质量为零($m_0 = 0$)、速度为光速的粒子(X 光子)组成. 一方面，根据爱因斯坦光电效应假说，X 光子能量为 $E = h\nu$；另一方面，根据相对论，静止质量为零的粒子，其动量和能量关系为 $E = pc$ ，故必有 $p = \dfrac{h}{\lambda}$.
此外，假设 X 光子与原子的最外层电子散射，由于最外层电子受原子核的束缚能较小，且其动能也比 X 光子能量小很多，故康普顿散射可近似理解为是入射 X 光子与静止自由电子的散射，如图 1.23 所示.

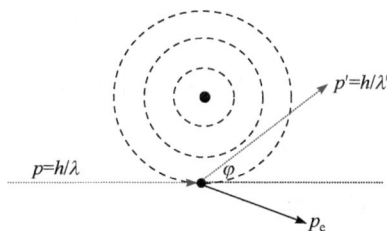

图 1.23　入射 X 光子与静止自由电子散射示意图

于是，根据散射前后能量、动量守恒定律和相对论质能方程，有

$$hv + m_e c^2 = hv' + mc^2 \tag{1.47}$$

$$\boldsymbol{p} = \boldsymbol{p}' + \boldsymbol{p}_e$$

或

$$p_e^2 = p^2 + p'^2 - 2pp'\cos\varphi \tag{1.48}$$

其中，$v = \dfrac{c}{\lambda}$ 和 $v' = \dfrac{c}{\lambda'}$ 分别是散射前后 X 光子的频率；m_e 和 m 分别是电子的静质量和动质量，且 $m = m_e \big/ \sqrt{1 - v^2/c^2}$ ，v 为散射后电子速度；$p = \dfrac{h}{\lambda}$ 和 $p' = \dfrac{h}{\lambda'}$ 分别是散射前后 X 光子的动量；p_e 是散射后电子的动量. 于是，由式(1.47)得

$$mc^2 = \frac{hc}{\lambda} - \frac{hc}{\lambda'} + m_e c^2$$

$$m^2 c^4 = \left(\frac{hc}{\lambda} - \frac{hc}{\lambda'}\right)^2 + 2\left(\frac{hc}{\lambda} - \frac{hc}{\lambda'}\right)m_e c^2 + m_e^2 c^4 \tag{1.49}$$

$$m^2 c^2 = h^2\left(\frac{1}{\lambda^2} + \frac{1}{\lambda'^2} - \frac{2}{\lambda\lambda'}\right) + \frac{2hm_e c}{\lambda\lambda'}(\lambda' - \lambda) + m_e^2 c^2$$

另外，由式(1.48)和能量动量方程 $E^2 = m^2 c^4 = p_e^2 c^2 + m_e^2 c^4$ ，得

$$
\begin{aligned}
m^2 c^2 &= p_e^2 + m_e^2 c^2 \\
&= p^2 + p'^2 - 2pp'\cos\varphi + m_e^2 c^2 \\
&= h^2\left(\frac{1}{\lambda^2} + \frac{1}{\lambda'^2}\right) - \frac{2h^2}{\lambda\lambda'}\cos\varphi + m_e^2 c^2
\end{aligned}
\tag{1.50}
$$

比较(1.49)和(1.50)两式得

$$-\frac{2h^2}{\lambda\lambda'}+\frac{2hm_ec}{\lambda\lambda'}(\lambda'-\lambda)=-\frac{2h^2}{\lambda\lambda'}\cos\varphi$$

整理后得

$$\Delta\lambda=\lambda'-\lambda=\frac{h}{m_ec}(1-\cos\varphi) \tag{1.51}$$

上式即为康普顿散射公式,与实验规律式(1.46)相比较,得电子康普顿波长为

$$\lambda_c=\frac{h}{m_ec}=0.002426nm,$$
与实验完全符合.

此外,也可将式(1.51)改写为

$$\frac{1}{h\nu'}-\frac{1}{h\nu}=\frac{1}{m_ec^2}(1-\cos\varphi)$$

所以,散射光子能量为

$$h\nu'=\left(\frac{1}{m_ec^2}(1-\cos\varphi)+\frac{1}{h\nu}\right)^{-1}=\frac{h\nu}{1+\gamma(1-\cos\varphi)} \tag{1.52}$$

其中 $\gamma\equiv\dfrac{h\nu}{m_ec^2}=\dfrac{\lambda_c}{\lambda}$. 反冲电子能量为

$$E_{k,e}=h\nu-h\nu'=h\nu\frac{\gamma(1-\cos\varphi)}{1+\gamma(1-\cos\varphi)} \tag{1.53}$$

根据式(1.51)可知:

(1) 当 $\varphi=90°$ 时,X 光子波长改变量即等于电子康普顿波长 $\Delta\lambda=\lambda_c\equiv\dfrac{h}{m_ec}$;

当 $\varphi=180°$ 时, $(\Delta\lambda)_{max}=2\lambda_c=0.0049nm$,这是最大波长改变量.

(2) $\Delta\lambda$ 只决定于 φ ,与 λ 无关.

对于波长为 $\lambda=500nm$ 的可见光,散射后光子波长最大的相对变化为

$$\left(\frac{\Delta\lambda}{\lambda}\right)_{max}=\frac{0.0049}{500}\approx10^{-5}$$

对于经典波动光学的实验精确度而言,这一变化微不足道,无法测量. 然而对于波长为 $\lambda=0.1nm$ 的 X 光子,散射后光子频率最大的相对变化为

$$\left(\frac{\Delta\lambda}{\lambda}\right)_{max}=\frac{0.0049}{0.1}\approx5\times10^{-2}$$

对于现代物理实验而言,这一变化就不可能忽略了. 这就是在经典波动光学中光的粒子性没显示出来的原因,因为可见光的波长要比 X 光子波长大 4 个数量级.

应该说明的是，在上述康普顿散射公式推导过程中，我们假设入射 X 光子与外层电子而不是内层电子相互散射. 由于内层电子受原子核的束缚较紧，一般 X 光子不易打出内层电子，此时，入射的 X 光子相当于与原子或原子核散射，散射公式的推导与上述推导过程基本一样，唯一的区别是将式(1.47)～式(1.51)中的电子静质量和动质量分别换成原子核的静质量和动质量，最后得

$$\Delta\lambda = \lambda' - \lambda = \frac{h}{Mc}(1-\cos\varphi)$$

因为原子核静质量 $M \gg m_e$，因此可认为上式趋向零.

晶体衍射实验证明了 X 射线是一种波动，而康普顿散射实验又证明了 X 射线由微粒组成，说明对 X 射线而言，在一些实验中，它显示波动性；但在另一些实验中，它又显示粒子性. 这种看似"矛盾"的实验结果，对后来量子物理学基本假说"微观粒子波粒二象性"的提出和确立起到了重要支撑作用.

1.7　哥本哈根学派的形成及启示

1920 年前后，在著名物理学家玻尔的倡议下，在哥本哈根大学成立了理论物理研究所[1964 年改名为尼耳斯·玻尔研究所(Niels Bohr Institute)]，由此逐渐形成了哥本哈根学派. 玻尔不仅对量子论的发展作出了突出的贡献，而且他的认识论和方法论对量子物理学的创建起了推动和指导作用，他是哥本哈根学派的创立者和领导者. 在玻尔带领下，该研究所汇聚了大量世界级优秀人才，其中玻恩、海森伯、泡利、朗道、狄拉克、德布罗意、德拜等获得诺贝尔物理学奖，他们均曾在哥本哈根学派团队中做研究并成长，对量子物理学的创立和发展作出了杰出贡献. 因此，当时该学派对量子物理学的解释被称为"正统解释"，尼耳斯·玻尔研究所也成为当时国际量子理论研究的中心，是当时世界上力量最雄厚的物理学派之一.

哥本哈根学派具有优良学风与人才环境，包括尊重人才、学术争鸣、自由、鼓励创新涉险、谦和平等、学者之间互补与协作、学术氛围浓厚、开放的国际性精神、吸引和热心提携青年学者……使之成为汇聚天下英才和科学创新的沃土. 当前，我国正处在实现中华民族伟大复兴的征程上，哥本哈根学派所形成的鲜明学术气质和培养人才环境，给我们以启示，值得我们学习和借鉴.

哥本哈根学派是人类科学史上的一座难以超越的丰碑！它的形成意义重大，影响深远，已为人类的科学事业作出了不可磨灭的贡献，它的学风和科学方法论必将永远鼓舞一代又一代后辈学者.

思　考　题

1-1　宇宙的奥秘是不可穷尽的吗?

1-2　"科学假说"是"猜"出来的吗?

1-3　旧量子论有哪些突出成就? 它对量子物理学的诞生起到了怎样的作用?

1-4　什么是"科学精神"?

1-5　哥本哈根学派的形成对现代中国科学发展有何启示?

练 习 题

1-1　试证明在黑体的平衡辐射场中, 能量密度的最大值与平衡温度 T 的五次方成正比.

1-2　铯的逸出功为 1.9eV, 试求: (1)铯的光电效应阈频率及阈值波长; (2)如果要得到能量为 1.5eV 的光电子, 必须使用波长为多少的光照射?

1-3　波长为 $\lambda = 350$nm 的光波入射到某光电材料表面, 瞬间逸出的光电子在 $B = 1.50 \times 10^{-5}$T 的磁场中沿半径为 $r = 18.0$cm 的圆轨道运动. 试求该光电材料的逸出功.

1-4　对于氢原子、一次电离的氦离子(He⁺)和两次电离的锂离子(Li⁺⁺), 分别计算它们的:

(1) 第一、第二玻尔轨道半径及电子在这些轨道上的速度;

(2) 电子在基态的能量;

(3) 由基态到第一激发态所需的激发能量及由第一激发态退激到基态所放出光子的波长.

1-5　当静止的氢原子从第一激发态向基态跃迁放出一个光子时,

(1) 试求该氢原子所获得的反冲速率;

(2) 估算该氢原子反冲能量与所发光子的能量之比.

1-6　氢原子远紫外光谱中有一波长为 $\lambda = 121.57$nm 的谱线. 试问此谱线属于哪一个线系? 它是由哪两个能级之间的跃迁产生的?

1-7　μ⁻ 子是一种基本粒子, 除静止质量为电子质量的 207 倍外, 其余性质与电子均一样. 当它运动速度较慢时, 被质子俘获形成 μ 子原子. 试计算:

(1) μ 子原子的第一玻尔轨道半径;

(2) μ 子原子的基态能量;

(3) μ 子原子莱曼线系中的最短波长.

1-8　试计算氢及其同位素氘的巴耳末系的第一条光谱线之间的波长差. 已知氢和氘的里德伯常量分别为 $R_H = 1.0967758$cm⁻¹ 和 $R_D = 1.0970742$cm⁻¹.

1-9　已知锂原子基态的光谱项值 $T_{2S} = 43484$cm⁻¹, 共振线(主线系第一条)的波长 $\lambda = 670.7$nm. 试计算锂原子的电离势和第一激发电势.

1-10　当外加电压为 20 万伏时, X 射线管产生的连续谱短波限的波长为多少?

1-11　莫塞莱实验及公式是历史上首次精确测量原子序数的方法. 如实验测得某元素的 K_α X 射线的波长为 0.0685nm, 试求出该元素的原子序数.

1-12　钕原子($Z = 60$)的 L 吸收限为 0.19nm, 试问从钕原子中电离一个 L 电子需要做多少功?

1-13　已知铅的 K 吸收限为 0.0141nm, K 线系的波长分别为 $\lambda_{K_\alpha} = 0.0167$nm, $\lambda_{K_\beta} = 0.0146$nm, $\lambda_{K_\gamma} = 0.0142$nm. 试求铅的诸能级, 并画出 X 射线能级简图.

1-14　以钼($Z = 42$)为靶子的 X 射线管产生的连续 X 光谱的短波限为 0.040nm,试问能否观察到其 K 系特征 X 射线? 若连续谱的短波限为 0.068nm, 则如何?

1-15　钽($Z = 73$)的 K_α 线的波长为 0.0215nm, L 系吸收线为 0.1255nm. 试问钽作 X 射线管阳极时, K 线系的激发电势为多少?

1-16 氯化钾晶体的晶格常数为 0.314nm，试问能量为 10keV 的 X 光子与该晶体自然面成多大掠射角 θ 时，可得到一级衍射加强？

1-17 在康普顿散射实验中，钍的 K_α 特征线(0.0135nm)被石墨散射，在偏离入射束 130°方向用晶体衍射法测得散射光的两种波长成分. 当掠射角分别为 $\theta = 1°24'$ 和 $\theta' = 1°49'$ 时它们满足一级衍射加强条件，试根据康普顿理论计算普朗克常量.

1-18 在康普顿散射中，若入射光子的能量等于电子的静止能量，且反冲电子的速度为 $v = 0.8c$，求散射光子的波长和散射角.

1-19 在康普顿散射实验中，当反冲电子和散射光子的运动方向均与入射光子在一直线上时，测得反冲电子的动能等于其静止能量 $m_e c^2$. 试求入射光子散射前后的波长.

1-20 若入射光子与质子发生康普顿散射，试求质子的康普顿波长. 如反冲质子获得的动能为 5.7MeV，则入射光子的最小能量为多大？

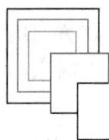

第 2 章　波函数与薛定谔方程

在第 1 章中提到，有些实验证明微观粒子具有粒子性，如爱因斯坦光电效应、玻尔假说及相关实验、康普顿散射实验等；但有些实验则证明微观粒子具有波动性，如 X 射线衍射实验等. 因此，抛弃"经典粒子"、"运动轨道"和"决定论"等传统观念，将微观粒子的波和粒子特性完美统一起来，并揭示其动力学过程，是量子物理学创立初期的奠基性成就.

2.1　微观粒子波粒二象性假说

受普朗克黑体辐射假说的启发，爱因斯坦对光电效应实验进行了成功解释，认为光是由微粒(光子)组成的，其能量为 $E = h\nu$. 由于光子的静止质量等于零，其能量动量关系为 $E = pc$，于是光子具有动量 $p = h / \lambda$. 换言之，光子是具有波动性的粒子. 在第 1 章中，X 射线在单晶体表面的衍射现象证明了它是一种波动，然而康普顿效应则证明了 X 射线是由粒子(即 X 光子)组成的.

为了解释微观粒子的真正属性，法国物理学家德布罗意(de Broglie)从爱因斯坦光子假说中得到启发，在 1923 年提出了著名的微观粒子波粒二象性假说：任何微观粒子，无论是静止质量为零的光子，还是静止质量不为零的实物粒子，都具有粒子和波动两重性，其频率 ν 和波长 λ 分别满足

$$\nu = \frac{E}{h}, \quad \lambda = \frac{h}{p} \tag{2.1}$$

上述式(2.1)即著名的德布罗意公式，它将微观粒子的粒子性和波动性巧妙地统一起来，成为量子力学的奠基性假说.

应该指出：德布罗意提出的波粒二象性假说，说明了微观粒子既是一种粒子又是一种波动，或者说它既不是经典的粒子也不是经典的波；微观粒子是一种具有波动性的粒子，这种波被称为物质波，是一种概率波，也称为德布罗意波.

2.2　波函数及其统计诠释

1. 波函数的玻恩诠释

1926 年，玻恩(M. Born)提出了对德布罗意波的诠释：采用波函数 $\psi(r,t)$ (一般

为复函数)描述德布罗意波,复函数 ψ 也称为概率幅;在 r 处、t 时刻发现该粒子的概率正比于该粒子波函数绝对值的平方,即 $|\psi(r,t)|^2 = \psi(r,t)\psi^*(r,t)$,称为概率密度.

若有两个德布罗意波 ψ_1 和 ψ_2 ,它们的概率密度分别为 $P_1 = |\psi_1|^2$,$P_2 = |\psi_2|^2$.应该指出,这两个德布罗意波的叠加是概率幅的叠加,而非概率密度叠加,即

$$\psi = \psi_1 + \psi_2$$

叠加之后的概率密度为

$$P_{12} = |\psi| = |\psi_1 + \psi_2|^2 = |\psi_1|^2 + |\psi_2|^2 + \psi_1^* \cdot \psi_2 + \psi_1 \cdot \psi_2^* \tag{2.2}$$

式(2.2)中的 $P_{12} \neq P_1 + P_2$,最后两项即为干涉项.

例如,一个电子被电压 $U = 100\text{V}$ 加速,根据德布罗意公式(2.1),得电子的波长为

$$\lambda = \frac{h}{p} = \frac{h}{mv} = 0.123\text{nm} \tag{2.3}$$

这一微小的波长可以用电子双缝干涉实验测量,如图 2.1 所示:电子束由左向右"穿过"双缝,电子束十分稀疏,以至于当一个电子到达右侧胶片,产生亮点后,第二个电子再入射.也就是说,在整个实验过程,电子与电子之间不会相遇,胶片上的干涉图案与电子之间的相互作用无关.

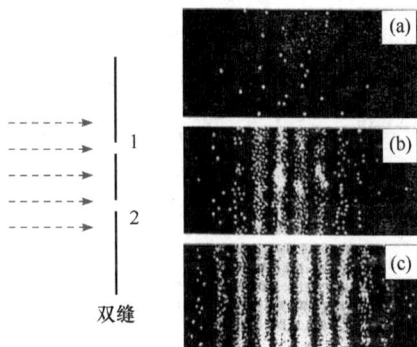

图 2.1　电子双缝干涉实验示意图[①]

实验开始,电子"穿过"双缝到达胶片,产生一个个亮点,似乎杂乱无章,如图 2.1(a)所示;当入射电子足够多时,条纹轮廓显现,如图 2.1(b)所示;当入射电子十分多时,胶片上清晰干涉条纹出现,如图 2.1(c)所示.此时,测量条纹之间距离、双缝之间距离,以及双缝与胶片之间距离,即可求出电子波长,所得结果与式(2.3)完全一致.这里需要强调:图 2.1 中的干涉图案与电子之间的相互作用没有关系.该实验证明:单个电子具有波动性,且具有"自干涉"特征!

---

① 参阅:Jönsson C. Z. Physik, 1961, 161: 454; Tonomura A, et al. Am. J. Phys., 1989, 57: 117.

若采用光子、质子、中子等代替上述实验中的电子，将得到与图 2.1 类似的结果. 例如，在波动光学中，著名的杨氏双缝干涉实验是满足相干条件(即两光波频率相同；它们在相遇点的振动方向相同，且在相遇点具有恒定的相位差)的两束光矢量相干叠加，从而形成明暗相间的干涉条纹. 该实验似乎给人一种错觉：光的干涉条纹是由两束相干光的相互作用(或矢量叠加)而形成的. 其实不然，在该实验中，即使让光子一个一个通过双缝，只要光子足够多，最后出现的干涉条纹是一样的. 即所有微观粒子的能量、动量、波长和频率等均符合德布罗意公式，单个微观粒子就具有波动性，它们均具有"自干涉"特征.

上述实验非常成功，但似乎没有讲清楚电子是如何"穿过"双缝的. 根据经典物理理论，电子要么穿过上边的缝 1，要么穿过下边的缝 2. 但进一步的实验证明此"穿过"图像的描述是错误的！原因如下：如果某电子通过缝 1，缝 2 关闭对该电子没有影响；如果某电子通过缝 2，缝 1 关闭对该电子没有影响. 实验时，可一半时间关闭缝 1，一半时间关闭缝 2，但这样最后得到的结果并没有干涉条纹. 因此，图 2.1 中的实验结果说明：任何一个电子通过双缝时，两条缝同时起作用. 电子的这种"分身术"来源于电子的波粒二象性.

采用经典物理学图像描述上述实验：若电子通过缝 1，概率分布 $P_1 = |\psi_1|^2$，此时缝 2 开或关均无关紧要；若电子通过缝 2，概率分布 $P_2 = |\psi_2|^2$，此时缝 1 开或关也无关紧要. 叠加后得到结果是 $P_1 + P_2$，如图 2.2(a)所示.

按照德布罗意波的玻恩诠释，当缝 1 打开，缝 2 关闭时，胶片中最后的图案分布为 $P_1 = |\psi_1|^2$；当缝 1 关闭，缝 2 打开时，胶片中最后的图案分布为 $P_2 = |\psi_2|^2$；若两条缝同时打开，胶片中最后的图案分布为 P_{12}，即上述式(2.2)，该式的最后两项即为干涉项，正是因为此两项才引起干涉条纹，如图 2.2(b)所示.

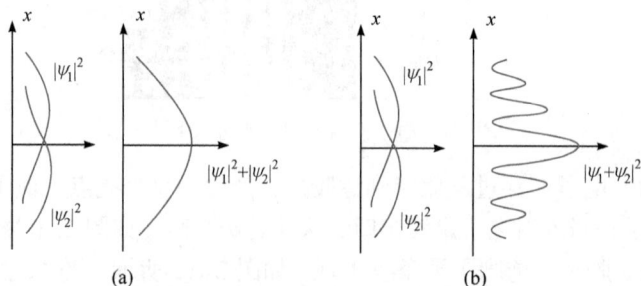

图 2.2　电子双缝干涉强度叠加分布示意图

(a) 经典波动叠加结果；(b) 德布罗意波动叠加结果

因此，玻恩诠释告知我们：德布罗意波是一种物质波，波函数模的平方是微观粒子在某时某处出现的概率分布，仅此而已；物质波并会不告知我们该粒子究竟在哪里，运动轨迹如何. 在量子物理学中，均没有此类概念. 物质波与经典物理中的横波、纵波等有本质的区别. 后面我们会看到，德布罗意波的意义极其深刻，远远超出了我们的想象.

后续的诸多实验发现：光子、电子、中子、质子等均得到类似结果，即具有"自干涉"特征！更大分子的衍射现象，也已被实验观测到. 例如，C_{60} 大分子束通过 SiN_x 衍射光栅(周期为 100nm，缝宽为 50nm)后，也观测到衍射现象[①].

在牛顿力学中，采用决定论因果律，因在前，果在后，因果不可倒置，且一一对应！但是在量子物理学中，由于德布罗意波是概率诠释，我们无法知道某时某处出现哪个粒子，其原因是什么等问题. 换言之，量子物理学采用的是统计因果律：单个微观粒子的单次运动不受因果律支配；但大量微观粒子运动的统计平均，或单个微观粒子多次运动的统计平均符合因果律！

例 2.1　试解析物质波速度佯谬.

解　根据德布罗意波式(2.1)和相对论能量质量公式 $E = mc^2 = h\nu$ ，粒子动量 $p = mv = h/\lambda$ ，其中 m 和 v 分别为粒子的质量和速度. 于是，根据波动学原理，该波的速度 V 为

$$V = \nu\lambda = \frac{mc^2}{h}\frac{h}{mv} = \frac{c^2}{v}$$

于是得出结论：①如果粒子速度 $v = c$，则波速 $V = c$；②如果粒子速度 $v < c$，则波速 $V > c$！这一结果与相对论预言相违背，因而被认为是佯谬.

上述推导中的速度一词明显采用了"轨道"的概念，即可以知道粒子是如何从空间某一处运动到另一处的. 而事实上，德布罗意波是物质波，它只告知我们粒子出现在空间某处的概率，而没有告知粒子究竟在哪里，也不存在"粒子如何从某处运动到另一处"的问题. 后来，人们才逐渐认识到，物质波的运动存在群速和相速之分. 我们所能测量到的是由各种平面波叠加而成的波包，其运动速度是群速，不可能超过光速；而在物质波的波包中，某一频率平面波的相位移动速度称为相速，它可以超过真空中的光速，但这并不表示任何超光速的信息或能量转移[②].

2. 波函数的性质

1) 概率和概率密度

对于概率分布而言，重要的是相对概率分布，即 $\psi(r,t)$ 与 $C\psi(r,t)$ 所描述的概率分布是一样的，其中 C 为实常数. 例如 t 时刻，在空间 r_1 和 r_2 处，粒子出现的

---

① 详见: Arndt M, et al. Nature, 1999, 401: 680; Hackermuller L, et al. Phys. Rev. Lett., 2003, 91: 090408; Ball P. Nature, 2008, 453: 22.

② 参阅: 曾谨言. 量子力学(卷 I). 5 版. 北京: 科学出版社, 2013: 附录一.

概率之比为

$$\frac{\left|C\psi(\boldsymbol{r}_1,t)\right|^2}{\left|C\psi(\boldsymbol{r}_2,t)\right|^2} = \frac{\left|\psi(\boldsymbol{r}_1,t)\right|^2}{\left|\psi(\boldsymbol{r}_2,t)\right|^2} \tag{2.4}$$

换言之，$\psi(\boldsymbol{r},t)$ 与 $C\psi(\boldsymbol{r},t)$ 是同一概率波分布，相差一不确定的常数因子 C，称为归一化常数. 对于局域态(束缚态)而言，在 t 时刻和 $\boldsymbol{r}$ 处，单位体积内找到粒子的概率即为相对概率密度，其表达式为

$$\omega(\boldsymbol{r},t) = \mathrm{d}W(\boldsymbol{r},t)/\mathrm{d}\tau = C^2\left|\psi(\boldsymbol{r},t)\right|^2 \tag{2.5}$$

其中 $\mathrm{d}\tau$ 是体系坐标空间的微分体积元，在三维空间，$\mathrm{d}\tau = \mathrm{d}^3\boldsymbol{r}$. 此类问题的多重积分常用一个积分号简洁表示，例如在体积 V 内，t 时刻找到粒子的相对概率为

$$W(t) = \int_V \mathrm{d}W(\boldsymbol{r},t) = \int_V \omega(\boldsymbol{r},t)\mathrm{d}\tau = C^2\int_V\left|\psi(\boldsymbol{r},t)\right|^2\mathrm{d}\tau \tag{2.6}$$

2) 平方可积、可归一化

由于粒子在全空间总要出现，在非相对论情况下(即没有粒子产生和湮灭)，要求在全空间找到该粒子的概率为 1，即满足波函数的归一化条件

$$C^2\int_\infty\left|\psi(\boldsymbol{r},t)\right|^2\mathrm{d}\tau = 1 \tag{2.7}$$

上式是全空间积分. 此时，即可确定归一化常数 C 为

$$C^2 = 1\bigg/\int_\infty\left|\psi(\boldsymbol{r},t)\right|^2\mathrm{d}\tau \tag{2.8}$$

此外，以后会讲到，不是所有波函数都可以归一化. 例如，利用式(2.1)，自由粒子波函数是平面波

$$\psi(\boldsymbol{r},t) = A\exp\left[\frac{\mathrm{i}}{\hbar}(\boldsymbol{p}\cdot\boldsymbol{r} - Et)\right] \tag{2.9}$$

不满足平方可积要求，一般不能归一化，因为平面波只是一个近似的理论模型，真正意义上的平面波并不存在. 不过在此情况下，相对概率仍然适用.

归一化条件消除了波函数常数因子的一种不确定性. 值得注意的是，归一化波函数仍有一个模为 1 的相因子不定性. 若 $\psi(\boldsymbol{r},t)$ 是归一化波函数，那么 $\exp(\mathrm{i}\alpha)\psi(\boldsymbol{r},t)$ 也是归一化波函数(其中 α 是实数)，与前者描述同一概率波.

对于一个由 N 个粒子组成的体系，其波函数可表示成

$$\psi(\boldsymbol{r}_1, \boldsymbol{r}_2, \cdots, \boldsymbol{r}_N, t)$$

其中 $\boldsymbol{r}_1(x_1,y_1,z_1)$, $\boldsymbol{r}_2(x_2,y_2,z_2)$, $\cdots$ 分别表示各粒子的空间坐标. 此时

$$\left|\psi(\boldsymbol{r}_1, \boldsymbol{r}_2, \cdots, \boldsymbol{r}_N, t)\right|^2\mathrm{d}^3\boldsymbol{r}_1\mathrm{d}^3\boldsymbol{r}_2\cdots\mathrm{d}^3\boldsymbol{r}_N \tag{2.10}$$

表示在 t 刻，粒子 1 出现在 $(\boldsymbol{r}_1, \boldsymbol{r}_1 + \mathrm{d}\boldsymbol{r}_1)$ 中，同时粒子 2 出现在 $(\boldsymbol{r}_2, \boldsymbol{r}_2 + \mathrm{d}\boldsymbol{r}_2)$ 中，$\cdots$，同时粒子 N 出现在 $(\boldsymbol{r}_N, \boldsymbol{r}_N + \mathrm{d}\boldsymbol{r}_N)$ 中的概率.

3) 动量分布概率

根据波函数的统计诠释，在空间 r 处找到粒子的概率 $\propto |\psi(r)|^2$. 那么，测量粒子其他力学量的概率分布如何？

根据傅里叶变换公式，利用德布罗意公式(2.1)，可将波函数 $\psi(r)$ 展开为

$$\psi(r) = \frac{1}{(2\pi\hbar)^{3/2}} \int_{-\infty}^{\infty} \varphi(p) e^{ip\cdot r/\hbar} d^3 p \tag{2.11}$$

上式含义：波函数 $\psi(r)$ 由许多动量为 p 的平面波($\sim e^{ip\cdot r/\hbar}$)叠加而成. 其逆变换为

$$\varphi(p) = \frac{1}{(2\pi\hbar)^{3/2}} \int_{-\infty}^{\infty} \psi(r) e^{-ip\cdot r/\hbar} d^3 r \tag{2.12}$$

上式反过来也说明：$\varphi(p)$ 是由许多坐标为 r 的平面波($\sim e^{-ip\cdot r/\hbar}$)叠加而成.

从式(2.11)和式(2.12)可以看出：$|\varphi(p)|^2$ 代表 $\psi(r)$ 中含有平面波 $e^{ip\cdot r/\hbar}$ 的成分，即上述式(2.12)中粒子动量为 p 的概率与 $|\varphi(p)|^2$ 成比例.

于是，根据傅里叶变换和其逆变换定义的对称性，我们得到重要结论：与 $|\psi(r)|^2$ 表示粒子在坐标空间中的概率密度相似，$|\varphi(p)|^2$ 表示粒子在动量空间的概率密度，而 $\varphi(p)$ 也是波函数. 通常，$\psi(r)$ 称为坐标表象中的波函数，$\varphi(p)$ 称为动量表象中的波函数. 有关不同力学量的表象含义，将在第 4 章中阐述.

例 2.2　试证明平面波可归一化为 δ 函数.

证　先考虑一维情况的自由粒子，能量 $E_x = p_x^2/(2\mu)$，μ 为质量，平面波式(2.9)可改写为

$$\psi_{p_x}(x,t) = A_x e^{\frac{i}{\hbar}(p_x x - E_x t)} \tag{2.13}$$

考虑如下一维全空间积分：

$$\int_{-\infty}^{\infty} \psi_{p_x'}^*(x,t)\psi_{p_x}(x,t)dx$$

$$= A_x^2 e^{\frac{i}{\hbar}(E_x' - E_x)t} \int_{-\infty}^{\infty} e^{\frac{i}{\hbar}(p_x - p_x')x} dx$$

$$= e^{\frac{i}{\hbar}\left(\frac{p_x'^2}{2\mu} - \frac{p_x^2}{2\mu}\right)t} \delta(p_x - p_x')$$

$$= \delta(p_x - p_x') \tag{2.14}$$

上式中利用了 δ 函数的傅里叶变换公式和选择性(见附录四)，并取 $A_x^2 2\pi\hbar = 1$.

推广至三维情况，可将平面波式(2.9)分离变量，得

$$\psi(r,t) = A_x e^{\frac{i}{\hbar}(p_x x - E_x t)} A_y e^{\frac{i}{\hbar}(p_y y - E_y t)} A_z e^{\frac{i}{\hbar}(p_z z - E_z t)} = \psi_{p_x}(x,t)\psi_{p_y}(y,t)\psi_{p_z}(z,t)$$

其中 $E = E_x + E_y + E_z = (p_x^2 + p_y^2 + p_z^2)/(2\mu)$，$A_x^2 A_y^2 A_z^2 (2\pi\hbar)^3 = 1$，则归一化表达式为

$$\int_{-\infty}^{\infty} \psi_{p'}^*(r,t)\psi_p(r,\ t)\mathrm{d}r = \delta(p - p') \tag{2.15}$$

即平面波式(2.9)可归一化为 $\delta(p - p')$ 函数. 应该指出：上述平面波可归一化为 δ 函数，但其模的平方并不代表绝对概率密度，只表示平面波所描写的状态在空间 r 方向各点找到粒子的概率相同.

2.3　海森伯不确定性原理

根据波函数的玻恩诠释，微观粒子在空间是概率分布的，即粒子在时间 t 和空间 r 处有一定的出现概率，量子物理学中没有"该粒子究竟在哪里？"和"粒子是如何从某处运动到另一处的？"等问题.

设一维粒子具有完全确定的动量 p_0，即动量的不确定度 $\Delta p = 0$. 此时该粒子的波函数应为平面波 $\psi_{p_0}(x) = \mathrm{e}^{ip_0 x/\hbar}$，故 $\left|\psi_{p_0}(x)\right|^2 = 1$，即粒子在空间各点的概率相同，也即它的位置完全不确定.

我们采用高斯波包 $\psi(x) = \mathrm{e}^{-\alpha^2 x^2/2}$ 描述某粒子，其中 α 是常数. 它在一维空间的概率分布为 $|\psi(x)|^2 = \mathrm{e}^{-\alpha^2 x^2}$，如图 2.3(a)所示. 所以，该粒子的位置主要局限于 $|x| \leqslant 1/\alpha$ 的区域内中，即 $\Delta x \approx 1/\alpha$.

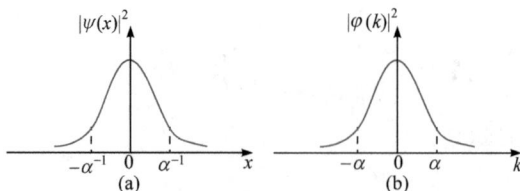

图 2.3　(a) 高斯波包概率分布；(b) 高斯波包傅里叶变换的概率分布

将 $\psi(x)$ 作傅里叶变换(见数学附录三)，利用式(2.1)得动量表象中的波函数

$$\varphi(k) = \frac{1}{\sqrt{2\pi}} \int_{-\infty}^{\infty} \mathrm{e}^{-\alpha^2 x^2/2} \mathrm{e}^{-ikx} \mathrm{d}x = \frac{1}{\alpha} \mathrm{e}^{-k^2/(2\alpha^2)}$$

其中 $k = \dfrac{2\pi}{\lambda}$. 所以，概率分布为 $|\varphi(k)|^2 = \dfrac{1}{\alpha^2} \mathrm{e}^{-k^2/\alpha^2}$，如图 2.3(b)所示，也是高斯型波包，$\Delta k \approx \alpha$，于是 $\Delta x \cdot \Delta k \approx 1$. 根据德布罗意公式(2.1)，可得

$$\Delta x \cdot \Delta p \approx \hbar \tag{2.16}$$

上述两个例子说明，由于微观粒子的波粒二象性，要确定其坐标和相应动量是有

一定限制的. 于是, 海森伯(W. K. Heisenberg)在 1927 年首先提出了著名的不确定性原理: 微观粒子在客观上不能同时具有确定的坐标和相应的动量.

在通常的应用中, 假设某微观粒子坐标 x, 动量 p_x, 能量 E 和寿命 t, 它们的不确定范围分别为 Δx、Δp_x、ΔE 和 Δt, 不确定性原理一般表达式为

$$\Delta x \cdot \Delta p_x \geqslant \hbar / 2$$
$$\Delta E \cdot \Delta t \geqslant \hbar / 2$$

(2.17)

式(2.17)即著名的不确定性原理, 它表明: 无法同时确定一个粒子的坐标和相应的动量; 无法同时确定一个粒子的能量和寿命! 尽管这个不确定度很小, 即在普朗克常量 $\hbar$ 的数量级, 但它是客观存在的; 也正因为这个不确定度很小, 说明了量子物理学具有经典物理学所不可比拟的精确性!

应该指出: 海森伯不确定性原理(也有称"测不准原理")的根源是微观粒子的波粒二象性, 它是本征的自然原理, 是人类第一次触及一个宇宙的极限, 不可逾越. 它与科学仪器的测量精确程度、测量者所采用的方法和技能等无关, 更不要与经典物理中的测量误差相联系. 式(2.17)的严格证明请见第 4 章.

应该指出, 不确定性原理应该是数量级的概念, 若将式(2.17)中的大于等于号右边写成 "$\hbar$" 或 "h" 等, 也是允许的. 此外, 在一般情况下, 如果微观粒子的波动性明显, 可令 $x \sim \Delta x$, $p \sim \Delta p$, $E \sim \Delta E$, $t \sim \Delta t$, 即某物理量与其不确定范围同数量级.

根据海森伯不确定性原理, 微观粒子的能量和动量均具有一定的不确定度. 因此, 在不确定性原理精确度范围内, 量子物理学遵从所谓"统计守恒律":

单个微观粒子的单次运动不服从能量守恒和动量守恒律;

但大量微观粒子运动的统计平均, 或单个微观粒子多次运动的统计平均符合能量守恒和动量守恒律.

例 2.3　试估算氢原子中电子动量的相对误差.

解　在第 1 章中, 由玻尔理论求得基态氢原子电子轨道半径(即第一玻尔半径)为 $a_0 \approx 0.0529\mathrm{nm}$. 设电子的空间位置不确定性为 $\Delta x \approx 0.0529\mathrm{nm}$, 电子速度为 $v \approx 10^6 \mathrm{m/s}$(见第 1 章练习题 1-4), 电子质量为 m_e. 根据不确定性原理式(2.17), 可估算电子动量的相对误差为

$$\frac{\Delta p}{p} = \frac{\hbar}{p \Delta x} = \frac{\hbar}{m_\mathrm{e} v \Delta x} \sim 10^0$$

此动量误差是我们难以接受的. 但是, 如果我们更加精确地测量电子的空间位置, 使 Δx 更小, 那么动量的相对误差将更加大. 由此可见, 若想同时精确测量氢原子中电子的坐标和动量, 其精确度是要受到极大限制的.

例 2.4　经典小球质量 $M = 1000\text{g}$，速度 $v = 10\text{m/s}$，试估算其动量的相对误差.

解　设测量小球的精确度为 $\Delta x = 10^{-6}\text{m}$ (在经典物理学中这已足够精确)，此时动量的相对误差为

$$\frac{\Delta p}{p} \sim 10^{-29}$$

在经典物理学范围内，任何仪器都无法测出上述动量的微小误差. 因此，在量子物理学诞生之前，式(2.17)不可能被发现.

2.4　量子态叠加原理

根据玻恩的统计诠释，波函数 $\psi(\boldsymbol{r},t)$ 描述微观粒子的状态，在 $\boldsymbol{r}$ 处、t 时刻发现该粒子的概率密度等于波函数绝对值的平方 $|\psi(\boldsymbol{r},t)|^2 = \psi(\boldsymbol{r},t)\psi^*(\boldsymbol{r},t)$. 由此，当波函数 $\psi(\boldsymbol{r},t)$ 给定后，三维空间中一个微观粒子的所有力学量测量概率分布就确定了. 换言之，$\psi(\boldsymbol{r},t)$ 完全描述了一个三维空间中微观粒子的量子状态或量子态，波函数也被称为态函数.

根据前面式(2.11)，波函数 $\psi(\boldsymbol{r},t)$ 描述的一个波包，由许多不同动量 $\boldsymbol{p}$ 的平面波($\sim e^{i\boldsymbol{p}\cdot\boldsymbol{r}/\hbar}$)叠加而成. 如果在此量子态中测量粒子的动量，可能得到 $\boldsymbol{p}_1$, $\boldsymbol{p}_2$, $\boldsymbol{p}_3$, $\cdots$ 中的任何一个. 而且，如果每个叠加平面波出现的概率确定，则测得各动量值的概率也确定.

由此得出量子物理学中的一个基本原理——量子态叠加原理：

设 ψ_1 和 ψ_2 是体系可能处于的量子态，在这两个态中测量力学量 A 时，分别测得结果为 a_1 和 a_2，即 ψ_1 和 ψ_2 分别是力学量 A 的本征态，a_1 和 a_2 称为本征值(见第 4 章)，则它们的叠加态 $\psi = c_1\psi_1 + c_2\psi_2$ 也是体系的可能状态，其中 c_1 和 c_2 一般是复常数，此时体系可能部分处于 ψ_1 态，部分处于 ψ_2 态.

例如上面提到的电子双缝干涉实验，如图 2.1 和图 2.2(b)所示：当缝 1 打开，缝 2 关闭时，电子穿过缝 1，由波函数 ψ_1 描述，胶片中最后的图案分布为 $P_1 = |\psi_1|^2$；当缝 1 关闭，缝 2 打开时，电子穿过缝 2，由波函数 ψ_2 描述，胶片中最后的图案分布则为 $P_2 = |\psi_2|^2$；若两条缝同时打开，每一个电子部分概率通过缝 1，还有部分概率通过缝 2，胶片中最后的图案分布为

$$P_{12} = |c_1\psi_1 + c_2\psi_2|^2 = |c_1\psi_1|^2 + |c_2\psi_2|^2 + c_1^*c_2\psi_1^*\psi_2 + c_1c_2^*\psi_1\psi_2^*$$

上式中最后两项即为干涉项，从而引起干涉条纹，如图 2.2(b)所示.

量子态叠加原理的一般表述：

若 ψ_1，ψ_2，$\cdots$，ψ_n，$\cdots$ 是体系一系列可能状态，则它们的线性叠加态

$$\Psi = c_1\psi_1 + c_2\psi_2 + \cdots + c_n\psi_n + \cdots = \sum_n c_n\psi_n \tag{2.18}$$

也是体系的一个可能状态，其中 $c_1, c_2, \cdots, c_n, \cdots$ 为复常数. 体系处于叠加态 Ψ 时，处于 $\psi_1, \psi_2, \cdots, \psi_n, \cdots$ 各态均有一定概率；处于 ψ_n 态的概率为 $|c_n|^2$，且概率归一化要求 $\sum_n |c_n|^2 = 1$.

上述式(2.18)也可理解为，对于一个指定的量子体系，如果我们已找到了它的"完备基本状态矢"(称之为基函数，或本征函数)，例如 $\{\psi_n\}$，那么任何状态都可以由这些基函数叠加而成，即叠加态(详见第 4 章).

例 2.5　试证明任何波函数 $\psi(\boldsymbol{r}, t)$ 均可由自由电子平面波波函数线性叠加而成.

证　某自由电子以动量 $\boldsymbol{p}$ 和能量 $E = \boldsymbol{p}^2/(2\mu)$ 运动，其状态波函数是平面波

$$\psi_{\boldsymbol{p}}(\boldsymbol{r}, t) = A\mathrm{e}^{-\mathrm{i}(Et - \boldsymbol{p}\cdot\boldsymbol{r})/\hbar}$$

令

$$\psi_{\boldsymbol{p}}(\boldsymbol{r}) = \sqrt{\frac{1}{(2\pi\hbar)^3}}\,\mathrm{e}^{\mathrm{i}\boldsymbol{p}\cdot\boldsymbol{r}/\hbar}$$

那么，任何波函数(不一定是自由粒子)均可展开为

$$\psi(\boldsymbol{r}, t) = \int_\infty c(\boldsymbol{p}, t)\sqrt{\frac{1}{(2\pi\hbar)^3}}\,\mathrm{e}^{\mathrm{i}\boldsymbol{p}\cdot\boldsymbol{r}/\hbar}\mathrm{d}^3\boldsymbol{p}$$

其中的系数由下式得出：

$$c(\boldsymbol{p}, t) = \int_\infty \psi(\boldsymbol{r}, t)\sqrt{\frac{1}{(2\pi\hbar)^3}}\,\mathrm{e}^{-\mathrm{i}\boldsymbol{p}\cdot\boldsymbol{r}/\hbar}\mathrm{d}^3\boldsymbol{r}$$

从数学角度看，上述两式即为波函数的傅里叶变换；但从量子物理学角度看，上述两式说明：电子的任何状态均可由各种可能 $\boldsymbol{p}$ 值的自由电子平面波线性叠加而成. 对于一维情形

$$\begin{aligned}\psi(x, t) &= \int_\infty c(p, t)\sqrt{\frac{1}{2\pi\hbar}}\,\mathrm{e}^{\mathrm{i}px/\hbar}\mathrm{d}p \\ c(p, t) &= \int_\infty \psi(x, t)\sqrt{\frac{1}{2\pi\hbar}}\,\mathrm{e}^{-\mathrm{i}px/\hbar}\mathrm{d}x\end{aligned} \tag{2.19}$$

例 2.6　试解析"薛定谔猫态".

解　设想在一个封闭不透明的箱子里有一只活猫及一个毒药瓶，瓶子的开关由一个放射性原子核控制. 当原子核未发生衰变，处于激发态 $\psi_1 = |\uparrow\rangle$ 时，毒药瓶

未被打开，猫是活的；当衰变发生，原子核处于基态 $\psi_2 = |{\downarrow}\rangle$ 时，药瓶被打开，猫将被毒死. 此实验的巧妙之处是将微观不确定性原理关联了宏观不确定性.

假设原子核的半衰期为 $T_{1/2}$，即经过 $T_{1/2}$ 时间后，该原子核有 1/2 的概率衰变到基态. 根据量子态叠加原理，原子核所处状态为

$$\psi = \frac{1}{\sqrt{2}}\left[|{\uparrow}\rangle + |{\downarrow}\rangle\right]$$

那么，此时的猫究竟是活的还是死的?

根据量子纠缠原理(详见第 10 章)，原子核的衰变与否与猫的死活是纠缠在一起的，薛定谔用下列波函数描述这种叠加态:

$$\psi = \alpha|{\uparrow}\rangle|活猫\rangle + \beta|{\downarrow}\rangle|死猫\rangle$$

根据量子态叠加原理，原子核处于激发态而猫是活着的概率为 $|\alpha|^2$，原子核衰变到基态而猫是死的概率为 $|\beta|^2$，且 $|\alpha|^2 + |\beta|^2 = 1$.

量子物理学认为：当猫被关在箱子里的时候，人们无法知道那只猫是死是活，它处于"活与死的叠加态"；一旦打开箱子，叠加态立即坍缩为本征态，即"活猫"态或者"死猫"态.

而根据量子态的概率诠释和量子态叠加原理得出的上述"亦活亦死"的结果，与我们在宏观世界的经验完全不符，也是无法接受的. 有关这一佯谬的深入讨论，请见第 12 章.

2.5　建立薛定谔方程

德布罗意提出了波粒二象性假说，玻恩对德布罗意波提出了物质波的诠释，即波函数 $\psi(r,t)$ 模的平方代表在空间找到该粒子的概率. 现在的关键是波函数 $\psi(r,t)$ 满足怎样的动力学规律呢? 有了物质波，就应该有一个波动方程. 奥地利物理学家薛定谔(E. Schr□dinger)在 1926 年提出了著名的薛定谔方程，从而解决了这一重大问题. 事实上，薛定谔方程是量子物理学中的基本方程，是波函数所满足的偏微分方程，其地位相当于经典力学中的牛顿方程. 薛定谔方程只能是"建立"(假说)，不能"推导"，其正确性需经过之后的可重复实验精确检验，然后才能被证明，这一点与牛顿方程是一样的.

1. 建立薛定谔方程

设某自由粒子的德布罗意波为平面波

$$\psi(r,t) = e^{-i(Et - p \cdot r)/\hbar}$$

满足方程

$$i\hbar \frac{\partial \psi}{\partial t} = E\psi$$

$$-i\hbar\nabla\psi = \boldsymbol{p}\psi \rightarrow -\hbar^2\nabla^2\psi = \boldsymbol{p}^2\psi$$

其中 $\nabla = \boldsymbol{i}\dfrac{\partial}{\partial x} + \boldsymbol{j}\dfrac{\partial}{\partial y} + \boldsymbol{k}\dfrac{\partial}{\partial z}$.

对于质量为 μ 的自由粒子，$E = \boldsymbol{p}^2/(2\mu)$，于是有 $i\hbar\dfrac{\partial \psi}{\partial t} = -\dfrac{\hbar^2}{2\mu}\nabla^2\psi$. 此式可看成是在经典关系 $E = \boldsymbol{p}^2/(2\mu)$ 中进行算符代换

$$\begin{cases} E \rightarrow i\hbar\dfrac{\partial}{\partial t} \\[2mm] \boldsymbol{p} \rightarrow -i\hbar\nabla \end{cases} \tag{2.20}$$

所以，在量子物理学中，能量 E 和动量 $\boldsymbol{p}$ 分别对应对时间和空间的导数算符. 有关此种代换的更深层含义，将在第 4 章中详细阐述.

上述"推导"只是对自由粒子而言的. 推广至一般情况：若粒子在外势场 $U(\boldsymbol{r},t)$ 中运动，能量表达式为

$$E = \frac{1}{2\mu}\boldsymbol{p}^2 + U(\boldsymbol{r},t)$$

则波函数应该满足方程

$$\begin{cases} i\hbar\dfrac{\partial \psi}{\partial t} = \left[-\dfrac{\hbar^2}{2\mu}\nabla^2 + U(\boldsymbol{r},t) \right]\psi \\[3mm] i\hbar\dfrac{\partial \psi}{\partial t} = \hat{H}\psi \end{cases} \tag{2.21}$$

其中 $\hat{H} = -\dfrac{\hbar^2}{2\mu}\nabla^2 + U(\boldsymbol{r},t)$ 称为系统的哈密顿算符(Hamiltonian operator)，也称为系统的哈密顿量. 式(2.21)即为单粒子运动的薛定谔方程.

2. 概率守恒定律

对于束缚态，粒子被束缚在空间某一范围 V 内，其空间概率密度为

$$\begin{cases} w(\boldsymbol{r},t) = |\psi(\boldsymbol{r},t)|^2 = \psi^*(\boldsymbol{r},t)\cdot\psi(\boldsymbol{r},t) \\[2mm] \dfrac{\partial w}{\partial t} = \psi^*\dfrac{\partial \psi}{\partial t} + \dfrac{\partial \psi^*}{\partial t}\psi \end{cases} \tag{2.22}$$

根据薛定谔方程(2.21)，有

$$\frac{\partial \psi}{\partial t} = \frac{i\hbar}{2\mu} \nabla^2 \psi + \frac{1}{i\hbar} U\psi$$

$$\frac{\partial \psi^*}{\partial t} = -\frac{i\hbar}{2\mu} \nabla^2 \psi^* - \frac{1}{i\hbar} U\psi^*$$

于是有

$$\frac{\partial w}{\partial t} = \frac{i\hbar}{2\mu} (\psi^* \nabla^2 \psi - \psi \nabla^2 \psi^*)$$

$$= \frac{i\hbar}{2\mu} \nabla \cdot (\psi^* \nabla \psi - \psi \nabla \psi^*)$$

可记为

$$\boldsymbol{J} = \frac{i\hbar}{2\mu} (\psi \nabla \psi^* - \psi^* \nabla \psi) \tag{2.23}$$

如果定义上述式(2.23)为概率流密度，则

$$\frac{\partial w}{\partial t} + \nabla \cdot \boldsymbol{J} = 0 \tag{2.24}$$

上述式(2.24)即为概率守恒定律公式. 因为对任何体积 V，有

$$\int_V \frac{\partial w}{\partial t} \mathrm{d}\tau = -\int_V \nabla \cdot \boldsymbol{J} \mathrm{d}\tau$$

上述等式左边等于

$$\frac{\mathrm{d}}{\mathrm{d}t} \int_V w \mathrm{d}\tau = \frac{\mathrm{d}}{\mathrm{d}t} W_V$$

对上述等式右边使用高斯(Gauss)定理，得

$$\frac{\mathrm{d}}{\mathrm{d}t} W_V = -\oint_S \boldsymbol{J} \cdot \mathrm{d}\boldsymbol{S}$$

上式中，W_V 是在体积 V 内发现粒子的总概率；$\oint_S \boldsymbol{J} \cdot \mathrm{d}\boldsymbol{S}$ 是穿过封闭曲面 S 向外的总通量. 因此，$\boldsymbol{J}$ 即为"概率流密度"，所以式(2.24)所表现的概率守恒，即粒子数守恒.

3. 定态薛定谔方程

若势能 $U(\boldsymbol{r})$ 与时间无关，则薛定谔方程可分离变量求解，令

$$\psi(\boldsymbol{r},t) = f(t)\psi(\boldsymbol{r}) \tag{2.25}$$

代入薛定谔方程(2.21)，得

$$i\hbar\frac{\partial f(t)}{\partial t}\psi(r)=\left[-\frac{\hbar^2}{2\mu}\nabla^2+U(r)\right]f(t)\psi(r)$$

将上式移项得

$$\frac{i\hbar}{f(t)}\frac{df(t)}{dt}=\frac{1}{\psi(r)}\left[-\frac{\hbar^2}{2\mu}\nabla^2\psi(r)+U(r)\psi(r)\right]$$

上式左边仅与 t 有关，右边仅与 r 有关，要使之成立，等号两边必恒等于常数，令该常数为 E，于是得到关于时间 t 的常微分方程

$$i\hbar\frac{df}{dt}=Ef(t) \tag{2.26}$$

其解为

$$f(t)=e^{-\frac{i}{\hbar}Et} \tag{2.27}$$

另一个关于空间的微分方程为

$$\left[-\frac{\hbar^2}{2\mu}\nabla^2+U(r)\right]\psi(r)=E\psi(r) \tag{2.28}$$

解后得到空间波函数 $\psi(r)$，与式(2.27)合并，得体系总波函数为

$$\psi(r,t)=e^{-\frac{i}{\hbar}Et}\psi(r) \tag{2.29}$$

$\psi(r,t)$ 或 $\psi(r)$ 称为定态波函数. 对比德布罗意波式(2.1)，可知常数 E 的物理意义正是粒子的能量. 所以，定态是体系的能量有确定值的状态，在定态中，体系的各种力学性质不随时间而改变. 式(2.28)称为定态薛定谔方程，也可表示为

$$\hat{H}\psi(r)=E\psi(r),\quad \hat{H}=-\frac{\hbar^2}{2\mu}\nabla^2+U(r) \tag{2.30}$$

如果一个算符作用于波函数上，等于一个常数乘以该波函数，此类方程称为该算符的本征方程，常数称为本征值，方程的解称为本征函数(详见第 4 章). 所以，上述定态薛定谔方程(2.30)即为能量本征方程.

4. 波函数的标准条件

在求解定态薛定谔方程(2.30)时，为了使求出的解符合物理实际，需要对所求的波函数提出一般要求，也称为波函数的标准条件，具体如下.

(1) 归一化：$\int_{(\text{全})}|\psi(r)|^2d\tau=1$；

(2) 单值性：$|\psi(r)|^2$ 必须单值；

(3) 连续性：一般情况下，$\psi(r)$ 及其一阶导数是连续函数.

上述积分公式是对全空间积分. 这些标准条件均是根据物理系统的实际要求提出的，在求解薛定谔方程时是十分重要的.

思 考 题

2-1 "科学灵感"是如何突然闪现的？需要哪些前提条件？

2-2 何谓物质波？它与宏观世界中的声波、水波等有何区别？

2-3 在电子双缝干涉实验中，电子是如何"通过"双缝的？如何理解量子态叠加原理？

2-4 从决定论描述到概率论描述，量子物理学是如何跨越的？

2-5 牛顿方程、麦克斯韦方程组、薛定谔方程……宇宙的自然规律一般由偏微分方程描述，为什么？为什么这些方程只能被建立，而不能被"推导"？

练 习 题

2-1 电子的能量分别为 10eV 和 1000eV 时，试计算其相应的德布罗意波长.

2-2 设光子和电子的波长均为 0.4nm. 试问：

(1) 光子动量与电子动量之比是多少？

(2) 它们的动能之比是多少？

2-3 若一电子的动能等于它的静止能量，试问：

(1) 该电子的速度为多大？

(2) 其相应的德布罗意波长为多少？

2-4 (1)试证明：一粒子的康普顿波长与其德布罗意波长之比等于 $\sqrt{\left(\dfrac{E}{E_0}\right)^2 - 1}$，其中 E_0 和 E 分别为粒子的静止能量和运动粒子的总能量(康普顿波长 $\lambda_c = \dfrac{h}{m_0 c}$，$m_0$ 为该粒子的静止质量，c 为光速).

(2) 当电子的动能等于何值时，它的德布罗意波长等于它的康普顿波长？此时，电子的速度为多少？

2-5 能量为 0.1eV 的中子束在某晶体样品表面衍射，如果一级布拉格衍射产生于 $\theta = 28°$，试求该晶体样品的晶格常数.

2-6 请问下列波函数中，哪些波函数描述同一状态？

$$\psi_1 = e^{i2x/\hbar}, \qquad \psi_2 = e^{-i2x/\hbar}, \qquad \psi_3 = e^{i3x/\hbar},$$
$$\psi_4 = -e^{i2x/\hbar}, \qquad \psi_5 = 3e^{-i(2x+\pi\hbar)/\hbar}, \qquad \psi_6 = (4+2i)e^{i2x/\hbar}$$

2-7 高斯型波函数为 $\psi(x) = Ae^{-\alpha x^2/2}e^{ip_0 x/\hbar}$，试证明：归一化因子 $A = (\pi/\alpha)^{-1/4}$.

2-8 已知粒子波函数为 $\psi = N\exp\left(-\dfrac{|x|}{2a} - \dfrac{|y|}{2b} - \dfrac{|z|}{2c}\right)$，试求：

(1) 归一化常数 N；

(2) 粒子的 x 坐标在 0 到 a 之间的概率；

(3) 粒子的 y 坐标和 z 坐标分别在 $-b\sim+b$ 和 $-c\sim+c$ 的概率.

2-9 已知基态氢原子的径向波函数为 $R_{10}(r)=\dfrac{2}{a_0^{3/2}}\mathrm{e}^{-r/a_0}$ ，其中 a_0 为第一玻尔半径. 试计算在以原子核为球心，$2\,a_0$ 为半径的球外，电子出现的概率. 计算结果可否用经典概念解释？

2-10 一原子的激发态发射波长为 600nm 的光谱线，测得波长的精确度为 $\Delta\lambda/\lambda=10^{-7}$，试问该原子态的寿命为多长？

2-11 若一电子被禁闭在线度为 10fm 的空间中，试计算它的最小动能 $(1\mathrm{fm}=10^{-15}\mathrm{m})$.

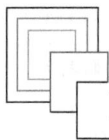

第 3 章　一维定态实例

在第 2 章中，根据德布罗意波粒二象性假说建立了薛定谔方程，并给出了波函数的具体特征要求和边界条件. 然而，薛定谔方程(2.21)和(2.28)是二阶偏微分方程，真正能够被精确解析求解的实例并不多. 本章将聚焦一维系统中运动粒子的能量本征值问题，解析求解相对简单而又十分重要的几个定态问题实例，例如一维方势阱、一维散射势、一维谐振子等，并解释相关实验结果. 一方面，对这些一维实例的精确求解和分析，有助于读者理解量子物理学与经典物理学的本质差异，掌握其基本思想和方法；另一方面，解决一维问题所引出的概念、特征、结果等是以后处理更普遍问题的基础.

设粒子的质量为 m，沿 x 方向运动，势能为 $V(x,t)$，则薛定谔方程(2.21)可表示为

$$\mathrm{i}\hbar \frac{\partial \psi(x,t)}{\partial t} = \left[-\frac{\hbar^2}{2m}\frac{\partial^2}{\partial x^2} + V(x,t) \right]\psi(x,t) \tag{3.1}$$

对于定态，势能与时间无关，即 $V(x,t) = V(x)$，是能量 E 具有确定值的态，可将波函数分离变量

$$\psi(x,t) = \mathrm{e}^{-\frac{\mathrm{i}}{\hbar}Et}\psi(x)$$

代入式(3.1)，得 $\psi(x)$ 所满足的常微分方程，也称一维定态薛定谔方程

$$\left[-\frac{\hbar^2}{2m}\frac{\mathrm{d}^2}{\mathrm{d}x^2} + V(x) \right]\psi(x) = E\psi(x) \tag{3.2}$$

或写成

$$\hat{H}\psi(x) = E\psi(x), \quad \hat{H} = -\frac{\hbar^2}{2m}\frac{\mathrm{d}^2}{\mathrm{d}x^2} + V(x) \tag{3.3}$$

很明显，上述定态薛定谔方程(3.2)或(3.3)即为能量本征方程(2.30)，能量本征值为 E，方程的解是本征函数 $\psi(x)$. 在此定态中，体系的各种力学性质不随时间而改变.

3.1　一维势场中粒子能量本征态的一般性质

1. 能级的简并

设系统能级分立，即 $E = \{E_n\}$, $n = 1, 2, 3, \cdots$. 对同一个能级，若有两个及以

上的本征函数与其对应，则称这个能级是简并的；反之，则是非简并的.

2. 波函数的宇称

宇称描述在空间反演下波函数的特性. 设空间反演算符 $\hat{P}$，其作用于波函数后的效果为 $\hat{P}\psi(x) = \psi(-x)$，如果

$$\hat{P}\psi(x) = \psi(-x) = \psi(x)$$

或者

$$\hat{P}\psi(x) = \psi(-x) = -\psi(x)$$

则称 $\psi(x)$ 具有确定的偶宇称或奇宇称，总称为它们具有确定宇称. 例如

偶宇称：$\hat{P}\cos(x) = \cos(-x) = \cos(x)$

奇宇称：$\hat{P}\sin(x) = \sin(-x) = -\sin(x)$

3. 束缚态与非束缚态

若 $V(x)$ 在 $x \to \pm\infty$ 时有确定极限，$E < V(+\infty)$，$V(-\infty)$，则当 $|x|$ 很大时，$(V-E)$ 是一正的常数，于是求解式(3.2)，$\psi(x)$ 随 x 呈指数衰减，当 $x \to \pm\infty$ 时，$\psi(x) = 0$，即粒子在无穷远处出现的概率为零，称为束缚态.

反之，在 $x \to \pm\infty$ 时，$\psi(x) \neq 0$，粒子可能在无穷远处出现，称为非束缚态，或散射态.

定理 3.1　设 $\psi(x)$ 是能量本征方程的一个解，对应的能量本征值为 E，则 $\psi^*(x)$ 也是该能量本征方程的一个解，对应的能量也是 E.

一般情况下，我们假设势能 $V(x)$ 是实函数. 所以，若要证明此定理，只要对式(3.2)两边取复共轭即可.

推论　对应于能量的某个本征值 E，能量本征方程的解 $\psi(x)$ 不简并，则这个解可取实函数，因为此时 $\psi(x) = \psi^*(x)$.

定理 3.2　设 $V(x)$ 具有确定的偶宇称，即 $V(x) = V(-x)$，如果 $\psi(x)$ 是能量本征方程对应能量本征值 E 的解，则 $\psi(-x)$ 也是方程对应于 E 的解. (只要对式(3.2)两边将 x 变为 $-x$，即可证明.)

推论　设 $\psi(x)$ 是能量本征方程对应能量本征值 E 的解，如果 $V(x) = V(-x)$，且 $\psi(x)$ 非简并，则 $\psi(x)$ 具有确定宇称. (因为波函数前面可以相差一常数.)

定理 3.3　设势能为

$$V(x) = \begin{cases} V_1, & x \leqslant a \\ V_2, & x > a \end{cases}$$

若 $V_2 - V_1$ 有限，则能量本征函数 $\psi(x)$ 及其导数 $\psi'(x)$ 在 a 点必定是连续的.

证 将式(3.2)写为

$$\frac{\mathrm{d}^2\psi(x)}{\mathrm{d}x^2} = -\frac{2m}{\hbar^2}[E-V(x)]\psi(x)$$

对上式两边在区间$(a-\varepsilon, a+\varepsilon)$求积分, 并令$\varepsilon \to 0^+$, 得

$$\psi'(a+0^+) - \psi'(a-0^+) = \lim_{\varepsilon \to 0^+} \frac{-2m}{\hbar^2} \int_{a-\varepsilon}^{a+\varepsilon} \mathrm{d}x[E-V(x)]\psi(x)$$

由于$[E-V(x)]$有限, 当$\varepsilon \to 0^+$时, 上式右边积分$\to 0$, 即

$$\psi'(a+0^+) = \psi'(a-0^+)$$

说明导数$\psi'(x)$在$x=a$点连续, 这意味着$\psi(x)$在点a也连续.

定理 3.4 设$\psi_1(x)$和$\psi_2(x)$均为能量本征方程属于同一能量 E 的解, 则$\psi_1\psi_2' - \psi_2\psi_1' = $常数.

证 将式(3.2)改写为

$$\psi_1'' + \frac{2m}{\hbar^2}[E-V(x)]\psi_1 = 0 \qquad (\mathrm{I})$$

$$\psi_2'' + \frac{2m}{\hbar^2}[E-V(x)]\psi_2 = 0 \qquad (\mathrm{II})$$

作$\psi_1 \times (\mathrm{II}) - \psi_2 \times (\mathrm{I})$, 得

$$\psi_1\psi_2'' - \psi_2\psi_1'' = 0, \quad 即 (\psi_1\psi_2' - \psi_2\psi_1')' = 0$$

两边积分, 得

$$\psi_1\psi_2' - \psi_2\psi_1' = 常数$$

推论 由于上式中的常数不依赖于坐标 x, 若是束缚态, 在无穷远处必有$\psi_1 = \psi_2 = 0$, 因此, 若ψ_1和ψ_2均为束缚态, 则必有$\psi_1\psi_2' = \psi_2\psi_1'$.

定理 3.5 设粒子在无奇点势场$V(x)$中运动, 如存在束缚态, 则必定是不简并的.

根据定理 3.4, 若是束缚态, 必有

$$\psi_1\psi_2' = \psi_2\psi_1'$$

或改写为$\psi_1'/\psi_1 = \psi_2'/\psi_2$, 对此式两边积分得$\psi_1(x) = C\psi_2(x)$, 其中 C 是一常数.

若$V(x)$有奇点$V(x_0) \to \infty$, 则奇点处可能出现$\psi = 0$而ψ'不连续, 此时定理3.5 可能不成立.

3.2 一维定态薛定谔方程的典型应用

1. 一维无限深方势阱

一维势场$V(x) = \begin{cases} 0, & 0 \leqslant x \leqslant a \\ \infty, & x < 0, x > a \end{cases}$, a 为势阱宽度, 如图 3.1 所示.

在阱外，即 $x < 0$ 或 $x > a$ ，由于势能 V 等于无穷大，要使定态薛定谔方程(3.2)成立，必有 $\psi_{外} = 0$. 因此，粒子只能在区间 $0 \leqslant x \leqslant a$ 内运动，其定态薛定谔方程(3.2)可改写为

$$\frac{\mathrm{d}^2}{\mathrm{d}x^2}\psi(x) + \frac{2mE}{\hbar^2}\psi(x) = 0$$

图 3.1　一维无限深方势阱示意图

(1) 在区间 $0 \leqslant x \leqslant a$ ，求解此能量本征方程，解为

$$\psi(x) = A\sin(kx + \delta) \tag{3.4}$$

其中

$$k = \sqrt{2mE}\,/\,\hbar \tag{3.5}$$

由边界条件 $\psi(0) = 0$ 和 $\psi(a) = 0$ ，即 $\delta = 0$ ， $\sin(ka) = 0$ ，必然要求

$$ka = n\pi, \quad n = 1, 2, 3, \cdots \tag{3.6}$$

于是得波函数为

$$\psi(x) = \psi_n(x) = A\sin\left(\frac{n\pi}{a}x\right), \quad 0 \leqslant x \leqslant a \tag{3.7}$$

(2) 能量量子化. 根据式(3.5)和式(3.6)，得

$$E = E_n = \frac{\hbar^2\pi^2 n^2}{2ma^2}, \quad n = 1, 2, 3, \cdots \tag{3.8}$$

说明在一维无限深方势阱中运动的粒子能量是量子化的. 在式(3.8)中， E_n 称为体系的能量本征值，与 E_n 对应的波函数 ψ_n 称为该能量本征函数.

(3) 波函数的归一化. 将波函数式(3.7)进行归一化，令

$$\int_0^a |\psi_n(x)|^2\,\mathrm{d}x = 1$$

得到 $|A| = \sqrt{2/a}$ ，于是归一化波函数为

$$\psi_n(x) = \begin{cases} \sqrt{\dfrac{2}{a}}\sin\left(\dfrac{n\pi}{a}x\right), & 0 \leqslant x \leqslant a \\ 0, & x < 0,\ x > a \end{cases}, \quad n = 1, 2, 3, \cdots \tag{3.9}$$

式(3.9)即为定态薛定谔方程的解，由于 n 有无穷多种取值，故解也有无穷多个，而且根据量子态叠加态原理，它们的组合

$$\Psi = \sum c_n\psi_n(x) \tag{3.10}$$

也是定态薛定谔方程的解，其中 c_n 是常数.

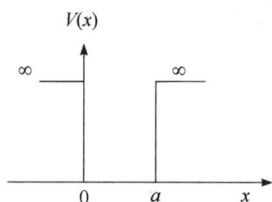

(4) 讨论. 取式(3.8)中 n 最小值为 1，故微观粒子具有最低能量

$$E_1 = \frac{\hbar^2 \pi^2}{2ma^2} \neq 0 \tag{3.11}$$

该能量也称为"零点能"，说明被束缚在某一区域内的粒子永远无法静止下来. 然而在经典物理学中，$E = 0$ 是允许的，两者截然不同. 而且，对于微观粒子，"零点能"现象具有普遍性.

此外，对于一维无限深方势阱中的粒子，$\Delta x \sim a$，由不确定性关系 $\Delta x \Delta p \geq \hbar$，得到 $\Delta p \sim \hbar / a \neq 0$，由此可估算粒子能量

$$E \sim p^2 / (2m) \sim (\Delta p)^2 / (2m) \sim \hbar^2 / (2ma^2) \neq 0$$

上述结果与式(3.11)得到的结果在同一数量级.

波函数 $\psi_n(x) = A\sin\left(\dfrac{n\pi}{a}x\right)$ 及概率分布的形貌如图 3.2 所示，在区间 $0 < x < a$ 内，在 $x_n(l) = \dfrac{la}{n}, l = 1, 2, \cdots, n-1$ 处，是 $n-1$ 个节点，其上

$$\psi_n(x_n) = A\sin\left(\frac{n\pi}{a}x_n\right) = 0$$

说明粒子在这些节点上出现的概率为零. 对于经典粒子来说，它在 $0 < x < a$ 内任何地方均有可能出现.

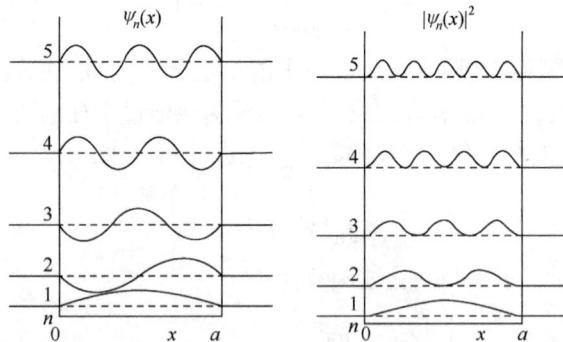

图 3.2 一维无限深方势阱中能级较低的几个波函数及概率分布

2. 一维有限深对称方势阱

设有一维对称势能

$$V(x) = \begin{cases} 0, & |x| < a/2 \\ V_0, & |x| \geq a/2 \end{cases}$$

如图 3.3 所示，V_0 为有限正值，粒子的能量 E 满足条件 $0 < E < V_0$. 根据定理 3.2 及推论，该问题中薛定谔方程的解具有确定宇称.

根据定态薛定谔方程(3.2)，在阱内，能量本征方程为

$$\frac{\mathrm{d}^2}{\mathrm{d}x^2}\psi(x) + \frac{2mE}{\hbar^2}\psi(x) = 0, \quad |x| < \frac{a}{2}$$

图 3.3　有限深对称方势阱示意图

解得

$$\psi(x) = \begin{cases} A\cos(kx), & \text{偶宇称} \\ B\sin(kx), & \text{奇宇称} \end{cases} \tag{3.12}$$

其中 $k = \sqrt{2mE}/\hbar$. 在阱外，能量本征方程为

$$\frac{\mathrm{d}^2}{\mathrm{d}x^2}\psi(x) - \frac{2m}{\hbar^2}(V_0 - E)\psi(x) = 0, \quad |x| \geqslant \frac{a}{2}$$

解得

$$\psi(x) = \begin{cases} Ce^{-\beta x}, & x \geqslant a/2 \\ De^{+\beta x}, & x \leqslant -a/2 \end{cases}, \quad \beta = \sqrt{2m(V_0 - E)}/\hbar \tag{3.13}$$

上式说明：$|\psi(x \to \pm\infty)|^2 = 0$，即粒子不会出现在 $\pm\infty$；当 $x \geqslant a/2$，或 $x \leqslant -a/2$ 时，$|\psi(x)| \neq 0$，说明 $E < V_0$ 的粒子也有到达势阱外的可能.

上面两个解中的常数 A、B、C 和 D 由波函数及其导数在 $x = -a/2$ 和 $x = a/2$ 时的连续条件确定. 可分两种情况讨论.

1) 偶宇称解

$$\psi = A\cos(kx), \quad |x| < \frac{a}{2}$$

$$\psi = \begin{cases} Ce^{-\beta x}, & x \geqslant a/2 \\ De^{+\beta x}, & x \leqslant -a/2 \end{cases} \tag{3.14}$$

在 $x = \pm a/2$ 处，令 $(\ln\psi)'$ 连续，得到同样结果

$$\tan\frac{ka}{2} = \frac{\beta}{k} \tag{3.15a}$$

或改写为

$$1 + \tan^2\frac{ka}{2} = \frac{k^2 + \beta^2}{k^2} = \frac{V_0}{E} \quad \text{或} \quad \cos^2\frac{ka}{2} = \frac{E}{V_0}$$

当 $\beta \gg k$，即 $V_0 \gg E$ 时，式(3.15a)的近似解为

$$ka \approx n\pi, \quad n = 1, 3, 5, \cdots$$

此时的能级公式为

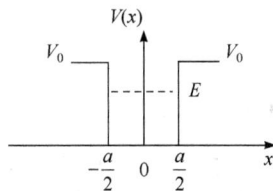

$$E_n = \frac{\hbar^2 k^2}{2m} \approx \frac{n^2 \pi^2 \hbar^2}{2ma^2}$$

即无限深方势阱中的能级公式，不过 n 只取正奇数.

　　令 $\xi = ka/2, \eta = \beta a/2$，得 $\xi^2 + \eta^2 = mV_0 a^2/(2\hbar^2)$，此式是以 ξ 和 η 为变量的标准圆方程. 于是式(3.15a)可表示为

$$\xi \tan \xi = \eta \tag{3.15b}$$

　　2) 奇宇称解

$$\psi = B\sin(kx), \quad |x| < \frac{a}{2}$$

$$\psi = \begin{cases} Ce^{-\beta x}, & x \geqslant a/2 \\ De^{+\beta x}, & x \leqslant -a/2 \end{cases} \tag{3.16}$$

在 $x = \pm a/2$ 处，令 $(\ln\psi)'$ 连续，均得

$$-k\cot(ka/2) = \beta \tag{3.17a}$$

上式求近似解：当 $\beta \gg k$，即 $V_0 \gg E$ 时，上式解为

$$ka \approx n\pi, \quad n = 2, 4, 6, \cdots$$

此时的能级公式为

$$E_n = \frac{\hbar^2 k^2}{2m} \approx \frac{n^2 \pi^2 \hbar^2}{2ma^2}$$

也是无限深方势阱中的能级公式，n 取正偶数，与上述偶宇称的情况正好错开.

　　利用上述定义的 ξ 和 η，式(3.17a)可写成

$$-\xi \cot \xi = \eta \tag{3.17b}$$

上述式(3.15b)和式(3.17b)是两个超越方程，可用作图法求解，如图 3.4 所示，图中曲线与圆方程的交点即为解，对应相应的能量.

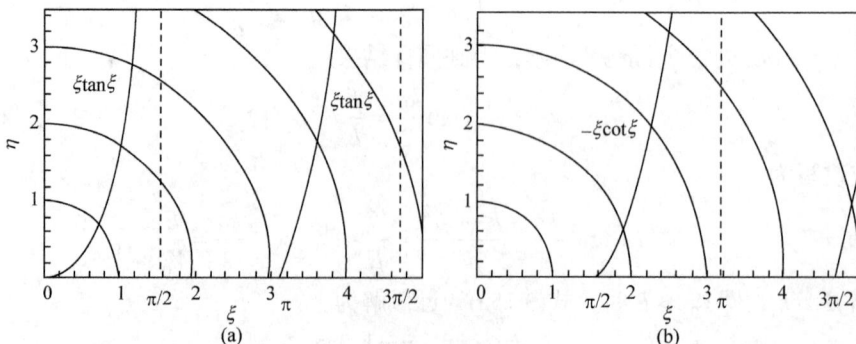

图3.4　(a) 偶宇称 $\psi = A\cos(kx)$，$|x| < \dfrac{a}{2}$；(b) 奇宇称 $\psi = B\sin(kx)$，$|x| < \dfrac{a}{2}$

对于偶宇称，如图 3.4(a)所示，无论 V_0a^2 的值为多少，只要 $0 < E < V_0$ 成立，上述式(3.15b)与圆方程 $\xi^2 + \eta^2 = mV_0a^2 / (2\hbar^2)$ 至少有一个交点，即至少有一个束缚态；当 $\xi^2 + \eta^2 = mV_0a^2 / (2\hbar^2) \geqslant \pi^2$ 时，开始出现首个以及更高的偶宇称激发态.

对于奇宇称，如图 3.4(b)所示，只有当 $\xi^2 + \eta^2 = mV_0a^2 / (2\hbar^2) \geqslant \pi^2/4$ 时，才有可能出现最低的第一个奇宇称态.

3. 量子隧道效应

设入射粒子能量为 E，在高度为 V_0 的方势垒上反射与透射，$E < V_0$，如图 3.5 所示.

在 $x < 0$，$x > a$ 的区域中，能量本征方程(3.2)可表述为

$$\frac{d^2}{dx^2}\psi(x) + \frac{2mE}{\hbar^2}\psi(x) = 0$$

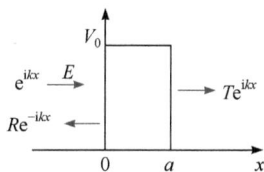

图 3.5　势垒贯穿示意图

所以在势垒外的解为

$$\psi(x) = \psi_{外}(x) = \begin{cases} \psi_\lambda + \psi_反 = e^{ikx} + Re^{-ikx}, & x < 0 \\ \psi_透 = Te^{ikx}, & x > a \end{cases} \tag{3.18}$$

其中，设入射波振幅为 1，即 $\psi_\lambda = e^{ikx}$，$\psi_反 = Re^{-ikx}$，$k = \sqrt{2mE} / \hbar$.

根据式(2.23)，粒子流密度可表示为

$$j_\lambda = -\frac{i\hbar}{2m}\left(\psi_\lambda^* \frac{d}{dx}\psi_\lambda - \psi_\lambda \frac{d}{dx}\psi_\lambda^*\right)$$

$$= \frac{\hbar k}{m}\left|\psi_\lambda\right|^2 = \hbar k / m = v$$

其中 v 是粒子的速率. 同理可得 $j_反 = |R|^2 v$，$j_透 = |T|^2 v$. 于是，反射系数 $|R|^2 = j_反/j_\lambda$，透射系数 $|T|^2 = j_透/j_\lambda$.

此外，在 $0 \leqslant x \leqslant a$ 的区域中，能量本征方程(3.2)为

$$\frac{d^2}{dx^2}\psi - \frac{2m}{\hbar^2}(V_0 - E)\psi = 0$$

上式的解为

$$\psi(x) = \psi_{内}(x) = Ae^{\beta x} + Be^{-\beta x} \tag{3.19}$$

其中 $\beta = \sqrt{2m(V_0 - E)} / \hbar$. 在 $x = 0$ 和 $x = a$ 处，势垒内外波函数解式(3.18)和

式(3.19)相等及其导数相等, 得常数之间的方程组

$$1 + R = A + B$$

$$A\mathrm{e}^{\beta a} + B\mathrm{e}^{-\beta a} = T\mathrm{e}^{\mathrm{i}ka}$$

$$\mathrm{i}k(1 - R) / \beta = A - B$$

$$A\mathrm{e}^{\beta a} - B\mathrm{e}^{-\beta a} = \frac{\mathrm{i}k}{\beta} T\mathrm{e}^{\mathrm{i}ka}$$

解上述代数方程, 得到

$$A = \frac{T}{2}\left(1 + \frac{\mathrm{i}k}{\beta}\right)\mathrm{e}^{(\mathrm{i}k-\beta)a}$$

$$B = \frac{T}{2}\left(1 - \frac{\mathrm{i}k}{\beta}\right)\mathrm{e}^{(\mathrm{i}k+\beta)a}$$

$$|T|^2 = \frac{4k^2\beta^2}{(k^2+\beta^2)^2\sinh^2(\beta a) + 4k^2\beta^2}$$

$$|R|^2 = \frac{(k^2+\beta^2)^2\sinh^2(\beta a)}{(k^2+\beta^2)^2\sinh^2(\beta a) + 4k^2\beta^2}$$

显然, $|R|^2 + |T|^2 = 1$.

势垒贯穿隧道效应如图 3.6 所示.

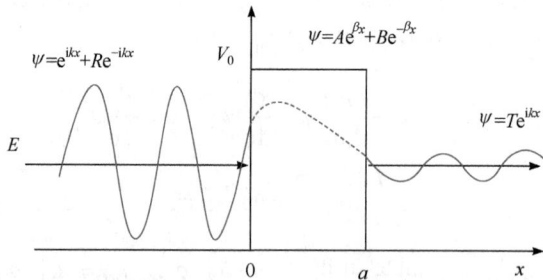

图 3.6 势垒贯穿隧道效应示意图

对于电子势垒贯穿, 设 $V_0 - E = 8\times10^{-19}\mathrm{J}$, $E = 10^{-19}\mathrm{J}$, $m_\mathrm{e} = 9.1\times10^{-31}\mathrm{kg}$, $\hbar = 1.1\times10^{-34}\mathrm{J\cdot s}$, 则有表 3.1 所示数据. 所以, 如果势垒宽度和高度适合, 电子的势垒贯穿效应相当可观.

表 3.1 透射系数 $|T|^2$ 与势垒宽度 a 的关系

$a/\text{Å}$	1	2	5	10
$|T|^2$	0.17	1.6×10^{-2}	1.7×10^{-5}	1.8×10^{-10}

4. δ 势垒的反射与透射

设入射粒子质量为 m，能量为 $E > 0$，在 δ 势垒 $V(x) = \gamma\delta(x)$ 上反射和贯穿，常数 $\gamma > 0$，如图 3.7 所示.

设该粒子从左射入 δ 势垒，满足定态薛定谔方程

$$-\frac{\hbar^2}{2m}\frac{\mathrm{d}^2}{\mathrm{d}x^2}\psi(x) = [E - \gamma\delta(x)]\psi(x) \qquad (3.20)$$

对上式两边在区间 $(-\varepsilon, \varepsilon)$ 求积分

$$\lim_{\varepsilon\to 0}\int_{-\varepsilon}^{\varepsilon} -\frac{\hbar^2}{2m}\frac{\mathrm{d}^2}{\mathrm{d}x^2}\psi(x)\mathrm{d}x = \lim_{\varepsilon\to 0}\int_{-\varepsilon}^{\varepsilon}[E - \gamma\delta(x)]\psi(x)\mathrm{d}x$$

图 3.7　δ 势垒函数 $V(x)$

得到

$$\psi'(0^+) - \psi'(0^-) = \frac{2m\gamma}{\hbar^2}\psi(0) \qquad (3.21)$$

由此可见，当 $\psi(0) \neq 0$ 时，$\psi'(x)$ 在 $x = 0$ 点不连续，有一跳变. 此时二阶导数不存在.

当 $x \neq 0$ 时，薛定谔方程为

$$\psi''(x) + k^2\psi(x) = 0, \quad k = \sqrt{2mE}/\hbar$$

其解可表示如下(设入射波振幅为 1):

$$\psi(x) = \begin{cases} \mathrm{e}^{ikx} + R\mathrm{e}^{-ikx}, & x < 0 \\ T\mathrm{e}^{ikx}, & x \geqslant 0 \end{cases} \qquad (3.22)$$

此解的形式如图 3.8 所示.

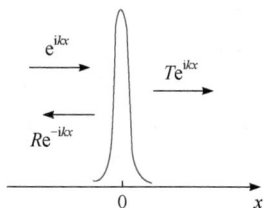

图 3.8　粒子在 δ 势垒上反射和贯穿

由边界条件 $\psi(0^+) = \psi(0^-)$ 和式(3.21)，可得各系数之间的关系为

$$1 + R = T, \quad 1 - R = T - \frac{2m\gamma}{ik\hbar^2}T, \quad \psi(0) = T$$

由此，如果入射波振幅等于 1，则求得

$$T = \left(1 + \frac{im\gamma}{\hbar^2 k}\right)^{-1}, \quad R = -\frac{im\gamma}{\hbar^2 k}\left(1 + \frac{im\gamma}{\hbar^2 k}\right)^{-1}$$

最后求得透射系数 $|T|^2$ 和反射系数 $|R|^2$ 分别为

$$|T|^2 = \left(1 + \frac{m^2\gamma^2}{\hbar^4 k^2}\right)^{-1} = \left(1 + \frac{m\gamma^2}{2\hbar^2 E}\right)^{-1}$$

$$|R|^2 = \frac{m\gamma^2}{2\hbar^2 E}\left(1 + \frac{m\gamma^2}{2\hbar^2 E}\right)^{-1}$$

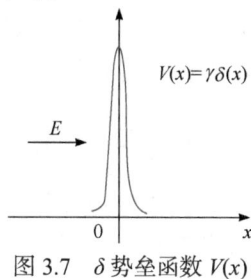

显然，$|R|^2 + |T|^2 = 1$．上述结果中，系数 T 不等于零，即透射系数是一有限值，说明势垒贯穿确实存在；反射系数和透射系数均与 γ^2 有关，若将 γ 变为 $-\gamma$，即 δ 势垒向下，两个系数均不改变；当 $E \gg m\gamma^2 / \hbar^2$ 时，$|T|^2 \sim 1$，$|R|^2 \sim 0$，说明高能粒子将全部贯穿势垒．

5. 扫描隧道显微镜简介

扫描隧道显微镜(scanning tunneling microscope，STM)是一种扫描探针显微术工具，它是人类第一次能够比较实时地观察单个原子在物质表面的排列状态和与表面电子行为有关的物化性质．它是苏黎世 IBM 实验室的科学家宾宁(G. Binnig)和罗雷尔(H. Rohrer)在 1981 年发明的，他们因此获得 1986 年诺贝尔物理学奖．STM 被国际科学界公认为 20 世纪 80 年代世界十大科技成就之一．

STM 由若干部分组成，包括隧道针尖、三维扫描控制器、减震系统、电子学控制系统、在线扫描控制和离线数据处理软件等，如图 3.9 所示．

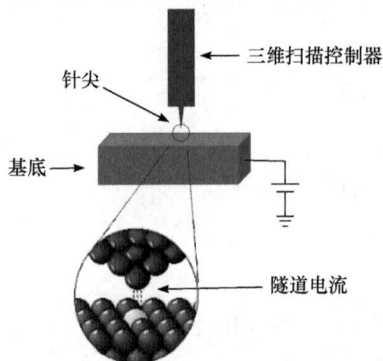

图 3.9　STM 结构及工作原理示意图

STM 的工作原理简述如下：当原子尺度的针尖扫描基底时，针尖端点原子与基底之间距离不到 1nm，此处电子云重叠，外加一电压(2mV～2V)，针尖与样品之间因量子隧道效应而产生隧道电流．针尖与基底之间的距离可视为一个势垒，电流强度和针尖与基底间的距离有函数关系，当探针沿基底表面按给定高度扫描时，因基底表面原子排列高低不同，探针与基底表面间的距离不断发生改变，从而引起隧道电流不断发生改变．将电流的这种改变图像化，即可极其细致地探出基底表面原子分辨率轮廓，得到高分辨率照片．

STM 在微结构探测和制造方面有诸多独特的优越性．首先，采用 STM 探测可获得原子尺度的高分辨率，其在平行和垂直于样品表面方向的分辨率分别达到 0.1nm 和 0.01nm，可得到实空间中样品表面的三维图像．其次，它可被用于观察材料表面的重构、表面吸附体的形貌和位置，以及由吸附体引起的表面重构等．而且，STM 可在真空、大气、常温等不同环境下工作，样品甚至可浸在水和其他溶液中，不需要特别的制样技术．STM 探测过程对样品无损伤，例如它可被用于拍摄活细胞照片等．此外，配合扫描隧道谱(STS)，可以得到有关表面电子结构的信息，如表面不同层次态密度、电荷密度波、表面势垒演化和能隙结构等．后来，还发展了利用 STM 针尖实现对原子和分子的移动和操纵技术，为纳米科技的全面发展奠定了基础.

当然，STM 也有其局限性. 首先，它所观察的样品必须是具有一定程度导电性的导体；对于半导体，观测效果要差一些；对于绝缘体，则根本无法直接观察，因为没有隧道电流. 其次，对针尖扫描速度有限制，一般扫描一幅图需数分钟时间. 因此，对于表面微结构变化较快的样品，必须降温以减慢其变化速度，否则 STM 是无能为力的.

STM 原理及技术发明之后，又发明了原子力显微镜(AFM)和磁力显微镜(MFM)，它们可弥补 STM 的某些缺陷，可以探测绝缘体、磁畴分布等.

迄今为止，扫描隧道显微镜的应用远远不止原子分辨率显微，还包括探伤及修补、移动或刻写样品、原子或分子操作、诱导化学反应等，在表面科学、材料科学、化学化工、生命科学等领域的研究中有着广泛的应用.

6. 一维谐振子

自然界广泛存在简谐振动. 若某物体在平衡位置附近作微小振动，例如分子振动、晶格振动、原子核表面振动以及辐射场的振动等，都可以将其分解成若干彼此独立的一维简谐振动. 此外，线性简谐振动还可作为复杂运动的初步近似，所以研究一维简谐振动在理论和应用上均十分重要.

设粒子质量为 m，受力满足

$$F = -\frac{\mathrm{d}V}{\mathrm{d}x} = -Kx, \quad \omega = \sqrt{\frac{K}{m}}$$

该粒子即作一维简谐振动，其中，K 为常数，ω 为振动角频率. 取平衡位置处于势能 $V(x) = 0$ 点，则量子物理学中的线性谐振子是指在如下所述的势场中运动的粒子：

$$V(x) = \frac{1}{2}Kx^2 = \frac{1}{2}m\omega^2 x^2 \tag{3.23}$$

此为二次曲线(抛物线)，如图 3.10 所示.

于是，线性谐振子所满足的薛定谔方程为

$$\hat{H}\psi(x) = E\psi(x)$$

$$\hat{H} = \frac{\hat{p}^2}{2m} + \frac{1}{2}m\omega^2 x^2 = -\frac{\hbar^2}{2m}\frac{\mathrm{d}^2}{\mathrm{d}x^2} + \frac{1}{2}m\omega^2 x^2 \tag{3.24}$$

为简单计，引入无量纲变量 ξ 代替 x，令

$$\xi = \alpha x, \quad \alpha = \sqrt{\frac{m\omega}{\hbar}} \tag{3.25}$$

则方程(3.24)改为一个变系数二阶常微分方程

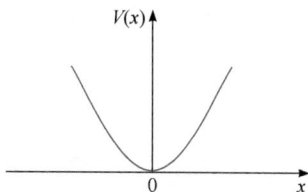

图 3.10　一维线性谐振子势能曲线

$$\frac{d^2\psi}{d\xi^2} + (\lambda - \xi^2)\psi = 0, \quad \lambda = \frac{2E}{\hbar\omega} \tag{3.26}$$

为求解上述方程,先看一下它的渐近解,即当 $\xi \to \pm\infty$ 时波函数 ψ 的行为. 在此情况下, $\lambda \ll \xi^2$,于是方程变为

$$\frac{d^2\psi}{d\xi^2} = \xi^2\psi$$

其解为 $\psi_\infty = \exp(\pm\xi^2/2)$,于是得到渐近解

$$\psi_\infty = c_1 e^{-\xi^2/2} + c_2 e^{\xi^2/2}$$

当 $\xi \to \pm\infty$ 时,波函数应该有限,故必有 $c_2 = 0$. 于是方程(3.26)在 $|\xi| \to \infty$ 处的有限解为

$$\psi(\xi) \sim e^{-\xi^2/2}$$

设方程(3.26)的一般解为

$$\psi(\xi) = H(\xi)e^{-\xi^2/2} \tag{3.27}$$

其中函数 $H(\xi)$ 须满足波函数的标准条件,即当 ξ 有限时, $H(\xi)$ 有限、连续和单值;当 $\xi \to \infty$ 时, $H(\xi)$ 的行为要保证 $\psi(\xi) \to 0$. 将式(3.27)代入薛定谔方程(3.26),得关于 $H(\xi)$ 所满足的方程

$$\frac{d^2 H(\xi)}{d\xi^2} - 2\xi\frac{dH(\xi)}{d\xi} + (\lambda - 1)H(\xi) = 0 \tag{3.28}$$

上式称为厄米方程,可采用幂级数解法求此方程[①]. 为满足有限性条件,厄米方程的求解要求

$$\lambda = \lambda_n = 2n + 1, \quad n = 0, 1, 2, \cdots \tag{3.29}$$

其解有标准形式,称之为厄米多项式

$$H_n(\xi) = (2\xi)^n - n(n-1)(2\xi)^{n-2} + \cdots + (-1)^{\left[\frac{n}{2}\right]}\frac{n!}{\left[\frac{n}{2}\right]!}(2\xi)^{n-2\left[\frac{n}{2}\right]} \tag{3.30}$$

其中 $\left[\dfrac{n}{2}\right]$ 代表不大于 $\dfrac{n}{2}$ 的最大整数,即

$$\left[\frac{n}{2}\right] = \begin{cases} n/2, & n\text{为偶数} \\ (n-1)/2, & n\text{为奇数} \end{cases}$$

上述厄米多项式(3.30)看似复杂,但其前几项比较简单,例如

---

① 参阅: 曾谨言. 量子力学(卷I). 5 版. 北京: 科学出版社, 2013.

$$H_0 = 1$$
$$H_1 = 2\xi$$
$$H_2 = 4\xi^2 - 2$$
$$H_3 = 8\xi^3 - 12\xi$$
$$H_4 = 16\xi^4 - 48\xi^2 + 12$$
$$H_5 = 32\xi^5 - 160\xi^3 + 120\xi$$

厄米多项式的微分形式和积分公式分别为

$$\begin{cases} H_n(\xi) = (-1)^n e^{\xi^2} \dfrac{d^n}{d\xi^n} e^{-\xi^2} \\[2mm] \displaystyle\int_{-\infty}^{\infty} e^{-\xi^2} H_n^2(\xi) d\xi = 2^n n\,!\sqrt{\pi} \end{cases} \tag{3.31}$$

此外，厄米多项式还有如下重要递推关系：

$$\begin{cases} H_{n+1}(\xi) - 2\xi H_n(\xi) + 2n H_{n-1}(\xi) = 0 \\ H_n'(\xi) = 2n H_{n-1}(\xi) \end{cases} \tag{3.32}$$

由于 n 的取值有无穷多，线性谐振子的能量本征函数也因此与 n 相关：

$$\psi_n(\xi) = N_n e^{-\frac{1}{2}\xi^2} H_n(\xi) \quad 或 \quad \psi_n(x) = N_n e^{-\frac{1}{2}\alpha^2 x^2} H_n(\alpha x)$$

上式中，$\xi = \alpha x$. 归一化因子 N_n 由如下积分确定：

$$\int_{-\infty}^{\infty} \psi_n^*(x)\psi_n(x) dx = 1$$

利用式(3.32)得 $N_n = \left(\dfrac{\alpha}{\sqrt{\pi}\, 2^n n!}\right)^{1/2}$.

于是，线性谐振子的归一化本征波函数为

$$\psi_n(x) = \left(\frac{\alpha}{\sqrt{\pi}\, 2^n n!}\right)^{1/2} e^{-\frac{1}{2}\alpha^2 x^2} H_n(\alpha x) \tag{3.33}$$

最后，含时间的本征波函数为

$$\psi_n(x,t) = \psi_n(x) e^{-\frac{i}{\hbar}E_n t}$$

$$= \left(\frac{\alpha}{\sqrt{\pi}\, 2^n n!}\right)^{1/2} e^{-\frac{1}{2}\alpha^2 x^2 - \frac{i}{\hbar}E_n t} H_n(\alpha x)$$

该波函数的正交归一化条件为

$$\int_{-\infty}^{+\infty} \psi_m(x)\psi_n(x) dx = \delta_{mn}$$

利用厄米多项式递推关系式(3.32)，还可求得波函数重要递推关系

$$\begin{cases} x\psi_n = \dfrac{1}{\alpha}\sqrt{\dfrac{n}{2}}\,\psi_{n-1} + \dfrac{1}{\alpha}\sqrt{\dfrac{n+1}{2}}\,\psi_{n+1} \\[2mm] \dfrac{\mathrm{d}}{\mathrm{d}x}\psi_n = \alpha\sqrt{\dfrac{n}{2}}\,\psi_{n-1} - \alpha\sqrt{\dfrac{n+1}{2}}\,\psi_{n+1} \end{cases} \tag{3.34}$$

根据式(3.26)和式(3.29)，得一维线性谐振子的本征能量为

$$E_n = \left(n + \frac{1}{2}\right)\hbar\omega, \quad n = 0, 1, 2, \cdots \tag{3.35}$$

该能量本征值有如下特征：

(1) 能谱为离散谱，能级之间均等间隔，其值为

$$\Delta E = E_{n+1} - E_n = \hbar\omega$$

(2) 对应一个谐振子能级，只有一个本征函数，故能级非简并.

(3) 当 $n = 0$ 时，得基态能量为 $E_0 = \dfrac{1}{2}\hbar\omega$ ，称为零点能，即谐振子的能量不可能为零！这一点与一维无限深势阱的情况式(3.11)一致.

事实上，零点能不等于零是量子物理学所特有的，是微观粒子波粒二象性的表现，能量等于零的"静止波"没有意义，零点能的出现是量子效应，已被几乎绝对零度情况下电子的晶体散射实验所证实.

对于谐振子基态，$n = 0$，能量为 $E_0 = \dfrac{1}{2}\hbar\omega$ ，波函数为 $\psi_0(x) = \left(\dfrac{\alpha^2}{\pi}\right)^{1/4} \mathrm{e}^{\left(\frac{\alpha^2 x^2}{2}\right)}$ ，

其中，$\alpha = \sqrt{\dfrac{m\omega}{\hbar}}$. 由概率密度

$$|\psi_0(x)|^2 = \left(\frac{\alpha^2}{\pi}\right)^{1/2} \exp(-\alpha^2 x^2)$$

当 $x = \pm\alpha^{-1}$ 时，$V(\pm\alpha^{-1}) = \dfrac{1}{2}m\omega^2\alpha^{-2} = \dfrac{1}{2}\hbar\omega = E_0$ ；粒子在 $x = 0$ 处出现概率最大；在 $|x| > \alpha^{-1}$ 范围内，动能 $T < 0$，粒子出现概率不为零，这一结果与经典物理的情况完全不同，如图 3.11 所示. 对其他各能级状态下的波函数，可进行类似分析.

在经典情形下，粒子将被限制在 $|x| \leqslant \alpha^{-1}$ 范围中运动，因为振子在 $x = \pm\alpha^{-1}$ 处，其势能

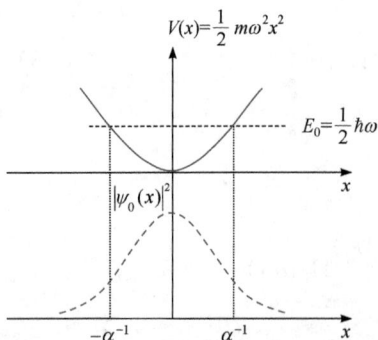

图 3.11　一维线性谐振子的基态能和概率密度分布

$V = E_0$，即势能等于总能量，动能为零，经典粒子动能不可以小于零，因此粒子被限制在 $-\alpha^{-1} < x < \alpha^{-1}$ 内. 可见，量子与经典情况完全不同!

此外，式(3.33)中所包含的 $\exp(-\xi^2/2)$ 是 $\xi = \alpha x$ 的偶函数，所以 ψ_n 的宇称由厄米多项式 $H_n(\xi)$ 的宇称决定. 由于 $H_n(\xi)$ 的最高次项是 $(2\xi)^n$，当 n 为偶数时，厄米多项式只含 ξ 的偶次项(偶宇称)；当 n 为奇数时，厄米多项式只含 ξ 的奇次项(奇宇称). 所以，$\psi_n(x)$ 具有 n 宇称，即波函数宇称的奇偶性由 $(-1)^n$ 决定.

图 3.12 为一维线性谐振子较低能级的波函数和概率密度分布，从中也可看出 $\psi_n(x)$ 具有 n 宇称.

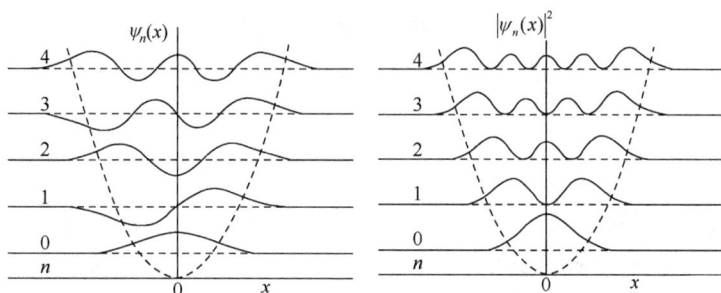

图 3.12　一维线性谐振子 5 个较低能级的波函数 $\psi_n(x)$ 和概率密度 $|\psi_n(x)|^2$ 分布

7. 一维周期势场

一维周期势场 $V(x)$ 的周期为 a，具有如下特征：

$$V(x + na) = V(x), \quad n = 0, \pm 1, \pm 2, \cdots \tag{3.36}$$

在周期势场中运动的粒子，它的定态是非束缚态，其能谱具有新的特征——能带结构，是一种兼具连续谱和分立谱某些特征的能谱. 它对理解固体的导电性能、固体发光等十分重要.

1) 弗洛凯(Floquet)定理

设粒子能量本征方程的本征值为 E，两个线性无关的解为 $u_1(x)$ 和 $u_2(x)$，彼此正交归一. 对于由式(3.36)描述的两端无限延伸的周期势场，x 与 $x + a$ 两处应该是等价的. 于是，$u_1(x + a)$ 和 $u_2(x + a)$ 也是能量本征函数，本征值为 E，因此有

$$\begin{cases} u_1(x + a) = C_{11}u_1(x) + C_{12}u_2(x) \\ u_2(x + a) = C_{21}u_1(x) + C_{22}u_2(x) \end{cases} \tag{3.37}$$

可以证明：$u_1(x)$ 和 $u_2(x)$ 进行适当线性叠加后，总可以找到 $\psi_1(x)$、$\psi_2(x)$ 两个解. 具有如下特征：

$$\psi(x + a) = \lambda\psi(x), \quad \lambda 为常数 \tag{3.38}$$

证 构造叠加态

$$\psi(x) = Au_1(x) + Bu_2(x)$$

其中 A、B 为待定常数. 将上式代入式(3.37)和式(3.38)得

$$\begin{aligned}
\psi(x+a) &= Au_1(x+a) + Bu_2(x+a) \\
&= (AC_{11} + BC_{21})u_1(x) + (AC_{12} + BC_{22})u_2(x) \\
&= \lambda\psi(x) = \lambda\,[Au_1(x) + Bu_2(x)]
\end{aligned}$$

利用 $u_1(x)$ 和 $u_2(x)$ 的正交归一性，由上式得

$$AC_{11} + BC_{21} = \lambda A$$
$$AC_{12} + BC_{22} = \lambda B$$

上式是关于 A、B 的线性齐次方程组，它有非平庸解的充要条件为

$$\begin{vmatrix} C_{11} - \lambda & C_{21} \\ C_{12} & C_{22} - \lambda \end{vmatrix} = 0$$

可求得关于 λ 的两个根 λ_1, λ_2. 由此可求得 A 和 B 的两组解，即得两个波函数 $\psi_1(x)$ 和 $\psi_2(x)$，它们满足式(3.38).

推论 $\psi(x+na) = \lambda^n\psi(x), n = 0, \pm1, \pm2, \cdots$ 且必有 $|\lambda| = 1$.

根据本章 3.1 节中的定理 3.4，若 $\psi_1(x)$ 和 $\psi_2(x)$ 均为能量本征方程属于同一能量 E 的解，则 $\psi_1\psi_2' - \psi_2\psi_1' = C$，其中，$C$ 是与 x 无关的常数. 根据式(3.38)，有

$$\psi_1(x+a)\psi_2'(x+a) - \psi_2(x+a)\psi_1'(x+a)$$
$$= \lambda_1\lambda_2[\psi_1(x)\psi_2'(x) - \psi_2(x)\psi_1'(x)] = C$$

所以要求 $\lambda_1\lambda_2 = 1$，或 $\lambda_2 = \lambda_1^*$. 不妨取 $\lambda_1 = e^{iKa}$，$\lambda_2 = e^{-iKa}$，K 为实数，考虑到复指数函数的周期为 2π，不妨把 Ka 限制在下列范围

$$-\pi \leqslant Ka \leqslant \pi \quad \text{或} \quad -\frac{\pi}{a} \leqslant K \leqslant \frac{\pi}{a}$$

得弗洛凯定理

$$\psi(x+a) = e^{iKa}\psi(x), \quad K \text{为实数} \tag{3.39}$$

2) 布洛赫(Bloch)定理

周期势场式(3.36)中，粒子的能量本征波函数 $\psi(x)$ 总满足

$$\psi(x) = e^{iKx}\varphi_K(x), \quad \text{且} \; \varphi_K(x+a) = \varphi_K(x) \tag{3.40}$$

式中，K 为实数，亦称为布洛赫波数.

证 利用弗洛凯定理(3.39)，代入式(3.40)得

$$\text{左边} = e^{iK(x+a)}\varphi_K(x+a) = e^{iKa}e^{iKx}\varphi_K(x+a)$$
$$\text{右边} = e^{iKa}e^{iKx}\varphi_K(x)$$

所以
$$\varphi_K(x+a)=\varphi_K(x)$$

布洛赫定理也可表示为 $\psi(x+na)=\mathrm{e}^{\mathrm{i}Kna}\psi(x)$.

　　3) 能带结构

　　求解电子在周期势场中运动的薛定谔方程, 是固体物理学中能带理论的核心问题. 布洛赫定理是其中的重要理论基础.

　　设在 $0 \leqslant x \leqslant a$ 区域中
$$\psi(x)=Au_1(x)+Bu_2(x) \tag{3.41}$$

其中, $u_1(x)$ 和 $u_2(x)$ 是在该区域薛定谔方程某能量本征值的任意两个线性无关解. 根据布洛赫定理式(3.40), 在 $a \leqslant x \leqslant 2a$ 区域中, 波函数为
$$\begin{aligned}
\psi(x)&=\mathrm{e}^{\mathrm{i}Kx}\varphi(x)=\mathrm{e}^{\mathrm{i}Kx}\varphi(x-a)\\
&=\mathrm{e}^{\mathrm{i}Kx}[\mathrm{e}^{\mathrm{i}K(x-a)}\varphi(x-a)]\mathrm{e}^{-\mathrm{i}K(x-a)}=\mathrm{e}^{\mathrm{i}Kx}[\psi(x-a)]\mathrm{e}^{-\mathrm{i}K(x-a)}\\
&=\mathrm{e}^{\mathrm{i}Ka}\psi(x-a)=\mathrm{e}^{\mathrm{i}Ka}[Au_1(x-a)+Bu_2(x-a)]
\end{aligned} \tag{3.42}$$

其实, 式(3.42)即为弗洛凯定理式(3.39). 在 $x=a$ 处, ψ 与 ψ' 连续, 由式(3.41)和式(3.42)得到
$$Au_1(a)+Bu_2(a)=\mathrm{e}^{\mathrm{i}Ka}[Au_1(0)+Bu_2(0)]$$
$$Au_1'(a)+Bu_2'(a)=\mathrm{e}^{\mathrm{i}Ka}[Au_1'(0)+Bu_2'(0)]$$

上式为系数 A、B 的线性齐次方程, 有非平庸解的充要条件为
$$\begin{vmatrix} u_1(a)-\mathrm{e}^{\mathrm{i}Ka}u_1(0) & u_2(a)-\mathrm{e}^{\mathrm{i}Ka}u_2(0) \\ u_1'(a)-\mathrm{e}^{\mathrm{i}Ka}u_1'(0) & u_2'(a)-\mathrm{e}^{\mathrm{i}Ka}u_2'(0) \end{vmatrix}=0$$

利用本章 3.1 节中的定理 3.4, 有
$$u_1u_2'-u_2u_1'=常数$$

简化后得
$$\frac{U_1-U_2}{2(u_1u_2'-u_2u_1')}=\cos(Ka) \tag{3.43}$$

其中
$$U_1=u_1(0)u_2'(a)+u_1(a)u_2'(0)$$
$$U_2=u_2(0)u_1'(a)+u_2(a)u_1'(0)$$

式(3.43)是对粒子能量本征值的一个限制, 导致 "能带结构": 由于 $|\cos(Ka)| \leqslant 1$, 只有一定范围内的能量值才是允许的, 称之为导带(conduction band); 其他能量区域不允许, 称之为禁带(forbidden band). 导带与禁带交界处在 $\cos(Ka)=\pm 1$ 点, 即 $Ka=n\pi,\ n=1,2,3,\cdots$.

例 3.1 试求在周期方势场中运动粒子的能量本征值.

解 粒子处于周期方势场中, 周期为 $a+b$, 如图 3.13 所示.

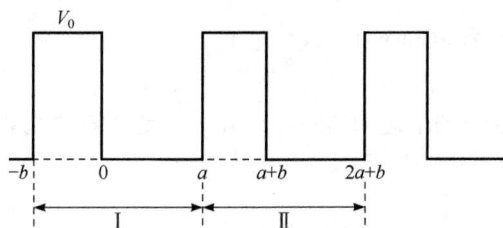

图 3.13　周期方势场示意图

该势的表达式为

$$V[x+n(a+b)]=V(x), \quad n=0, \pm 1, \pm 2, \cdots$$

a) $E > V_0$

在区域 I($-b < x < a$), 求解方程(3.2), 波函数可写成

$$\psi(x)=\begin{cases} Ae^{ikx}+Be^{-ikx}, & 0 \leqslant x \leqslant a \\ Ce^{ik'x}+De^{-ik'x}, & -b < x < 0 \end{cases} \tag{3.44}$$

其中 $k=\sqrt{2mE}/\hbar$, $k'=\sqrt{2m(E-V_0)}/\hbar$. 利用 $x=0$ 处 ψ 及 ψ' 连续条件得

$$C+D=A+B$$

$$C-D=\frac{k}{k'}(A-B)$$

解后得

$$C=\frac{1}{2}\left[\left(1+\frac{k}{k'}\right)A+\left(1-\frac{k}{k'}\right)B\right]$$

$$D=\frac{1}{2}\left[\left(1-\frac{k}{k'}\right)A+\left(1+\frac{k}{k'}\right)B\right]$$

按照布洛赫定理式(3.40), 在区域 II($a < x < 2a+b$)的波函数与区域 I 中的波函数有下列关系:

$$\psi(x)=e^{iKx}\varphi(x)=e^{iKx}\varphi(x-a-b)$$

$$=e^{iKx}e^{iK(x-a-b)}\varphi(x-a-b)e^{-iK(x-a-b)}$$

$$=e^{iK(a+b)}\psi(x-a-b)$$

在 $x=a$ 处, ψ 及 ψ' 必须连续, 故有

$$Ae^{ika}+Be^{-ika}=e^{iK(a+b)}\psi(-b)=e^{iK(a+b)}(Ce^{-ik'b}+De^{ik'b})$$

$$k(Ae^{ika}-Be^{-ika})=k'e^{iK(a+b)}(Ce^{-ik'b}-De^{ik'b})$$

上式得到的关于 A、B 满足的齐次方程有非平庸解的充要条件为系数行列式等于零, 化简得

$$\cos(ka)\cos(k'b) - \frac{k^2 + k'^2}{2kk'}\sin(ka)\sin(k'b) = \cos[K(a+b)]$$

上述方程仅当

$$\left| \cos(ka)\cos(k'b) - \frac{k^2 + k'^2}{2kk'}\sin(ka)\sin(k'b) \right| \leqslant 1$$

时才有值，即对能量本征值的限制.

b) $E < V_0$

此种情况与上述情况类似，只要作变换：

$$k' \to i\kappa, \quad \kappa = \sqrt{2m(V_0 - E)}/\hbar$$

并利用 $\cos(i\kappa b) = \cosh(\kappa b), \sin(i\kappa b) = i\sinh(\kappa b)$，上式化为

$$\begin{cases} \cos(ka)\cosh(\kappa b) - \dfrac{k^2 - \kappa^2}{2k\kappa}\sin(ka)\sinh(\kappa b) = \cos[K(a+b)] \\[3mm] \left| \cos(ka)\cosh(\kappa b) - \dfrac{k^2 - \kappa^2}{2k\kappa}\sin(ka)\sinh(\kappa b) \right| \leqslant 1 \end{cases} \tag{3.45}$$

即对能量本征值的限制.

特例：狄拉克(Dirac)梳.

让 $b \to 0$, $V_0 \to \infty$，但保持 bV_0 为常数 γ，即

$$\gamma = bV_0 = \Omega \hbar^2/m, \quad V(x) = \gamma \sum_{n=-\infty}^{+\infty} \delta(x + na)$$

其中 Ω^{-1} 具有长度量纲，如图 3.14 所示.

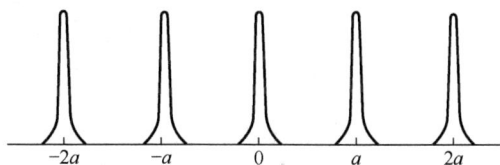

图 3.14　狄拉克梳

γ 为常数，让 $b \to 0$, $V_0 \to \infty$，则

$$\kappa = \sqrt{2m(V_0 - E)}/\hbar \approx \sqrt{2mV_0}/\hbar = \sqrt{2\Omega/b}$$

此时 $\cosh(\kappa b) \to 1, \sinh(\kappa b) \to \kappa b, k^2 \ll \kappa^2$，于是式(3.45)简化为

$$\cos(ka) + \frac{\Omega}{k}\sin(ka) = \cos(Ka)$$

$$\left| \cos(ka) + \frac{\Omega}{k}\sin(ka) \right| \leqslant 1 \tag{3.46}$$

令 $\Omega/k = \tan\theta$，则 $\cos\theta = \dfrac{1}{\sqrt{1+\Omega^2/k^2}}$，于是能量所满足的条件(3.46)为

$$\left|\cos\left[ka-\arctan\left(\frac{\Omega}{k}\right)\right]\right| \leqslant \frac{1}{\sqrt{1+\Omega^2/k^2}} \tag{3.47}$$

采用图解法求解式(3.47)，解出 ka 的允许值范围如图 3.15 和图 3.16 所示.

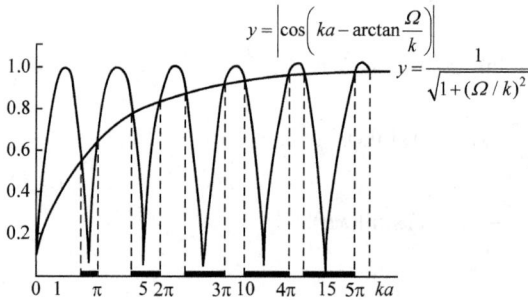

$$y = \left|\cos\left(ka-\arctan\frac{\Omega}{k}\right)\right|$$

$$y = \frac{1}{\sqrt{1+(\Omega/k)^2}}$$

图 3.15　狄拉克梳的能带[①]

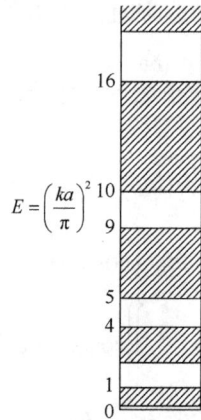

$$E = \left(\frac{ka}{\pi}\right)^2$$

图 3.16　狄拉克梳的能带结构
画斜线部分是能带，未画斜线部分是能隙

在上述例子中，我们采用比较简单的周期势场数学模型，对单粒子运动的定态薛定谔方程进行了解析求解. 结果表明：周期势场是导致系统拥有能带结构的根本原因，此时电子处于非束缚态，而布洛赫定理是周期势场中求解此类问题的有力工具. 当然，对于实际的三维晶体，求解其能带结构要复杂得多，其中需要建立近似的周期势场模型、电子波函数的平面波叠加、电子在格点原子周围的紧束缚近似，以及格点与格点之间相互作用的交叠积分等，这是另一个庞大的物理学分支——能带理论.

4) 导体、绝缘体和半导体的能带结构

在一些介质中(如金属等)，可将原子中可迁移的价电子视为自由电子气，其能级是连续分布的. 在室温下，按照能量最小原理和泡利原理(见第 7 章)，电子从基态能级向高能级依次填充，每个量子态只能填一个电子，直至填到费米能 E_{F}(见第 11 章)，再往上的能级均是空的. 然而从上面求解得知，如图 3.16 所示，理想晶体中的电子能量一般具有能带结构，能带与能带之间有一定间隔，称为带隙或能隙(band gap)，即上面提到的禁带，因为其中没有能级，不允许电子存在. 完全被电子填满的能带称为满带；没有电子占据而全部空着的能带称为空带，如图 3.17 所示.

① 取自: Flügge S. Practical Quantum Mackarrics. Berlin: Springer-Verlag, 1974.

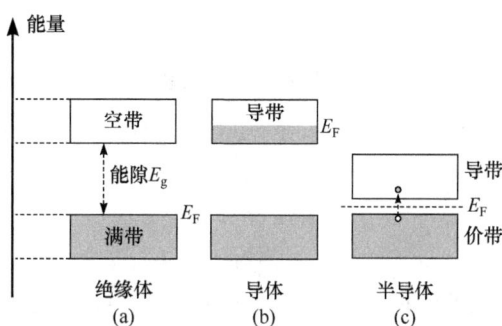

图 3.17　导体、半导体和绝缘体的能带特征

如果晶体的某能带被电子填满, 即满带, 费米能级 E_F 正好位于满带的顶端, 其上面的诸能带均没有电子占据, 即空带. 此时所有 $\pm k$ 量子态(代表正反向传播的波, 见式(3.44))均被电子填充且正负对称, 总电流抵消, 一般外场也不足以改变此种状态. 在这种情况下, 则该晶体表现为绝缘体, 如图 3.17(a)所示. 通常情况下, 绝缘体的能隙 $E_g = 4 \sim 7\mathrm{eV}$.

如果费米能级 E_F 处于某一能带之中, 则该能带被部分填充, 即导带. 此时只要稍有扰动(如外加一微小电场), 就可将电子激发到空能级上去, 使 $\pm k$ 量子态上的电子分布不再对称, 定向流动, 即形成电流, 如此晶体即为导体, 如图 3.17(b)所示.

半导体的费米能级 E_F 位于满带与空带之间的能隙内, 且能隙较窄, 一般 $E_g = 0.1 \sim 2\mathrm{eV}$, 如图 3.17(c)所示. 下边的满带也称为价带, 上面的空带即为导带. 由于能隙较窄, 如果此时有某种扰动(如热激发等), 价带顶部的一些电子可被激发到上面的导带底部, 在价带顶部留下一些空穴(hole), 从而使导带和价带均可以导电, 这些被激发的电子和空穴均为参与导电的载流子.

硅(Si)和锗(Ge)晶体是典型的半导体材料, 均为Ⅳ族元素, 晶体内每个原子有四个价电子, 它们分别与邻近四个原子中的一个电子形成共价键. 硅晶体的能隙 $E_g \sim 1.1\mathrm{eV}$, 锗晶体的能隙 $E_g \sim 0.7\mathrm{eV}$, 通常被称为本征半导体.

如果在纯净的硅或锗晶体中掺入少量三价元素硼(B)、镓(Ga)等杂质原子, 则每个原子在形成共价键时少了一个电子, 或者说形成一个空穴. 因为电子带负电, 空穴带正电, 故此时称之为正型半导体, 或 p 型半导体. 此种半导体的多数载流子是空穴, 其费米能级处于能隙中靠近价带顶部.

如果在纯净的硅或锗晶体中掺入少量五价元素磷(P)、砷(As)、锑(Sb)等杂质原子, 则每个原子在形成共价键时多出一个电子, 电子带负电, 故称之为负型半导体, 或 n 型半导体. 此种半导体的多数载流子是电子, 其费米能级处于能隙中靠近导带底部.

练 习 题

3-1 设质量为 m 的粒子在半壁无限高一维方势阱中运动，如图所示，此方势阱的表达式为

$$V(x) = \begin{cases} \infty, & x < 0 \\ 0, & 0 \leqslant x \leqslant a \\ V_0, & x > a \end{cases}$$

在 $E < V_0$ 的束缚态情况下，

(1) 试求粒子能级的表达式；

(2) 证明在此阱内至少存在一个束缚态的条件是阱深 V_0 和阱宽 a 之间满足关系式：

$$V_0 a^2 \geqslant \frac{h^2}{32m}.$$

3-2 粒子在 δ 势阱 $V(x) = -V_0 \delta(x)$ 中，$V_0 > 0$ 中运动，如图所示．求其束缚态能级和波函数．

3-3 一个粒子在 x 方向运动的薛定谔方程为 $\dfrac{\mathrm{d}^2 \psi}{\mathrm{d}x^2} + \dfrac{2m}{\hbar^2}(E - V)\psi = 0$，在 $x = 0$ 处有高度为 V_B 的势垒阻挡粒子从左向右运动，如图所示．求各区域中波函数的表达式；当能量 $E = V_B / 2$ 时，粒子将穿进负动能区域的穿透深度(概率密度降为入射势垒前的 1/e 时)是多少？

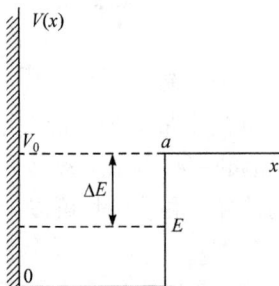

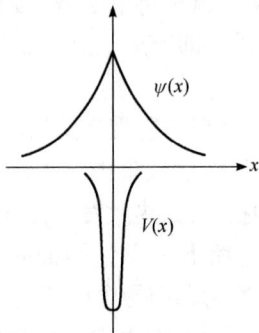

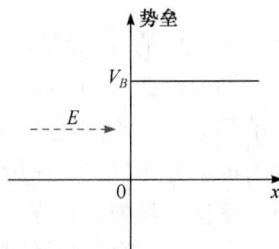

题图 3-1 　　　　　　　　题图 3-2 　　　　　　　　题图 3-3

3-4 质量为 m 的粒子在无限深方势阱(阱宽 a)中运动，处于第 n 个束缚态 ψ_n，求粒子对每一侧阱壁的平均作用力．(提示：可先设阱深 V_0 有限，然后讨论 $V_0 \to \infty$ 的极限情况．)

3-5 设粒子处在二维无限深势阱中，

$$V(x, y) = \begin{cases} 0, & 0 \leqslant x \leqslant a, \quad 0 \leqslant y \leqslant b \\ \infty, & \text{其他区域} \end{cases}$$

求粒子的能量本征值和本征波函数．如 $a = b$，能级的简并度如何？

第 4 章　力学量算符表达

在第 2 章提到，能量 E 和动量 p 分别对应对时间和空间的导数算符，即 $E \to i\hbar\frac{\partial}{\partial t}$；$p \to -i\hbar\nabla$. 在量子物理学中，一般物理量均用相应的算符表示，算符代表对波函数的一种运算或变换操作. 算符单独存在没有意义，仅当它作用于波函数上，对波函数做相应运算才有意义. 虽然从数学角度讲算符的种类很多，如 $\frac{d}{dx}\psi$、$\frac{d^2}{dx^2}\psi$、$\frac{\partial}{\partial\varphi}\psi$、$\psi^*$、$\sqrt{\psi}$ 等，但量子物理学所采用的算符有物理学方面的限制. 关于算符的一般运算规则，参见数学附录一. 本章将结合量子物理学中的常见算符，如位置、动量、角动量、动能、势能、哈密顿量等，介绍它们的独特性质以及与相应物理量之间深刻而微妙的关联.

4.1　量子物理学中的算符

算符是运算符号，代表对波函数进行某种运算或变换. 例如，$\hat{O}\psi = \varphi$，表示 $\hat{O}$ 把波函数 ψ 变成 φ，$\hat{O}$ 就是这种变换的算符. 习惯上，若力学量为 O、F 等，则它们的算符分别表示为 $\hat{O}$、$\hat{F}$ 等，有时也将字母上方的小箭头省去.

1. 线性算符

根据态叠加原理的要求，在量子物理学中，描写可观测量相应的力学量算符均为线性算符，即对于任意两个波函数 ψ_1、ψ_2，算符 $\hat{O}$ 满足下述运算规则：

$$\hat{O}(c_1\psi_1 + c_2\psi_2) = c_1\hat{O}\psi_1 + c_2\hat{O}\psi_2 \tag{4.1}$$

其中 c_1、c_2 是任意复常数. 例如动量算符 $\hat{p} = -i\hbar\nabla$，$\hat{p}_x = -i\hbar\frac{\partial}{\partial x}$，能量算符 $\hat{E} = i\hbar\frac{\partial}{\partial t}$，单位算符 $\hat{I}$ 等均为线性算符；开方、取复共轭算符等不是线性算符.

例如，设波函数 ψ_1、ψ_2 分别代表粒子的两种可能运动状态，是薛定谔方程(2.21)的解. 而态叠加原理要求 $\psi = c_1\psi_1 + c_2\psi_2$ 也是粒子的一种可能运动状态，满足薛定谔方程(2.21)

$$i\hbar \frac{\partial}{\partial t}(c_1\psi_1 + c_2\psi_2) = \hat{H}(c_1\psi_1 + c_2\psi_2)$$

若要上式成立，则要求薛定谔方程为线性方程，即哈密顿量算符 $\hat{H}$ 为线性算符.

2. 对易和反对易关系

若两算符 $\hat{O}$ 与 $\hat{U}$ 满足

$$[\hat{O}, \hat{U}] \equiv \hat{O}\hat{U} - \hat{U}\hat{O} = 0$$

则称 $\hat{O}$ 与 $\hat{U}$ 对易；否则称之为不对易. 若

$$[\hat{O}, \hat{U}]_+ \equiv \hat{O}\hat{U} + \hat{U}\hat{O} = 0$$

则称 $\hat{O}$ 和 $\hat{U}$ 反对易，否则称之为不反对易.

例 4.1 证明坐标算符 x 与动量算符 $\hat{p}_x$ 不对易.

证 $\quad [x, \hat{p}_x]\psi = (x\hat{p}_x - \hat{p}_x x)\psi = x\hat{p}_x\psi - (\hat{p}_x x)\psi - x\hat{p}_x\psi = i\hbar\psi$

因为 ψ 是任意波函数，所以有

$$x\hat{p}_x - \hat{p}_x x = i\hbar$$

同理，其他坐标算符与其共轭动量满足

$$y\hat{p}_y - \hat{p}_y y = i\hbar$$

$$z\hat{p}_z - \hat{p}_z z = i\hbar$$

但坐标算符与其非共轭动量对易，各动量之间相互对易，即

$$\begin{cases} x\hat{p}_y - \hat{p}_y x = 0 \\ x\hat{p}_z - \hat{p}_z x = 0 \end{cases} \quad \begin{cases} y\hat{p}_x - \hat{p}_x y = 0 \\ y\hat{p}_z - \hat{p}_z y = 0 \end{cases} \quad \begin{cases} z\hat{p}_x - \hat{p}_x z = 0 \\ z\hat{p}_y - \hat{p}_y z = 0 \end{cases}$$

$$\hat{p}_x\hat{p}_y - \hat{p}_y\hat{p}_x = 0, \quad \hat{p}_y\hat{p}_z - \hat{p}_z\hat{p}_y = 0, \quad \hat{p}_z\hat{p}_x - \hat{p}_x\hat{p}_z = 0$$

总结后得量子物理学中最基本对易关系

$$\begin{cases} x_\alpha\hat{p}_\beta - \hat{p}_\beta x_\alpha = i\hbar\delta_{\alpha\beta} \\ \hat{p}_\alpha\hat{p}_\beta - \hat{p}_\beta\hat{p}_\alpha = 0 \\ \alpha, \beta = x, y, z \end{cases} \tag{4.2}$$

上式可统一表示为

$$\begin{aligned} &[x_\alpha, \hat{p}_\beta] = i\hbar\delta_{\alpha\beta} \\ &[\hat{p}_\alpha, \hat{p}_\beta] = 0 \end{aligned} \quad, \quad \alpha, \beta = x, y, z \tag{4.3}$$

应该指出，对易关系无传递性. 当 $\hat{O}$ 与 $\hat{U}$ 对易，$\hat{U}$ 与 $\hat{E}$ 对易，不能推知 $\hat{O}$

与 $\hat{E}$ 对易与否. 例如：

$\hat{p}_x$ 与 $\hat{p}_y$ 对易，$\hat{p}_y$ 与 x 对易，但是 $\hat{p}_x$ 与 x 不对易；

$\hat{p}_x$ 与 $\hat{p}_y$ 对易，$\hat{p}_y$ 与 z 对易，而 $\hat{p}_x$ 与 z 对易。

从上述证明式(4.3)的过程可见，有关算符之间对易性的运算及证明，其对易括号后有一任意波函数，因为算符只有作用在波函数上才有意义，单独一个算符(或运算)没有意义. 当然，具体运算时，此波函数可以明写，也可以不写，但运算时必须考虑此波函数.

例 4.2　求 $I = [xf(x),\ \hat{p}_x]$.

解　方法一：

$$
\begin{aligned}
I &= [xf(x),\ \hat{p}_x] = xf(x)\hat{p}_x - \hat{p}_x xf(x) \\
&= xf(x)\hat{p}_x - \{(\hat{p}_x x)f(x) + x[\hat{p}_x f(x)] + xf(x)\hat{p}_x\} \\
&= xf(x)\hat{p}_x + \mathrm{i}\hbar f(x) + \mathrm{i}\hbar xf'(x) - xf(x)\hat{p}_x \\
&= \mathrm{i}\hbar[f(x) + xf'(x)]
\end{aligned}
$$

方法二：利用雅可比(Jacobi)恒等式(见数学附录一)

$$
\left[\hat{U}\hat{E},\ \hat{O}\right] = \hat{U}\left[\hat{E},\ \hat{O}\right] + \left[\hat{U},\ \hat{O}\right]\hat{E}
$$

得

$$
\begin{aligned}
I &= [xf(x),\ \hat{p}_x] = [x,\ \hat{p}_x]f(x) + x[f(x),\ \hat{p}_x] \\
&= \mathrm{i}\hbar f(x) + xf(x)\hat{p}_x - x\hat{p}_x f(x) \\
&= \mathrm{i}\hbar f(x) + xf(x)\hat{p}_x - x[-\mathrm{i}\hbar f'(x)] - xf(x)\hat{p}_x \\
&= \mathrm{i}\hbar[f(x) + xf'(x)]
\end{aligned}
$$

3. 厄米算符

1) 转置算符

设算符 $\hat{U}$ 的转置算符为 $\tilde{\hat{U}}$，其定义为

$$
\int \mathrm{d}\tau\ \psi^*\tilde{\hat{U}}\varphi \equiv \int \mathrm{d}\tau\ \varphi\hat{U}\psi^* \equiv \int (\hat{U}\psi^*)\ \varphi\mathrm{d}\tau \tag{4.4}
$$

上式中 ψ 和 φ 是两个任意波函数.

例 4.3　试证明 $\dfrac{\tilde{\partial}}{\partial x} = -\dfrac{\partial}{\partial x}$.

证　$\displaystyle\int_{-\infty}^{\infty}\mathrm{d}x\psi^*\frac{\tilde{\partial}}{\partial x}\varphi = \int_{-\infty}^{\infty}\mathrm{d}x\varphi\frac{\partial}{\partial x}\psi^* = \varphi\psi^*\Big|_{-\infty}^{\infty} - \int_{-\infty}^{\infty}\mathrm{d}x\ \psi^*\frac{\partial}{\partial x}\varphi = -\int_{-\infty}^{\infty}\mathrm{d}x\ \psi^*\frac{\partial}{\partial x}\varphi$

上式最后一步利用了波函数标准条件，即当 $x \to \pm\infty$ 时 ψ, $\varphi \to 0$. 于是上式左右相等：

$$\int_{-\infty}^{\infty} \mathrm{d}x\, \psi^* \left(\frac{\tilde{\partial}}{\partial x} + \frac{\partial}{\partial x} \right) \varphi = 0$$

由于 ψ、φ 是任意波函数，所以有 $\left(\dfrac{\tilde{\partial}}{\partial x} + \dfrac{\partial}{\partial x} \right) = 0$，即

$$\frac{\tilde{\partial}}{\partial x} = -\frac{\partial}{\partial x}$$

同理可证

$$\tilde{\hat{p}}_x = -\hat{p}_x \tag{4.5}$$

此外，可以证明

$$\widetilde{(\hat{A}\hat{B})} = \tilde{\hat{B}}\tilde{\hat{A}} \tag{4.6}$$

根据算符转置定义式(4.4)，有

$$\int \mathrm{d}\tau\, \psi^* \tilde{\hat{B}}\tilde{\hat{A}}\varphi \equiv \int \mathrm{d}\tau\, (\hat{B}\psi^*)\tilde{\hat{A}}\varphi = \int \mathrm{d}\tau\, \varphi\hat{A}\hat{B}\psi^* = \int \mathrm{d}\tau\, \psi^* \widetilde{(\hat{A}\hat{B})}\,\varphi$$

于是式(4.6)得证. 进而可以推论

$$\widetilde{(\hat{A}\hat{B}\hat{C}\cdots)} = \cdots\tilde{\hat{C}}\tilde{\hat{B}}\tilde{\hat{A}}$$

2) 厄米共轭算符

算符 $\hat{O}$ 之厄米共轭算符 $\hat{O}^+$ 定义为

$$\int \mathrm{d}\tau\, \psi^* \hat{O}^+ \varphi = \int \mathrm{d}\tau\, (\hat{O}\psi)^* \varphi$$

由此得

$$\int \mathrm{d}\tau\, \psi^* \hat{O}^+ \varphi = \int \mathrm{d}\tau\, (\hat{O}\psi)^* \varphi = \int \mathrm{d}\tau\, \varphi\hat{O}^*\psi^* = \int \mathrm{d}\tau\, \psi^* \tilde{\hat{O}}^* \varphi$$

上式最后一步利用了转置算符的定义式(4.4). 所以，厄米共轭算符亦可写成

$$\hat{O}^+ = \tilde{\hat{O}}^* \tag{4.7}$$

利用式(4.6)不难证明

$$(\hat{O}\,\hat{A})^+ = \hat{A}^+\hat{O}^+$$

$$(\hat{O}\,\hat{A}\,\hat{U}\cdots)^+ = \cdots\hat{U}^+\hat{A}^+\hat{O}^+ \tag{4.8}$$

3) 厄米算符

满足下列关系的算符称为厄米算符(Hermitian operator)：

$$\int d\tau \; \psi^* \hat{O} \varphi = \int d\tau \; (\hat{O}\psi)^* \varphi$$

或

$$\hat{O}^+ = \hat{O} \tag{4.9}$$

利用式(4.5)，不难证明：动量算符 $\hat{p}_x \to -i\hbar \dfrac{\partial}{\partial x}$ 为厄米算符. 若定义

$$(\psi, \; \varphi) \equiv \int_V \psi^* \varphi \; d\tau$$

则厄米算符 $\hat{O}$ 满足

$$(\psi, \; \hat{O}\varphi) \equiv (\hat{O}\psi, \; \varphi) \tag{4.10}$$

厄米算符性质：

性质 I　两个厄米算符之和仍是厄米算符.

即若

$$\hat{O}^+ = \hat{O}, \qquad \hat{U}^+ = \hat{U}$$

则

$$(\hat{O} + \hat{U})^+ = \hat{O}^+ + \hat{U}^+ = \hat{O} + \hat{U}$$

性质 II　两个厄米算符之积一般不是厄米算符，除非此两算符对易.

证　因为

$$(\hat{O}\hat{U})^+ = (\widetilde{\hat{O}\hat{U}})^* = (\tilde{\hat{U}}\tilde{\hat{O}})^* = \hat{U}^+\hat{O}^+ = \hat{U}\hat{O} \neq \hat{O}\hat{U}$$

仅当 $[\hat{O}, \hat{U}] = 0$ 成立时，$(\hat{O}\hat{U})^+ = \hat{O}\hat{U}$ 才成立.

4.2　厄米算符的本征值与本征函数

1. 力学量平均值

1) 坐标平均值

考虑定态问题，设 $\psi(x)$ 是归一化波函数，$|\psi(x)|^2$ 是粒子出现在 x 点的概率密度，则 x 的平均值为

$$\bar{x} \equiv \langle x \rangle = \int_{-\infty}^{\infty} x \mid \psi(x) \mid^2 \mathrm{d}x$$

对三维情况

$$\bar{x} \equiv \langle x \rangle = \iiint x \mid \psi(\boldsymbol{r}) \mid^2 \mathrm{d}\tau \tag{4.11}$$

上式三重积分的积分限是全空间. $\psi(x)$ 称为在坐标表象中的波函数.

2) 动量平均值

从数学分析角度，根据傅里叶变换，波函数 $\psi(x)$ 可展开为

$$\psi(x) = \frac{1}{(2\pi\hbar)^{1/2}} \int_{-\infty}^{\infty} c(p_x) \exp(\mathrm{i}p_x x / \hbar) \mathrm{d}p_x \tag{4.12}$$

但从物理角度，$\exp(\mathrm{i}p_x x / \hbar)$ 正比于动量为 p_x 的平面波波函数，上式即是将坐标表象中的波函数 $\psi(x)$ 用动量为 p_x 的平面波波函数展开，其逆变换为

$$c(p_x) = \frac{1}{(2\pi\hbar)^{1/2}} \int_{-\infty}^{\infty} \psi(x) \exp(-\mathrm{i}p_x x / \hbar) \mathrm{d}x \tag{4.13}$$

上述(4.12)和(4.13)两式具有完全相同的形式. 因此，在一维情况下，若令 $\psi(x)$ 是坐标表象中的波函数, 式(4.13)即为相应的动量表象中的波函数, 其中 $\mid c(p_x) \mid^2$ 是粒子动量为 p_x 的概率密度. 于是 x 方向动量平均值为

$$\bar{p}_x = \langle p_x \rangle = \int_{-\infty}^{\infty} p_x \mid c(p_x) \mid^2 \mathrm{d}p_x$$

另一方面

$$\bar{p}_x = \langle p_x \rangle = \int_{-\infty}^{\infty} p_x \mid c(p_x) \mid^2 \mathrm{d}p_x = \int c^*(p_x) p_x c(p_x) \mathrm{d}p_x$$

$$= \int \left[\frac{1}{\sqrt{2\pi\hbar}} \int \psi^*(x) \mathrm{e}^{\frac{\mathrm{i}}{\hbar} p_x x} \mathrm{d}x \right] p_x c(p_x) \mathrm{d}p_x$$

$$= \frac{1}{\sqrt{2\pi\hbar}} \int \int \mathrm{d}x \psi^*(x) \left(-\mathrm{i}\hbar \frac{\partial}{\partial x} \right) \mathrm{e}^{\frac{\mathrm{i}}{\hbar} p_x x} c(p_x) \mathrm{d}p_x$$

$$= \int \mathrm{d}x \psi^*(x) \left(-\mathrm{i}\hbar \frac{\mathrm{d}}{\mathrm{d}x} \right) \left[\frac{1}{\sqrt{2\pi\hbar}} \int \mathrm{e}^{\frac{\mathrm{i}}{\hbar} p_x x} c(p_x) \mathrm{d}p_x \right]$$

$$= \int \psi^*(x) \left(-\mathrm{i}\hbar \frac{\mathrm{d}}{\mathrm{d}x} \right) \psi(x) \mathrm{d}x = \int \psi^*(x) \hat{p}_x \psi(x) \mathrm{d}x$$

上式推导得到重要结论：体系状态用坐标表象中的波函数 $\psi(x)$ 描写时，坐标 x 的算符就是其自身，即 $\hat{x} = x$，说明力学量在自身表象中的算符形式最简单.

而动量 p_x 在坐标表象(非自身表象)中的形式必须改造成动量算符形式:

$$\hat{p}_x = -i\hbar\frac{\mathrm{d}}{\mathrm{d}x}$$

在三维情况下, $\hat{r} = r$, 动量算符为

$$\hat{p} = -i\hbar\left(i\frac{\partial}{\partial x} + j\frac{\partial}{\partial y} + k\frac{\partial}{\partial z}\right) = -i\hbar\nabla$$

所以, 采用归一化波函数 $\psi(r)$ 求力学量平均值时, 只需要把该力学量所对应的算符夹在 $\psi^*(r)$ 和 $\psi(r)$ 之间, 然后对全空间积分. 于是, 对一维情况

$$\overline{x} = \langle x\rangle = \int_{-\infty}^{\infty}\psi^*(x)x\psi(x)\mathrm{d}x$$

$$\overline{p}_x = \langle p_x\rangle = \int_{-\infty}^{\infty}\psi^*(x)\hat{p}_x\psi(x)\mathrm{d}x \tag{4.14}$$

$$\overline{F} = \langle F\rangle = \int_{-\infty}^{\infty}\psi^*(x)\hat{F}\psi(x)\mathrm{d}x$$

在三维情况下

$$\begin{cases}\overline{x} = \langle x\rangle = \iiint\psi^*(r)x\psi(r)\mathrm{d}\tau \\[2mm] \overline{p}_x = \langle p_x\rangle = \iiint\psi^*(r)\hat{p}_x\psi(r)\mathrm{d}\tau \\[2mm] \overline{F} = \langle F\rangle = \iiint\psi^*(r)\hat{F}\psi(r)\mathrm{d}\tau\end{cases} \tag{4.15}$$

上式中, $\hat{F}$ 是任一力学量算符.

3) 力学量算符组成

由上述讨论可知, 若将力学量用相应的算符表达, 则求解力学量平均值将大为简化. 事实上, 算符表达的意义远不止此, 在量子物理学中, 一般的力学量均由相应的算符表达, 其深刻内涵及微妙关联将在下面逐一给出.

对于有经典对应的力学量, 相应的算符只要将其中的坐标和动量改用相应的坐标算符 r 和动量算符 $\hat{p}$ 即可.

例如在经典力学中, 动能 $T = \dfrac{p^2}{2m}$, 故动能算符为 $\hat{T} = \dfrac{\hat{p}^2}{2m}$, 于是动能平均值为

$$\overline{T} = \langle T\rangle = \iiint\psi^*(r)\hat{T}\psi(r)\mathrm{d}\tau$$

根据经典力学定义, 角动量 $L = r\times p$, 故角动量算符为 $\hat{L} = r\times\hat{p}$, 即

$$\hat{L} = r\times\hat{p} = \begin{vmatrix} i & j & k \\ x & y & z \\ \hat{p}_x & \hat{p}_y & \hat{p}_z \end{vmatrix} = i(y\hat{p}_z - z\hat{p}_y) + j(z\hat{p}_x - x\hat{p}_z) + k(x\hat{p}_y - y\hat{p}_x)$$

$$= i\hat{L}_x + j\hat{L}_y + k\hat{L}_z = \hat{L}^+$$

其三个分量分别为

$$\hat{L}_x = y\hat{p}_z - z\hat{p}_y = -\mathrm{i}\hbar\left(y\frac{\partial}{\partial z} - z\frac{\partial}{\partial y}\right)$$

$$\hat{L}_y = z\hat{p}_x - x\hat{p}_z = -\mathrm{i}\hbar\left(z\frac{\partial}{\partial x} - x\frac{\partial}{\partial z}\right) \tag{4.16}$$

$$\hat{L}_z = x\hat{p}_y - y\hat{p}_x = -\mathrm{i}\hbar\left(x\frac{\partial}{\partial y} - y\frac{\partial}{\partial x}\right)$$

在经典力学中, 总能量 H 等于动能加势能, 即 $H = T + V$, 在中心力场 $V(r)$ 中运动的粒子, 哈密顿算符(即总能量算符)为

$$\hat{H} = \hat{T} + V(r) = -\frac{\hbar^2}{2m}\nabla^2 + V(r) \tag{4.17}$$

能量平均值为

$$\bar{H} = \langle H \rangle = \iiint \psi^*(r)\hat{H}\psi(r)\mathrm{d}\tau \tag{4.18}$$

总之, 若力学量在经典力学中有对应的量, 通过如下对应方式改造为量子物理学中的力学量算符:

$$r \rightarrow \ r = r; \ \ p \rightarrow \hat{p} = -\mathrm{i}\hbar\nabla$$

$$F = F(r, p) \ \rightarrow \ \hat{F} = F(r, \hat{p})$$

若力学量是量子物理学中特有的 (如宇称、自旋等), 将由量子物理学本身定义给出.

2. 厄米算符的平均值

定理 4.1 任何状态 ψ 下, 厄米算符 $\hat{F}$ 的平均值必为实数.
证

$$\bar{F} = \int \mathrm{d}\tau\, \psi^*\hat{F}\psi$$

$$= \int \mathrm{d}\tau (\hat{F}\psi)^*\psi = \left(\int \mathrm{d}\tau\ \psi^*\hat{F}\psi\right)^* = \bar{F}^*$$

$$\tag{4.19}$$

上述定理的逆定理也成立: 在任何状态下, 平均值均为实数的算符必为厄米算符.
在物理实验中, 可观测量必然要求在任何状态下平均值都是实数, 因此相应的算符必须是厄米算符. 因此有

基本假设 I 量子物理学中的力学量用线性厄米算符表示.

3. 厄米算符的本征方程

1) 力学量 $\hat{F}$ 涨落的定义为

$$
\begin{aligned}
\overline{(\Delta F)^2} &\equiv \overline{(\hat{F}-\overline{F})^2} \\
&= \overline{(\hat{F}^2 - 2\hat{F}\overline{F} + \overline{F}^2)} = \overline{F^2} - 2\overline{F}\,\overline{F} + \overline{F}^2 = \overline{F^2} - \overline{F}^2 \\
&= \int \psi^*(\hat{F}-\overline{F})^2\psi\mathrm{d}\tau
\end{aligned} \tag{4.20}
$$

因为 $\hat{F}$ 是厄米算符, 其平均值 $\overline{F}$ 必为实数, 由此 $\Delta F = \hat{F} - \overline{F}$ 也是厄米算符. 厄米算符平方的平均值一定大于等于零, 即

$$
\overline{F^2} = \int \mathrm{d}\tau\; \psi^*\hat{F}^2\psi = \int \mathrm{d}\tau(\hat{F}\psi)^*\hat{F}\psi = \int \mathrm{d}\tau\,|\hat{F}\psi|^2 \geqslant 0
$$

于是有

$$
\overline{(\Delta F)^2} = \int\;|\Delta\hat{F}\psi|^2\,\mathrm{d}\tau = \int\;|(\hat{F}-\overline{F})\psi|^2\,\mathrm{d}\tau \geqslant 0
$$

2) 力学量的本征方程

若体系处于测量 $\hat{F}$ 所得结果是唯一确定的状态, 即 $\overline{(\Delta F)^2} = 0$, 则称这种状态为力学量 $\hat{F}$ 的本征态. 在本征态中, $(\hat{F}-\overline{F})\psi = 0$ 或 $\hat{F}\psi = $ 常数 ψ, 即

$$
\hat{F}\psi_n = F_n\psi_n \tag{4.21}
$$

式(4.21)即为算符 $\hat{F}$ 的本征方程, 其中常数 F_n 和 ψ_n 分别称为算符 $\hat{F}$ 的第 n 个本征值和相应的本征态(或本征函数).

求解式(4.21)时, ψ_n 还要满足物理上对波函数的要求, 即波函数的标准条件.

定理 4.2　厄米算符的本征值必为实数.

证　当体系处于 $\hat{F}$ 的本征态 ψ_n 时, 每次测量结果都是 F_n . 由本征方程可以看出, 在归一的本征态 ψ_n 下

$$
\overline{F} = \int \mathrm{d}\tau\; \psi_n^*\hat{F}\psi_n = F_n\int \mathrm{d}\tau\; \psi_n^*\psi_n = F_n
$$

根据定理 4.1, $\overline{F}$ 必为实数, 故本征值 F_n 是实数.

基本假设 Ⅱ　测量力学量 $\hat{F}$ 时, 所有可能出现的值均对应线性厄米算符 $\hat{F}$ 的第 n 个本征值 F_n , 即测量值是本征值之一, 且

$$
\hat{F}\psi_n = F_n\psi_n , \quad n = 1,\, 2,\, 3,\, \cdots \tag{4.22}
$$

4. 厄米算符的本征函数的正交性

1) 正交性

定理 4.3　厄米算符属于不同本征值的本征函数彼此正交.

证　设有 $\hat{F}\varphi_n = F_n\varphi_n$，$\hat{F}\varphi_m = F_m\varphi_m$，且积分 $\int \varphi_n^* \varphi_n \mathrm{d}\tau$ 存在．由于 F_m 为实数，将 $(\hat{F}\varphi_m)^* = F_m \varphi_m^*$ 两边右乘 φ_n 后积分，得

$$\int (\hat{F}\varphi_m)^* \varphi_n \mathrm{d}\tau = F_m \int \varphi_m^* \varphi_n \mathrm{d}\tau$$

又

$$\int (\hat{F}\varphi_m)^* \varphi_n \mathrm{d}\tau = \int \varphi_m^* \hat{F}\varphi_n \mathrm{d}\tau = F_n \int \varphi_m^* \varphi_n \mathrm{d}\tau$$

将上面两式相减得

$$(F_m - F_n)\int \varphi_m^* \varphi_n \mathrm{d}\tau = 0$$

若 $F_m \neq F_n$，必有

$$\int \varphi_m^* \varphi_n \mathrm{d}\tau = 0$$

2) 分立谱、连续谱正交归一表示式

分立谱、连续谱正交归一化条件分别为

$$\int \varphi_m^* \varphi_n \mathrm{d}\tau = \delta_{mn}$$
$$\int \varphi_\lambda^* \varphi_{\lambda'} \mathrm{d}\tau = \delta(\lambda - \lambda') \tag{4.23}$$

满足上式的函数系 $\{\varphi_n\}$ 或 $\{\varphi_\lambda\}$ 称为正交归一(函数)系．

3) 简并情况

如果 $\hat{F}$ 的本征值 F_n 是 f 度简并的，则对应 F_n 有 f 个本征函数

$$\varphi_{n1},\ \varphi_{n2},\ \varphi_{n3},\ \cdots,\varphi_{nf}$$

满足本征方程

$$\hat{F}\varphi_{ni} = F_n \varphi_{ni}，\quad i = 1,\ 2,\ \cdots,\ f$$

一般情况下，这些函数并不一定正交．但可以证明：这 f 个函数可以线性组合成 f 个独立新函数，它们仍属于本征值 F_n，且满足正交归一化条件．

由 f 个 φ_{ni} 线性组合成 f 个新函数 ψ_{nj}，即

$$\psi_{nj} = \sum_{i=1}^{f} A_{ji}\varphi_{ni}，\quad j = 1,\ 2,\ \cdots,\ f \tag{4.24}$$

可以满足正交归一化条件

$$\int \psi_{nj}^* \psi_{nj'} \mathrm{d}\tau = \sum_{i=1}^{f}\sum_{i'=1}^{f} A_{ji} A_{j'i'} \int \varphi_{ni}^* \varphi_{ni'} \mathrm{d}\tau = \delta_{jj'} \tag{4.25}$$

其中，$j,\ j'=1,\ 2,\ \cdots,\ f$．

(a) 可以证明：满足正交归一化条件的 f 个新函数 ψ_{nj} 是可以组成的．为此只需证明线性叠加系数 $\{A_{ji}\}$ 的个数 f^2 大于或等于正交归一化条件方程的个数即可．因为方程(4.25)的归一化条件有 f 个，正交条件有 $f(f-1)/2$ 个，所以共有独立方程数为二者之和，等于 $f(f+1)/2$．显然，$f^2-f(f+1)/2=f(f-1)/2\geqslant 0$，所以独立方程个数少于待定系数 $\{A_{ji}\}$ 的个数，因而，我们有多种可能来确定这 f^2 个系数使式(4.25)成立．

(b) ψ_{nj} 是本征值 F_n 的本征函数.

$$\hat{F}\psi_{nj}=\hat{F}\sum_{i=1}^{f}A_{ji}\varphi_{ni}=\sum_{i=1}^{f}A_{ij}\hat{F}\varphi_{ni}=F_n\sum_{i=1}^{f}A_{ji}\varphi_{ni}=F_n\psi_{nj}$$

所以，f 个新函数 ψ_{nj}，即式(4.24)，是算符 $\hat{F}$ 对应于本征值 F_n 的正交归一化的本征函数．

既然厄米算符的本征函数总可以正交归一化，那么，今后凡是厄米算符的本征函数都认为是正交归一化的，即组成正交归一系．

在量子物理学中，具有正交归一函数系的例子很多，如动量本征函数组成正交归一系；线性谐振子能量本征函数组成正交归一系；角动量平方和角动量 z 分量 $(L^2,\ L_z)$ 具有一组共同本征函数，组成正交归一系；氢原子波函数组成正交归一系；等等．

4.3　共同本征函数

体系处于任意状态 ψ 时，力学量 $\hat{F}$ 一般没有确定值．如果力学量 $\hat{F}$ 有确定值，ψ 必为 $\hat{F}$ 的本征态，设本征值为 λ，即

$$\hat{F}\psi=\lambda\psi$$

如果有另一力学量 $\hat{G}$ 在 ψ 态中也有确定值，则 ψ 必定也是 $\hat{G}$ 的一个本征态，设本征值为 μ，即

$$\hat{G}\psi=\mu\psi$$

换言之，在 ψ 态中测量力学量 $\hat{F}$ 和 $\hat{G}$ 时，如果它们同时具有确定值，那么 ψ 必是此两力学量的共同本征函数．

1. 两算符对易的物理含义

考察上述算符 $\hat{F}$ 和 $\hat{G}$，它们有共同本征函数 ψ，则

$$\begin{cases} \hat{F}\psi = \lambda\psi \\ \hat{G}\psi = \mu\psi \end{cases} \tag{4.26}$$

在式(4.26)中，分别将上式两边左乘 $\hat{G}$，下式两边左乘 $\hat{F}$，得

$$\hat{G}\hat{F}\psi = \hat{G}\lambda\psi = \lambda\hat{G}\psi = \lambda\mu\psi$$

$$\hat{F}\hat{G}\psi = \hat{F}\mu\psi = \mu\hat{F}\psi = \mu\lambda\psi$$

将上述两式相减得

$$(\hat{G}\hat{F} - \hat{F}\hat{G})\psi = 0$$

不过，由于 ψ 是特定的本征函数，而非任意函数，故由上式仍推不出算符 $\hat{F}$ 和 $\hat{G}$ 是否相互对易. 例如，对应于特殊情况 $l = 0$，球谐函数 $Y_{lm} = Y_{00} = \dfrac{1}{\sqrt{4\pi}}$，是一常数，所以根据式(4.16)，$(\hat{L}_x\hat{L}_z - \hat{L}_z\hat{L}_x)Y_{00} = 0$. 但对于一般的球谐函数 Y_{lm}，$(\hat{L}_x\hat{L}_z - \hat{L}_z\hat{L}_x)Y_{lm} \neq 0$，所以 $[\hat{L}_x, \hat{L}_z] \neq 0$(详见第 5 章).

但是，如果两个力学量的共同本征函数不止一个，而是一组且构成完备系，此时两力学量算符必可对易：

定理 4.4　若两力学量算符有一组共同完备本征函数系，则此两算符对易.

证　若已知

$$\hat{F}\varphi_n = F_n\varphi_n, \quad \hat{G}\varphi_n = G_n\varphi_n, \quad n = 1, 2, 3, \cdots$$

且由于 $\{\varphi_n\}$ 组成完备系，所以任意态函数 $\psi(x)$ 可以按其展开

$$\psi(x) = \sum_n c_n\varphi_n(x)$$

则有

$$(\hat{F}\hat{G} - \hat{G}\hat{F})\psi(x) = (\hat{F}\hat{G} - \hat{G}\hat{F})\sum_n c_n\varphi_n = \sum_n c_n(\hat{F}\hat{G} - \hat{G}\hat{F})\varphi_n$$

$$= \sum_n c_n(\hat{F}G_n - \hat{G}F_n)\varphi_n = \sum_n c_n(G_nF_n - F_nG_n)\varphi_n = 0$$

因为 $\psi(x)$ 是任意函数，所以算符 $\hat{F}$ 和 $\hat{G}$ 相互对易，即

$$[\hat{F}, \hat{G}] = \hat{F}\hat{G} - \hat{G}\hat{F} = 0$$

定理 4.5　(定理 4.4 的逆定理)　如果两力学量算符对易，则此两算符具有组成完备系的共同本征函数.

证　(非简并情况)设 $\hat{F}\hat{G} - \hat{G}\hat{F} = 0$, φ_n 为 $\hat{F}$ 的任一本征函数, 本征值为 F_n , $\hat{F}\varphi_n = F_n\varphi_n$, 则

$$\hat{F}\hat{G}\varphi_n = \hat{G}\hat{F}\varphi_n = F_n\hat{G}\varphi_n$$

上式可理解为

$$\hat{F}(\hat{G}\varphi_n) = F_n(\hat{G}\varphi_n)$$

上式说明 $\hat{G}\varphi_n$ 也是算符 $\hat{F}$ 的一个本征函数, 且与 φ_n 一样, 本征值也为 F_n. 因此, $\hat{G}\varphi_n$ 与 φ_n 最多只差一常数 G_n , 即

$$\hat{G}\varphi_n = G_n\varphi_n$$

所以, φ_n 也是算符 $\hat{G}$ 的本征函数, 同理, $\hat{F}$ 的所有本征函数 φ_n ($n = 1, 2, \cdots$)也都是 $\hat{G}$ 的本征函数, 因此两算符具有共同完备的本征函数系.

定理4.4和定理4.5是针对两个力学量算符, 若有多于两个的一组力学量算符, 证明也类似, 所以可推广如下:

定理 4.6　一组力学量算符具有共同完备本征函数系的充要条件是这组算符两两对易.

证　例如动量算符 $\hat{p}_x$ 、 $\hat{p}_y$ 和 $\hat{p}_z$ 两两对易, 它们具有共同的本征函数系

$$\psi_p(r) = \frac{1}{(2\pi\hbar)^{3/2}}e^{\frac{i}{\hbar}p\cdot r} \tag{4.27}$$

同时具有确定本征值 p_x 、 p_y 和 p_z .

在氢原子中, 算符 $\hat{H}$、$\hat{L}^2$、$\hat{L}_z$ 两两对易, 它们具有共同的本征函数系

$$\psi_{nlm}(r) = R_{nl}(r)Y_{lm}(\theta,\varphi) \tag{4.28}$$

其中, $R_{nl}(r)$ 为径向波函数; $Y_{lm}(\theta,\varphi)$ 为角向波函数, 即球谐函数. 三个算符同时有确定值, 它们分别为 E_n 、 $l(l+1)\hbar^2$ 、 $m\hbar$ (详见第 5 章).

定轴转子的转动惯量为 I , 算符 $\hat{H} = \dfrac{\hat{L}_z^2}{2I}$, $\hat{L}_z = -i\hbar\dfrac{d}{d\varphi}$ 相互对易, 它们具有共同本征函数

$$\Phi_m(\varphi) = \frac{1}{\sqrt{2\pi}}e^{im\varphi} \tag{4.29}$$

同时具有确定值, 分别为 $E_m = \dfrac{m^2\hbar^2}{2I}$, $L_z = m\hbar$, $m = 0, \pm 1, \pm 2, \cdots$.

空间转子的转动惯量为 I , 算符 $\hat{H} = \dfrac{\hat{L}^2}{2I}$ 、 $\hat{L}^2$ 、 $\hat{L}_z$ 两两对易, 它们具有共同本

征函数

$$Y_{lm}(\theta,\varphi), \quad l = 0, 1, 2, \cdots, \quad m = 0, \pm 1, \pm 2, \cdots \tag{4.30}$$

同时具有确定值，分别为 $E_l = \dfrac{l(l+1)\hbar^2}{2I}$, $L^2 = l(l+1)\hbar^2$, $L_z = m\hbar$.

2. 力学量完全集

定义：为完全确定状态所需要的一组两两对易的力学量算符的最小(数目)集合称为力学量完全集.

例如三维空间中的自由粒子，完全确定其状态需要三个两两对易的力学量：$\hat{p}_x$、$\hat{p}_y$、$\hat{p}_z$.

氢原子，完全确定其状态也需要三个两两对易的力学量：$\hat{H}$、$\hat{L}^2$、$\hat{L}_z$.

一维谐振子，只需要一个力学量就可以完全确定其状态：$\hat{H}$.

一般情况下，力学量完全集中，力学量的数目与体系自由度数相同. 根据定理 4.6，由一组力学量算符具有共同完备本征函数系的充要条件是这组算符两两对易. 所以，由力学量完全集所确定的本征函数系构成该体系态空间的一组完备的本征函数，即体系的任何状态均可用它展开.

1) 力学量算符本征函数组成完备系

函数的完备性：有一组函数 $\varphi_n(x)$，$n = 1, 2, \cdots$，如果任意函数 $\psi(x)$ 可以按这组函数展开

$$\psi(x) = \sum_n c_n \varphi_n(x)$$

则称这组函数 $\{\varphi_n(x)\}$ 是完备的. 可以证明，如表 4.1 中力学量算符的本征函数均构成完备系.

表 4.1　力学量算符完全集对应本征函数完备系

力学量算符	本征函数系
$\hat{p}_x$，$\hat{p}_y$，$\hat{p}_z$	$\psi_p(r) = \dfrac{1}{(2\pi\hbar)^{3/2}} \exp\left(\dfrac{i}{\hbar} p \cdot r\right)$
$\hat{L}_z$	$\Phi_m(\varphi) = \dfrac{1}{\sqrt{2\pi}} e^{im\varphi}, \quad m = 0, \pm 1, \pm 2, \cdots$
$\hat{L}^2$, $\hat{L}_z$	$Y_{lm}(\theta,\varphi), \quad l = 0, 1, 2, \cdots; \; m = 0, \pm 1, \pm 2, \cdots$
一维无限深方势阱 $\hat{H}$	$\psi_n(x) = \sqrt{\dfrac{2}{a}} \sin\left(\dfrac{n\pi}{a} x\right), \; n = 1, 2, 3, \cdots$
一维线性谐振子 $\hat{H}$	$\psi_n(x) = N_n \exp(-\alpha^2 x^2 / 2) H_n(\alpha x), \, n = 0, 1, 2, \cdots$

此外，可以证明：满足一定条件的厄米算符的本征函数组成完备系. 因此，力学量算符的本征函数组成完备系. 但是对于任何一个力学量算符，它的本征函数是否一定具有完备性? 此问题比较复杂，迄今并无一般证明，因此有

基本假设Ⅲ　一切力学量算符的本征函数均组成完备系.

例如算符$(\hat{L}^2,\ \hat{L}_z)$的共同本征态为球谐函数.

根据上面已求得的角动量$\hat{L}$三个分量$\hat{L}_x$、$\hat{L}_y$、$\hat{L}_z$，即式(4.16)，显然，它们之间相互不对易，一般无共同本征态. 若对式(4.16)作代换如下：

$$(x,\ y,\ z)\ \leftrightarrow\ (x_1,\ x_2,\ x_3)\ ,$$
$$(\hat{p}_x,\ \hat{p}_y,\ \hat{p}_z)\ \leftrightarrow\ (\hat{p}_1,\ \hat{p}_2,\ \hat{p}_3)$$
$$(\hat{L}_x,\ \hat{L}_y,\ \hat{L}_z)\ \leftrightarrow\ (\hat{L}_1,\ \hat{L}_2,\ \hat{L}_3)$$

则不难证明

$$[\hat{L}_\alpha,\ x_\beta]=\varepsilon_{\alpha\beta\gamma}\mathrm{i}\hbar x_\gamma$$
$$[\hat{L}_\alpha,\ \hat{p}_\beta]=\varepsilon_{\alpha\beta\gamma}\mathrm{i}\hbar\hat{p}_\gamma \qquad (4.31)$$
$$[\hat{L}_\alpha,\ \hat{L}_\beta]=\varepsilon_{\alpha\beta\gamma}\mathrm{i}\hbar\hat{L}_\gamma$$

其中，$\varepsilon_{\alpha\beta\gamma}$是莱维-齐维塔(Levi-Civita)符号，是一个三阶反对称张量：

$$\varepsilon_{123}=1\ ,\quad \varepsilon_{\alpha\beta\gamma}=-\varepsilon_{\alpha\gamma\beta}=-\varepsilon_{\beta\alpha\gamma}$$

即任意两个下角标对换要变号，因此，若有两下角标相同，则为零.

例 4.4　证明$[\hat{L}_\alpha,\ \hat{L}_\beta]=\varepsilon_{\alpha\beta\gamma}\mathrm{i}\hbar\hat{L}_\gamma$，即证明$\hat{L}\times\hat{L}=\mathrm{i}\hbar\hat{L}$.

证　利用式(4.3)和式(4.16)，得

$$[\hat{L}_x,\ \hat{L}_y]=[y\hat{p}_z-z\hat{p}_y,\ z\hat{p}_x-x\hat{p}_z]$$
$$=[y\hat{p}_z,z\hat{p}_x]+[y\hat{p}_z,-x\hat{p}_z]+[-z\hat{p}_y,z\hat{p}_x]+[-z\hat{p}_y,\ -x\hat{p}_z]$$
$$=y[\hat{p}_z,z]\hat{p}_x+0+0+x[z,\hat{p}_z]\hat{p}_y=-\mathrm{i}\hbar y\hat{p}_x+\mathrm{i}\hbar x\hat{p}_y=\mathrm{i}\hbar\hat{L}_z$$

其余可类似证明，最后得$\hat{L}\times\hat{L}=\mathrm{i}\hbar\hat{L}$.

例 4.5　证明$[\hat{L}^2,\ \hat{L}_\alpha]=0$　$(\alpha=x,\ y,\ z)$.

证　利用式(4.31)和雅可比恒等式(7)(见数学附录一)

$$[\hat{L}^2,\ \hat{L}_z]=[\hat{L}_x^2+\hat{L}_y^2+\hat{L}_z^2,\ \hat{L}_z]$$

$$[\hat{L}_z^2,\ \hat{L}_z]=\hat{L}_z[\hat{L}_z,\ \hat{L}_z]+[\hat{L}_z,\ \hat{L}_z]\hat{L}_z=0$$

$$[\hat{L}_x^2,\hat{L}_z]=\hat{L}_x[\hat{L}_x,\ \hat{L}_z]+[\hat{L}_x,\ \hat{L}_z]\hat{L}_x=-\mathrm{i}\hbar(\hat{L}_x\hat{L}_y+\hat{L}_y\hat{L}_x)$$

$$[\hat{L}_y^2,\ \hat{L}_z] = \hat{L}_y[\hat{L}_y,\ \hat{L}_z] + [\hat{L}_y,\ \hat{L}_z]\hat{L}_y = \mathrm{i}\hbar(\hat{L}_x\hat{L}_y + \hat{L}_y\hat{L}_x)$$

所以得

$$[\hat{L}^2,\ \hat{L}_z] = [\hat{L}_x^2 + \hat{L}_y^2 + \hat{L}_z^2,\ \hat{L}_z] = 0$$

同理

$$[\hat{L}^2,\ \hat{L}_x] = [\hat{L}^2,\ \hat{L}_y] = 0$$

所以

$$[\hat{L}^2,\ \hat{L}_\alpha] = 0 \quad (\alpha = x,\ y,\ z)$$

故可以求出 $\hat{L}^2$ 与任何一个分量(如 $\hat{L}_z$)的共同本征态，在球坐标中，该本征态即为正交归一的球谐函数 $Y_{lm}(\theta,\varphi)$，即

$$\hat{L}^2 Y_{lm} = l(l+1)\hbar^2 Y_{lm}$$
$$\hat{L}_z Y_{lm} = m\hbar Y_{lm} \tag{4.32}$$

式中，算符 $\hat{L}^2$ 的本征值为 $l(l+1)\hbar^2$，$\hat{L}_z$ 的本征值为 $m\hbar$；角量子数 l 和磁量子数 m 取值分别为

$$l = 0,\ 1,\ 2,\ \cdots;\quad m = -l,\ -l+1,\ \cdots,\ l-1,\ l \tag{4.33}$$

具体求解见第 5 章.

2) 力学量的可能值和相应概率

根据上述基本假设 II，测力学量 F 得到的可能值必是力学量算符 $\hat{F}$ 的本征值 $\{\lambda_n\}(n=1,2,\cdots)$ 之一，这些本征值由本征方程确定：

$$\hat{F}\varphi_n(x) = \lambda_n\varphi_n(x),\quad n = 1,\ 2,\ 3,\ \cdots$$

每一本征值 λ_n 以一定概率出现. 由于 $\{\varphi_n(x)\}$ 组成完备系，所以体系任一状态 $\psi(x)$ 可按其展开

$$\psi(x) = \sum_n c_n\varphi_n(x) \tag{4.34}$$

其中的展开系数 c_n 与 x 无关. 为求 c_n，将 $\varphi_m^*(x)$ 左乘式(4.34)，并对 x 积分得

$$\int \varphi_m^*(x)\psi(x)\mathrm{d}x = \int \varphi_m^*(x)\sum_n c_n\varphi_n(x)\mathrm{d}x$$
$$= \sum_n c_n\int \varphi_m^*(x)\varphi_n(x)\mathrm{d}x = \sum_n c_n\delta_{mn} = c_m$$

即

$$c_n = \int \varphi_n^*(x)\psi(x)\mathrm{d}x$$

将上式与波函数 $\psi(x)$ 按动量本征函数展开的式(4.12)和式(4.13)比较,它们相似. 因此,$\psi(x)$ 是坐标表象的波函数, $c(p)$ 是动量表象的波函数,$\{c_n\}$ 则是 F 表象的波函数, 三者完全相似.

当 $\psi(x)$ 已归一时, $c(p)$ 也是归一的, 同样 c_n 也是归一的. 证明如下:

根据式(4.34),有

$$
\begin{aligned}
1 &= \int \psi^*(x)\psi(x)\mathrm{d}x = \int \left(\sum_n c_n\varphi_n\right)^* \left(\sum_m c_m\varphi_m\right)\mathrm{d}x \\
&= \sum_n \sum_m c_n^* c_m \int \varphi_n^*\varphi_m \mathrm{d}x \\
&= \sum_n \sum_m c_n^* c_m \, \delta_{nm} \\
&= \sum_n c_n^* c_n = \sum_n |c_n|^2
\end{aligned}
$$

所以, $|c_n|^2$ 具有概率的意义, c_n 称为概率振幅. $|\psi(x)|^2$ 表示在 x 点找到粒子的概率密度, $|c(p)|^2$ 表示粒子具有动量 p 的概率密度. 同理, $|c_n|^2$ 则表示 F 取 λ_n 的概率.

基本假设 Ⅳ　任一力学量算符 $\hat{F}$ 的本征函数全体 $\{\varphi_n(x), \ 1, 2, 3, \cdots\}$ 组成正交归一完备系, 在任意已归一态 $\psi(x)$ 中测量力学量得到本征值 λ_n 的概率等于 $\psi(x)$ 按 $\varphi_n(x)$ 展开式 $\psi(x) = \sum_n c_n\varphi_n(x)$ 中对应本征函数 $\varphi_n(x)$ 前的系数 c_n 的绝对值平方.

所以, 利用式(4.34), 力学量 $\hat{F}$ 平均值公式(4.14)和式(4.15)可化为

$$
\begin{aligned}
\bar{F} &= \int \psi^* \hat{F}\psi \mathrm{d}\tau = \int \sum_n c_n^*\varphi_n^* \hat{F} \sum_m c_m\varphi_m \, \mathrm{d}\tau \\
&= \sum_{n,m} c_n^* c_m \lambda_m \int \varphi_n^*\varphi_m \mathrm{d}\tau \\
&= \sum_{n,m} c_n^* c_m \lambda_m \delta_{nm} = \sum_n |c_n|^2 \lambda_n
\end{aligned}
\tag{4.35}
$$

3) 力学量有确定值的条件

定理 4.7　体系处于 $\psi(x)$ 态时, 测量力学量 F 具有确定值(即每次测量都为 λ)的充要条件是 $\psi(x)$ 必须是算符 $\hat{F}$ 的一个本征态.

证　必要性: 若 $\hat{F}$ 具有确定值 λ, 则 $\psi(x)$ 必为 $\hat{F}$ 的本征态.

根据量子物理学基本假定, 测量值必为本征值之一, 令 $\lambda = \lambda_m$ 是 $\hat{F}$ 的一个本征值, 满足本征方程

$$
\hat{F}\varphi_n(x) = \lambda_n\varphi_n(x), \quad n = 1, 2, \cdots, m, \cdots
$$

又根据量子物理学基本假定, $\{\varphi_n(x)\}$ 组成完备系, 则

$$
\psi(x) = \sum_n c_n\varphi_n(x)
$$

相应概率是 $|c_1|^2, |c_2|^2 \cdots, |c_m|^2 \cdots$.

现在只测得 λ_m，所以只有 $|c_m|^2 = 1$，其他 $|c_1|^2 = |c_2|^2 = \cdots = 0$. 此时，$\psi(x) = \varphi_m(x)$，即 $\psi(x)$ 是算符 $\hat{F}$ 的一个本征态.

充分性：若 $\psi(x)$ 是 $\hat{F}$ 的一个本征态，即 $\psi(x) = \varphi_m(x)$，则 F 具有确定值.

据量子物理学基本假定，力学量算符 $\hat{F}$ 的本征函数组成完备系. 所以

$$\psi(x) = \sum_n c_n \varphi_n(x) = \varphi_m(x)$$

由于测得 λ_n 的概率是 $|c_n|^2$，则上式求和中

$$|c_n|^2 = \begin{cases} 1, & n = m \\ 0, & n \neq m \end{cases}$$

表明测量 $\hat{F}$ 得 λ_m 的概率为 1，因而有确定值.

所以，量子物理学的力学量用相应的线性厄米算符来表达，力学量之间的关系通过相应算符之间的关系反映.

例 4.6 证明在 $\hat{L}_z$ 本征态 Y_{lm} 下，平均值 $\overline{L}_x = \overline{L}_y = 0$.

证 由角动量对易关系式(4.31)，有

$$[\hat{L}_y, \ \hat{L}_z] = i\hbar \hat{L}_x$$

或

$$\hat{L}_x = \frac{1}{i\hbar}[\hat{L}_y, \ \hat{L}_z] = \frac{1}{i\hbar}(\hat{L}_y \hat{L}_z - \hat{L}_z \hat{L}_y)$$

代入平均值公式，并利用式(4.32)得

$$\begin{aligned}
\overline{L}_x &= \int Y_{lm}^* \hat{L}_x Y_{lm} \mathrm{d}\Omega = \frac{1}{i\hbar} \int Y_{lm}^* (\hat{L}_y \hat{L}_z - \hat{L}_z \hat{L}_y) Y_{lm} \mathrm{d}\Omega \\
&= \frac{1}{i\hbar} \int Y_{lm}^* \hat{L}_y \hat{L}_z Y_{lm} \mathrm{d}\Omega - \frac{1}{i\hbar} \int Y_{lm}^* \hat{L}_z \hat{L}_y Y_{lm} \mathrm{d}\Omega \\
&= \frac{1}{i\hbar} \int Y_{lm}^* \hat{L}_y (\hat{L}_z Y_{lm}) \mathrm{d}\Omega - \frac{1}{i\hbar} \int (\hat{L}_z Y_{lm})^* \hat{L}_y Y_{lm} \mathrm{d}\Omega \\
&= \frac{1}{i\hbar} m\hbar \int Y_{lm}^* \hat{L}_y Y_{lm} \mathrm{d}\Omega - \frac{1}{i\hbar} m\hbar \int Y_{lm}^* \hat{L}_y Y_{lm} \mathrm{d}\Omega \\
&= \frac{m}{i} \overline{L}_y - \frac{m}{i} \overline{L}_y = 0
\end{aligned}$$

同理可证 $\overline{L}_y = 0$. 上述推导中，立体角 $\mathrm{d}\Omega = \sin\theta \mathrm{d}\theta \mathrm{d}\varphi$.

例 4.7 已知空间转子处于如下状态：

$$\psi = \frac{1}{3}Y_{11}(\theta,\varphi) + \frac{2}{3}Y_{21}(\theta,\varphi)$$

问:(1)波函数 ψ 是否是 $\hat{L}^2$ 和 $\hat{L}_z$ 的本征态? (2) $\hat{L}^2$ 的平均值是多少? (3)在 ψ 态中分别测量 $\hat{L}^2$ 和 $\hat{L}_z$ 时得到的可能值及其相应的概率是多少?

解 利用式(4.32), 得

(1) $\hat{L}^2\psi = \hat{L}^2\left(\frac{1}{3}Y_{11}(\theta,\varphi) + \frac{2}{3}Y_{21}(\theta,\varphi)\right)$

$$= \frac{1}{3}[1(1+1)\hbar^2 Y_{11}] + \frac{2}{3}[2(2+1)\hbar^2 Y_{21}]$$

$$= 2\hbar^2\left(\frac{1}{3}Y_{11} + 2Y_{21}\right)$$

$$\neq \lambda\psi$$

所以, ψ 没有确定的 $\hat{L}^2$ 的本征值, 故 ψ 不是 $\hat{L}^2$ 的本征态.

$$\hat{L}_z\psi = \hat{L}_z\left(\frac{1}{3}Y_{11}(\theta,\varphi) + \frac{2}{3}Y_{21}(\theta,\varphi)\right)$$

$$= \frac{1}{3}\hbar Y_{11} + \frac{2}{3}\hbar Y_{21}$$

$$= \hbar\left(\frac{1}{3}Y_{11} + \frac{2}{3}Y_{21}\right)$$

$$= \hbar\psi$$

所以, ψ 是 $\hat{L}_z$ 的本征态, 本征值为 $\hbar$.

(2) 求 $\hat{L}^2$ 的平均值.

利用球谐函数的正交归一性, 先将波函数 ψ 归一化:

$$1 = c^2\int\psi^*\psi\mathrm{d}\Omega$$

$$= c^2\int\left(\frac{1}{3}Y_{11} + \frac{2}{3}Y_{21}\right)^*\left(\frac{1}{3}Y_{11} + \frac{2}{3}Y_{21}\right)\mathrm{d}\Omega$$

$$= c^2\int\left(\frac{1}{9}Y_{11}^*Y_{11} + \frac{4}{9}Y_{21}^*Y_{21} + \frac{2}{9}Y_{11}^*Y_{21} + \frac{2}{9}Y_{21}^*Y_{11}\right)\mathrm{d}\Omega$$

$$= c^2\left(\frac{1}{9} + \frac{4}{9}\right)$$

$$= \frac{5}{9}c^2$$

得归一化常数 $c = \dfrac{3}{\sqrt{5}}$. 于是归一化波函数为

$$\psi = c\left(\frac{1}{3}Y_{11} + \frac{2}{3}Y_{21}\right) = \frac{1}{\sqrt{5}}\left(Y_{11} + 2Y_{21}\right)$$

利用平均值公式(4.35)，得 $\hat{L}^2$ 平均值为

$$\overline{L^2} = \left|\frac{1}{\sqrt{5}}\right|^2 2\hbar^2 + \left|\frac{2}{\sqrt{5}}\right|^2 6\hbar^2 = \frac{26}{5}\hbar^2$$

(3) 据上述求得的归一化波函数，球谐函数 Y_{lm} 中量子数 l 可能值为 1 和 2，故 $\hat{L}^2$ 的可能值为 $2\hbar^2$，$6\hbar^2$，概率分别为 1/5，4/5；$\hat{L}_z$ 的可能值为 $\hbar$，概率为 1.

3. 不确定性关系的严格推导

由上文讨论表明，若两力学量算符对易，则同时有确定值；若不对易，一般来说，不存在共同本征函数，不同时具有确定值. 那么，两个不对易算符所对应的力学量在某一状态中究竟不确定到什么程度？即不确定度(涨落)是多少呢？

设有厄米算符 $\hat{A}$、$\hat{B}$，显然 $\hat{C} = [\hat{A}, \hat{B}]/\mathrm{i} = \hat{C}^+$，也是厄米算符. 引入实参量 ξ 的辅助积分

$$
\begin{aligned}
I(\xi) &= \int \left|\xi\hat{A}\psi + \mathrm{i}\hat{B}\psi\right|^2 \mathrm{d}\tau \geqslant 0 \\
&= (\xi\hat{A}\psi + \mathrm{i}\hat{B}\psi,\ \xi\hat{A}\psi + \mathrm{i}\hat{B}\psi) \\
&= \xi^2(\hat{A}\psi,\ \hat{A}\psi) + \mathrm{i}\xi(\hat{A}\psi,\ \hat{B}\psi) - \mathrm{i}\xi(\hat{B}\psi,\ \hat{A}\psi) + (\hat{B}\psi,\ \hat{B}\psi) \\
&= \xi^2(\psi,\ \hat{A}^2\psi) + \mathrm{i}\xi(\psi,\ [\hat{A},\ \hat{B}]\psi) + (\psi,\ \hat{B}^2\psi) \\
&= \xi^2\overline{A^2} - \xi\overline{C} + \overline{B^2} \\
&= \overline{A^2}[\xi - \overline{C}/(2\overline{A^2})]^2 + [\overline{B^2} - \overline{C}^2/(4\overline{A^2})] \geqslant 0
\end{aligned}
$$

不妨取 $\xi = \overline{C}/(2\overline{A^2})$，于是有

$$\overline{B^2} - \overline{C}^2/(4\overline{A^2}) \geqslant 0$$

即

$$\overline{A^2} \cdot \overline{B^2} \geqslant \frac{1}{4}\overline{C}^2$$

或

$$\sqrt{\overline{A^2} \cdot \overline{B^2}} \geqslant \frac{1}{2}\left|\overline{C}\right| = \frac{1}{2}\left|\overline{[\hat{A}, \hat{B}]}\right|$$

上式对任何厄米算符均成立. 据力学量涨落定义式(4.20)，若分别用厄米算符 $\Delta\hat{A} = \hat{A} - \overline{A}$ 和 $\Delta\hat{B} = \hat{B} - \overline{B}$ 替换 $\hat{A}$ 和 $\hat{B}$，上式也成立. 又因为 $[\Delta\hat{A}, \Delta\hat{B}] = [\hat{A}, \hat{B}]$，最后得不确定性关系

$$\sqrt{(\Delta A)^2 \cdot (\Delta B)^2} \geqslant \frac{1}{2}\left|\overline{[\hat{A}, \hat{B}]}\right| \tag{4.36}$$

例 4.8　试求坐标算符 x 与动量算符 $\hat{p}_x$ 之间的不确定性关系式.

解　令 $\hat{A}=x$，$\hat{B}=\hat{p}_x$，$[x,\hat{p}_x]=i\hbar$，利用式(4.36)即得熟知的数量级公式(2.17)：

$$\Delta x \cdot \Delta p_x \geqslant \hbar/2$$

例 4.9　试求角动量算符 $\hat{L}_x$ 与 $\hat{L}_y$ 之间的不确定性关系式.

解　角动量的对易关系为

$$[\hat{L}_x,\ \hat{L}_y]=i\hbar\hat{L}_z$$

按照式(4.36)，得角动量不确定性关系为

$$\overline{(\Delta L_x)^2}\cdot\overline{(\Delta L_y)^2}\ \geqslant\ \frac{\hbar^2}{4}\overline{L_z}^2$$

当体系处于 $\hat{L}_z$ 本征态时，利用式(4.32)，得

$$\overline{(\Delta L_x)^2}\cdot\overline{(\Delta L_y)^2}\geqslant\frac{\hbar^2}{4}(m\hbar)^2=\frac{1}{4}m^2\hbar^4$$

例 4.10　利用不确定性关系证明，在 $\hat{L}_z$ 本征态 Y_{lm} 下，$\overline{L}_x=\overline{L}_y=0$.

证　已知 $[\hat{L}_y,\hat{L}_z]=i\hbar\hat{L}_x$，按照式(4.36)，得不确定性关系

$$\overline{(\Delta L_y)^2}\cdot\overline{(\Delta L_z)^2}\geqslant\frac{\hbar^2}{4}\overline{L_x}^2$$

在 $\hat{L}_z$ 本征态 Y_{lm} 下，测量力学量 $\hat{L}_z$ 有确定值，所以 $\hat{L}_z$ 均方偏差必为零，即 $\overline{(\Delta L_z)^2}=0$，则上述不确定性关系为

$$\overline{(\Delta L_y)^2}\cdot 0\geqslant\frac{\hbar^2}{4}\overline{L_x}^2$$

所以，若要上式成立，必有 $\overline{L}_x=0$. 同理，$\overline{L}_y=0$.

例 4.11　在 $\hat{L}^2$、$\hat{L}_z$ 共同本征态 Y_{lm} 下，求不确定性关系：$\overline{(\Delta L_x)^2}\cdot\overline{(\Delta L_y)^2}$.

解　根据力学量涨落定义式(4.20)，有

$$\overline{(\Delta L_x)^2}=\overline{L_x^2}-\overline{L_x}^2=\overline{L_x^2}，\quad \overline{(\Delta L_y)^2}=\overline{L_y^2}-\overline{L_y}^2=\overline{L_y^2}$$

上式中应用了例 4.10 结果：$\overline{L}_x=0$，$\overline{L}_y=0$. 此外

$$i\hbar\hat{L}_x^2=(\hat{L}_y\hat{L}_z-\hat{L}_z\hat{L}_y)\hat{L}_x=\hat{L}_y\hat{L}_z\hat{L}_x-\hat{L}_z\hat{L}_y\hat{L}_x$$

$$=\hat{L}_y(\hat{L}_x\hat{L}_z+i\hbar\hat{L}_y)-\hat{L}_z\hat{L}_y\hat{L}_x$$

$$=\hat{L}_y\hat{L}_x\hat{L}_z+i\hbar\hat{L}_y^2-\hat{L}_z\hat{L}_y\hat{L}_x$$

所以

$$i\hbar \overline{\hat{L}_x^2} = i\hbar \int Y_{lm}^* \hat{L}_x^2 Y_{lm} d\Omega$$

$$= \int Y_{lm}^* \hat{L}_y \hat{L}_x \hat{L}_z Y_{lm} d\Omega + i\hbar \int Y_{lm}^* \hat{L}_y^2 Y_{lm} d\Omega - \int Y_{lm}^* \hat{L}_z \hat{L}_y \hat{L}_x Y_{lm} d\Omega$$

$$= m\hbar \int Y_{lm}^* \hat{L}_y \hat{L}_x Y_{lm} d\Omega + i\hbar \overline{\hat{L}_y^2} - \int (\hat{L}_z Y_{lm})^* \hat{L}_y \hat{L}_x Y_{lm} d\Omega$$

$$= m\hbar \int Y_{lm}^* \hat{L}_y \hat{L}_x Y_{lm} d\Omega + i\hbar \overline{\hat{L}_y^2} - m\hbar \int Y_{lm}^* \hat{L}_y \hat{L}_x Y_{lm} d\Omega$$

推导上式, 利用了算符 $\hat{L}_z$ 的厄米性. 最后得

$$\overline{L_x^2} = \overline{L_y^2}$$

又因为 $\hat{L}_x^2 + \hat{L}_y^2 + \hat{L}_z^2 = \hat{L}^2$, 即 $\hat{L}_x^2 + \hat{L}_y^2 = \hat{L}^2 - \hat{L}_z^2$. 于是将此式两边在 Y_{lm} 态下求平均

$$\int Y_{lm}^* (\hat{L}_x^2 + \hat{L}_y^2) Y_{lm} d\Omega = \int Y_{lm}^* (\hat{L}^2 - \hat{L}_z^2) Y_{lm} d\Omega$$

利用式(4.32), 得

$$\overline{L_x^2} + \overline{L_y^2} = [l(l+1)\hbar^2 - m^2\hbar^2] \int Y_{lm}^* Y_{lm} d\Omega$$

因为

$$\overline{L_x^2} = \overline{L_y^2}$$

故有

$$\overline{L_x^2} = \overline{L_y^2} = \frac{1}{2}[l(l+1) - m^2]\hbar^2$$

于是得不确定性关系

$$\overline{(\Delta L_x)^2} \cdot \overline{(\Delta L_y)^2} = \frac{1}{4}[l(l+1) - m^2]^2 \hbar^4$$

4.4 量子物理学公式的矩阵表述

根据上述讨论, 可归纳如下: 体系的任何一组力学量完备集 $\hat{F}$ 具有共同本征态 $\{\varphi_n\}$(n 代表一组完备量子数, 假设是离散谱), 它们构成此态空间的一组正交归一完备基矢, $(\varphi_m, \varphi_n) = \delta_{mn}$. 此态空间称为希尔伯特(Hilbert)空间, 它可以无穷维, 也可以连续谱, 即不可数维.

以 $\{\varphi_n\}$ 为基矢的表象, 称为 F 表象. 体系中任何一个量子态 ψ 均可展开为 $\psi = \sum_n a_n \varphi_n$, 其中 $a_n = (\varphi_n, \psi)$, 一般是复量; 这组系数 $(a_1, a_2, a_3, \cdots)$ 构成量子态 ψ

在 F 表象中的表示. 在量子态 ψ 中, 测量力学量 $\hat{F}$ 得到其本征值 λ_n 的概率等于 a_n 的绝对值平方.

根据上述讨论, 可将量子物理学公式转化为矩阵表述. 从如下的转化过程可以看出, 微分方程表述和矩阵表述是完全等价的.

1. 平均值公式

在 F 表象中, 任一量子态

$$\psi = \sum_n a_n \varphi_n, \quad a_n = (\varphi_n, \psi) \tag{4.37}$$

力学量 $\hat{O}$ 的平均值为

$$\overline{O} = (\psi, \hat{O}\psi)$$

将式(4.37)代入上式得

$$\overline{O} = \left(\sum_m a_m \varphi_m, \ \hat{O} \sum_n a_n \varphi_n \right) = \sum_m \sum_n a_m^* (\varphi_m, \hat{O}\varphi_n) \, a_n = \sum_m \sum_n a_m^* O_{mn} a_n$$

其中矩阵元

$$O_{mn} = (\varphi_m, \hat{O}\varphi_n) \tag{4.38}$$

显然, 上式为矩阵相乘形式, 即

$$\overline{O} = \begin{pmatrix} a_1^* & a_2^* & \cdots & a_m^* & \cdots \end{pmatrix} \begin{pmatrix} O_{11} & O_{12} & \cdots & O_{1n} & \cdots \\ O_{21} & O_{22} & \cdots & O_{2n} & \cdots \\ \vdots & \vdots & & \vdots & \\ O_{m1} & O_{m2} & \cdots & O_{mn} & \cdots \\ \vdots & \vdots & & \vdots & \end{pmatrix} \begin{pmatrix} a_1 \\ a_2 \\ \vdots \\ a_n \\ \vdots \end{pmatrix} \tag{4.39}$$

或简写为

$$\overline{O} = \psi^* \hat{O} \psi$$

2. 本征方程

在 F 表象中, 有力学量 $\hat{O}$, 其本征方程为

$$\hat{O}\psi = \lambda\psi$$

将式(4.37)代入上式, 得

$$\sum_n a_n \hat{O}\varphi_n = \lambda \sum_{n'} a_{n'} \varphi_{n'}$$

将上式左乘 φ_m^*，利用式(4.38)，全空间积分得

$$\sum_n (\varphi_m,\ \hat{O}\varphi_n)a_n = \sum_n O_{mn}a_n$$
$$= \lambda\sum_{n'}a_{n'}(\varphi_m,\ \varphi_{n'}) = \lambda\sum_{n'}a_{n'}\delta_{mn'} = \lambda a_m$$

将上式写成矩阵形式

$$\begin{pmatrix} O_{11} & O_{12} & \cdots & O_{1n} & \cdots \\ O_{21} & O_{22} & \cdots & O_{2n} & \cdots \\ \vdots & \vdots & & \vdots & \\ O_{n1} & O_{n2} & \cdots & O_{nn} & \cdots \\ \vdots & \vdots & & \vdots & \end{pmatrix} \begin{pmatrix} a_1 \\ a_2 \\ \vdots \\ a_n \\ \vdots \end{pmatrix} = \lambda \begin{pmatrix} a_1 \\ a_2 \\ \vdots \\ a_n \\ \vdots \end{pmatrix} \tag{4.40}$$

即

$$\begin{pmatrix} O_{11}-\lambda & O_{12} & \cdots & O_{1n} & \cdots \\ O_{21} & O_{22}-\lambda & \cdots & O_{2n} & \cdots \\ \vdots & \vdots & & \vdots & \\ O_{n1} & O_{n2} & \cdots & O_{nn}-\lambda & \cdots \\ \vdots & \vdots & & \vdots & \end{pmatrix} \begin{pmatrix} a_1 \\ a_2 \\ \vdots \\ a_n \\ \vdots \end{pmatrix} = 0$$

其中矩阵元 $O_{mn} \equiv (\varphi_m,\ \hat{O}\varphi_n)$. 上式是一个齐次线性方程组，即

$$\sum_n (O_{mn}-\lambda\delta_{mn})a_n = 0,\quad m = 1,\ 2,\ \cdots$$

齐次线性方程组有非平庸解的充要条件是系数行列式等于零：

$$\begin{vmatrix} O_{11}-\lambda & O_{12} & \cdots & O_{1n} & \cdots \\ O_{21} & O_{22}-\lambda & \cdots & O_{2n} & \cdots \\ \vdots & \vdots & & \vdots & \\ O_{n1} & O_{n2} & \cdots & O_{nn}-\lambda & \cdots \\ \vdots & \vdots & & \vdots & \end{vmatrix} = 0 \tag{4.41}$$

式(4.41)称为久期方程，求解此久期方程得到一组 λ 值：λ_1，λ_2，$\cdots$，λ_n，$\cdots$，就是 $\hat{O}$ 的本征值. 然后，将其分别代入原齐次线性方程组，得到相应于各本征值 λ_i 的本征矢，

$$\begin{pmatrix} a_{1i} \\ a_{2i} \\ \vdots \\ a_{ni} \\ \vdots \end{pmatrix},\quad i = 1,\ 2,\ \cdots,\ n,\cdots \tag{4.42}$$

于是求解微分方程(如定态薛定谔方程)问题就转化成了求解代数方程根的问题.

例 4.12 求 $\hat{F}$ 的本征函数系 $\{\varphi_m\}$ 在自身表象中的矩阵表示.

解 将 φ_m 按 $\hat{F}$ 的本征函数展开为

$$\varphi_m = \sum_n a_n \varphi_n$$

必有 $a_n = \begin{cases} 1, & n=m \\ 0, & n \neq m \end{cases}$ ，因此，φ_m 在自身表象中的矩阵可表示为

$$\varphi_1 = \begin{pmatrix} 1 \\ 0 \\ 0 \\ \vdots \\ \vdots \\ 0 \end{pmatrix}, \quad \varphi_2 = \begin{pmatrix} 0 \\ 1 \\ 0 \\ \vdots \\ \vdots \\ 0 \end{pmatrix}, \quad \cdots, \quad \varphi_m = \begin{pmatrix} 0 \\ 0 \\ \vdots \\ a_m = 1 \\ \vdots \\ 0 \end{pmatrix}, \quad \cdots$$

例如，$\hat{L}^2$、$\hat{L}_z$ 的共同本征函数为 Y_{11}、Y_{10}、Y_{1-1}. 在 $\hat{L}^2$、$\hat{L}_z$ 的共同表象中的矩阵形式就特别简单

$$Y_{11} = \begin{pmatrix} 1 \\ 0 \\ 0 \end{pmatrix}, \quad Y_{10} = \begin{pmatrix} 0 \\ 1 \\ 0 \end{pmatrix}, \quad Y_{1-1} = \begin{pmatrix} 0 \\ 0 \\ 1 \end{pmatrix}$$

例 4.13 求 $\hat{L}_x$ 本征态在 $\hat{L}_z$ 表象中的矩阵表示，只讨论 $l=1$ 的情况.

解 利用矩阵元公式(4.38)，可求得 $\hat{L}_x$ 的矩阵表示，其本征方程式(4.40)为

$$\frac{\hbar}{\sqrt{2}} \begin{pmatrix} 0 & 1 & 0 \\ 1 & 0 & 1 \\ 0 & 1 & 0 \end{pmatrix} \begin{pmatrix} a_1 \\ a_2 \\ a_3 \end{pmatrix} = \lambda \begin{pmatrix} a_1 \\ a_2 \\ a_3 \end{pmatrix}$$

或改写成

$$\begin{pmatrix} -\lambda & \dfrac{\hbar}{\sqrt{2}} & 0 \\ \dfrac{\hbar}{\sqrt{2}} & -\lambda & \dfrac{\hbar}{\sqrt{2}} \\ 0 & \dfrac{\hbar}{\sqrt{2}} & -\lambda \end{pmatrix} \begin{pmatrix} a_1 \\ a_2 \\ a_3 \end{pmatrix} = 0$$

若 a_1、a_2、a_3 不全为零的解，必有系数行列式(久期方程)等于零

$$\begin{vmatrix} -\lambda & \dfrac{\hbar}{\sqrt{2}} & 0 \\[2ex] \dfrac{\hbar}{\sqrt{2}} & -\lambda & \dfrac{\hbar}{\sqrt{2}} \\[2ex] 0 & \dfrac{\hbar}{\sqrt{2}} & -\lambda \end{vmatrix} = 0$$

于是得到方程 $\lambda(-\lambda^2 + \hbar^2) = 0$ ，解后得到在 $\hat{L}_z$ 表象中 $\hat{L}_x$ 的本征值 $\lambda = 0,\ \pm\hbar$.

取 $\lambda = \hbar$ 代入本征方程得

$$\begin{pmatrix} -\hbar & \dfrac{\hbar}{\sqrt{2}} & 0 \\[2ex] \dfrac{\hbar}{\sqrt{2}} & -\hbar & \dfrac{\hbar}{\sqrt{2}} \\[2ex] 0 & \dfrac{\hbar}{\sqrt{2}} & -\hbar \end{pmatrix} \begin{pmatrix} a_1 \\ a_2 \\ a_3 \end{pmatrix} = 0$$

解得 $a_1 = (1/2)^{1/2} a_2$ ， $a_3 = (1/2)^{1/2} a_2$.

则 $l = 1$ ， $L_x = \hbar$ 的本征态为

$$\xi_{11} = \begin{pmatrix} \dfrac{1}{\sqrt{2}} \\[2ex] 1 \\[2ex] \dfrac{1}{\sqrt{2}} \end{pmatrix} a_2$$

常数 a_2 可由归一化条件确定

$$\xi_{11}^{+}\, \xi_{11} = \begin{pmatrix} \dfrac{1}{\sqrt{2}} & 1 & \dfrac{1}{\sqrt{2}} \end{pmatrix} a_2^{*} \begin{pmatrix} \dfrac{1}{\sqrt{2}} \\[2ex] 1 \\[2ex] \dfrac{1}{\sqrt{2}} \end{pmatrix} a_2 = 2\,|a_2|^2 = 1$$

所以， $a_2 = 1/\sqrt{2}$.

同理，得其他两个本征值相应本征函数. 合之为

$$\xi_{11} = \begin{pmatrix} \dfrac{1}{2} \\[2ex] \dfrac{1}{\sqrt{2}} \\[2ex] \dfrac{1}{2} \end{pmatrix}, \quad \xi_{10} = \begin{pmatrix} \dfrac{1}{\sqrt{2}} \\[2ex] 0 \\[2ex] -\dfrac{1}{\sqrt{2}} \end{pmatrix}, \quad \xi_{1-1} = \begin{pmatrix} \dfrac{1}{2} \\[2ex] \dfrac{-1}{\sqrt{2}} \\[2ex] \dfrac{1}{2} \end{pmatrix}$$

3. 薛定谔方程的矩阵形式

在第 2 章中建立的薛定谔方程(2.21)为

$$i\hbar \frac{\partial}{\partial t}\psi = \hat{H}\psi$$

在 F 表象中，将波函数 ψ 按力学量算符 $\hat{F}$ 的本征函数展开为

$$\psi = \sum_n a_n \varphi_n$$

于是薛定谔方程化为

$$i\hbar \frac{\partial}{\partial t}\sum_{n'} a_{n'}\,\varphi_{n'} = \hat{H}\sum_n a_n\,\varphi_n$$

将上式左乘 φ_m^*，并对全空间积分得

$$i\hbar \frac{\partial}{\partial t}\sum_{n'} a_{n'}(\varphi_m\,,\,\varphi_{n'}) = \sum_n a_n\,(\varphi_m\,,\,\hat{H}\varphi_n)$$

$$i\hbar \frac{\partial}{\partial t}\sum_{n'} a_{n'}\,\delta_{mn'} = \sum_n a_n H_{mn} \tag{4.43}$$

$$i\hbar \frac{\partial}{\partial t}a_m = \sum_n H_{mn}a_n\,,\quad m,\ n = 1,\ 2,\ \cdots$$

其中

$$H_{mn} = (\varphi_m\,,\,\hat{H}\varphi_n)$$

最后的薛定谔方程的矩阵表示式为

$$i\hbar \frac{\partial}{\partial t}\begin{pmatrix} a_1 \\ a_2 \\ \vdots \\ a_n \\ \vdots \end{pmatrix} = \begin{pmatrix} H_{11} & H_{12} & \cdots & H_{1n} & \cdots \\ H_{21} & H_{22} & \cdots & H_{2n} & \cdots \\ \vdots & \vdots & & \vdots & \\ H_{n1} & H_{n2} & \cdots & H_{nn} & \cdots \\ \vdots & \vdots & & \vdots & \end{pmatrix}\begin{pmatrix} a_1 \\ a_2 \\ \vdots \\ a_n \\ \vdots \end{pmatrix} \tag{4.44}$$

可简写为

$$i\hbar \frac{\partial}{\partial t}\psi = \hat{H}\psi$$

其中，ψ，$\hat{H}$ 均为矩阵，它们一般是时间和空间的函数.

例 4.14 求一维谐振子的坐标 x、动量 $\hat{p}_x$ 及哈密顿量 $\hat{H}$ 在能量表象中的矩阵表示.

解 已知一维谐振子的哈密顿量本征函数 ψ_n 满足递推关系[见第 3 章式(3.34)]

$$x\psi_n = \frac{1}{\alpha}\sqrt{\frac{n}{2}}\,\psi_{n-1} + \frac{1}{\alpha}\sqrt{\frac{n+1}{2}}\,\psi_{n+1}$$

$$\frac{\mathrm{d}}{\mathrm{d}x}\psi_n = \alpha\sqrt{\frac{n}{2}}\,\psi_{n-1} - \alpha\sqrt{\frac{n+1}{2}}\,\psi_{n+1}$$

利用上式可得

$$x_{mn} = (\psi_m,\, x\psi_n) = \frac{1}{\alpha}\left(\sqrt{\frac{n+1}{2}}\delta_{m,n+1} + \sqrt{\frac{n}{2}}\delta_{m,n-1}\right)$$

故在能量表象中

$$\hat{x} = \frac{1}{\alpha}\begin{pmatrix} 0 & \dfrac{1}{\sqrt{2}} & 0 & 0 & \cdots \\[2mm] \dfrac{1}{\sqrt{2}} & 0 & \sqrt{\dfrac{2}{2}} & 0 & \cdots \\[2mm] 0 & \sqrt{\dfrac{2}{2}} & 0 & \sqrt{\dfrac{3}{2}} & \cdots \\[2mm] 0 & 0 & \sqrt{\dfrac{3}{2}} & 0 & \cdots \\[2mm] \vdots & \vdots & \vdots & \vdots & \end{pmatrix}$$

$$(p_x)_{mn} = (\psi_m,\, \hat{p}_x\psi_n) = \mathrm{i}\hbar\alpha\left(\sqrt{\frac{n+1}{2}}\delta_{m,n+1} - \sqrt{\frac{n}{2}}\delta_{m,n-1}\right)$$

所以在能量表象中

$$\hat{p}_x = \mathrm{i}\hbar\alpha\begin{pmatrix} 0 & -\dfrac{1}{\sqrt{2}} & 0 & 0 & \cdots \\[2mm] \dfrac{1}{\sqrt{2}} & 0 & -\sqrt{\dfrac{2}{2}} & 0 & \cdots \\[2mm] 0 & \sqrt{\dfrac{2}{2}} & 0 & -\sqrt{\dfrac{3}{2}} & \cdots \\[2mm] 0 & 0 & \sqrt{\dfrac{3}{2}} & 0 & \cdots \\[2mm] \vdots & \vdots & \vdots & \vdots & \end{pmatrix}$$

$$H_{mn} = (\psi_m,\, \hat{H}\psi_n) = E_n(\psi_m,\, \psi_n) = \left(n+\frac{1}{2}\right)\hbar\omega\delta_{mn}$$

所以得

$$\hat{H} = \hbar\omega \begin{pmatrix} \dfrac{1}{2} & 0 & 0 & \cdots \\ 0 & \dfrac{3}{2} & 0 & \cdots \\ 0 & 0 & \dfrac{5}{2} & \cdots \\ \vdots & \vdots & \vdots & \end{pmatrix}$$

上述矩阵对角线上的值即为能量本征值，哈密顿量在自身表象中是对角化的，求解定态薛定谔方程即转化为将哈密顿量对角化的过程.

4.5　狄拉克符号

量子物理学可以不涉及具体表象来讨论粒子的状态和运动规律. 该抽象描述方法由狄拉克(P. A. M. Dirac) 首先引用，因此，该方法所使用的符号称为狄拉克符号.

1. 态矢量

一个状态通过一组力学量完全集测量确定，通常用一组量子数确定. 例如，一维线性谐振子的状态由量子数 n 确定，记为 $\psi_n(x)$；氢原子的状态由量子数 n、l、m 确定，记为 $\psi_{nlm}(r, \theta, \varphi)$ 等.

1) 右矢空间
在该抽象表象中，狄拉克用右矢空间矢量$|\rangle$ 与量子状态相对应.

$$|n\rangle \to \psi_n(x);\quad |n,l,m\rangle \to \psi_{nlm}$$

状态$|n\rangle$ 和$|n,l,m\rangle$ 亦可分别记成$|\psi_n\rangle$ 和$|\psi_{nlm}\rangle$. 对力学量的本征态，可表示为$|x\rangle$、$|p\rangle$、$|Q_n\rangle$等.

力学量本征态构成完备系，故本征函数所对应的右矢空间中的右矢组成该空间的完备右矢(基组)，即右矢空间中的完备基本矢量(简称基矢). 例如，

$$|\psi\rangle = \sum_n a_n |n\rangle \tag{4.45}$$

2) 左矢空间
右矢空间中每一个右矢量在左矢空间均有一个相对应的左矢量，记为$\langle|$，如表 4.2 所示.

表 4.2　右矢空间和左矢空间中的左右矢量——对应

左矢空间中的左矢(bra)	右矢空间中的右矢(ket)
$\langle n\|$	$\|n\rangle$
$\langle n,l,m\|$	$\|n,l,m\rangle$
$\langle x'\|$	$\|x'\rangle$
$\langle p'\|$	$\|p'\rangle$
$\langle A\|$	$\|A\rangle$
$\langle l,m\|$	$\|l,m\rangle$
$\langle Q_n\|$	$\|Q_n\rangle$
…	…

右矢空间和左矢空间称为伴空间或对偶空间，$\langle\psi|$ 与 $|\psi\rangle$ 互称为伴矢量. $\langle p'|$，$\langle x'|$，$\langle Q_n|$ 等组成左矢空间的完备基组，任一左矢量可按其展开，即左矢空间的任一矢量可按左矢空间的完备基矢展开.

3) 伴矢量 $|\psi\rangle$ 与 $\langle\psi|$ 的关系

将 $|\psi\rangle$ 按力学量 Q 的右基矢 $|Q_n\rangle$ 展开，展开系数相当于 Q 表象中的表示，即

$$|\psi\rangle = a_1|Q_1\rangle + a_2|Q_2\rangle + \cdots + a_n|Q_n\rangle + \cdots = \sum_n a_n|Q_n\rangle$$

$$\psi = \begin{pmatrix} a_1 \\ a_2 \\ \vdots \\ a_n \\ \vdots \end{pmatrix} \tag{4.46}$$

一般情况下，展开系数 a_n 与时间有关.

另外，将 $\langle\psi|$ 按 Q 的左基矢 $\langle Q_n|$ 展开，得

$$\langle\psi| = a_1^*\langle Q_1| + a_2^*\langle Q_2| + \cdots + a_n^*\langle Q_n| + \cdots$$

展开系数即相当于 Q 表象中的表示

$$\psi^+ = \begin{pmatrix} a_1^* & a_2^* & \cdots & a_n^* & \cdots \end{pmatrix}$$

同理，某一左矢量 $\langle\varphi|$ 亦可按 Q 的左基矢展开，得

$$\langle\varphi| = b_1^*\langle Q_1| + b_2^*\langle Q_2| + \cdots + b_n^*\langle Q_n| + \cdots$$

定义：$|\psi\rangle$ 和 $\langle\varphi|$ 的标积为

$$\langle\varphi|\psi\rangle = \sum_n b_n^* a_n \tag{4.47}$$

显然 $\langle\varphi|\psi\rangle^* = \langle\psi|\varphi\rangle$；用狄拉克符号表示的归一化条件为

$$\langle \psi | \psi \rangle = \sum_n a_n^* a_n = 1$$

于是，本征态的正交归一化条件可写为

$$\langle p' | p'' \rangle = \delta(p' - p''), \quad 连续谱$$

$$\langle x' | x'' \rangle = \delta(x' - x''), \quad 连续谱$$

$$\langle Q_n | Q_m \rangle = \delta_{nm}, \quad 分立谱$$

由此可以看出 $|\psi\rangle$ 和 $\langle\psi|$ 的关系：(a) 在同一确定表象中，各分量互为复共轭；(b) 由于二者属于不同空间，所以它们不能相加，只有同一空间矢量才能相加；(c) 右矢空间中任一右矢可与左矢空间中任一左矢进行标积运算，一般为复数.

4) 本征函数的封闭性

对于分立谱，利用式(4.46)，将 $|\psi\rangle$ 两边左乘 $\langle Q_m|$ 得

$$|\psi\rangle = \sum_n a_n |Q_n\rangle$$

$$\langle Q_m | \psi \rangle = \sum_n a_n \langle Q_m | Q_n \rangle = \sum_n a_n \delta_{mn} = a_m \qquad (4.48)$$

将上述求得的 a_m 代回原式得

$$|\psi\rangle = \sum_n |Q_n\rangle\langle Q_n | \psi\rangle$$

因为 $|\psi\rangle$ 是任意态矢量，故有

$$\sum_n |Q_n\rangle\langle Q_n| = 1 \qquad (4.49)$$

式(4.49)称为本征矢 $|Q_n\rangle$ 的封闭性.

类似地，对于连续谱 $|q\rangle$，q 取连续值，任一状态 $|\psi\rangle$ 展开式为

$$|\psi\rangle = \int a_q |q\rangle \mathrm{d}q$$

将上式左乘 $\langle q'|$ 得

$$\langle q' | \psi \rangle = \int a_q \langle q' | q \rangle \mathrm{d}q$$

$$= \int a_q \, \delta(q' - q) \mathrm{d}q = a_{q'}$$

将上式代入原式得

$$|\psi\rangle = \int |q\rangle \mathrm{d}q \langle q | \psi\rangle$$

因为 $|\psi\rangle$ 是任意态矢，所以有

$$\int |q\rangle \mathrm{d}q \langle q| = 1 \qquad (4.50)$$

式(4.50)就是连续谱本征矢的封闭性. 同理，对于 $|x'\rangle$ 和 $|p'\rangle$，分别有

$$\int |x'\rangle \mathrm{d}x' \langle x'| = 1, \quad \int |p'\rangle \mathrm{d}p' \langle p'| = 1 \qquad (4.51)$$

　　由于封闭性(4.49)、(4.50)和(4.51)均等同于单位算符，在运算中插入(乘到)公式任何地方而不改变原公式的正确性. 例如，在$|\psi\rangle$左侧插入算符式(4.49)，得

$$|\psi\rangle = \sum_n |Q_n\rangle\langle Q_n|\psi\rangle = \sum_n a_n|Q_n\rangle$$

同理有

$$|\psi\rangle = \int |x'\rangle \mathrm{d}x'\langle x'|\psi\rangle$$

$$|\psi\rangle = \int |p'\rangle \mathrm{d}p'\langle p'|\psi\rangle$$

即得态矢按各种力学量本征矢的展开式.

　　若对式(4.49)左乘$\langle x|$，右乘$|x'\rangle$，得

$$\sum_n \langle x|Q_n\rangle\langle Q_n|x'\rangle = \langle x|x'\rangle$$

对比式(4.48)，$\langle x|Q_n\rangle = \varphi_n(x)$为本征矢$|Q_n\rangle$在$x$表象中的表示，于是由上式得封闭性在$x$表象中的表示

$$\sum_n \varphi_n^*(x')\varphi_n(x) = \delta(x-x') \tag{4.52}$$

　　若对式(4.50)左乘$\langle x|$，右乘$|x'\rangle$，得

$$\int \langle x|q\rangle \mathrm{d}q\langle q|x'\rangle = \langle x|x'\rangle$$

即

$$\int \varphi_q^*(x')\varphi_q(x)\mathrm{d}q = \delta(x-x') \tag{4.53}$$

　　应该说明，封闭性与正交归一性相比较，两者形式相似，但含义完全不同. 由式(4.49)～式(4.53)所描述的封闭性，是对本征矢求和或积分，而正交归一性的表示式是对坐标的积分：

$$\int \varphi_n^*(x)\varphi_m(x)\mathrm{d}x = \delta_{nm}$$

$$\int \varphi_{q'}^*(x)\varphi_q(x)\mathrm{d}x = \delta(q-q')$$

封闭性可解释为本征函数对于本征矢求和或积分具有正交归一性. 它来自于本征函数的完备性，也是本征函数完备性的表示.

2. 算符

1) 右矢空间

　　在x表象，$\psi(x) = \hat{F}(x, \hat{p})\varphi(x)$. 在抽象的狄拉克表象，有

$$|\psi\rangle = \hat{F}|\varphi\rangle$$

为将公式变到Q表象，将上式左乘$\langle Q_m|$，得

$$\langle Q_m | \psi \rangle = \langle Q_m | \hat{F} | \varphi \rangle$$

$$= \sum_n \langle Q_m | \hat{F} | Q_n \rangle \langle Q_n | \varphi \rangle = \sum_n F_{mn} \langle Q_n | \varphi \rangle$$

上式中利用了封闭性式(4.49)，其中算符 F 在 Q 表象中的矩阵表示的矩阵元为 $F_{mn} = \langle Q_m | \hat{F} | Q_n \rangle$. 将上式写成矩阵形式

$$\begin{pmatrix} \langle Q_1 | \psi \rangle \\ \langle Q_2 | \psi \rangle \\ \vdots \\ \langle Q_n | \psi \rangle \\ \vdots \end{pmatrix} = \begin{pmatrix} \langle Q_1 | \hat{F} | Q_1 \rangle & \langle Q_1 | \hat{F} | Q_2 \rangle & \cdots \\ \langle Q_2 | \hat{F} | Q_1 \rangle & \langle Q_2 | \hat{F} | Q_2 \rangle & \cdots \\ \vdots & \vdots & \vdots \\ \langle Q_n | \hat{F} | Q_1 \rangle & \langle Q_n | \hat{F} | Q_2 \rangle & \cdots \\ \vdots & \vdots & \vdots \end{pmatrix} \begin{pmatrix} \langle Q_1 | \varphi \rangle \\ \langle Q_2 | \varphi \rangle \\ \vdots \\ \langle Q_n | \varphi \rangle \\ \vdots \end{pmatrix} \tag{4.54}$$

上式即为将 $|\psi\rangle = \hat{F} |\varphi\rangle$ 变到 Q 表象中的表示式，简写为 $\psi = \hat{F} \varphi$.

根据平均值公式定义

$$\bar{F} = \langle \psi | \hat{F} | \psi \rangle$$

在其两处插入单位算符式(4.49)，利用式(4.48)得

$$\bar{F} = \sum_{mn} \langle \psi | Q_m \rangle \langle Q_m | \hat{F} | Q_n \rangle \langle Q_n | \psi \rangle = \sum_{mn} a_m^* F_{mn} a_n \tag{4.55}$$

2) 共轭式(左矢空间)

$$\langle \psi | Q_m \rangle = \langle Q_m | \psi \rangle^* = \left(\sum_n \langle Q_m | \hat{F} | Q_n \rangle \langle Q_n | \varphi \rangle \right)^* = \left(\sum_n F_{mn} \langle Q_n | \varphi \rangle \right)^*$$

$$= \sum_n F_{mn}^* \langle Q_n | \varphi \rangle^* = \sum_n \tilde{F}_{nm}^* \langle \varphi | Q_n \rangle = \sum_n (F^+)_{nm} \langle \varphi | Q_n \rangle$$

$$= \sum_n \langle \varphi | Q_n \rangle \langle Q_n | \hat{F}^+ | Q_m \rangle = \langle \varphi | \hat{F}^+ | Q_m \rangle$$

于是得

$$\langle \psi | = \langle \varphi | \hat{F}^+ = \langle \varphi | \hat{F} \tag{4.56}$$

上式推导中已假设 $\hat{F}$ 为厄米算符. 式(4.56)表明量子物理学中的力学量既可以向右作用到右矢量上，也可以向左作用到左矢量上.

例 4.15 求力学量算符 $\hat{x}$ 在动量表象中的形式.

解 令 $|\psi\rangle = \hat{x} |\varphi\rangle$，将其两边左乘 $\langle p|$，得

$$\langle p | \psi \rangle = \langle p | \hat{x} | \varphi \rangle = \int \langle p | \hat{x} | p' \rangle \mathrm{d}p' \langle p' | \varphi \rangle$$

其中，利用坐标算符 $\hat{x}$ 的本征方程 $\hat{x} |x'\rangle = x' |x'\rangle$，得

$$\langle p | \hat{x} | p' \rangle = \iint \langle p | x \rangle \mathrm{d}x \langle x | \hat{x} | x' \rangle \mathrm{d}x' \langle x' | p' \rangle$$

$$= \iint \langle p \mid x \rangle \mathrm{d}x x' \langle x \mid x' \rangle \mathrm{d}x' \langle x' \mid p' \rangle$$

$$= \iint \langle p \mid x \rangle \mathrm{d}x x' \delta(x - x') \mathrm{d}x' \langle x' \mid p' \rangle$$

$$= \int \langle p \mid x \rangle x \mathrm{d}x \langle x \mid p' \rangle = \frac{1}{2\pi\hbar} \int \mathrm{e}^{-\frac{\mathrm{i}}{\hbar}px} x \mathrm{e}^{\frac{\mathrm{i}}{\hbar}p'x} \mathrm{d}x$$

$$= \frac{1}{2\pi\hbar} \int \mathrm{i}\hbar \frac{\partial}{\partial p} \mathrm{e}^{-\frac{\mathrm{i}}{\hbar}px} \mathrm{e}^{\frac{\mathrm{i}}{\hbar}p'x} \mathrm{d}x = \frac{1}{2\pi\hbar} \mathrm{i}\hbar \frac{\partial}{\partial p} \int \mathrm{e}^{-\frac{\mathrm{i}}{\hbar}px} \mathrm{e}^{\frac{\mathrm{i}}{\hbar}p'x} \mathrm{d}x$$

$$= \mathrm{i}\hbar \frac{\partial}{\partial p} \delta(p - p')$$

代回原式，得

$$\langle p \mid \psi \rangle = \langle p \mid \hat{x} \mid \varphi \rangle = \int \langle p \mid \hat{x} \mid p' \rangle \mathrm{d}p' \langle p' \mid \varphi \rangle$$

$$= \int \mathrm{i}\hbar \frac{\partial}{\partial p} \delta(p - p') \mathrm{d}p' \langle p' \mid \varphi \rangle = \mathrm{i}\hbar \frac{\partial}{\partial p} \langle p \mid \varphi \rangle$$

故坐标算符 $\hat{x}$ 在动量表象中取如下形式：

$$\hat{x} = \mathrm{i}\hbar \frac{\partial}{\partial p} \tag{4.57}$$

3. 表象之间比较

(1) 采用 x 表象和狄拉克符号描述诸物理量及物理方程等，它们在形式上是有区别的，为了方便比较，将它们列于表 4.3 中.

表 4.3　x 表象描述与狄拉克符号的比较

物理量	x 表象	狄拉克符号
波函数	$\psi(x,t)$	$\mid \psi(t) \rangle$
算符	$\hat{F}(x, \hat{p}_x)$	$\hat{F}$
正交归一化本征函数	$\int \varphi_m^*(x)\varphi_n(x)\mathrm{d}x = \delta_{mn}$	$\langle Q_m \mid Q_n \rangle = \delta_{mn}$
	$\int \psi^*(x,t)\psi(x,t)\mathrm{d}x = 1$	$\langle \psi(t) \mid \psi(t) \rangle = 1$
	$\int \varphi_{q'}^*(x)\varphi_{q'}(x)\mathrm{d}x = \delta(q' - q'')$	$\langle q' \mid q'' \rangle = \delta(q' - q'')$
本征函数封闭性	$\sum_n \varphi_n^*(x')\varphi_n(x) = \delta(x' - x)$	$\sum_n \mid Q_n \rangle \langle Q_n \mid = 1$
	$\int \varphi_q^*(x')\varphi_q(x)\mathrm{d}q = \delta(x' - x)$	$\int \mid q \rangle \mathrm{d}q \langle q \mid = 1$
公式	$\Psi(x,t) = \hat{F}(x, \hat{p}_x)\Phi(x,t)$	$\mid \Psi(t) \rangle = \hat{F} \mid \Phi(t) \rangle$

续表

物理量	x 表象	狄拉克符号
本征方程	$\hat{F}(x,\hat{p}_x)\,\psi(x)=\lambda\,\psi(x)$	$\hat{F}\,\|\psi\rangle=\lambda\,\|\psi\rangle$
平均值	$\bar{F}=\int\psi^*(x)\hat{F}\psi(x)\mathrm{d}x$	$\bar{F}=\langle\psi\,\|\hat{F}\,\|\psi\rangle$
矩阵元	$F_{mn}=\int\psi_m^*(x)\hat{F}\psi_n(x)\mathrm{d}x$	$F_{mn}=\langle m\,\|\hat{F}\,\|n\rangle$
薛定谔方程	$\mathrm{i}\hbar\dfrac{\partial}{\partial t}\Psi(x,t)=\hat{H}(x,\hat{p}_x)\Psi(x,t)$	$\mathrm{i}\hbar\dfrac{\partial}{\partial t}\|\Psi(t)\rangle=\hat{H}\,\|\Psi(t)\rangle$

(2) 左右矢空间量子态、算符等的对应关系见表 4.4.

表 4.4　左右矢空间量子态、算符等的对应关系

左矢空间	右矢空间
$\langle\psi\|$	$\|\psi\rangle$
$\hat{F}^+$	$\hat{F}$
$\langle\psi\|=\langle\varphi\|\hat{F}^+$	$\|\psi\rangle=\hat{F}\|\varphi\rangle$

(3) 厄米共轭规则：把全部次序颠倒，且将常数变成复共轭、左矢变成右矢，右矢变成左矢、力学量算符变为厄米共轭. 例如，

$$[C\langle u\|\hat{F}\|v\rangle\,\|\varphi\rangle\langle\psi\|]^+=\|\psi\rangle\langle\varphi\|\,\langle v\|\hat{F}^+\|u\rangle C^*$$

*4.6　占有数表象

1. 算符 $\hat{a}$, $\hat{a}^+$, $\hat{N}$

在第 3 章中，已求得坐标表象下的一维线性谐振子的哈密顿、波函数和能量：

$$\begin{cases}\hat{H}=-\dfrac{\hbar^2}{2\mu}\dfrac{\mathrm{d}^2}{\mathrm{d}x^2}+\dfrac{1}{2}\mu\omega^2x^2\\[2mm]\psi_n(x)=N_n\mathrm{e}^{-\alpha^2x^2/2}\mathrm{H}_n(\alpha x),\quad\alpha=\sqrt{\dfrac{\mu\omega}{\hbar}}\\[2mm]E_n=\left(n+\dfrac{1}{2}\right)\hbar\omega,\quad n=0,1,2,\cdots\end{cases}\tag{4.58}$$

且得到重要递推关系

$$x\psi_n = \frac{1}{\alpha}\sqrt{\frac{n}{2}}\ \psi_{n-1} + \frac{1}{\alpha}\sqrt{\frac{n+1}{2}}\ \psi_{n+1}$$

$$\frac{\mathrm{d}}{\mathrm{d}x}\psi_n = \alpha\sqrt{\frac{n}{2}}\ \psi_{n-1} - \alpha\sqrt{\frac{n+1}{2}}\ \psi_{n+1}$$

(4.59)

上述公式详见第 3 章式(3.34).

定义新算符

$$\hat{a} = \sqrt{\frac{\mu\omega}{2\hbar}}\left(\hat{x} + \frac{\mathrm{i}}{\mu\omega}\hat{p}\right) = \frac{\alpha}{\sqrt{2}}\left(\hat{x} - \frac{1}{\mathrm{i}\hbar\alpha^2}\hat{p}\right)$$

$$\hat{a}^+ = \sqrt{\frac{\mu\omega}{2\hbar}}\left(\hat{x} - \frac{\mathrm{i}}{\mu\omega}\hat{p}\right) = \frac{\alpha}{\sqrt{2}}\left(\hat{x} + \frac{1}{\mathrm{i}\hbar\alpha^2}\hat{p}\right)$$

(4.60)

反之，将上述两式相加或相减，得

$$\hat{x} = \frac{1}{\alpha\sqrt{2}}(\hat{a}^+ + \hat{a})$$

$$\hat{p} = \mathrm{i}\hbar\frac{\alpha}{\sqrt{2}}(\hat{a}^+ - \hat{a})$$

(4.61)

可以证明算符 $\hat{a}$, $\hat{a}^+$ 之间满足如下对易关系：

$$[\hat{a},\ \hat{a}^+] = 1$$

(4.62)

证　$[\hat{a},\ \hat{a}^+] = \left[\frac{\alpha}{\sqrt{2}}\left(\hat{x} - \frac{1}{\mathrm{i}\hbar\alpha^2}\hat{p}\right),\ \frac{\alpha}{\sqrt{2}}\left(\hat{x} + \frac{1}{\mathrm{i}\hbar\alpha^2}\hat{p}\right)\right]$

$\qquad = \frac{\alpha^2}{2}\left[\hat{x} - \frac{1}{\mathrm{i}\hbar\alpha^2}\hat{p},\ \hat{x} + \frac{1}{\mathrm{i}\hbar\alpha^2}\hat{p}\right]$

$\qquad = \frac{\alpha^2}{2}\left\{[\hat{x},\ \hat{x}] + \left[\hat{x},\ \frac{1}{\mathrm{i}\hbar\alpha^2}\hat{p}\right] - \left[\frac{1}{\mathrm{i}\hbar\alpha^2}\hat{p},\ \hat{x}\right] - \left[\frac{1}{\mathrm{i}\hbar\alpha^2}\hat{p},\ \frac{1}{\mathrm{i}\hbar\alpha^2}\hat{p}\right]\right\}$

$\qquad = \frac{\alpha^2}{2}\frac{1}{\mathrm{i}\hbar\alpha^2}\{[\hat{x},\ \hat{p}] - [\hat{p},\ \hat{x}]\} = 1$

上式最后一步利用了对易公式 $[\hat{x},\ \hat{p}] = \mathrm{i}\hbar$.

将式(4.61)代入振子哈密顿量得

$$\hat{H} = \frac{\hat{p}^2}{2\mu} + \frac{1}{2}\mu\omega^2 x^2$$

$$= \frac{1}{2\mu}\mathrm{i}\hbar\frac{\alpha}{\sqrt{2}}(\hat{a}^+ - \hat{a})\ \mathrm{i}\hbar\frac{\alpha}{\sqrt{2}}(\hat{a}^+ - \hat{a}) + \frac{1}{2}\mu\omega^2\frac{1}{\alpha\sqrt{2}}(\hat{a}^+ + \hat{a})\frac{1}{\alpha\sqrt{2}}(\hat{a}^+ + \hat{a})$$

$$= -\frac{\alpha^2\hbar^2}{4\mu}(\hat{a}^+\hat{a}^+ + \hat{a}\hat{a} - \hat{a}^+\hat{a} - \hat{a}\hat{a}^+) + \frac{1}{4\alpha^2}\mu\omega^2(\hat{a}^+\hat{a}^+ + \hat{a}\hat{a} + \hat{a}^+\hat{a} + \hat{a}\hat{a}^+)$$

$$= -\frac{\hbar\omega}{4}(\hat{a}^+\hat{a}^+ + \hat{a}\hat{a} - \hat{a}^+\hat{a} - \hat{a}\hat{a}^+) + \frac{1}{4}\hbar\omega(\hat{a}^+\hat{a}^+ + \hat{a}\hat{a} + \hat{a}^+\hat{a} + \hat{a}\hat{a}^+)$$

$$= \frac{1}{2}\hbar\omega(\hat{a}^+\hat{a} + \hat{a}\hat{a}^+) = \frac{1}{2}\hbar\omega(\hat{a}^+\hat{a} + \hat{a}^+\hat{a} + 1) = \hbar\omega\left(\hat{a}^+\hat{a} + \frac{1}{2}\right)$$

上式推导利用了式(4.62)，于是得

$$\hat{H} = \hbar\omega\left(\hat{N} + \frac{1}{2}\right) \tag{4.63}$$

上式即为线性谐振子哈密顿量用 $\hat{a}^+$、$\hat{a}$ 的表示式，其中 $\hat{N} = \hat{a}^+\hat{a}$ 称为粒子数算符.

2. 算符 $\hat{a}$, $\hat{a}^+$, $\hat{N}$ 的物理意义

将 $\hat{a}$ 作用在能量本征态 $\psi_n(x)$ 上，利用递推公式(4.59)，得

$$\hat{a}\psi_n = \left(\frac{\alpha}{\sqrt{2}}x + \frac{1}{\alpha\sqrt{2}}\frac{\mathrm{d}}{\mathrm{d}x}\right)\psi_n = \frac{\alpha}{\sqrt{2}}x\psi_n + \frac{1}{\alpha\sqrt{2}}\frac{\mathrm{d}}{\mathrm{d}x}\psi_n$$

$$= \frac{\alpha}{\sqrt{2}}\left(\frac{1}{\alpha}\sqrt{\frac{n}{2}}\psi_{n-1} + \frac{1}{\alpha}\sqrt{\frac{n+1}{2}}\psi_{n+1}\right) + \frac{1}{\alpha\sqrt{2}}\left(\alpha\sqrt{\frac{n}{2}}\psi_{n-1} - \alpha\sqrt{\frac{n+1}{2}}\psi_{n+1}\right)$$

$$= \sqrt{n}\psi_{n-1}$$

同理可得

$$\hat{a}^+\psi_n = \sqrt{n+1}\ \psi_{n+1}$$

采用狄拉克符号表示，上述两式为

$$\hat{a}|n\rangle = \sqrt{n}\ |n-1\rangle$$
$$\hat{a}^+|n\rangle = \sqrt{n+1}|n+1\rangle \tag{4.64}$$

式中，$|n\rangle$、$|n-1\rangle$、$|n+1\rangle$ 等均为哈密顿量 $\hat{H}$ 的本征基矢，E_n、E_{n-1}、E_{n+1} 等是相应的本征值.

式(4.64)表明，当 $\hat{a}$ 作用到本征矢 $|n\rangle$ 上时，本征矢变为 $|n-1\rangle$；当 $\hat{a}^+$ 作用到本征矢 $|n\rangle$ 上时，本征矢变为 $|n+1\rangle$. 从式(4.63)看，因为振子能量只能以 $\hbar\omega$ 为单位变化，所以 $\hbar\omega$ 能量单位可以看成是一个粒子，称为"声子"(phonon). 状态 $|n\rangle$ 表示体系在此态中有 n 个粒子(声子)，称为 n 个声子态. 因此，$\hat{a}$ 称为湮灭算符，$\hat{a}^+$ 称为产生算符.

设振子基态的基矢为 $|0\rangle$，利用式(4.64)，得

$$\hat{a}|0\rangle = 0,$$

$$\hat{a}^+|0\rangle = \sqrt{0+1}\ |0+1\rangle$$

得

$$|1\rangle = \frac{1}{\sqrt{1}}\hat{a}^+|0\rangle$$

$$\hat{a}^+|1\rangle = \sqrt{1+1}\,\,|1+1\rangle$$

得

$$|2\rangle = \frac{1}{\sqrt{2}}\hat{a}^+|1\rangle = \frac{1}{\sqrt{2}}\frac{1}{\sqrt{1}}\hat{a}^+\hat{a}^+|0\rangle = \frac{1}{\sqrt{2!}}(\hat{a}^+)^2|0\rangle$$

以此类推,最后得

$$|n\rangle = \frac{1}{\sqrt{n!}}(\hat{a}^+)^n|0\rangle \tag{4.65}$$

此外,用算符 $\hat{N}$ 作用本征矢 $|n\rangle$,得

$$\hat{N}\,|n\rangle = \hat{a}^+\hat{a}\,|n\rangle$$

$$= \hat{a}^+\sqrt{n}\,|n-1\rangle = \sqrt{n}\sqrt{(n-1)+1}\,|n\rangle = n|n\rangle \tag{4.66}$$

上式表明, n 是 $\hat{N}$ 算符的本征值,描写粒子数目,故 $\hat{N}$ 称为粒子数算符.

3. 占有数表象

以线性谐振子哈密顿 $\hat{H}$ 的本征函数 $|n\rangle$ 为基矢的表象称为占有数表象,也称为粒子数表象. 在这一表象中,基本算符是粒子产生算符和湮灭算符,体系的任何其他力学量均可由此表示出来.

利用式(4.64),得湮灭算符 $\hat{a}$ 矩阵元

$$\langle n'|\hat{a}|n\rangle = \sqrt{n}\langle n'|n-1\rangle = \sqrt{n}\,\,\delta_{n'n-1}$$

产生算符 $\hat{a}^+$ 矩阵元为

$$\langle n'|\hat{a}^+|n\rangle = \sqrt{n+1}\langle n'|n+1\rangle = \sqrt{n+1}\,\,\delta_{n'n+1}$$

粒子数算符 $\hat{N}$ 矩阵元为

$$\langle n'|\hat{a}^+\hat{a}|n\rangle = \langle n'|n|n\rangle = n\delta_{n'n}$$

将上述三式写成矩阵形式如下:

$$\hat{a} = \begin{pmatrix} 0 & \sqrt{1} & 0 & 0 & 0 & \cdots \\ 0 & 0 & \sqrt{2} & 0 & 0 & \cdots \\ 0 & 0 & 0 & \sqrt{3} & 0 & \cdots \\ \vdots & \vdots & \vdots & \vdots & \vdots & \end{pmatrix}$$

$$\hat{a}^+ = \begin{pmatrix} 0 & 0 & 0 & 0 & 0 & \cdots \\ \sqrt{1} & 0 & 0 & 0 & 0 & \cdots \\ 0 & \sqrt{2} & 0 & 0 & 0 & \cdots \\ 0 & 0 & \sqrt{3} & 0 & 0 & \cdots \\ \vdots & \vdots & \vdots & \vdots & \vdots & \end{pmatrix}$$

$$\hat{N} = \begin{pmatrix} 0 & 0 & 0 & 0 & \cdots \\ 0 & 1 & 0 & 0 & \cdots \\ 0 & 0 & 2 & 0 & \cdots \\ 0 & 0 & 0 & 3 & \cdots \\ \vdots & \vdots & \vdots & \vdots & \end{pmatrix}$$

$$\hat{H} = \hbar\omega\left(\hat{N} + \frac{1}{2}\right) = \frac{1}{2}\hbar\omega \begin{pmatrix} 1 & 0 & 0 & 0 & \cdots \\ 0 & 3 & 0 & 0 & \cdots \\ 0 & 0 & 5 & 0 & \cdots \\ 0 & 0 & 0 & 7 & \cdots \\ \vdots & \vdots & \vdots & \vdots & \end{pmatrix}$$

因为基矢 $|n\rangle$ 即为哈密顿 $\hat{H}$ 的本征函数，所以占有数表象是 $\hat{H}$ 的自身表象，它理应是对角矩阵.

*4.7　表　象　变　换

上面提到，若力学量 $\hat{F}$ (如 $\hat{H}$，$\hat{L}^2$，$\hat{L}_z$ 等)具有完备的本征函数系 $\{\varphi_n\}$，n 代表一组完备量子数(假设分立谱)，它们构成正交归一的基矢，以 $\{\varphi_n\}$ 为基矢的表象称为 F 表象. 一个量子态可以采用不同表象表示. 在量子物理学中，为了求解方便，通常采用多种表象. 因此，我们需要知道在不同表象之间变换矩阵的性质、波函数与算符的变换关系等.

1. 不同表象之间的变换和幺正变换矩阵

1) 幺正变换矩阵

设力学量 $\hat{A}$、$\hat{B}$ 的本征方程以及本征基矢的封闭性表达式分别为

$$\hat{A}|\psi_k\rangle = A_k|\psi_k\rangle \;; \quad \sum_k |\psi_k\rangle\langle\psi_k| = 1$$

$$\hat{B}|\varphi_\beta\rangle = B_\beta|\varphi_\beta\rangle \;; \quad \sum_\beta |\varphi_\beta\rangle\langle\varphi_\beta| = 1$$

由于本征基矢封闭性，力学量 $\hat{B}$ 的基矢可按 $\hat{A}$ 的基矢展开：

$$|\varphi_\beta\rangle = \sum_k |\psi_k\rangle\langle\psi_k|\varphi_\beta\rangle = \sum_k |\psi_k\rangle S_{k\beta} \tag{4.67}$$

$$\langle\varphi_\alpha| = \sum_j \langle\varphi_\alpha|\psi_j\rangle\langle\psi_j| = \sum_j \langle\psi_j|\varphi_\alpha\rangle^*\langle\psi_j|$$

$$= \sum_j S_{j\alpha}^*\langle\psi_j| = \sum_j \tilde{S}_{\alpha j}^*\langle\psi_j| = \sum_j S_{\alpha j}^+\langle\psi_j| \tag{4.68}$$

其中展开系数

$$S_{k\beta} = \langle\psi_k|\varphi_\beta\rangle$$

$$= \int \langle\psi_k|x\rangle\mathrm{d}x\langle x|\varphi_\beta\rangle = \int \langle x|\psi_k\rangle^*\mathrm{d}x\langle x|\varphi_\beta\rangle = \int \psi_k^*(x)\varphi_\beta(x)\mathrm{d}x \tag{4.69}$$

将式(4.67)写成矩阵形式

$$\begin{pmatrix} |\varphi_1\rangle \\ |\varphi_2\rangle \\ \vdots \\ |\varphi_\beta\rangle \\ \vdots \end{pmatrix} = \begin{pmatrix} S_{11} & S_{21} & \cdots & S_{k1} & \cdots \\ S_{12} & S_{22} & \cdots & S_{k2} & \cdots \\ \vdots & \vdots & & \vdots & \\ S_{1\beta} & S_{2\beta} & \cdots & S_{k\beta} & \cdots \\ \vdots & \vdots & & \vdots & \end{pmatrix} \begin{pmatrix} |\psi_1\rangle \\ |\psi_2\rangle \\ \vdots \\ |\psi_k\rangle \\ \vdots \end{pmatrix} \tag{4.70}$$

或简写为 $\varphi = \tilde{S}\psi$.

2) S 矩阵的幺正性

$$(S^+S)_{\alpha\beta} = \sum_k (S^+)_{\alpha k}S_{k\beta} = \sum_k (\tilde{S}^*)_{\alpha k}S_{k\beta} = \sum_k S_{k\alpha}^* S_{k\beta}$$

$$= \sum_k \langle\psi_k|\varphi_\alpha\rangle^*\langle\psi_k|\varphi_\beta\rangle = \sum_k \langle\varphi_\alpha|\psi_k\rangle\langle\psi_k|\varphi_\beta\rangle = \langle\varphi_\alpha|\varphi_\beta\rangle = \delta_{\alpha\beta}$$

此外

$$(SS^+)_{jk} = \sum_\alpha S_{j\alpha}(S^+)_{\alpha k} = \sum_\alpha S_{j\alpha}(\tilde{S}^*)_{\alpha k} = \sum_\alpha S_{j\alpha}S_{k\alpha}^*$$

$$= \sum_\alpha \langle\psi_j|\varphi_\alpha\rangle\langle\psi_k|\varphi_\alpha\rangle^* = \sum_\alpha \langle\psi_j|\varphi_\alpha\rangle\langle\varphi_\alpha|\psi_k\rangle = \langle\psi_j|\psi_k\rangle = \delta_{jk}$$

所以 S 是幺正矩阵，即

$$I = S^+S = SS^+, \quad S^+ = S^{-1} \tag{4.71}$$

采用 S 矩阵进行表象变换，称为幺正变换.

3) 幺正变换矩阵求解

方法 I：由 S 矩阵元的定义式(4.69)，计算出全部矩阵元，即得 S 矩阵.

方法 II：由式(4.67)可知，S 矩阵元 $S_{k\beta}, k = 1, 2, \cdots$，即基矢 $|\varphi_\beta\rangle$ 在 $\hat{A}$ 表象中的表示，即

$$\varphi_\beta = \begin{pmatrix} S_{1\beta} \\ S_{2\beta} \\ \vdots \\ S_{k\beta} \\ \vdots \end{pmatrix}$$

反之, 若已知某一力学量基矢在另一力学量表象中的表示, 就可直接把 S 变换矩阵写出来.

例如, $\hat{A}$、$\hat{B}$ 的本征矢各只有 3 个, 即 $|\psi_1\rangle$, $|\psi_2\rangle$, $|\psi_3\rangle$ 和 $|\varphi_1\rangle$, $|\varphi_2\rangle$, $|\varphi_3\rangle$. 如果 $|\varphi_\beta\rangle$ $(\beta = 1, 2, 3)$ 在 $\hat{A}$ 表象中的表示已知, 即

$$|\varphi_1\rangle = S_{11}|\psi_1\rangle + S_{21}|\psi_2\rangle + S_{31}|\psi_3\rangle$$
$$|\varphi_2\rangle = S_{12}|\psi_1\rangle + S_{22}|\psi_2\rangle + S_{32}|\psi_3\rangle$$
$$|\varphi_3\rangle = S_{13}|\psi_1\rangle + S_{23}|\psi_2\rangle + S_{33}|\psi_3\rangle$$

在 $\hat{A}$ 表象中, $\hat{B}$ 的本征基矢可表示为

$$\varphi_1 = \begin{pmatrix} S_{11} \\ S_{21} \\ S_{31} \end{pmatrix}, \quad \varphi_2 = \begin{pmatrix} S_{12} \\ S_{22} \\ S_{32} \end{pmatrix}, \quad \varphi_3 = \begin{pmatrix} S_{13} \\ S_{23} \\ S_{33} \end{pmatrix}$$

将三列矩阵元按原列次序组成一个新矩阵:

$$S = \begin{pmatrix} S_{11} & S_{12} & S_{13} \\ S_{21} & S_{22} & S_{23} \\ S_{31} & S_{32} & S_{33} \end{pmatrix} \tag{4.72}$$

式(4.72)即为由 $\hat{A}$ 表象到 $\hat{B}$ 表象的幺正变换矩阵.

2. 波函数和算符的变换关系

1) 波函数变换关系

对任一态矢 $|u\rangle$, 左乘 $\hat{A}$ 表象的单位算符

$$|u\rangle = \sum_k |\psi_k\rangle\langle\psi_k | u\rangle = \sum_k |\psi_k\rangle a_k$$

其中, $a_k = \langle\psi_k|u\rangle$. 于是 $|u\rangle$ 在 $\hat{A}$ 表象中的表示为

$$u = \begin{pmatrix} a_1 \\ a_2 \\ \vdots \\ a_k \\ \vdots \end{pmatrix} \equiv a$$

同理，

$$| u \rangle = \sum_\alpha | \varphi_\alpha \rangle \langle \varphi_\alpha | u \rangle = \sum_\alpha | \varphi_\alpha \rangle b_\alpha$$

其中，$b_\alpha = \langle \varphi_\alpha | u \rangle$，则 $|u\rangle$ 在 $\hat{B}$ 表象中的表示为

$$u = \begin{pmatrix} b_1 \\ b_2 \\ \vdots \\ b_\alpha \\ \vdots \end{pmatrix} \equiv b$$

为了找出 b_α 与 a_k 之间的关系，对此式插入 $\hat{A}$ 表象的单位算符得

$$\begin{aligned} b_\alpha &= \langle \varphi_\alpha | u \rangle \\ &= \sum_k \langle \varphi_\alpha | \psi_k \rangle \langle \psi_k | u \rangle = \sum_k \langle \psi_k | \varphi_\alpha \rangle^* \langle \psi_k | u \rangle \\ &= \sum_k S_{k\alpha}^* a_k = \sum_k \tilde{S}_{\alpha k}^* a_k = \sum_k S_{\alpha k}^+ a_k \end{aligned}$$

于是得到 b 与 a 之间的变换关系

$$b = S^+ a = S^{-1} a \tag{4.73}$$

2) 算符 $\hat{F}$ 的变换关系

已知在 $\hat{A}$ 表象中，$F_{jk} = \langle \psi_j | \hat{F} | \psi_k \rangle$。在 $\hat{B}$ 表象中，利用本征矢的封闭性，得

$$\begin{aligned} F_{\alpha\beta}' &= \langle \varphi_\alpha | \hat{F} | \varphi_\beta \rangle \\ &= \sum_{jk} \langle \varphi_\alpha | \psi_j \rangle \langle \psi_j | \hat{F} | \psi_k \rangle \langle \psi_k | \varphi_\beta \rangle \\ &= \sum_{jk} \langle \psi_j | \varphi_\alpha \rangle^* F_{jk} \langle \psi_k | \varphi_\beta \rangle \\ &= \sum_{jk} S_{j\alpha}^* F_{jk} S_{k\beta} = \sum_{jk} \tilde{S}_{\alpha j}^* F_{jk} S_{k\beta} = \sum_{jk} S_{\alpha j}^+ F_{jk} S_{k\beta} \end{aligned}$$

所以，得到算符变换关系

$$\hat{F}' = S^+ \hat{F} S = S^{-1} \hat{F} S \tag{4.74}$$

3. 幺正变换的性质

1) 幺正变换不改变算符的本征值

设 $\hat{F}$ 在 $\hat{A}$ 表象中的本征方程为 $\hat{F} | a \rangle = \lambda | a \rangle$，则在 $\hat{B}$ 表象中，利用式(4.73) 和式(4.74)，得

$$\hat{F}' | b \rangle = S^{-1} \hat{F} S S^{-1} | a \rangle = S^{-1} \hat{F} | a \rangle = S^{-1} \lambda | a \rangle = \lambda S^{-1} | a \rangle = \lambda | b \rangle \tag{4.75}$$

可见, 在不同表象中, 力学量算符 $\hat{F}$ 对应同一状态(|a⟩ 和|b⟩ 描写同一状态) 的本征值不变. 基于这一性质, 解 $\hat{F}$ 的本征值问题就是把该力学量从某一表象幺正变到自身表象, 使 $\hat{F}$ 矩阵对角化.

2) 幺正变换不改变矩阵的迹

定义: 矩阵的对角元素之和称为矩阵的迹, 即 $\mathrm{Tr}(\hat{F}) \equiv \sum\limits_{k} F_{kk}$.

$$\mathrm{Tr}(\hat{F}') = \sum_{\alpha} F'_{\alpha\alpha} = \sum_{\alpha} (S^{-1}\hat{F}S)_{\alpha\alpha} = \sum_{\alpha}\sum_{jk} S^{-1}_{\alpha j} F_{jk} S_{k\alpha}$$

$$= \sum_{jk}\sum_{\alpha} S^{-1}_{\alpha j} S_{k\alpha} F_{jk} = \sum_{jk} \delta_{jk} F_{jk} = \sum_{k} F_{kk} = \mathrm{Tr}(\hat{F})$$

即 $\hat{F}'$ 的迹等于 $\hat{F}$ 的迹, 说明幺正变换不改变矩阵的迹.

3) 矩阵方程经幺正变换保持不变

若在 $\hat{A}$ 表象中, 矩阵方程为 $\hat{F}\psi = \varphi$, 则在表象 $\hat{B}$ 中, 方程形式一致, 即 $\hat{F}'\psi' = \varphi'$.

证　利用式(4.73)和式(4.74), 得

$$\hat{F}'\psi' = (S^{-1}\hat{F}S)(S^{-1}\psi) = S^{-1}\hat{F}\psi = S^{-1}\varphi = \varphi'$$

4) 幺正变换不改变厄米矩阵的厄米性

设在 $\hat{A}$ 表象中, $\hat{F}$ 为厄米算符, 即 $\hat{F}^+ = \hat{F}$; 在 $\hat{B}$ 表象中, $\hat{F}' = S^{-1}\hat{F}S$, 则

$$\hat{F}'^{+} = (S^{-1}\hat{F}S)^{+} = S^{+}\hat{F}^{+}(S^{-1})^{+} = S^{-1}\hat{F}S = \hat{F}' \tag{4.76}$$

所以, 经过幺正变换后, $\hat{F}'$ 仍然是厄米算符.

此外, 设在 $\hat{A}$ 表象中有对易关系 $x\hat{p}_x - \hat{p}_x x = i\hbar$. 在 $\hat{B}$ 表象中, 利用式(4.74), 得

$$x'\hat{p}'_x - \hat{p}'_x x' = S^{-1}xSS^{-1}\hat{p}_x S - S^{-1}\hat{p}_x SS^{-1}xS$$

$$= S^{-1}x\hat{p}_x S - S^{-1}\hat{p}_x xS = S^{-1}(x\hat{p}_x - \hat{p}_x x)S = i\hbar S^{-1}S = i\hbar$$

所以, 对易关系在幺正变换下保持不变.

例 4.16　已知系统哈密顿矩阵为

$$\hat{H} = \begin{pmatrix} E_0 & -A \\ -A & E_0 \end{pmatrix}$$

其中 E_0 和 A 为常数. 求其本征值和本征矢, 以及使之对角化的幺正变换.

解　哈密顿算符的本征方程为

$$\begin{pmatrix} E_0 & -A \\ -A & E_0 \end{pmatrix} \begin{pmatrix} x_1 \\ x_2 \end{pmatrix} = \lambda \begin{pmatrix} x_1 \\ x_2 \end{pmatrix}$$

或

$$\begin{pmatrix} E_0 - \lambda & -A \\ -A & E_0 - \lambda \end{pmatrix} \begin{pmatrix} x_1 \\ x_2 \end{pmatrix} = 0$$

上述齐次方程有非零解的条件是系数行列式等于零，即

$$\begin{vmatrix} E_0 - \lambda & -A \\ -A & E_0 - \lambda \end{vmatrix} = 0$$

解得 $(E_0 - \lambda)^2 - A^2 = 0$，即 $\lambda = E_0 \mp A$.

(1) 对于本征值 $\lambda = E_0 - A$，有

$$\begin{pmatrix} E_0 - (E_0 - A) & -A \\ -A & E_0 - (E_0 - A) \end{pmatrix} \begin{pmatrix} x_1 \\ x_2 \end{pmatrix} = \begin{pmatrix} A & -A \\ -A & A \end{pmatrix} \begin{pmatrix} x_1 \\ x_2 \end{pmatrix} = 0$$

求得 $x_1 - x_2 = 0$. 另根据归一化条件 $|x_1|^2 + |x_2|^2 = 1$，可选 $x_1 = x_2 = \dfrac{1}{\sqrt{2}}$. 于是得本征矢

$$\varphi_1 = \frac{1}{\sqrt{2}} \begin{pmatrix} 1 \\ 1 \end{pmatrix}$$

(2) 对于本征值 $\lambda = E_0 + A$，有

$$\begin{pmatrix} E_0 - (E_0 + A) & -A \\ -A & E_0 - (E_0 + A) \end{pmatrix} \begin{pmatrix} x_1 \\ x_2 \end{pmatrix} = \begin{pmatrix} -A & -A \\ -A & -A \end{pmatrix} \begin{pmatrix} x_1 \\ x_2 \end{pmatrix} = 0$$

求得 $x_1 + x_2 = 0$. 另根据归一化条件 $|x_1|^2 + |x_2|^2 = 1$，可选 $x_1 = -x_2 = \dfrac{1}{\sqrt{2}}$. 于是得本征矢

$$\varphi_2 = \frac{1}{\sqrt{2}} \begin{pmatrix} 1 \\ -1 \end{pmatrix}$$

所以，得幺正矩阵

$$S = S^+ = S^{-1} = \frac{1}{\sqrt{2}} \begin{pmatrix} 1 & 1 \\ 1 & -1 \end{pmatrix}$$

于是，可将哈密顿矩阵对角化

$$S^+ \hat{H} S = \frac{1}{2} \begin{pmatrix} 1 & 1 \\ 1 & -1 \end{pmatrix} \begin{pmatrix} E_0 & -A \\ -A & E_0 \end{pmatrix} \begin{pmatrix} 1 & 1 \\ 1 & -1 \end{pmatrix} = \begin{pmatrix} E_0 - A & 0 \\ 0 & E_0 + A \end{pmatrix}$$

说明哈密顿算符在自己表象中是对角矩阵. 此外，幺正变换不改变矩阵的迹

$$\mathrm{Tr}(\hat{H}) = \mathrm{Tr}(S^+ \hat{H} S) = 2E_0$$

练 习 题

4-1　对于在阱宽为 a 的一维无限深阱中运动的粒子，计算在任意本征态 ψ_n 中的平均值 $\bar{x}$、$\overline{x^2}$ 及 $\overline{(x-\bar{x})^2}$，并证明：当 $n \to \infty$ 时，上述结果与经典结果一致.

4-2　高斯型波函数 $\psi(x) = A\mathrm{e}^{-\frac{a}{2}x^2}\mathrm{e}^{\mathrm{i}p_0 x/\hbar}$，其中 $A = \left(\dfrac{\alpha}{\pi}\right)^{1/4}$ 为归一化因子. 对该波函数进行傅里叶变换，得象函数 $C(p) = A\sqrt{\dfrac{1}{\alpha\hbar}}\exp\left[-\dfrac{(p-p_0)^2}{2\alpha\hbar^2}\right]$. 试分别在 x、p 两种表象中计算平均值 $\overline{(p-p_0)^2}$.

4-3　一维简谐振子的能量算符为 $\hat{H} = \dfrac{1}{2m}\hat{p}^2 + \dfrac{1}{2}Kx^2 = \dfrac{1}{2m}(\hat{p}^2 + m^2\omega^2 x^2)$，其中 $\omega = \sqrt{\dfrac{K}{m}}$ 为谐振子的经典固有频率. 基态的归一化波函数为 $\psi_0(\xi) = \left(\dfrac{m\omega}{\pi\hbar}\right)^{1/4}\mathrm{e}^{-\xi^2/2}$，$\xi = \sqrt{\dfrac{m\omega}{\hbar}}x$. 求其动量和能量的平均值.

4-4　设 $[q,p] = \mathrm{i}\hbar$，$f(q)$ 是 q 的可微函数，试证明：

(1) $[q, \, p^2 f] = 2\mathrm{i}\hbar p f$；

(2) $[q, \, pfp] = \mathrm{i}\hbar(fp + pf)$；

(3) $[p, \, p^2 f] = -\mathrm{i}\hbar p^2 f'$.

4-5　设氢原子处于波函数为 $\psi(r,\theta,\varphi) = \dfrac{1}{\sqrt{\pi a_0^3}}\mathrm{e}^{-r/a_0}$ 的基态，a_0 为第一玻尔半径. 试求势能 $U(r) = -\dfrac{1}{4\pi\varepsilon_0}\dfrac{e^2}{r}$ 的平均值.

4-6　氢原子的基态波函数为 $\psi(r) = A\mathrm{e}^{-r/a_0}$（$a_0$ 为第一玻尔轨道半径）.

(1) 将此波函数归一化；

(2) 求在 $r \to r + \mathrm{d}r$ 范围内发现电子的概率；

(3) r 取何值时概率最大？

4-7　在球坐标中，定义径向动量算符 $\hat{p}_r = \dfrac{1}{2}\left(\dfrac{\boldsymbol{r}}{r}\cdot\hat{\boldsymbol{p}} + \hat{\boldsymbol{p}}\cdot\dfrac{\boldsymbol{r}}{r}\right)$，其中动量算符 $\hat{\boldsymbol{p}} = -\mathrm{i}\hbar\nabla$，试证明：

(1) 算符 $\hat{p}_r$ 是厄米算符；

(2) $\hat{p}_r = -\mathrm{i}\hbar\left(\dfrac{\partial}{\partial r} + \dfrac{1}{r}\right)$；$\hat{p}_r^2 = -\hbar^2\left(\dfrac{\partial^2}{\partial r^2} + \dfrac{2}{r}\dfrac{\partial}{\partial r}\right) = -\hbar^2\dfrac{1}{r^2}\dfrac{\partial}{\partial r}r^2\dfrac{\partial}{\partial r}$；

(3) $[r, \, \hat{p}_r] = \mathrm{i}\hbar$；$\left[\hat{\boldsymbol{p}}, \dfrac{1}{r}\right] = \mathrm{i}\hbar\dfrac{\boldsymbol{r}}{r^3}$.

4-8　角动量算符 $\hat{\boldsymbol{L}} = \hat{\boldsymbol{r}}\times\hat{\boldsymbol{p}}$，试证明：$\left[\hat{\boldsymbol{L}}, \dfrac{1}{r}\right] = 0$；$\left[\hat{\boldsymbol{L}}, \, \hat{\boldsymbol{p}}^2\right] = 0$；$[L^2, \, \boldsymbol{p}] = \mathrm{i}\hbar(\boldsymbol{p}\times\boldsymbol{L} - \boldsymbol{L}\times\boldsymbol{p})$.

4-9　数学中有恒等式 $(a+b)(a-b) = a^2 - b^2$. 在量子物理学中 a、b 成为算符 $\hat{a}$、$\hat{b}$，此恒等式

仍普遍成立吗?

4-10　证明 $\hat{T} = \hat{\boldsymbol{p}}^2 / 2m$, $\hat{\boldsymbol{L}} = \hat{\boldsymbol{r}} \times \hat{\boldsymbol{p}}$ 是厄米算符.

4-11　设 $\hat{A}$, $\hat{B}$ 为厄米算符, 则 $\dfrac{1}{2}(\hat{A}\hat{B} + \hat{B}\hat{A})$, $\dfrac{1}{2i}(\hat{A}\hat{B} - \hat{B}\hat{A})$ 也是厄米算符. 由此证明, 任何算符 $\hat{O}$

　　　可以分解为 $\hat{O} = \hat{O}_+ + i\hat{O}_-$, 其中 $\hat{O}_+ = \dfrac{1}{2}(\hat{O} + \hat{O}^+)$, $\hat{O}_- = \dfrac{1}{2i}(\hat{O} - \hat{O}^+)$ 均为厄米算符.

4-12　(1) 若两个厄米算符有共同本征态, 它们是否就彼此对易?

　　　(2) 若两个算符不对易, 是否一定没有共同本征态?

　　　(3) 若两个算符对易, 是否在所有态下它们均同时具有确定值?

4-13　设 ψ 为归一化波函数, $\hat{F}$ 为算符. 试证明在 ψ 态下, $\overline{\hat{F}^+\hat{F}} \geqslant 0$, 并求等号成立的条件.

4-14　设体系处于 $\psi = c_1 Y_{11} + c_2 Y_{20}$ 态, 求:

　　　(a) $\hat{L}_z$ 的可能测量值及平均值;

　　　(b) $\hat{L}^2$ 的可能测值及相应概率.

4-15　试证明在分立谱的能量本征态下, 动量的平均值为 0.

4-16　求证在 $\hat{L}_z$ 的本征态下, 角动量沿与 z 轴成 θ 角方向上分量的平均值为 $m\hbar\cos\theta$.

4-17　设 $|u\rangle$、$|\upsilon\rangle$ 为态矢量, $\langle u|u\rangle$ 及 $\langle \upsilon|\upsilon\rangle$ 有限, 试证明:

$$\mathrm{Tr}|u\rangle\langle\upsilon| = \langle\upsilon|u\rangle, \quad \mathrm{Tr}|u\rangle\langle u| = \langle u|u\rangle$$

4-18　已知: $\hat{a}|n\rangle = \sqrt{n}\,|n-1\rangle$, $\hat{a}^+|n\rangle = \sqrt{n+1}\,|n+1\rangle$. 证明: $[\hat{a}, \hat{a}^+] = 1$.

4-19　证明 $(\hat{A}\hat{B}\hat{C} \cdots)^+ = \cdots \hat{C}^+\hat{B}^+\hat{A}^+$.

4-20　已知系统哈密顿矩阵为 $\hat{H} = \begin{pmatrix} E_0 + \sqrt{3}A & -A \\ -A & E_0 - \sqrt{3}A \end{pmatrix}$, 求其本征值和归一化的本征矢, 并

　　　写出使此矩阵对角化的幺正变换.

第5章 中心力场问题(氢原子、类氢离子等)

在物理学领域，中心力场问题比较常见，例如在天体物理学中，太阳系有八大行星，它们与太阳之间的作用力为中心力(也称有心力)，即万有引力，其所形成的势场即为中心力场. 中心力与中心力场只与两个物体之间的距离 r 有关，而与它们之间的角度(如球坐标中的 θ、φ 等)无关. 在量子物理学中，当讨论原子内部结构时，电子围绕原子核转动，电子与原子核之间的相互作用力为库仑力，也是中心力，由此导致许多中心力场问题，如氢原子、类氢离子、各向同性谐振子、无限深球方势阱、球方势阱等. 其中，氢原子(或类氢离子)问题是最简单的例子，其精确求解结果，对解决多电子原子的结构(即元素周期律)以及原子核物理、基本粒子物理等均具有重要意义.

5.1 量子物理学中的守恒量

微观粒子具有波粒二象性，由此导致能量、动量等具有不确定性关系. 因此，与经典物理学不同，微观粒子不服从一一对应的决定论守恒律，而服从统计守恒律，能量守恒、动量守恒等守恒律也有独特的表述.

设力学量算符 $\hat{A}(t)$ 的平均值为 $\overline{A}(t) = (\psi,\ \hat{A}\psi)$，它随时间的变化率为

$$\frac{\mathrm{d}}{\mathrm{d}t}\overline{A}(t) = \left(\frac{\partial \psi}{\partial t},\ \hat{A}\psi\right) + \left(\psi,\ \hat{A}\frac{\partial \psi}{\partial t}\right) + \left(\psi,\ \frac{\partial \hat{A}}{\partial t}\psi\right)$$

利用薛定谔方程

$$\mathrm{i}\hbar\frac{\partial}{\partial t}\psi = \hat{H}\psi \tag{5.1}$$

以及哈密顿算符 $\hat{H}$ 的厄米性，得

$$\frac{\mathrm{d}}{\mathrm{d}t}\overline{A}(t) = \left(\frac{\hat{H}\psi}{\mathrm{i}\hbar},\ \hat{A}\psi\right) + \left(\psi,\ \hat{A}\frac{\hat{H}\psi}{\mathrm{i}\hbar}\right) + \left(\psi,\ \frac{\partial \hat{A}}{\partial t}\psi\right)$$

$$= \frac{1}{-\mathrm{i}\hbar}(\psi,\ \hat{H}\hat{A}\psi) + \frac{1}{\mathrm{i}\hbar}(\psi,\ \hat{A}\hat{H}\psi) + \left(\psi,\ \frac{\partial \hat{A}}{\partial t}\psi\right)$$

$$= \frac{1}{\mathrm{i}\hbar}(\psi,\ [\hat{A},\ \hat{H}]\psi) + \left(\psi,\ \frac{\partial \hat{A}}{\partial t}\psi\right)$$

如果算符 $\hat{A}$ 不显含 t, 则

$$\frac{\mathrm{d}}{\mathrm{d}t}\overline{A} = \frac{1}{\mathrm{i}\hbar}\overline{[\hat{A},\ \hat{H}]} \tag{5.2}$$

于是有埃伦菲斯特(Ehrenfest)关系: 如果力学量 $\hat{A}$ 和 $\hat{H}$ 对易, 则 $\hat{A}$ 在任意态 ψ 下的平均值都不随时间变化, 即 $\dfrac{\mathrm{d}}{\mathrm{d}t}\overline{A} = 0$. 这种情况下, $\hat{A}$ 是守恒量. 此时, $\hat{A}$ 的测量值概率分布也不随时间变化. 证明如下.

因为 $\hat{A}$ 和 $\hat{H}$ 对易, 它们属于同一组力学量的完备集, 有共同本征函数

$$\hat{H}\psi_k = E_k\psi_k, \quad \hat{A}\psi_k = A_k\psi_k$$

$$\psi = \sum_k a_k(t)\psi_k, \quad a_k(t) = (\psi_k,\ \psi)$$

在 ψ 态下, 在 t 时刻测量 $\hat{A}$ 得 A_k 的概率为 $|a_k(t)|^2$, 则

$$\begin{aligned}
\frac{\mathrm{d}}{\mathrm{d}t}|a_k(t)|^2 &= \frac{\mathrm{d}a_k^*}{\mathrm{d}t}a_k + \text{复共轭项} \\
&= \left(\frac{\hat{H}}{\mathrm{i}\hbar}\psi,\ \psi_k\right)\cdot(\psi_k,\ \psi) + \text{复共轭项} \\
&= -\frac{1}{\mathrm{i}\hbar}(\psi,\ \hat{H}\psi_k)\cdot(\psi_k,\ \psi) + \text{复共轭项} \\
&= -\frac{E_k}{\mathrm{i}\hbar}|(\psi,\ \psi_k)|^2 + \text{复共轭项} = 0
\end{aligned}$$

上式中的"复共轭项"代表它前一项的复共轭.

例如, 若体系哈密顿量 $\hat{H}$ 不显含时间 t, $[\hat{H},\ \hat{H}]=0$, 则 $\hat{H}$ 是守恒量, 即能量守恒; 又如自由粒子, $\hat{H} = \dfrac{\hat{p}^2}{2m}$, 显然 $[\hat{p},\ \hat{H}]=0$, 则 $\hat{p}$ 是守恒量, 即动量守恒; 等等.

5.2　中心力场中的薛定谔方程

在中心力场 $V(\boldsymbol{r}) = V(r)$ 中运动的电子, 折合质量为 μ (如果不计及电子质量与其折合质量之间的差别, 此处可用电子质量 m_e 代之), 其特征是角动量守恒, 即角动量与哈密顿量对易. 角动量为 $\hat{\boldsymbol{L}} = \boldsymbol{r}\times\hat{\boldsymbol{p}}$, 系统哈密顿量为

$$\hat{H} = \frac{\hat{p}^2}{2\mu} + V(r) = -\frac{\hbar^2}{2\mu}\nabla^2 + V(r) \tag{5.3}$$

选择球坐标系，如图 5.1 所示，其变量与直角坐标系
变量的关系如下：

$$
\begin{cases}
r = \sqrt{x^2 + y^2 + z^2} \\
\theta = \arctan \dfrac{\sqrt{x^2 + y^2}}{z}, \\
\varphi = \arctan \dfrac{y}{x}
\end{cases}
\quad
\begin{cases}
x = r\sin\theta\cos\varphi \\
y = r\sin\theta\sin\varphi \\
z = r\cos\theta
\end{cases}
$$

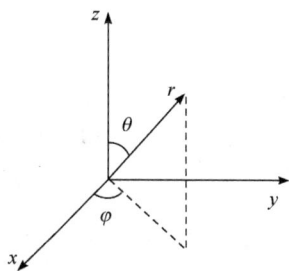

图 5.1　球坐标

设有函数 $f = f(x,y,z)$，借助于求解导数

$$
\frac{\partial f}{\partial x} = \frac{\partial f}{\partial r}\frac{\partial r}{\partial x} + \frac{\partial f}{\partial \theta}\frac{\partial \theta}{\partial x} + \frac{\partial f}{\partial \varphi}\frac{\partial \varphi}{\partial x}
$$

$$
\frac{\partial f}{\partial y} = \frac{\partial f}{\partial r}\frac{\partial r}{\partial y} + \frac{\partial f}{\partial \theta}\frac{\partial \theta}{\partial y} + \frac{\partial f}{\partial \varphi}\frac{\partial \varphi}{\partial y}
$$

$$
\frac{\partial f}{\partial z} = \frac{\partial f}{\partial r}\frac{\partial r}{\partial z} + \frac{\partial f}{\partial \theta}\frac{\partial \theta}{\partial z} + \frac{\partial f}{\partial \varphi}\frac{\partial \varphi}{\partial z}
$$

可求得

$$
\begin{cases}
\dfrac{\partial}{\partial x} = \sin\theta\cos\varphi\dfrac{\partial}{\partial r} + \dfrac{\cos\theta\cos\varphi}{r}\dfrac{\partial}{\partial \theta} - \dfrac{\sin\varphi}{r\sin\theta}\dfrac{\partial}{\partial \varphi} \\[2mm]
\dfrac{\partial}{\partial y} = \sin\theta\sin\varphi\dfrac{\partial}{\partial r} + \dfrac{\cos\theta\sin\varphi}{r}\dfrac{\partial}{\partial \theta} + \dfrac{\cos\varphi}{r\sin\theta}\dfrac{\partial}{\partial \varphi} \\[2mm]
\dfrac{\partial}{\partial z} = \cos\theta\dfrac{\partial}{\partial r} - \dfrac{\sin\theta}{r}\dfrac{\partial}{\partial \theta}
\end{cases}
$$

于是，根据角动量公式(4.16)，得角动量各分量算符的表示式为

$$
\hat{L}_x = i\hbar\left(\sin\varphi\frac{\partial}{\partial \theta} + \cot\theta\cos\varphi\frac{\partial}{\partial \varphi}\right)
$$

$$
\hat{L}_y = -i\hbar\left(\cos\varphi\frac{\partial}{\partial \theta} - \cot\theta\sin\varphi\frac{\partial}{\partial \varphi}\right) \tag{5.4}
$$

$$
\hat{L}_z = -i\hbar\frac{\partial}{\partial \varphi}
$$

由式(5.4)，按照算符运算法则，可得角动量平方算符

$$
\hat{L}^2 = \hat{L}_x^2 + \hat{L}_y^2 + \hat{L}_z^2
$$

$$
= -\hbar^2\left[\frac{1}{\sin\theta}\frac{\partial}{\partial \theta}\left(\sin\theta\frac{\partial}{\partial \theta}\right) + \frac{1}{\sin^2\theta}\frac{\partial^2}{\partial \varphi^2}\right]
$$

$$
= -\left[\frac{\hbar^2}{\sin\theta}\frac{\partial}{\partial \theta}\left(\sin\theta\frac{\partial}{\partial \theta}\right) - \frac{\hat{L}_z^2}{\sin^2\theta}\right] \tag{5.5}
$$

显然，它们均与径向坐标 r 无关，故对于有心力，$[L, V(r)] = [\hat{L}^2, V(r)] = 0$.

例 5.1　$\hat{T} = \hat{p}^2 / (2m)$ ，试证明：$[\hat{L}, \hat{p}^2] = 0$.

证　利用式(4.31)，有

$$[\hat{L}_x, \hat{p}_x^2] = \hat{p}_x[\hat{L}_x, \hat{p}_x] + [\hat{L}_x, \hat{p}_x]\hat{p}_x = 0$$

$$[\hat{L}_x, \hat{p}_y^2] = \hat{p}_y[\hat{L}_x, \hat{p}_y] + [\hat{L}_x, \hat{p}_y]\hat{p}_y = i\hbar(\hat{p}_y\hat{p}_z + \hat{p}_z\hat{p}_y)$$

$$[\hat{L}_x, \hat{p}_z^2] = \hat{p}_z[\hat{L}_x, \hat{p}_z] + [\hat{L}_x, \hat{p}_z]\hat{p}_z = -i\hbar(\hat{p}_z\hat{p}_y + \hat{p}_y\hat{p}_z)$$

所以

$$[\hat{L}_x, \hat{p}^2] = [\hat{L}_x, \ \hat{p}_x^2 + \hat{p}_y^2 + \hat{p}_z^2] = 0$$

同理，$[\hat{L}_y, \hat{p}^2] = [\hat{L}_z, \hat{p}^2] = 0$ ，即 $[\hat{L}, \ \hat{p}^2] = 0$ ，或 $[\hat{L}, \ \hat{T}] = 0$. 所以

$$[\hat{L}, \hat{H}] = [\hat{L}, \ \hat{p}^2/2\mu] + [\hat{L}, \ V(r)] = 0 \tag{5.6}$$

即在有心力场中，角动量各分量为守恒量. 由此还可推出角动量平方也是守恒量

$$[\hat{L}^2, \hat{H}] = \hat{L} \cdot [\hat{L}, \ \hat{H}] + [\hat{L}, \ \hat{H}] \cdot \hat{L} = 0$$

应该指出，在有心力场中，$[\hat{p}, V(r)] \neq 0$ ，故动量 $\hat{p}$ 并不守恒.

此外，角动量 $\hat{L}$ 的三个分量之间也不对易，不过在第 4 章中式(4.32)已经证明

$$[\hat{L}^2, \ \hat{L}_\alpha] = 0, \quad \alpha = 1, 2, 3 \tag{5.7}$$

根据上述对易关系，在中心力场中，哈密顿量为式(5.3)，一般选 $(\hat{H}, \hat{L}^2, \hat{L}_z)$ 作为守恒量的完备集. 下面将证明：它们的共同本征函数为 $\psi_{nlm} = R_{nl}(r)Y_{lm}(\theta, \varphi)$.

1. 中心力场中的薛定谔方程

能量本征方程

$$\left[-\frac{\hbar^2}{2\mu}\nabla^2 + V(r) \right]\psi = E\psi \tag{5.8}$$

采用球坐标系，拉普拉斯算符可表示为(见数学附录五)

$$\nabla^2 = \frac{1}{r^2}\left[\frac{\partial}{\partial r}\left(r^2\frac{\partial}{\partial r} \right) + \frac{1}{\sin\theta}\frac{\partial}{\partial \theta}\left(\sin\theta\frac{\partial}{\partial \theta} \right) + \frac{1}{\sin^2\theta}\frac{\partial^2}{\partial \varphi^2} \right]$$

利用式(5.4)和式(5.5)，得

$$\nabla^2 = \frac{1}{r^2}\frac{\partial}{\partial r}r^2\frac{\partial}{\partial r} - \frac{\hat{L}^2}{\hbar^2 r^2} \tag{5.9}$$

于是在球坐标系中的薛定谔方程(5.8)为

$$-\frac{\hbar^2}{2\mu}\frac{1}{r^2}\left[\frac{\partial}{\partial r}\left(r^2\frac{\partial}{\partial r}\right)+\frac{1}{\sin\theta}\frac{\partial}{\partial\theta}\left(\sin\theta\frac{\partial}{\partial\theta}\right)+\frac{1}{\sin^2\theta}\frac{\partial^2}{\partial\varphi^2}\right]\psi+V(r)\psi=E\psi \quad (5.10)$$

利用式(5.5)，上式可写成

$$\left[-\frac{\hbar^2}{2\mu r^2}\frac{\partial}{\partial r}\left(r^2\frac{\partial}{\partial r}\right)+\frac{\hat{L}^2}{2\mu r^2}+V(r)\right]\psi=E\psi \quad (5.11)$$

方程(5.11)是球坐标系中，在中心力场中运动的粒子所满足的薛定谔方程.

2. 求解薛定谔方程

为求解薛定谔方程，将波函数分离变量，设 $\psi(r,\theta,\varphi)=R(r)Y(\theta,\varphi)$，代入式(5.11)得

$$\left[-\frac{\hbar^2}{2\mu}\left(\frac{1}{r^2}\frac{\partial}{\partial r}r^2\frac{\partial}{\partial r}\right)+\frac{\hat{L}^2}{2\mu r^2}+V(r)\right]R(r)Y(\theta,\varphi)=ER(r)Y(\theta,\varphi)$$

其中，$R(r)$ 为径向波函数，仅与矢径 r 有关；$Y(\theta,\varphi)$ 是角度 θ 和 φ 的函数. 将上式移项，得

$$\frac{1}{\hbar^2 Y}\hat{L}^2Y=\frac{1}{R}\frac{\mathrm{d}}{\mathrm{d}r}\left(r^2\frac{\mathrm{d}}{\mathrm{d}r}R\right)+\frac{2\mu r^2}{\hbar^2}[E-V(r)] \quad (5.12)$$

上式左边只与 θ、φ 有关，右边只与 r 有关，要使等式成立，左右两边只能均为一常数，设该常数为 $\lambda=l(l+1)$. 于是，上式左边

$$\hat{L}^2Y=l(l+1)\hbar^2Y \quad (5.13)$$

利用式(5.5)，将上式改写成

$$\frac{1}{\sin\theta}\frac{\partial}{\partial\theta}\left(\sin\theta\frac{\partial Y}{\partial\theta}\right)+\frac{1}{\sin^2\theta}\frac{\partial^2 Y}{\partial\varphi^2}+l(l+l)Y=0 \quad (5.14)$$

式(5.14)称为球函数方程，需要进一步分离变量，令 $Y(\theta,\varphi)=\Theta(\theta)\Phi(\varphi)$，代入式(5.14)得

$$\frac{\sin\theta}{\Theta}\frac{\mathrm{d}}{\mathrm{d}\theta}\left(\sin\theta\frac{\mathrm{d}\Theta}{\mathrm{d}\theta}\right)+l(l+1)\sin^2\theta=-\frac{1}{\Phi}\frac{\mathrm{d}^2\Phi}{\mathrm{d}\varphi^2} \quad (5.15)$$

上式左边只与 θ 有关，右边只与 φ 有关，若要上式成立，左右两边实际上均为一常数，记为 m^2，则得两个常微分方程

$$\frac{\mathrm{d}^2\Phi}{\mathrm{d}\varphi^2}+m^2\Phi=0 \quad (5.16)$$

$$\sin\theta\frac{\mathrm{d}}{\mathrm{d}\theta}\left(\sin\theta\frac{\mathrm{d}\Theta}{\mathrm{d}\theta}\right)+[l(l+1)\sin^2\theta-m^2]\Theta=0 \qquad (5.17)$$

根据周期性条件 $\Phi(\varphi+2\pi)=\Phi(\varphi)$，方程(5.16)的解为

$$\Phi_m(\varphi)=\frac{1}{\sqrt{2\pi}}\mathrm{e}^{\mathrm{i}m\varphi}, \quad m=0,\ \pm1,\ \pm2,\cdots \qquad (5.18)$$

此外，为求解式(5.17)，令 $x=\cos\theta$，$|x|\leqslant 1$，则

$$\frac{\mathrm{d}x}{\mathrm{d}\theta}=-\sin\theta$$

$$\frac{\mathrm{d}\Theta}{\mathrm{d}\theta}=\frac{\mathrm{d}\Theta}{\mathrm{d}x}\frac{\mathrm{d}x}{\mathrm{d}\theta}=-\sin\theta\frac{\mathrm{d}\Theta}{\mathrm{d}x}$$

$$\frac{1}{\sin\theta}\frac{\mathrm{d}}{\mathrm{d}\theta}\left(\sin\theta\frac{\mathrm{d}\Theta}{\mathrm{d}\theta}\right)=\frac{1}{\sin\theta}\frac{\mathrm{d}x}{\mathrm{d}\theta}\frac{\mathrm{d}}{\mathrm{d}x}\left(-\sin^2\theta\frac{\mathrm{d}\Theta}{\mathrm{d}x}\right)=\frac{\mathrm{d}}{\mathrm{d}x}\left[(1-x^2)\frac{\mathrm{d}\Theta}{\mathrm{d}x}\right]$$

于是，式(5.17)化为

$$\frac{\mathrm{d}}{\mathrm{d}x}\left[(1-x^2)\frac{\mathrm{d}\Theta}{\mathrm{d}x}\right]+\left[l(l+1)-\frac{m^2}{1-x^2}\right]\Theta=0$$

或改写为

$$(1-x^2)\frac{\mathrm{d}^2\Theta}{\mathrm{d}x^2}-2x\frac{\mathrm{d}\Theta}{\mathrm{d}x}+\left[l(l+1)-\frac{m^2}{1-x^2}\right]\Theta=0 \qquad (5.19)$$

方程(5.19)称为 l 阶连带勒让德(Legendre)方程；若 $m=0$，则称为 l 阶勒让德方程. 求解此方程时，为使 $Y(\theta,\varphi)$ 在 θ 变化的整个区域 $[0,\pi]$ 内均有限，必须满足 $\lambda=l(l+1)$，其中 $l=0,1,2,\cdots$. 于是得解[①]

$$\Theta\sim\mathrm{P}_l^m(x),\ |m|\leqslant l$$

$$\mathrm{P}_l^m(x)=\frac{1}{2^l l!}(1-x^2)^{m/2}\frac{\mathrm{d}^{l+m}}{\mathrm{d}x^{l+m}}(x^2-1)^l \qquad (5.20)$$

式(5.20)即为连带勒让德多项式. 于是得

$$\Theta_{lm}(\theta)=(-1)^m\sqrt{\frac{(l-m)!(2l+1)}{2(l+m)!}}\mathrm{P}_l^m(\cos\theta) \qquad (5.21)$$

根据式(5.18)，m 为整数，故 l 和 m 的取值为

$$l=0,\ 1,\ 2,\ \cdots$$
$$m=-l,\ -l+1,\ \cdots l-1,\ l \qquad (5.22)$$

---

① 请参阅: 曾谨言. 量子力学(卷 I). 5 版. 北京: 科学出版社, 2013.

这说明,如果 l 确定,m 取值共有 $2l+1$ 个. 最后,解得的函数 $Y(\theta,\varphi) = Y_{lm}(\theta,\varphi) \equiv Y_{lm}$ 称为球谐函数, 它与量子数 l 和 m 均有关, 具体形式可表示为

$$Y_{lm}(\theta,\varphi) = (-1)^m \sqrt{\frac{(l-m)!(2l+1)}{4\pi(l+m)!}} P_l^m(\cos\theta) e^{im\varphi} \tag{5.23}$$

到此, 可将式(5.13)和式(5.16)改写为

$$\hat{L}^2 Y_{lm} = l(l+1)\hbar^2 Y_{lm}$$
$$\hat{L}_z Y_{lm} = m\hbar Y_{lm} \tag{5.24}$$

在式(5.24)中, 球谐函数 Y_{lm} 是轨道角动量平方算符 $\hat{L}^2$ 和轨道角动量 z 分量算符 $\hat{L}_z$ 的共同本征函数, 其中上式是 $\hat{L}^2$ 的本征方程, 本征值为 $L^2 = l(l+1)\hbar^2$, $L = \sqrt{l(l+1)}\hbar$; 下式是 $\hat{L}_z = -i\hbar\dfrac{\partial}{\partial\varphi}$ 的本征方程, 本征值为 $L_z = m\hbar$; l 称为轨道角动量量子数, m 称为磁量子数. 据式(5.22), 给定 l, m 可取 $(2l+1)$ 个值, 即 $(2l+1)$ 重简并.

上述分析说明, 由于 $V(r)$ 为中心力场势能, 分离变量后, 它对角向波函数 Y_{lm} 没有影响, 换言之, 只要势能 $V = V(r)$ 为中心势, 求解其薛定谔方程时具有普遍特征: 即 $\hat{L}^2$ 与 $\hat{L}_z$ 的共同本征函数均为球谐函数 Y_{lm}, 量子数 l 和 m 的取法和本征值均符合式(5.22)式(5.24), 与 $V(r)$ 无关.

此外, 球谐函数 Y_{lm} 满足正交归一条件

$$Y_{lm}^* = (-1)^m Y_{l-m}(\theta,\varphi)$$
$$\int_0^{2\pi} \int_0^{\pi} Y_{lm}^* Y_{l'm'} \sin\theta \mathrm{d}\theta \mathrm{d}\varphi = \delta_{ll'}\delta_{mm'} \tag{5.25}$$

和递推公式

$$\cos\theta\, Y_{lm} = \sqrt{\frac{(l+1)^2 - m^2}{(2l+1)(2l+3)}}\, Y_{l+1,\,m} + \sqrt{\frac{l^2 - m^2}{(2l-1)(2l+1)}}\, Y_{l-1,\,m}$$

$$\sin\theta\, e^{\pm i\varphi}\, Y_{lm} = \mp\sqrt{\frac{(l\pm m+1)(l\pm m+2)}{(2l+1)(2l+3)}}\, Y_{l+1,\,m\pm1} \pm \sqrt{\frac{(l\mp m)(l\mp m-1)}{(2l-1)(2l+1)}}\, Y_{l-1,\,m\pm1}$$

$$\tag{5.26}$$

例 5.2 令 $l = 2$, 求算符 $\hat{L}^2$ 和 $\hat{L}_z$ 的本征值, 并作图说明.

解 利用式(5.22)式(5.24), 得

$$l = 2, \quad \text{则}\quad L^2 = l(l+1)\hbar^2 = 2(2+1)\hbar^2 = 6\hbar^2, \quad L = \sqrt{6}\hbar$$

$$m = 0, \pm1, \pm2, \quad \text{则}\quad L_z = 2\hbar, \hbar, 0, -\hbar, -2\hbar$$

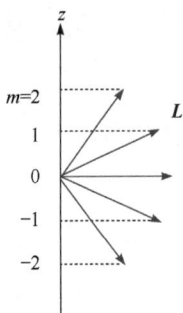

图 5.2 角动量取向量子化，$l = 2$

上述角动量 L 及角动量 z 分量 L_z 的空间分布见图 5.2，由图可见，由于量子数 l 和 m 的取值量子化，L 的空间取向是量子化的，它不可能绝对指向 z 方向！

此外，对波函数进行分离变量 $\psi(r,\theta,\varphi) = R_l(r)Y_{lm}(\theta,\varphi)$ 后，式 (5.12) 的右边也等于常数 $\lambda = l(l+1)$，于是径向波函数 $R(r)$ 满足的常微分方程为

$$\left[-\frac{\hbar^2}{2\mu}\left(\frac{1}{r^2}\frac{\mathrm{d}}{\mathrm{d}r}r^2\frac{\mathrm{d}}{\mathrm{d}r} \right) + \frac{l(l+1)\hbar^2}{2\mu r^2} + V(r) \right] R_l(r) = ER_l(r)$$

(5.27)

$$\frac{\mathrm{d}^2\chi_l(r)}{\mathrm{d}r^2} + \left\{ \frac{2\mu}{\hbar^2}\left[E - V(r) \right] - \frac{l(l+1)}{r^2} \right\} \chi_l(r) = 0$$

其中，$R_l(r) = \chi_l(r)/r$，它们均与量子数 l 有关，故记为 $R_l(r)$ 和 $\chi_l(r)$.

在一定边界条件下，求解径向方程(5.27)，即可得出粒子能量的本征值 E. 对于束缚态，E 是量子化的.

从上述径向波函数 $R_l(r)$ 或 $\chi_l(r)$ 所满足的径向方程(5.27)可以看出，对于一切中心力场势能 $V = V(r)$，由于它与角度无关，其形式对角向波函数 $Y_{lm}(\theta,\varphi)$ 没有影响，中心势场 $V(r)$ 只体现在径向方程中，它对能量本征值产生影响，从而导致能量简并. 因此，以后讨论中心力场问题时，对算符 $\hat{L}^2$ 和 $\hat{L}_z$ 的本征值以及角向波函数 $Y_{lm}(\theta,\varphi)$ 等问题，将不再重复.

5.3　氢原子和类氢离子的薛定谔方程解

在氢原子和类氢离子体系中，设折合质量为 μ、电荷为 $-e$ 的电子，在带电 $+Ze$ 的核所产生的电场中运动. 取核在坐标原点，电子受核吸引势能为库仑势，是中心势场 $V(r) = -\dfrac{Ze^2}{4\pi\varepsilon_0 r}$，对氢原子，取 $Z = 1$.

类氢离子本征值方程为

$$\left(-\frac{\hbar^2}{2\mu}\nabla^2 - \frac{Ze^2}{4\pi\varepsilon_0 r} \right)\psi = E\psi$$

根据 5.2 节分析和式(5.27)，其径向方程为

$$\frac{\mathrm{d}^2\chi_l(r)}{\mathrm{d}r^2} + \left[\frac{2\mu}{\hbar^2}\left(E + \frac{Ze^2}{4\pi\varepsilon_0 r} \right) - \frac{l(l+1)}{r^2} \right]\chi_l(r) = 0$$

(5.28)

其中，$\psi(r,\theta,\varphi) = R_l(r)Y_{lm}(\theta,\varphi)$，$R_l(r) = \chi_l(r)/r$。根据边界条件，$r \to 0$ 和 $r \to \infty$ 时，径向波函数 $R_l(r) \to 0 (l=0$ 除外)，求解上述径向方程，得本征能量[①]

$$E = E_n = -\frac{1}{(4\pi\varepsilon_0)^2}\frac{\mu Z^2 e^4}{2\hbar^2 n^2} = -\frac{1}{4\pi\varepsilon_0}\frac{Z^2 e^2}{2a_0 n^2}，\quad n=1, 2, 3,\cdots \tag{5.29}$$

其中 $a_0 = 4\pi\varepsilon_0 \dfrac{\hbar^2}{\mu e^2}$ 为玻尔半径。

从求解过程可知，由于电子处于中心势 $V(r) = -\dfrac{Ze^2}{4\pi\varepsilon_0 r}$ 中，决定了该能级的特征，即

$$\begin{aligned}
&\text{主量子数 } n = n_r + l + 1\\
&\text{径向量子数 } n_r = 0, 1, 2, \cdots, n-1\\
&\text{角量子数 } l = 0, 1, 2, \cdots, n-1\\
&\text{磁量子数 } m = 0, \pm 1, \pm 2, \cdots, \pm l
\end{aligned} \tag{5.30}$$

在上两式中，n 称为主量子数，其值无上限，它决定能量式(5.29)的大小。在球谐函数的求解过程中，即式(5.22)中的角量子数 l 是无上限的；但 l 同时与径向方程(5.27)关联，导致取值有上限，其最大值为 $l = n-1$。此时，径向方程(5.28)的求解导致径向波函数 $R_l(r)$ 和 $\chi_l(r)$ 与量子数 n、l 均有关联，故记为 $R_{nl}(r)$ 和 $\chi_{nl}(r)$。显然，上述能级式(5.29)具有更高简并度，意味着体系具有更高对称性！

从式(5.29)可见，电子从第 n 个轨道跃迁至第 m 个轨道，放出(或吸收)一个光子，波数为

$$\tilde{\nu} = \frac{E_n - E_m}{hc} = \frac{2\pi^2 \mu Z^2 e^4}{(4\pi\varepsilon_0)^2 h^3 c}\left(\frac{1}{m^2} - \frac{1}{n^2}\right) = R_A Z^2\left(\frac{1}{m^2} - \frac{1}{n^2}\right) \tag{5.31}$$

$$R_A = \frac{2\pi^2 \mu e^4}{(4\pi\varepsilon_0)^2 h^3 c} = R_\infty \cdot \frac{M}{m_e + M} = R_\infty \frac{1}{1 + \dfrac{m_e}{M}} \tag{5.32}$$

其中，R_A 为氢原子(或类氢离子)里德伯常量，R_∞ 为原子核质量 M 为无穷大时的里德伯常量。

上述式(5.29)即为第 1 章中给出的玻尔氢原子能级公式(1.19)，只是玻尔理论只适用于氢原子或类氢离子，而上述采用薛定谔方程求解的方法，原则上可以应用到任何微观低速的物理体系。此外，玻尔理论中提出的诸如量子跃迁式(1.15)、折合质量式(1.25)和式(1.26)等概念，在量子物理学中仍然沿用，如式(5.31)和式(5.32)。

---

① 参阅：曾谨言. 量子力学(卷Ⅰ). 5 版. 北京：科学出版社，2013.

求解径向方程(5.28)，可得径向波函数为

$$R_{nl}(r) = N_{nl} \exp\left(-\frac{Zr}{na_0}\right)\left(\frac{2Zr}{na_0}\right)^l L_{n+l}^{2l+1}\left(\frac{2Zr}{na_0}\right) \tag{5.33}$$

上式为实函数,其中, N_{nl} 为归一化常数, L_{n+l}^{2l+1} 称为缔合拉盖尔(associated Laguerre)函数[①]. 由波函数的归一化条件

$$\int \psi_{nlm}^* \psi_{nlm} d\tau = \int_0^\infty R_{nl}^2(r) r^2 dr \int Y_{lm}^*(\theta,\varphi) Y_{lm}(\theta,\varphi) \sin\theta d\theta d\varphi = \int_0^\infty R_{nl}^2(r) r^2 dr = 1$$

可得

$$N_{nl} = -\left\{\left(\frac{2Z}{na_0}\right)^3 \frac{(n-l-1)!}{2n[(n+l)!]}\right\}^{1/2}$$

前几个径向波函数 R_{nl} 表达式如下:

$$R_{10}(r) = \left(\frac{Z}{a_0}\right)^{3/2} 2e^{-\frac{Z}{a_0}r}$$

$$R_{20}(r) = \left(\frac{Z}{2a_0}\right)^{3/2}\left(2 - \frac{Z}{a_0}r\right)e^{-\frac{Z}{2a_0}r}$$

$$R_{21}(r) = \left(\frac{Z}{2a_0}\right)^{3/2} \frac{Z}{a_0\sqrt{3}} r e^{-\frac{Z}{2a_0}r}$$

$$R_{30}(r) = \left(\frac{Z}{3a_0}\right)^{3/2}\left[2 - \frac{4Z}{3a_0}r + \frac{4}{27}\left(\frac{Z}{a_0}r\right)^2\right]e^{-\frac{Z}{3a_0}r} \tag{5.34}$$

$$R_{31}(r) = \left(\frac{2Z}{a_0}\right)^{3/2}\left(\frac{2}{27\sqrt{3}} - \frac{Z}{81\sqrt{3}a_0}r\right)\frac{Z}{a_0} r e^{-\frac{Z}{3a_0}r}$$

$$R_{32}(r) = \left(\frac{2Z}{a_0}\right)^{3/2} \frac{Z}{81\sqrt{15}}\left(\frac{Z}{a_0}r\right)^2 e^{-\frac{Z}{3a_0}r}$$

利用径向波函数式(5.34)，电子的径向位置分布概率为

$$\int_\theta \int_\varphi |\psi_{nlm}(r,\theta,\varphi)|^2 d\tau$$

$$= R_{nl}^2(r) r^2 dr \int_0^{2\pi}\int_0^\pi |Y_{lm}(\theta,\varphi)|^2 \sin\theta d\theta d\varphi$$

$$= R_{nl}^2(r) r^2 dr = [\chi_{nl}(r)]^2 dr$$

---

① 参阅: 曾谨言. 量子力学(卷 I). 5 版. 北京: 科学出版社, 2013.

上式即不管方向(θ,φ)如何，找到电子在$(r, r+\mathrm{d}r)$球壳中的概率.

以氢原子基态为例，$Z=1$，$\chi_{10}(r)=R_{10}(r) \, r = \dfrac{2}{(a_0)^{3/2}} \, r \, \mathrm{e}^{-\frac{r}{a_0}}$，令

$$\frac{\mathrm{d}}{\mathrm{d}r}[\chi_{10}(r)]^2 = \frac{4}{a_0^3} \frac{\mathrm{d}}{\mathrm{d}r}\left(r^2 \mathrm{e}^{-\frac{2r}{a_0}} \right) = 0$$

得电子分布的最概然半径为$r=a_0$，即等于玻尔半径. 所以，氢原子中的电子运动并没有轨道，玻尔提出的所谓"电子绕原子核转动的轨道"即为电子物质波的最概然半径. 对其他激发态，也有相同的结论.

氢原子的基态及几个低能级电子的径向概率分布如图 5.3 所示.

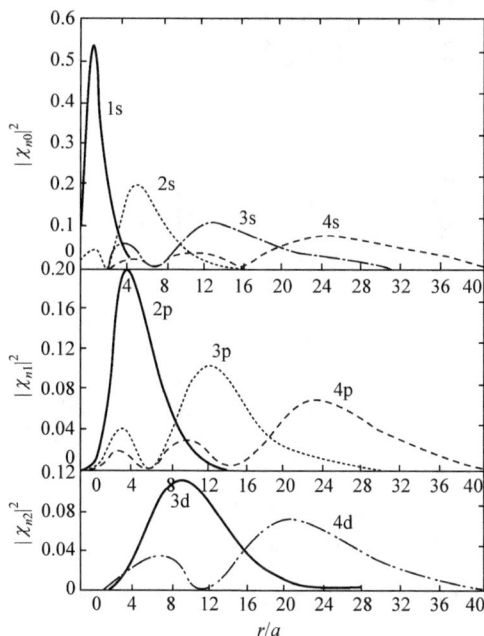

图 5.3　氢原子中电子的径向概率分布

已知在空间$\mathrm{d}\tau$中找到粒子的概率为

$$W_{nlm}(r,\theta,\varphi)\mathrm{d}\tau = |\psi_{nlm}(r,\theta,\varphi)|^2 \, r^2 \mathrm{d}r \sin\theta \mathrm{d}\theta \mathrm{d}\varphi$$

其中，中心力场中的波函数$\psi_{nlm}(r,\theta,\varphi)=R_{nl}(r)\mathrm{Y}_{lm}(\theta,\varphi)$.

为求概率密度随角度的变化关系，将上式径向积分，并利用径向波函数的归一性，即得电子的角向分布，以及在(θ, φ)附近立体角为$\mathrm{d}\Omega = \sin\theta\mathrm{d}\theta\mathrm{d}\varphi$内的概率

$$\begin{aligned} W_{lm}(\theta,\varphi)\mathrm{d}\Omega &= |\mathrm{Y}_{lm}(\theta,\varphi)|^2 \, \mathrm{d}\Omega \int_0^\infty [R_{nl}(r)]^2 r^2 \mathrm{d}r \\ &= |\mathrm{Y}_{lm}(\theta,\varphi)|^2 \, \mathrm{d}\Omega \propto |\mathrm{P}_l^{\,m}(\cos\theta)|^2 \, \mathrm{d}\Omega \end{aligned}$$

上式中的 P_l^m 即为连带勒让德多项式(5.20).

从式(5.23)可见，在各种 l，m 态时，W_{lm} 是 θ 的函数，与 φ 角无关，即在 φ 角方向是一常数，且归一化，故概率图形均是绕 z 轴旋转对称的立体图形，如图 5.4 所示.

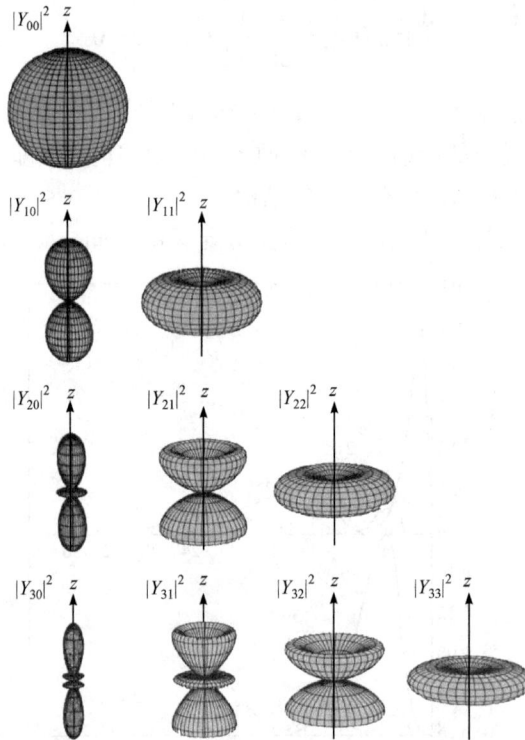

图 5.4　电子概率分布随角度的变化 $\left|Y_{lm}(\theta,\varphi)\right|^2$，$l = 0$, 1, 2, 3

取自 Brandt S, Dahmen H D. The picture Book of Quantum Mechanics. 3rd ed. New York: Springer-Verlag, 2001

由上面求解过程可知，当 $E < 0$ 时，能量是分立谱，为束缚态，电子束缚于阱内，在无穷远处，电子不出现，波函数可归一化.

对一般中心力场，径向方程(5.27)与 l 有关，解得的能量 E 一般与主量子数 n 和角量子数 l 均有关，即 $E = E_{nl}$，其能级简并度为 $(2l+1)$ 度，因为当 n、l 确定后，$m = 0, \pm1, \pm2, \cdots, \pm l$，共 $2l + 1$ 个值.

据式(5.30)，对于库仑场 $-\dfrac{Ze^2}{4\pi\varepsilon_0 r}$，径向量子数 n_r 和角量子数 l 合并成主量子数 n，能量仅与 $n = n_r + l + 1$ 有关，即 $E = E_n$，所以出现对 l 的简并度. 这种简并称为附加简并，它是库仑场具有比一般中心力场更高对称性的表现. 所以，氢原子和类氢离子的能量只与主量子数 n 有关，而本征函数与 n、l、m 有关. 根据各量子数的取值范围，其能级简并度可计算如下：

n 确定后，$l = n - n_r - 1$，故 $l = 0, 1, 2, \cdots, n-1$，最大值为 $n-1$；当 l 确定后，$m = 0, \pm1, \pm2, \cdots, \pm l$，共 $2l+1$ 个值. 所以，对于能级 E_n，其简并度为

$$\sum_{l=0}^{n-1}(2l+1) = n^2 \tag{5.35}$$

所以，对能量本征值 E_n，有 n^2 个本征函数与之对应，即能级的简并度为 n^2，或者说有 n^2 个量子态的能量均为 E_n. 此外，由式(5.29)得，当 $n=1$ 时，对应于能量最低态，$E_1 = -\dfrac{\mu Z^2 e^4}{(4\pi\varepsilon_0)^2 2\hbar^2}$，称为基态能量，相应的基态波函数简称为基态，表示为 $\psi_{100}(r, \theta, \varphi) = R_{10}(r) Y_{00}(\theta, \varphi)$，基态是非简并态.

对于 Li、Na、K 等碱金属原子，其最外层价电子在由核及被填满的内壳层(原子实)所产生的近似有心力场中运动，伴随着轨道贯穿和原子实极化，该势场不再是点电荷的库仑场，故价电子的能级 E_{nl} 与 n 和 l 有关，仅对 m 简并(见第 1 章).

5.4　氢原子中的电流和磁矩

1. 电流密度

设氢原子处于定态，波函数为 $\psi_{nlm} = R_{nl}(r) Y_{lm}(\theta, \varphi)$，电子在原子内部运动形成电流. 根据概率流密度 $\boldsymbol{J}$ 公式(2.23)，电流密度为

$$\boldsymbol{J}_e = -e\boldsymbol{J} = -e\frac{\mathrm{i}\hbar}{2\mu}\left(\psi_{nlm}\nabla\psi_{nlm}^* - \psi_{nlm}^*\nabla\psi_{nlm}\right)$$

在球坐标中，梯度表达式为(见数学附录五)

$$\nabla = \boldsymbol{r}^0\frac{\partial}{\partial r} + \boldsymbol{\theta}^0\frac{1}{r}\frac{\partial}{\partial\theta} + \boldsymbol{\varphi}^0\frac{1}{r\sin\theta}\frac{\partial}{\partial\varphi}$$

则

$$\boldsymbol{J}_e = j_r\boldsymbol{r}^0 + j_\theta\boldsymbol{\theta}^0 + j_\varphi\boldsymbol{\varphi}^0$$

在波函数 ψ_{nlm} 中，由于与 r 有关的径向波函数 $R_{nl}(r)$ 和与 θ 有关的连带勒让德多项式 $P_l^m(\cos\theta)$ 均为实函数，所以代入上式后必然有 $j_r = j_\theta = 0$. 球谐函数式(5.23)中，与角度 φ 有关的波函数部分为复指数，利用公式 $\dfrac{\partial}{\partial\varphi}\mathrm{e}^{\pm\mathrm{i}m\varphi} = \pm\,\mathrm{i}m\mathrm{e}^{\pm\mathrm{i}m\varphi}$，绕 z 轴的环电流密度 j_φ 是电流密度的 $\boldsymbol{\varphi}^0$ 向分量，为

$$\begin{aligned}
j_\varphi &= \frac{\mathrm{i}e\hbar}{2\mu}\frac{1}{r\sin\theta}\left[\psi_{nlm}^*\frac{\partial}{\partial\varphi}\psi_{nlm} - \psi_{nlm}\frac{\partial}{\partial\varphi}\psi_{nlm}^*\right] \\
&= -\frac{em\hbar}{\mu}\frac{1}{r\sin\theta}|\psi_{nlm}|^2
\end{aligned} \tag{5.36}$$

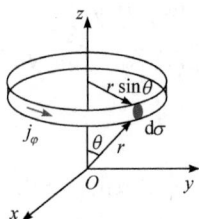

图 5.5　绕 z 轴的环电流密度导致原子磁矩

最后得

$$\boldsymbol{J}_e = j_\varphi \boldsymbol{\varphi}^0$$

2. 轨道磁矩

如图 5.5 所示，设绕 z 轴的环电流密度为 j_φ，通过截面元 $\mathrm{d}\sigma = r\mathrm{d}\theta\mathrm{d}r$ 的电流元为 $\mathrm{d}I = j_\varphi \mathrm{d}\sigma$，对磁矩的贡献为 $S\mathrm{d}I$，其中圆面积 $S = \pi (r\sin\theta)^2$. 于是，将式(5.36)代入，则沿 z 轴方向的总磁矩为

$$\begin{aligned}
\mu_z &= \int S\mathrm{d}I = \int \pi\, r^2 \sin^2\theta \cdot j_\varphi \mathrm{d}\sigma \\
&= -\frac{e\hbar}{2\mu} m \int |\psi_{nlm}|^2\, 2\pi r \sin\theta \mathrm{d}\sigma \\
&= -\mu_\mathrm{B} m \int |\psi_{nlm}|^2\, 2\pi r \sin\theta\, r\mathrm{d}\theta\, \mathrm{d}r \\
&= -\mu_\mathrm{B} m \int |\psi_{nlm}|^2\, \mathrm{d}\tau = -\mu_\mathrm{B} m
\end{aligned} \tag{5.37}$$

其中，m 为磁量子数，$\mu_\mathrm{B} = \dfrac{e\hbar}{2\mu}$ 为玻尔磁子. 上式最后一步利用了波函数的归一化条件.

由式(5.37)可知，氢原子沿 z 轴方向总磁矩与 m 有关，这就是把 m 称为磁量子数的理由. 对 s 态，$l = 0$，则 $m = 0$，此时磁矩 $\mu_z = 0$，这是由于电流为零的缘故.

为了区分电子轨道磁矩和自旋磁矩量子数，以后常将式(5.24)～式(5.37)中的轨道磁量子数 m 改写为 m_l，自旋磁量子数写为 m_s (见第 6 章). 此外，根据式(5.24)，$m_l\hbar$ 是轨道角动量 z 分量算符 $\hat{L}_z$ 的本征值，故有

$$\mu_z = -\frac{e}{2\mu} m_l\hbar = -\frac{e}{2\mu} L_z$$

由于原子极轴 z 方向是任意选取的，故上式代表的轨道磁矩为

$$\boldsymbol{\mu}_l = -\frac{e}{2\mu} \boldsymbol{L} \tag{5.38}$$

于是得到重要结论：电子轨道磁矩与轨道角动量成正比.

5.5　HF 定理和位力定理

在第 4 章中曾提到，关于各种力学量在某一本征态中的平均值计算，需要知道该本征态波函数的具体形式. 一般而言，此类计算相当烦琐. 下面介绍的 HF 定理和位力定理，涉及能量本征值及各种力学量平均值随参数的变化规律，在一些

特定情况(例如有心力场等)下，可以绕开采用波函数求积分环节，比较简单地求得诸多力学量的平均值，或获得其他信息.

1. 赫尔曼–费恩曼(Hellmann-Feynman，HF)定理

设体系哈密顿量 $\hat{H}$ 中含有某个参量 λ，E_n 为 $\hat{H}$ 的某一本征值，相应的归一化本征函数(束缚态)为 ψ_n(n 为一组完备量子数)，则

$$\frac{\partial E_n}{\partial \lambda} = \left(\psi_n, \frac{\partial \hat{H}}{\partial \lambda} \psi_n \right) \equiv \left\langle \frac{\partial \hat{H}}{\partial \lambda} \right\rangle_n \tag{5.39}$$

上式中的角括弧代表求平均.

证　设本征方程 $\hat{H}\psi_n = E_n\psi_n$，对 λ 求导数，得

$$\left(\frac{\partial \hat{H}}{\partial \lambda} \right)\psi_n + \hat{H}\frac{\partial \psi_n}{\partial \lambda} = \left(\frac{\partial E_n}{\partial \lambda} \right)\psi_n + E_n\frac{\partial \psi_n}{\partial \lambda}$$

将上式左乘 ψ_n^*，取标积得

$$\left(\psi_n, \left(\frac{\partial \hat{H}}{\partial \lambda} \right)\psi_n \right) + \left(\psi_n, \hat{H}\frac{\partial \psi_n}{\partial \lambda} \right) = \left(\frac{\partial E_n}{\partial \lambda} \right)(\psi_n, \psi_n) + E_n\left(\psi_n, \frac{\partial \psi_n}{\partial \lambda} \right)$$

利用 $\hat{H}$ 算符的厄米性得

$$\left(\psi_n, \hat{H}\frac{\partial \psi_n}{\partial \lambda} \right) = \left(\hat{H}\psi_n, \frac{\partial \psi_n}{\partial \lambda} \right) = E_n\left(\psi_n, \frac{\partial \psi_n}{\partial \lambda} \right)$$

因为束缚态，可归一化 $(\psi_n, \psi_n) = 1$，于是得

$$\frac{\partial E_n}{\partial \lambda} = \left(\psi_n, \frac{\partial \hat{H}}{\partial \lambda} \psi_n \right) \equiv \left\langle \frac{\partial \hat{H}}{\partial \lambda} \right\rangle_n$$

2. 位力(virial)定理

在坐标表象中，$\hat{H} = \hat{T} + V = -\frac{\hbar^2}{2\mu}\nabla^2 + V(\boldsymbol{r})$，取 $\hbar$ 为参量，有

$$\frac{\partial \hat{H}}{\partial \hbar} = -\frac{\hbar}{\mu}\nabla^2 = \frac{2}{\hbar}\frac{\hat{p}^2}{2\mu}$$

利用 HF 定理，得

$$\frac{\partial E_n}{\partial \hbar} = \left\langle \frac{\partial \hat{H}}{\partial \hbar} \right\rangle = \frac{2}{\hbar}\left\langle \frac{\hat{p}^2}{2\mu} \right\rangle = \frac{2}{\hbar}\langle \hat{T} \rangle \tag{5.40}$$

在动量表象中，式(4.57)给出 $\boldsymbol{r} = i\hbar\frac{\partial}{\partial \boldsymbol{p}}$，于是 $\hat{H} = \frac{p^2}{2\mu} + V\left(i\hbar\frac{\partial}{\partial \boldsymbol{p}} \right)$. 所以

$$\frac{\partial \boldsymbol{r}}{\partial \hbar} = \frac{\boldsymbol{r}}{\hbar}$$

$$\frac{\partial \hat{H}}{\partial \hbar} = \frac{\partial V}{\partial \hbar} = \frac{\partial V}{\partial \boldsymbol{r}} \cdot \frac{\partial \boldsymbol{r}}{\partial \hbar} = \frac{\boldsymbol{r}}{\hbar} \cdot \nabla V$$

利用 HF 定理，可得

$$\frac{\partial E_n}{\partial \hbar} = \frac{1}{\hbar} \langle \boldsymbol{r} \cdot \nabla V \rangle \tag{5.41}$$

由于表象变换不会改变本征值 E_n，因而也不会改变 $\partial E_n / \partial \hbar$，于是由式(5.40)和式(5.41)得位力定理

$$2\langle \hat{T} \rangle = \langle \boldsymbol{r} \cdot \nabla V \rangle \tag{5.42}$$

若势能 V 是 r 的 v 次齐次函数，即 $V(\lambda r) = \lambda^v V(r)$，则 $\boldsymbol{r} \cdot \nabla V = vV$，于是位力定理表达式为

$$2\langle \hat{T} \rangle = v\langle V \rangle \tag{5.43}$$

设体系能量本征值为 E(或 E_n)，可将上面推导结果总结如下：

$$2\langle \hat{T} \rangle = v\langle V \rangle \; , \quad \langle \hat{T} \rangle + \langle V \rangle = E$$

$$\langle V \rangle = \left(\frac{2}{2+v} \right) E \; , \quad \langle \hat{T} \rangle = \left(\frac{v}{2+v} \right) E \tag{5.44}$$

上述两个定理虽然简单，但使用十分方便，可以解决一大类中心力场问题.

例 5.3 类氢离子的本征函数为 $\psi_{nlm} = R_{nl}(n) Y_{lm}(\theta, \varphi)$，试求平均值 $\left\langle \dfrac{1}{r} \right\rangle_{nlm}$ 和 $\left\langle \dfrac{1}{r^2} \right\rangle_{nlm}$.

解 关于类氢离子问题，其中心势场和能量本征值分别为

$$V(r) = -\frac{Ze^2}{4\pi\varepsilon_0 r} \; , \quad E_n = -\frac{1}{4\pi\varepsilon_0} \frac{e^2 Z^2}{2a_0 n^2}, \quad n=1,\ 2,\ 3,\ \cdots,\ n=n_r+l+1 \tag{5.45}$$

其径向波函数满足式(5.27)，即

$$\left[-\frac{\hbar^2}{2\mu} \left(\frac{\mathrm{d}^2}{\mathrm{d}r^2} + \frac{2}{r}\frac{\mathrm{d}}{\mathrm{d}r} \right) + \frac{l(l+1)\hbar^2}{2\mu r^2} + V(r) \right] R_{nl} = E_n R_{nl} \tag{5.46}$$

对于类氢离子，$v = -1$，利用位力定理式(5.44)和式(5.45)得

$$-\left\langle \frac{Ze^2}{4\pi\varepsilon_0 r} \right\rangle_{nlm} = 2E_n$$

$$\left\langle \frac{1}{r} \right\rangle_{nlm} = \frac{Z}{a_0 n^2} \tag{5.47}$$

由式(5.47)可见，在本征态(nlm)中，对r^{-1}求平均，其平均值仅与主量子数n有关，与玻尔理论中的轨道半径式(1.18)相比较，结果一致.

此外，以l、n为参数，$n = n_r + l + 1$，根据式(5.45)，有

$$\frac{\partial E_n}{\partial l} = \frac{\partial E_n}{\partial n} = \frac{1}{4\pi\varepsilon_0}\frac{e^2 Z^2}{a_0 n^3}$$

利用式(5.46)，由 HF 定理得

$$\left\langle \frac{\partial \hat{H}}{\partial l} \right\rangle = \left\langle \left(l + \frac{1}{2} \right)\frac{\hbar^2}{\mu}\frac{1}{r^2} \right\rangle = \frac{\partial E_n}{\partial l}$$

于是得

$$\left\langle \frac{1}{r^2} \right\rangle_{nlm} = \frac{1}{\left(l + \frac{1}{2} \right) n^3}\frac{Z^2}{a_0^2} \tag{5.48}$$

由式(5.48)可见，在本征态(nlm)中，对r^{-2}求平均，其平均值与主量子数n和角量子数l有关，与磁量子数m无关.

例5.4　对于中心力场$V(r)$的任何束缚态，证明

$$\left\langle \frac{\mathrm{d}V}{\mathrm{d}r} \right\rangle - \left\langle \frac{\hat{L}^2}{\mu r^3} \right\rangle = \frac{2\pi\hbar^2}{\mu}\left| \psi(0) \right|^2$$

证　系统哈密顿算符为

$$\hat{H} = -\frac{\hbar^2}{2\mu}\nabla^2 + V(r) = -\frac{\hbar^2}{2\mu}\left(\frac{\partial^2}{\partial r^2} + \frac{2}{r}\frac{\partial}{\partial r} \right) + \frac{\hat{L}^2}{2\mu r^2} + V(r)$$

$$\left[\frac{\partial}{\partial r}, \hat{H} \right] = \frac{\hbar^2}{\mu r^2}\frac{\partial}{\partial r} - \frac{\hat{L}^2}{\mu r^3} + \frac{\mathrm{d}V}{\mathrm{d}r}$$

在任何束缚本征态下计算上式平均值，左边等于零(因为$\hat{H}$是厄米！)

$$\left\langle \left[\frac{\partial}{\partial r}, \hat{H} \right] \right\rangle = \frac{\hbar^2}{\mu}\left\langle \frac{\partial}{r^2 \partial r} \right\rangle - \left\langle \frac{\hat{L}^2}{\mu r^3} \right\rangle + \left\langle \frac{\mathrm{d}V}{\mathrm{d}r} \right\rangle = 0$$

即

$$\left\langle \frac{\mathrm{d}V}{\mathrm{d}r} \right\rangle - \left\langle \frac{\hat{L}^2}{\mu r^3} \right\rangle = -\frac{\hbar^2}{\mu}\left\langle \frac{\partial}{r^2 \partial r} \right\rangle$$

$$= -\frac{\hbar^2}{\mu}\int \psi^* \frac{1}{r^2}\left(\frac{\partial\psi}{\partial r} \right)r^2 \mathrm{d}r \sin\theta\mathrm{d}\theta\mathrm{d}\varphi = -4\pi\frac{\hbar^2}{\mu}\int \psi^*\left(\frac{\partial\psi}{\partial r} \right)\mathrm{d}r \tag{5.49a}$$

因为上式左端为实数，右端也应为实数，故

$$\int_0^\infty \psi^*\left(\frac{\partial\psi}{\partial r} \right)\mathrm{d}r = \int_0^\infty \psi\left(\frac{\partial\psi^*}{\partial r} \right)\mathrm{d}r = \frac{1}{2}\int_0^\infty \frac{\partial}{\partial r}(\psi^*\psi)\mathrm{d}r = \frac{1}{2}\psi^*\psi\Big|_{r=0}^{r\to\infty} = -\frac{1}{2}\left| \psi(0) \right|^2$$

在有心力情况下，束缚态波函数是(H,L^2,L_z)的共同本征函数

$$\psi = R_{nl}(r)Y_{lm}(\theta,\varphi)$$

已知$\hat{L}^2$的本征值为$l(l+1)\hbar^2$，从式(5.33)和式(5.34)可知，只有 s 态$(l=0)$时$R_l(0)\neq 0$，故式(5.49a)可简化为

$$\left\langle \frac{\mathrm{d}V}{\mathrm{d}r} \right\rangle = \frac{2\pi\hbar^2}{\mu}|\psi(0)|^2,\quad l=0$$

$$\left\langle \frac{\mathrm{d}V}{\mathrm{d}r} \right\rangle = \left\langle \frac{\hat{L}^2}{\mu r^3} \right\rangle = l(l+1)\frac{\hbar^2}{\mu}\left\langle \frac{1}{r^3} \right\rangle,\quad l\neq 0$$

(5.49b)

所以，对于类氢离子

$$V(r) = -\frac{Ze^2}{4\pi\varepsilon_0 r},\quad \frac{\mathrm{d}V}{\mathrm{d}r} = \frac{Ze^2}{4\pi\varepsilon_0 r^2}$$

当 $l\neq 0$ 时，由式(5.49b)得

$$\left\langle \frac{1}{r^3} \right\rangle_{nlm} = \frac{Z}{l(l+1)a_0}\left\langle \frac{1}{r^2} \right\rangle_{nlm}$$

利用式(5.48)，得

$$\left\langle \frac{1}{r^3} \right\rangle_{nlm} = \frac{1}{n^3 l\left(l+\frac{1}{2}\right)(l+1)}\left(\frac{Z}{a_0}\right)^3$$

(5.50)

由式(5.50)可见，在本征态(nlm)中，对 r^{-3} 求平均，其平均值与主量子数 n 和角量子数 l 有关，与磁量子数 m 无关.

*5.6　三维各向同性谐振子

在第3章，我们求解了一维线性谐振子的定态薛定谔方程，获得了非常重要的诸多结果. 这些结果不仅对该问题本身十分重要，而且也为解决其他问题提供了有效途径. 三维各向同性谐振子是一个中心力势场问题，体系的哈密顿量为

$$\hat{H} = -\frac{\hbar^2}{2\mu}\nabla^2 + \frac{1}{2}\mu\omega^2 r^2$$

其能量本征方程为

$$\left(-\frac{\hbar^2}{2\mu}\nabla^2 + \frac{1}{2}\mu\omega^2 r^2\right)\psi = E\psi$$

(5.51)

其中，μ 是质量，ω 是角频率. 将波函数分离变量，令 $\psi(r,\theta,\varphi)=R(r)Y_{lm}(\theta,\varphi)$，由于该体系势能是中心力势场，故其角向波函数即为球谐函数 Y_{lm}，它是角动量平方和角动量 z 分量的共同本征函数，即式(5.24)，具有普适性. 下面只讨论径向方程.

根据式(5.27)，分离变量后的径向方程为

$$R''+\frac{2}{r}R'+\left[\frac{2\mu}{\hbar^2}\left(E-\frac{1}{2}\mu\omega^2r^2\right)-\frac{l(l+1)}{r^2}\right]R=0 \tag{5.52}$$

令 $\kappa^2=2\mu E/\hbar^2$，$\alpha^2=\dfrac{\mu\omega}{\hbar}$，上式简化为

$$R''+\frac{2}{r}R'+\left[\kappa^2-\alpha^4r^2-\frac{l(l+1)}{r^2}\right]R=0 \tag{5.53}$$

为求解此方程，令该方程的一般解为

$$R(r)=r^l\mathrm{e}^{-\frac{1}{2}\alpha^2r^2}u(r)$$

则式(5.53)简化为

$$\zeta\frac{\mathrm{d}^2u}{\mathrm{d}\zeta^2}+\left[(l+3/2)-\zeta\right]\frac{\mathrm{d}u}{\mathrm{d}\zeta}+\left(\frac{s}{2}-\frac{l+3/2}{2}\right)u=0 \tag{5.54}$$

其中 $\zeta=\alpha^2r^2$，$s=\kappa^2/(2\alpha^2)=\dfrac{2\mu E}{\hbar^2}\cdot\dfrac{\hbar}{2\mu\omega}=E/(\hbar\omega)$. 式(5.54)称为合流超几何方程，其中 $\gamma=l+3/2\neq$ 整数，$l=0,1,2,\cdots$，$\alpha=\dfrac{1}{2}(l+3/2-s)$. 该方程在物理体系中允许的解为[①]

$$u\propto \mathrm{F}(\alpha,\gamma,\zeta)=\mathrm{F}[(l+3/2-s)/2,\ l+3/2,\ \zeta] \tag{5.55}$$

式中的 $\mathrm{F}(\alpha,\gamma,\zeta)$ 称为合流超几何函数. 为了使 $\zeta\to\infty$ 时波函数有限，必须要求无穷级数解中断，这就要求 $\alpha=0$ 或负整数，即

$$\alpha=\frac{1}{2}(l+3/2-s)=-n_r,\quad n_r=0,1,2,\cdots$$

即 $s=2n_r+l+3/2$. 由此可求出三维各向同性谐振子的能量本征值为

$$E=E_{n_r l}=(2n_r+l+3/2)\hbar\omega,\quad n_r,\quad l=0,1,2,\cdots$$
$$E=E_N=(N+3/2)\hbar\omega \tag{5.56}$$

其中，$N=0,1,2,\cdots$；$l=N-2n_r=\begin{cases}0,2,\cdots,N & (N偶)\\ 1,3,\cdots,N & (N奇)\end{cases}$.

于是，$(\hat{H},L^2,L_z)$ 的共同本征函数为 $\psi_{n_r lm}(r,\theta,\varphi)=R_{n_r l}(r)Y_{lm}(\theta,\varphi)$. 经归一化后，径向波函数为

---

① 参阅: 曾谨言. 量子力学(卷 I). 5 版. 北京: 科学出版社, 2013.

$$R_{n_r l}(r) = \alpha^{3/2} \left[\frac{2^{l+2-n_r}(2l+2n_r+1)!!}{\sqrt{\pi}n_r![(2l+1)!!]^2} \right]^{1/2} (\alpha r)^l e^{-\frac{1}{2}\alpha^2 r^2} F(-n_r,\ l+3/2,\ \alpha^2 r^2) \tag{5.57}$$

满足归一化条件

$$\int_0^\infty |R_{n_r l}(r)|^2 r^2 \mathrm{d}r = 1$$

根据上述求解，三维各向同性谐振子有如下特征.

(1) 能级等间距分布：谐振子能级(包括一维、二维和三维)的最突出特征是均匀分布，各相邻能级间距为 $\omega\hbar$. 此外，该谐振子零点能为 $\frac{3}{2}\hbar\omega$.

(2) 三维各向同性谐振子可分解为三个彼此独立的一维谐振子，角频率 ω 相同. 因为 $r^2 = x^2 + y^2 + z^2$，故可将三维谐振子哈密顿量改写为三个一维谐振子哈密顿量之和，即

$$\hat{H} = -\frac{\hbar^2}{2\mu}\nabla^2 + \frac{1}{2}\mu\omega^2 r^2 = \hat{H}_x + \hat{H}_y + \hat{H}_z \tag{5.58}$$

其中，$\hat{H}_x = -\frac{\hbar^2}{2\mu}\nabla_x^2 + \frac{1}{2}\mu\omega^2 x^2$ 等. 因此，求解薛定谔方程时，可选 $(\hat{H}_x, \hat{H}_y, \hat{H}_z)$ 为守恒量完备集，其共同本征态可分离变量为三个一维谐振子波函数之积

$$\Phi_{n_x n_y n_z}(x,\ y,\ z) = \varphi_{n_x}(x)\ \varphi_{n_y}(y)\ \varphi_{n_z}(z),\quad n_x,\ n_y,\ n_z = 0,\ 1,\ 2,\cdots$$

相应的能量为三个一维谐振子的能量之和，即

$$E_{n_x n_y n_z} = \left(n_x + \frac{1}{2}\right)\hbar\omega + \left(n_y + \frac{1}{2}\right)\hbar\omega + \left(n_z + \frac{1}{2}\right)\hbar\omega = (N+3/2)\hbar\omega \tag{5.59}$$

$$N = n_x + n_y + n_z = 0,\ 1,\ 2,\cdots$$

与式(5.56)结果一致.

(3) 简并度：对三维各向同性谐振子，式(5.56)和式(5.59)所表示的能级 E_N 的简并度可计算如下：对于给定 $N = n_x + n_y + n_z$，n_x 和 n_y+n_z 的各自取值以及 (n_y, n_z) 的可能取值数 n_i 分别为

$$
\begin{array}{lcccccc}
n_x = & 0, & 1, & 2, & \cdots, & N-1, & N \\
n_y + n_z = & N, & N-1, & N-2, & \cdots, & 1, & 0 \\
n_i = & N+1, & N, & N-1, & \cdots, & 2, & 1
\end{array}
$$

将所有的 n_i 值求和即为简并度数

$$f_N = 1 + 2 + \cdots + N + (N+1) = \frac{1}{2}(N+1)(N+2)$$

从上述分析可知, 波函数 $\psi(r,\theta,\varphi)$ 和 $\Phi_{n_x n_y n_z}(x,y,z)$ 分别是三维各向同性谐振子的两种不同基矢, 前者是 $(\hat{H}, \hat{L}^2, \hat{L}_z)$ 的共同本征函数, 后者是 $(\hat{H}_x, \hat{H}_y, \hat{H}_z)$ 的共同本征函数. 基矢选择不同, 相互之间通过幺正变换相联系, 但幺正变换不改变本征能量值, 也不改变能量简并度.

*5.7 球 方 势 阱

球方势阱也是典型的中心力场问题, 它与核模型等问题等有关. 求解此类问题时, 边界条件的设定与一维方势阱情况类似.

1. 无限深球方势阱

粒子束缚在半径为 a 的球形匣子中运动, 势阱为

$$V(r) = \begin{cases} 0, & r \leqslant a \\ \infty, & r > a \end{cases}$$

本征值方程为

$$\left[-\frac{\hbar^2}{2\mu}\nabla^2 + V(r) \right]\psi = E\psi \tag{5.60}$$

当 $r \leqslant a$ 时, 将波函数分离变量, 即 $\psi(r,\theta,\varphi) = R_l(r) Y_{lm}(\theta,\varphi)$, 其中 Y_{lm} 为球谐函数, 已有标准解. 这里只讨论径向波函数 $R_l(r)$ 的求解问题, 根据式(5.27), 它满足方程

$$\left[-\frac{\hbar^2}{2\mu}\left(\frac{\mathrm{d}^2}{\mathrm{d}r^2} + \frac{2}{r}\frac{\mathrm{d}}{\mathrm{d}r} \right) + \frac{l(l+1)\hbar^2}{2\mu r^2} + V(r) \right]R_l = ER_l$$

令 $R_l = u_l(\rho)/\sqrt{\rho}$, $\rho = kr$, $k = \sqrt{2\mu E}/\hbar$, 得

$$\frac{\mathrm{d}^2 u_l}{\mathrm{d}\rho^2} + \frac{1}{\rho}\frac{\mathrm{d}u_l}{\mathrm{d}\rho} + \left[1 - \frac{(l+1/2)^2}{\rho^2} \right]u_l = 0, \quad r \leqslant a \tag{5.61}$$

式(5.61)是半奇数 $(l+1/2)$ 阶贝塞尔(Bessel)方程 $(l=1, 2, \cdots)$, 它的两个线性无关解分别表示为 $J_{l+1/2}(\rho)$ 和 $J_{-l-1/2}(\rho)$, 于是得两个解为

$$R_l \propto \frac{1}{\sqrt{\rho}}J_{l+1/2}(\rho), \quad \frac{1}{\sqrt{\rho}}J_{-l-1/2}(\rho)$$

根据束缚态边界条件, 球外波函数为零, 故有 $R_l|_{r \to a} = 0$, $R_l|_{r \to 0} =$ 有限值, 则粒子能量本征值为

$$E_{n_r l} = \frac{\hbar^2}{2\mu a^2}x_{n_r l}^2, \quad n_r = 0, 1, 2, \cdots \tag{5.62}$$

$x_{n,l}$ 是球贝塞尔函数 $j_l(x) = \sqrt{\dfrac{\pi}{2x}} J_{l+1/2}(x) = 0$ 的根. 可见能量为分立值, 依赖于角量子数 l 和径向量子数 n_r. 对于给定的 l, 能量随 n_r 的增大而单调增大. 类似地, 对于给定的 n_r, 能量随 l 的增大而单调增大[①].

　　2. 有限深球方势阱

　　对于有限深球方势阱, 其形式为 $V(r) = \begin{cases} 0, & r \leqslant a \\ V_0, & r > a \end{cases}$, 考虑束缚态情况, 即 $E < V_0$. 令 $k = \sqrt{2\mu E}\,/\,\hbar,\quad k' = \sqrt{2\mu(V_0 - E)}\,/\,\hbar$, 根据式(5.27), 径向波函数 $R(r)$ 满足

$$R_l'' + \frac{2}{r} R_l' + \left[k^2 - \frac{l(l+1)}{r^2} \right] R_l = 0 \ , \quad r \leqslant a \tag{5.63}$$

$$R_l'' + \frac{2}{r} R_l' + \left[(ik')^2 - \frac{l(l+1)}{r^2} \right] R_l = 0 \ , \quad r > a \tag{5.64}$$

当 $r = 0$ 时波函数有限, 式(5.63)取球贝塞尔函数的解

$$R_l(r) = A_{kl} j_l(kr), \quad r < a \tag{5.65}$$

其中, A_{kl} 为归一化常数.

　　在 $r > a$ 区域, 需要保证 $r \to \infty$ 波函数等于零, 式(5.64)的解为虚宗量球汉克尔(Hankel)函数

$$R_l(r) = B_{kl} h_l(ik'r), \quad r > a \tag{5.66}$$

其中 B_{kl} 为归一化常数, 可根据在 $r = a$ 处波函数及其导数连续性, 以及全空间归一化条件得出[①].

　　此外, 利用 $\dfrac{\mathrm{d}}{\mathrm{d}r}(\ln R_l)$ 在 $r = a$ 处连续, 可求得能量本征值. 能量本征值 $E_{n,l} = E_{n,l}(a, V_0)$, 当 $V_0 \to \infty$ 时, 与上述无限深球方势阱的结果相同; 当 V_0 为有限值时, 可数值解, 仅有较低的若干条束缚能级存在. 可以证明: 至少存在一个束缚态的条件为

$$V_0 a^2 \geqslant \frac{\pi^2 \hbar^2}{8\mu}$$

因此, 若势阱过窄或过浅, 就不存在束缚态解.

① 参阅: 曾谨言. 量子力学(卷 I). 5 版. 北京: 科学出版社, 2013.

练 习 题

5-1　一维谐振子的哈密顿量为 $\hat{H} = \hat{T} + V = \dfrac{\hat{p}^2}{2m} + \dfrac{1}{2}m\omega^2 x^2$，其本征能量为 $E_n = \left(n + \dfrac{1}{2}\right)\hbar\omega$，$n = 0,\ 1,\ 2,\ 3,\ \cdots$. 试证明：平均值 $\langle T \rangle_n = \langle V \rangle_n = \dfrac{1}{2}E_n$. (提示：以 ω 为参数.)

5-2　对于类氢离子，令 $\hat{F} = \dfrac{1}{r}$，它在本征态 $\psi_{nlm}(r,\theta,\varphi)$ 中的平均值为 $\bar{F} = \left\langle \hat{F} \right\rangle_{nlm}$，试求 $\left\langle (\hat{F} - \bar{F})^2 \right\rangle_{nlm}$.

5-3　设粒子在对数中心势场 $V(r) = V_0 \ln\left(\dfrac{r}{r_0}\right)$ 中运动，V_0 是常数，$r_0 > 0$. 证明：(1) 在各束缚定态下，动能的平均值相同；(2) 能级间距(能谱形状)与粒子质量无关. (提示：以薛定谔方程中的折合质量 μ 为参数.)

5-4　三维各向同性谐振子的总能量算符为 $\hat{H} = -\dfrac{\hbar^2}{2\mu}\nabla^2 + \dfrac{1}{2}\mu\omega^2 r^2$，力学量完备集 $(\hat{H}, \hat{L}^2, \hat{L}_z)$ 的共同本征态为 $\psi_{n,lm} = R_{n,l}(r)Y_{lm}(\theta,\varphi) = \dfrac{u_{n,l}(r)}{r}Y_{lm}(\theta,\varphi)$. 试计算 $\langle r^2 \rangle$ 和 $\langle r^{-2} \rangle$.

5-5　氘核由质子(p)和中子(n)结合而成，是质子-中子体系中唯一的束缚态，即 s 态波函数. 如果 n-p 核力作用势近似地用球方势阱表示：

$$V(r) = \begin{cases} -V_0, & r < a \\ 0, & r \geqslant a \end{cases}$$

$-V_0 < E < 0$. 求力程 a 与作用强度 V_0 的关系.

5-6　质量为 μ 的粒子能量为 $E < 0$，在球壳 δ 势阱 $V(r) = -V_0\delta(r - a)$ 中运动，$V_0 > 0,\ a > 0$. 求存在束缚态所需的最小 V_0 值.

(题 5-5、5-6 提示：基态为 s 态($l = 0$)的径向波函数可写成 $\psi(r) = u(r)/r$，其中 $u(r)$ 满足方程 $\dfrac{\mathrm{d}^2 u}{\mathrm{d}r^2} + \dfrac{2\mu}{\hbar^2}[E - V(r)]u = 0$.)

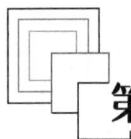

第6章 电子自旋及原子磁矩

在第1章玻尔理论中，氢光谱的 H_α 线是电子从 $n = 3$ 向 $n = 2$ 的轨道跃迁时发射的一条光谱线. 当采用高分辨率光谱仪拍摄此谱线时，发现它其实是由 5 条谱线叠加而成的；若采用更高分辨率光谱仪拍摄，发现它是由 7 条谱线组成的. 又如碱金属钠原子核外有 11 个电子，因此它最外层的一个价电子处在基态 3S 态. 当它从激发态 3P → 3S 跃迁时，发射钠黄光 D 线，波长为 $\lambda_D = 589.0\text{nm}$. 但若采用高分辨率光谱仪观察，此线实际上是由 D_1 和 D_2 两条谱线叠加而成的，且 $\lambda_{D_1} = 589.6\text{nm}$，$\lambda_{D_2} = 589.0\text{nm}$，两线波长差 $\Delta\lambda = 0.6\text{nm}$. 此类现象较多，称之为原子光谱的精细结构，它是由电子自旋与轨道运动磁相互作用引起的.

6.1 电子自旋假说及自旋算符

为了解释碱金属光谱的精细结构和反常塞曼(P. Zeeman)效应，1925 年，乌伦贝克(G. E. Uhlenbeck)和古兹密特(S. A. Goudsmit)提出电子自旋假说，类似地球绕太阳公转的同时还有自转，形成自转角动量. 这一假说立即受到多方的批评，因为当时在 $r < 10^{-15}\text{m}$ 的分辨率下，尚未发现电子有内部结构. 假设有一半径小于 10^{-15}m 的小球，均匀带电 $-e$，若要它产生能够解释当时实验测得的电子自旋磁矩，那么该小球表面的速度应远超光速，而这一点是不可接受的. 后来，根据狄拉克方程，人们才逐渐认识到，电子自旋及相应磁矩是电子的内禀属性，称为内禀角动量和内禀磁矩，是一种相对论效应. 实验表明，电子不是一个仅有三维自由度的粒子，它还有一个新的自旋自由度.

1. 电子自旋假说

自旋是电子的内禀角动量，直至相对论量子力学建立后，其量子数才由狄拉克方程严格求解得出. 不过，既然自旋具有角动量特征，轨道角动量及其 z 分量的形式，即式(5.22)和式(5.24)，应具有普适性，于是，根据实验结果可假设电子自旋相关物理量如下：

$$|\boldsymbol{S}| = \sqrt{s(s+1)}\hbar, \quad s = \frac{1}{2}; \quad S_z = m_s\hbar, \quad m_s = \pm\frac{1}{2} \tag{6.1}$$

其中，S 为自旋角动量，s 为自旋量子数，S_z 为自旋角动量 z 分量，m_s 为自旋磁量子数，与式(5.22)类似，m_s 的取值为 $s, s-1, \cdots, -s$ ，共有 $2s+1 = 2$ 个值.

根据式(6.1)，$|S| = \dfrac{\sqrt{3}}{2}\hbar$，$S_z = \pm\dfrac{1}{2}\hbar$，电子自旋角动量永远大于其 z 轴分量，即自旋角动量 S 不可能完全指向 z 轴方向，如图 6.1 所示.

因此，除了三维空间坐标，电子波函数还应包括自旋分量，即

图 6.1　电子自旋角动量 S 取向以及在 z 轴方向投影值示意图

$$\psi(r, S_z) = \begin{pmatrix} \psi(r, \hbar/2) \\ \psi(r, -\hbar/2) \end{pmatrix} \tag{6.2}$$

于是，电子自旋向上 $\uparrow$ $(S_z = \hbar/2)$ ，位置在 r 处的概率密度为 $|\psi(r, \hbar/2)|^2$；电子自旋向下 $\downarrow$ $(S_z = -\hbar/2)$ ，位置在 r 处的概率密度为 $|\psi(r, -\hbar/2)|^2$；$\int|\psi(r, \hbar/2)|^2 \mathrm{d}\tau$ 表示自旋向上 $(S_z = \hbar/2)$ 的概率；$\int|\psi(r, -\hbar/2)|^2 \mathrm{d}\tau$ 表示自旋向下 $(S_z = -\hbar/2)$ 的概率. 归一化条件为

$$\int \psi^+\psi\mathrm{d}\tau = \sum_{S_z = \pm\hbar/2} \int \mathrm{d}\tau |\psi(r, S_z)|^2 = \int \mathrm{d}\tau \Big[|\psi(r, \hbar/2)|^2 + |\psi(r, -\hbar/2)|^2 \Big] = 1 \tag{6.3}$$

若系统的哈密顿量不显含自旋变量，或可以表示成电子自旋变量部分与空间部分之和，则 $\hat{H}$ 的本征波函数可以分离变量

$$\psi(r, S_z) = \varphi(r)\chi(S_z) \tag{6.4}$$

其中，$\chi(S_z)$ 是描述电子自旋态的波函数，一般可表示为

$$\chi(S_z) = \begin{pmatrix} a \\ b \end{pmatrix} \tag{6.5}$$

其中，$|a|^2 = |\chi(\hbar/2)|^2$ 表示 $S_z = \hbar/2$ 的概率；$|b|^2 = |\chi(-\hbar/2)|^2$ 表示 $S_z = -\hbar/2$ 的概率. 由归一化条件得

$$\sum_{S_z = \pm\hbar/2} |\chi(S_z)|^2 = \chi^+\chi = (a^* \ b^*)\begin{pmatrix} a \\ b \end{pmatrix} = |a|^2 + |b|^2 = 1 \tag{6.6}$$

特例：若 S_z 的本征态记为 $\chi_{m_s}(S_z)$，S_z 的本征值为 $m_s\hbar$，则

$$\chi_{1/2}(S_z) = \begin{pmatrix} 1 \\ 0 \end{pmatrix}，m_s = 1/2；\quad \chi_{-1/2}(S_z) = \begin{pmatrix} 0 \\ 1 \end{pmatrix}，m_s = -1/2$$

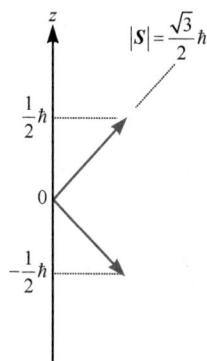

为简单明了，定义

$$\alpha = \begin{pmatrix} 1 \\ 0 \end{pmatrix} = |\uparrow\rangle , \quad \beta = \begin{pmatrix} 0 \\ 1 \end{pmatrix} = |\downarrow\rangle \tag{6.7}$$

则任意自旋态矢可表示为

$$\chi(S_z) = a\alpha + b\beta = a|\uparrow\rangle + b|\downarrow\rangle \tag{6.8}$$

波函数可表示为

$$\psi = \psi(\boldsymbol{r}, \hbar/2)\alpha + \psi(\boldsymbol{r}, -\hbar/2)\beta \tag{6.9}$$

例如，在第 5 章提到，在中心力场中运动的电子，一般选 $(\hat{H}, \hat{L}^2, \hat{L}_z)$ 作为守恒量的完备集，波函数 $\psi_{nlm_l} = R_{nl}(r)Y_{lm_l}(\theta,\varphi)$ 即为诸力学量的共同本征函数(m_l 代表轨道角动量的磁量子数). 现在考虑电子具有自旋，假如可以忽略自旋与轨道的耦合，在 $(\boldsymbol{r}, S_z)$ 表象中，可选取守恒量完备集为 $(\hat{H}, \hat{L}^2, \hat{L}_z, \hat{S}_z)$，力学量的共同本征函数为

$$\psi_{nlm_lm_s}(\boldsymbol{r}, S_z) = \psi_{nlm_l}(r,\theta,\varphi)\chi_{m_s}(S_z) = R_{nl}(r)Y_{lm_l}(\theta,\varphi)\chi_{m_s}(S_z)$$

即空间波函数与自旋波函数可以分离变量.

2. 电子自旋算符与泡利(Pauli)矩阵

既然电子自旋具有角动量特征，可假设电子自旋算符 $\hat{\boldsymbol{S}}$ 的三个分量 $(\hat{S}_x, \hat{S}_y, \hat{S}_z)$ 满足与轨道角动量相同的对易关系式(4.31)，即(以下小箭头省略)

$$\begin{aligned} S_x S_y - S_y S_x &= \mathrm{i}\hbar S_z \\ S_y S_z - S_z S_y &= \mathrm{i}\hbar S_x \\ S_z S_x - S_x S_z &= \mathrm{i}\hbar S_y \end{aligned} \tag{6.10}$$

或者统一表示成

$$[S_\alpha, S_\beta] = \varepsilon_{\alpha\beta\gamma}\mathrm{i}\hbar S_\gamma \tag{6.11}$$

其中，$\varepsilon_{\alpha\beta\gamma}$ 是莱维-齐维塔符号(见第 4 章). 至此，式(6.10)仍是一种假说，还要通过实验检验. 引进无量纲泡利算符 $\boldsymbol{\sigma}$，$\boldsymbol{S} = \dfrac{\hbar}{2}\boldsymbol{\sigma}$，上式可表示为

$$\begin{aligned} \sigma_x\sigma_y - \sigma_y\sigma_x &= 2\mathrm{i}\sigma_z \\ \sigma_y\sigma_z - \sigma_z\sigma_y &= 2\mathrm{i}\sigma_x \\ \sigma_z\sigma_x - \sigma_x\sigma_z &= 2\mathrm{i}\sigma_y \end{aligned} \tag{6.12}$$

或统一表示成

$$[\sigma_i, \sigma_j] = 2i\varepsilon_{ijk}\sigma_k \quad 或 \quad \boldsymbol{\sigma} \times \boldsymbol{\sigma} = 2i\boldsymbol{\sigma} \tag{6.13}$$

由于电子自旋 $\boldsymbol{S}$ 沿任何指定方向的分量(本征值)只能取 $\pm\hbar/2$,所以 $\boldsymbol{\sigma}$ 沿任何指定方向的分量只能取 ±1,故

$$\sigma_x^2 = \sigma_y^2 = \sigma_z^2 = 1 \tag{6.14}$$

用 σ_y 左乘式(6.12)第二式,得

$$\sigma_z - \sigma_y\sigma_z\sigma_y = 2i\sigma_y\sigma_x$$

用 σ_y 右乘式(6.12)第二式,得

$$\sigma_y\sigma_z\sigma_y - \sigma_z = 2i\sigma_x\sigma_y$$

上两式相加得

$$\sigma_x\sigma_y + \sigma_y\sigma_x = 0$$

同理可得

$$\sigma_y\sigma_z + \sigma_z\sigma_y = 0$$

$$\sigma_z\sigma_x + \sigma_x\sigma_z = 0$$

合之写为

$$[\sigma_i, \sigma_j]_+ = 2\delta_{ij} \tag{6.15}$$

上式表示 $\boldsymbol{\sigma}$ 的三个分量彼此反对易. 综合上述结果得

$$\sigma_x\sigma_y = -\sigma_y\sigma_x = i\sigma_z$$

$$\sigma_y\sigma_z = -\sigma_z\sigma_y = i\sigma_x \tag{6.16}$$

$$\sigma_z\sigma_x = -\sigma_x\sigma_z = i\sigma_y$$

上式与 $\sigma_x^2 = \sigma_y^2 = \sigma_z^2 = 1$ 合之,写成

$$\sigma_\alpha\sigma_\beta = i\varepsilon_{\alpha\beta\gamma}\sigma_\gamma + \delta_{\alpha\beta} \tag{6.17}$$

至此,泡利算符的代数性质完全确定.

例如,用 σ_z、σ_x、σ_y 分别右乘式(6.16)中的三式,得

$$\sigma_x\sigma_y\sigma_z = i$$

$$\sigma_y\sigma_z\sigma_x = i$$

$$\sigma_z\sigma_x\sigma_y = i$$

例 6.1 设 A、B 为与 $\boldsymbol{\sigma}$ 对易的任何矢量算符,证明

证　$(\boldsymbol{\sigma}\cdot\boldsymbol{A})(\boldsymbol{\sigma}\cdot\boldsymbol{B})=\boldsymbol{A}\cdot\boldsymbol{B}+\mathrm{i}\boldsymbol{\sigma}\cdot(\boldsymbol{A}\times\boldsymbol{B})$

$$(\boldsymbol{\sigma}\cdot\boldsymbol{A})(\boldsymbol{\sigma}\cdot\boldsymbol{B})=\left(\sum_{\alpha}\sigma_{\alpha}A_{\alpha}\right)\left(\sum_{\beta}\sigma_{\beta}B_{\beta}\right)=\sum_{\alpha,\beta}\sigma_{\alpha}\sigma_{\beta}A_{\alpha}B_{\beta}$$

$$=\sum_{\alpha,\beta}\left(\mathrm{i}\sum_{\gamma}\varepsilon_{\alpha\beta\gamma}\sigma_{\gamma}+\delta_{\alpha\beta}\right)A_{\alpha}B_{\beta}$$

$$=\sum_{\alpha}A_{\alpha}B_{\alpha}+\mathrm{i}\sum_{\alpha,\beta,\gamma}\varepsilon_{\gamma\alpha\beta}\sigma_{\gamma}A_{\alpha}B_{\beta}$$

$$=\boldsymbol{A}\cdot\boldsymbol{B}+\mathrm{i}\boldsymbol{\sigma}\cdot(\boldsymbol{A}\times\boldsymbol{B})$$

上式推导中应用了式(6.17). 特殊情况如下：

(1) 当 $\boldsymbol{A}=\boldsymbol{B}$, $\boldsymbol{A}\times\boldsymbol{A}=0$ 时，得 $(\boldsymbol{\sigma}\cdot\boldsymbol{A})^2=\boldsymbol{A}^2$；

(2) 当 $\boldsymbol{A}=\boldsymbol{B}=\boldsymbol{r}$, 或 $\boldsymbol{A}=\boldsymbol{B}=\boldsymbol{p}$ 时，得 $(\boldsymbol{\sigma}\cdot\boldsymbol{r})^2=\boldsymbol{r}^2$，或 $(\boldsymbol{\sigma}\cdot\boldsymbol{p})^2=\boldsymbol{p}^2$；

(3) 当 $\boldsymbol{A}=\boldsymbol{B}=\boldsymbol{L}=\boldsymbol{r}\times\boldsymbol{p}$ 时，得 $(\boldsymbol{\sigma}\cdot\boldsymbol{L})^2=\boldsymbol{L}^2-\hbar\boldsymbol{\sigma}\cdot\boldsymbol{L}$.

上述证明利用了公式 $[L_{\alpha},L_{\beta}]=\varepsilon_{\alpha\beta\gamma}\mathrm{i}\hbar L_{\gamma}$ 或 $\boldsymbol{L}\times\boldsymbol{L}=\mathrm{i}\hbar\boldsymbol{L}$，即式(4.31).

为了使用方便，可将算符 σ_x、σ_y、σ_z 写成矩阵形式. 一般选 σ_z 表象，即 σ_z 对角化的表象. 由于 σ_z 只能取 ±1，故 σ_z 的矩阵表示为

$$\sigma_z=\begin{pmatrix}1&0\\0&-1\end{pmatrix}\tag{6.18}$$

令 σ_x 矩阵表示为 $\sigma_x=\begin{pmatrix}a&b\\c&d\end{pmatrix}$. 为求复常数 a、b、c 和 d，利用 $\sigma_z\sigma_x=-\sigma_x\sigma_z$，得

$$\begin{pmatrix}a&b\\-c&-d\end{pmatrix}=\begin{pmatrix}-a&b\\-c&d\end{pmatrix}$$

所以 $a=d=0$, $\sigma_x=\begin{pmatrix}0&b\\c&0\end{pmatrix}$. 再由厄米性要求 $\sigma_x^+=\sigma_x$，得 $c=b^*$，所以 $\sigma_x=\begin{pmatrix}0&b\\b^*&0\end{pmatrix}$.

因为 $\sigma_x^2=\begin{pmatrix}0&b\\b^*&0\end{pmatrix}\begin{pmatrix}0&b\\b^*&0\end{pmatrix}=\begin{pmatrix}|b|^2&0\\0&|b|^2\end{pmatrix}=1$，得

$$|b|^2=1 \ \rightarrow \ b=\mathrm{e}^{\mathrm{i}\alpha} \quad (\alpha\ 为实数)$$

于是

$$\sigma_x=\begin{pmatrix}0&\mathrm{e}^{\mathrm{i}\alpha}\\\mathrm{e}^{-\mathrm{i}\alpha}&0\end{pmatrix}\tag{6.19}$$

此外，利用

$$\sigma_y=-\mathrm{i}\sigma_z\sigma_x=-\mathrm{i}\begin{pmatrix}1&0\\0&-1\end{pmatrix}\begin{pmatrix}0&\mathrm{e}^{\mathrm{i}\alpha}\\\mathrm{e}^{-\mathrm{i}\alpha}&0\end{pmatrix}=-\mathrm{i}\begin{pmatrix}0&\mathrm{e}^{\mathrm{i}\alpha}\\-\mathrm{e}^{-\mathrm{i}\alpha}&0\end{pmatrix}\tag{6.20}$$

取 $\alpha = 0$，得著名的泡利矩阵

$$\sigma_x = \begin{pmatrix} 0 & 1 \\ 1 & 0 \end{pmatrix}, \quad \sigma_y = \begin{pmatrix} 0 & -i \\ i & 0 \end{pmatrix}, \quad \sigma_z = \begin{pmatrix} 1 & 0 \\ 0 & -1 \end{pmatrix} \tag{6.21}$$

显然，$\mathrm{Tr}\sigma_x = \mathrm{Tr}\sigma_y = \mathrm{Tr}\sigma_z = 0$，泡利矩阵均为零迹矩阵.

例 6.2　设 θ 为常数，证明：$\mathrm{e}^{i\theta\sigma_z} = \cos\theta + i\sigma_z\sin\theta$.

证
$$\mathrm{e}^{i\theta\,\sigma_z} = \sum_{n=0}^{\infty}\frac{1}{n!}(i\theta\,\sigma_z)^n = \left(\sum_{n偶} + \sum_{n奇}\right)\frac{1}{n!}(i\theta)^n\sigma_z^n$$

因为 $\sigma_z^2 = 1$，所以，n 为偶数，$\sigma_z^n = 1$；n 为奇数，$\sigma_z^n = \sigma_z$. 所以上式为

$$\begin{aligned}
\mathrm{e}^{i\theta\sigma_z} &= \sum_{n偶}\frac{1}{n!}(i\theta)^n + \sigma_z\sum_{n奇}\frac{1}{n!}(i\theta)^n \\
&= \sum_{k=0}^{\infty}\frac{1}{(2k)!}(i\theta)^{2k} + \sigma_z\sum_{k=0}^{\infty}\frac{1}{(2k+1)!}(i\theta)^{2k+1} \\
&= \sum_{k=0}^{\infty}\frac{(-1)^k}{(2k)!}\theta^{2k} + i\sigma_z\sum_{k=0}^{\infty}\frac{(-1)^k}{(2k+1)!}\theta^{2k+1} \\
&= \cos\theta + i\sigma_z\sin\theta
\end{aligned}$$

所以得

$$\mathrm{e}^{i\theta\sigma_z} = \cos\theta + i\sigma_z\sin\theta \tag{6.22}$$

若将 σ_z 改为 σ_x 或 σ_y，上式仍成立，或将 σ_z 改为 $\boldsymbol{\sigma}$ 在 $\boldsymbol{n}$ 方向的投影 σ_n，由于 σ_n 的本征值仍为 ±1，且 $\sigma_n^2 = 1$，因此显然有 $\mathrm{e}^{i\theta\sigma_n} = \cos\theta + i\sigma_n\sin\theta$，或写成

$$\mathrm{e}^{i\boldsymbol{\sigma}\cdot\boldsymbol{\theta}} = \cos\theta + i\boldsymbol{\sigma}\cdot\boldsymbol{n}\sin\theta \tag{6.23}$$

其中 $\boldsymbol{n} = \dfrac{\boldsymbol{\theta}}{\theta}$，是单位矢量. 上式右边第一项应理解为二阶单位矩阵乘 $\cos\theta$，故有

$$\mathrm{Tr}(\mathrm{e}^{i\boldsymbol{\sigma}\cdot\boldsymbol{\theta}}) = 2\cos\theta \tag{6.24}$$

6.2　电子总角动量

为统一符号，在下面讨论中，大写字母的矢量符号 $\boldsymbol{S}$、$\boldsymbol{L}$、$\boldsymbol{J}$ 分别代表自旋、轨道和总角动量矢量算符，小箭头略去；S、L、J 分别代表相应矢量的模；小写字母 s、l、j、m_s、m_l、m_j 分别代表相应的量子数和磁量子数. 电子轨道角动量 $\boldsymbol{L}$ 与自旋角动量 $\boldsymbol{S}$ 耦合成总角动量 $\boldsymbol{J}$，根据矢量量子化合成规则，有

$$J = L + S \tag{6.25}$$

对于在中心力场中运动的电子，其总角动量及其 z 分量算符的本征值应具有与式(5.22)、式(5.24)和式(6.1)相似的形式，即

$$|J| = \sqrt{j(j+1)}\hbar \tag{6.26}$$
$$J_z = m_j \hbar$$

其中，j 是总角动量量子数，m_j 是相应的磁量子数. 在数学附录六中，证明了在中心力场中，$(\hat{H}, \hat{L}^2, \hat{J}^2, \hat{J}_z)$ 构成守恒量完全集，它们具有共同本征函数 ψ_{nljm_j}，给出了量子数 j 和 m_j 的取值. 在此，采用简单比较法获得结论. 根据式(6.25)和矢量量子化合成规则，有

$$\begin{cases} J_z = L_z + S_z \\ m_j = m_l + m_s \end{cases} \tag{6.27}$$

例如，由式(5.22)，若取 $l = 1$，则 $m_l = 0, \pm 1$；又由式(6.1)，$s = 1/2$，$m_s = \pm 1/2$. 于是，根据式(6.27)，将 $m_l + m_s = m_j$ 列表如下：

m_l	m_s	m_j			
1	1/2	3/2	1/2	−1/2	(*)
0	+	=			
−1	−1/2	1/2	−1/2	−3/2	(**)

将上表右边数据归类，若 $j = \dfrac{1}{2}$，则 $m_j = \dfrac{1}{2}, -\dfrac{1}{2}$，即数据组(*)；若 $j = \dfrac{3}{2}$，则 $m_j = \dfrac{3}{2}, \dfrac{1}{2}, -\dfrac{1}{2}, -\dfrac{3}{2}$，即数据组(**). 所以

$$j = |l - s| = |l - \frac{1}{2}|, \quad j = l + s = l + \frac{1}{2}$$

$$J_z = m_j \hbar, \quad m_j = j, \ j-1, \cdots, -j+1, -j$$

与式(5.22)类似，共有 $2j+1$ 个 m_j 值.

又如，$l = 2$，$m_l = 0, \pm 1, \pm 2$，$s = 1/2$，$m_s = \pm 1/2$，$m_l + m_s = m_j$，则根据式(6.27)，列表如下：

m_l	m_s	m_j				
2						
1	1/2	5/2	3/2	1/2	−1/2	−3/2	(#)
0	+	=				
−1	−1/2	3/2	1/2	−1/2	−3/2	−5/2	(##)
−2						

将上表右边数据归类，若 $j = \dfrac{3}{2}$，则 $m_j = \dfrac{3}{2}, \dfrac{1}{2}, -\dfrac{1}{2}, -\dfrac{3}{2}$，即数据组(#)；若

$j = \dfrac{5}{2}$，则 $m_j = \dfrac{5}{2}, \dfrac{3}{2}, \dfrac{1}{2}, -\dfrac{1}{2}, -\dfrac{3}{2}, -\dfrac{5}{2}$，即数据组(##). 因此，获得同样结论

$$j = |l - \frac{1}{2}|, \quad l + \frac{1}{2}$$
$$J_z = m_j \hbar, \quad m_j = j, \; j-1, \cdots, \; -j+1, \; -j \tag{6.28}$$

与式(5.22)类似，共有 $2j+1$ 个 m_j 值.

例如，当 $l = 1$，$s = \dfrac{1}{2}$ 时，$|\boldsymbol{L}| = \sqrt{1(1+1)}\hbar = \sqrt{2}\hbar$，$|\boldsymbol{S}| = \sqrt{\dfrac{1}{2}\left(\dfrac{1}{2}+1\right)}\hbar = \dfrac{\sqrt{3}}{2}\hbar$.

此时，若 $j = \left|l - \dfrac{1}{2}\right| = \dfrac{1}{2}$，$m_j = \dfrac{1}{2}, -\dfrac{1}{2}$，则 $|\boldsymbol{J}_1| = \sqrt{\dfrac{1}{2}\left(\dfrac{1}{2}+1\right)}\hbar = \dfrac{\sqrt{3}}{2}\hbar$，$J_{1z} = \pm\dfrac{1}{2}\hbar$；

若 $j = l + \dfrac{1}{2} = \dfrac{3}{2}$，$m_j = \dfrac{3}{2}, \dfrac{1}{2}, -\dfrac{1}{2}, -\dfrac{3}{2}$，则 $|\boldsymbol{J}_2| = \sqrt{\dfrac{3}{2}\left(\dfrac{3}{2}+1\right)}\hbar = \dfrac{\sqrt{15}}{2}\hbar$，$J_{2z} = \pm\dfrac{1}{2}\hbar$，

$\pm\dfrac{3}{2}\hbar$. 如图 6.2 所示，当由式(6.25)将 $\boldsymbol{L}$ 和 $\boldsymbol{S}$ 耦合成总角动量 $\boldsymbol{J}$ 时，它们之间的夹角不是任意的.

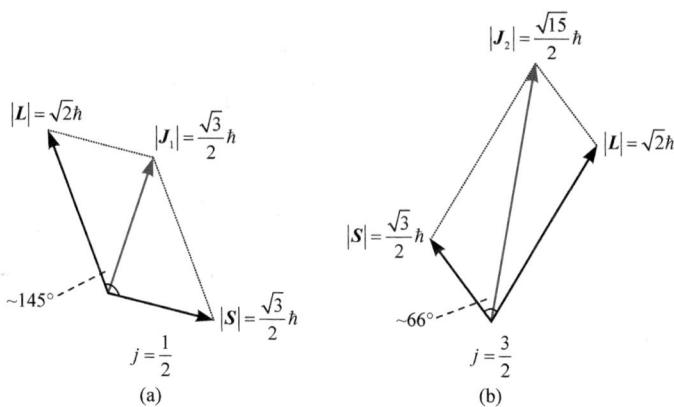

图 6.2　矢量耦合量子化

此外，根据上面求出的 $|\boldsymbol{J}_1|$ 与 J_{1z}、$|\boldsymbol{J}_2|$ 与 J_{2z} 两种情况，总角动量矢量取向以及在 z 轴方向的投影值如图 6.3 所示，总角动量 $\boldsymbol{J}_1$ 和 $\boldsymbol{J}_2$ 不可能完全指向 z 轴.

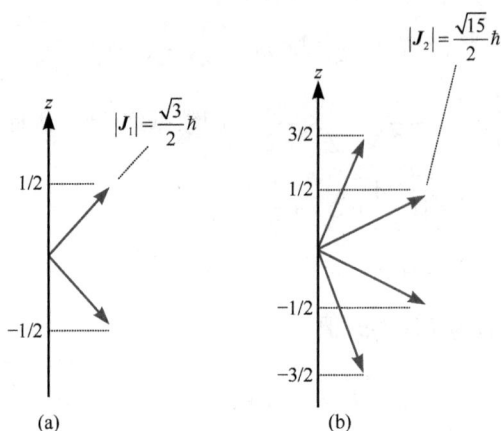

图 6.3　两种情况的总角动量取向量子化示意图

例 6.3　证明 ψ_{nljm_j} 是 $\boldsymbol{S} \cdot \boldsymbol{L} = \dfrac{\hbar}{2}\boldsymbol{\sigma} \cdot \boldsymbol{L}$ 的本征态.

证　因为 $\boldsymbol{J} = \boldsymbol{L} + \boldsymbol{S}$，则 $\boldsymbol{J}^2 = \boldsymbol{L}^2 + \boldsymbol{S}^2 + 2\boldsymbol{S} \cdot \boldsymbol{L} = \boldsymbol{L}^2 + \dfrac{3}{4}\hbar^2 + \hbar\boldsymbol{\sigma} \cdot \boldsymbol{L}$，所以

$$\hbar\boldsymbol{\sigma} \cdot \boldsymbol{L} = \left(\boldsymbol{J}^2 - \boldsymbol{L}^2 - \frac{3}{4}\hbar^2\right)$$

$$\boldsymbol{\sigma} \cdot \boldsymbol{L}\psi_{nljm_j} = \frac{1}{\hbar}(\boldsymbol{J}^2 - \boldsymbol{L}^2 - \frac{3}{4}\hbar^2)\,\psi_{nljm_j}$$

$$= [j(j+1) - l(l+1) - \frac{3}{4}]\,\hbar\psi_{nljm_j} \tag{6.29}$$

$$= \begin{cases} l\hbar\psi_{nljm_j}, & j = l+1/2 \\ -(l+1)\hbar\psi_{nljm_j}, & j = l-1/2 \quad (l \neq 0) \end{cases}$$

其中利用了式(6.28). 所以 ψ_{nljm_j} 是 $\boldsymbol{S} \cdot \boldsymbol{L} = \dfrac{\hbar}{2}\boldsymbol{\sigma} \cdot \boldsymbol{L}$ 的本征态，共有两个本征值. 在此本征态中平均值为

$$\langle \boldsymbol{\sigma} \cdot \boldsymbol{L} \rangle = \begin{cases} l\hbar, & j = l+1/2 \\ -(l+1)\hbar, & j = l-1/2 \quad (l \neq 0) \end{cases}$$

6.3　电子状态和单电子原子状态

根据上述讨论，电子状态由四个量子数表示，即主量子数 n、轨道角动量量子数 l、轨道角动量磁量子数 m_l 和自旋磁量子数 m_s，或写成 (n, l, m_l, m_s). 为了方便，还可以采用另外四个量子数表示，它们是主量子数 n、轨道角动量量子数 l、

总角动量量子数 j 和总角动量磁量子数 m_j，或写成 (n, l, j, m_j)．这两种描述方法均正确，就像采用不同坐标系一样．此外，单电子自旋量子数 $s = 1/2$，是一个常数，可不计入其中．

考察当 $n = 1, 2$ 时，两种描述方法的状态数，即四个量子数不全相同的组态数，如表 6.1 所示，从中可知，两种描述方法，状态数相同，均有 10 个状态数．一般地，根据式(5.30)和式(5.35)，对一个固定 n (即固定主壳层)，共有状态数为

$$\sum_{l=0}^{n-1} 2(2l+1) = 2n^2 \tag{6.30}$$

其中，上式左边第一个"2"是电子自旋向上↑和向下↓两个量子状态的贡献．

表 6.1 两组量子数描述方法的状态数

电子状态	$(n,$	$l,$	$m_l,$	$m_s)$	电子状态	$(n,$	$l,$	$j,$	$m_j)$
	1	0	0	±1/2		1	0	1/2	±1/2
	2	0	0	±1/2		2	0	1/2	±1/2
	2	1	1	±1/2		2	1	1/2	±1/2
	2	1	0	±1/2		2	1	3/2	±1/2, ±3/2
	2	1	−1	±1/2					

考虑电子自旋后，以符号 $n^{(2s+1)}\mathrm{L}_j$ 表示原子状态，则

$n = 1$：　$1^2\mathrm{S}_{1/2}$

$n = 2$：　$2^2\mathrm{S}_{1/2}$，　$2^2\mathrm{P}_{1/2}$，　$2^2\mathrm{P}_{3/2}$

$n = 3$：　$3^2\mathrm{S}_{1/2}$，　$3^2\mathrm{P}_{1/2}$，　$3^2\mathrm{P}_{3/2}$，　$3^2\mathrm{D}_{3/2}$，　$3^2\mathrm{D}_{5/2}$，　$\cdots$

例如 $3^2\mathrm{P}_{1/2}$：$n = 3$，$l = 1$，$2s + 1 = 2$，故 $s = \dfrac{1}{2}$，$j = l - s = \dfrac{1}{2}$．

6.4 单电子原子磁矩

1. 电子轨道运动磁矩

先考察经典物理情况，如图 6.4 所示，一电子绕原子核转动．根据经典电磁学原理，电子轨道运动磁矩为 $|\boldsymbol{\mu}_l| = iA$，其中 A 为轨道所围面积，电流 $i = -\dfrac{e}{T}$，电子质量为 m_e，T 为电子运动周期．

电子与核之间的相互作用为库仑

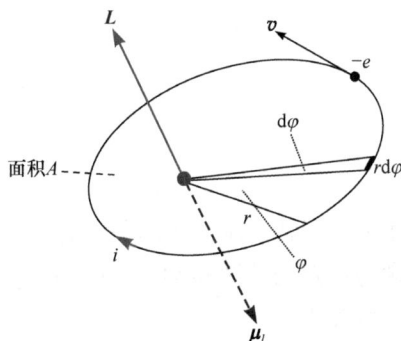

图 6.4 电子绕原子核转动的经典物理示意图

力，是有心力，因此，角动量 L 守恒，则根据图 6.4 可知，$\mathrm{d}\varphi$ 所造成的小三角形面积为 $\mathrm{d}A = \dfrac{1}{2}r^2\mathrm{d}\varphi$，电流围成的总面积为

$$A = \int_0^{2\pi} \frac{1}{2}r^2\mathrm{d}\varphi = \int_0^T \int \frac{1}{2m_{\mathrm{e}}}\left(m_{\mathrm{e}}r^2\frac{\mathrm{d}\varphi}{\mathrm{d}t}\right)\mathrm{d}t = \frac{T}{2m_{\mathrm{e}}}|L|$$

上式括弧中的三项乘积即为常数 L，可移出积分外. 所以，采用矢量表示为

$$\boldsymbol{\mu}_l = -\frac{e}{2m_{\mathrm{e}}}\boldsymbol{L}$$

上式与第 5 章由氢原子薛定谔方程求解得到的结果式(5.38)在形式上一致，即轨道磁矩正比于轨道角动量.

此外，在有心力场中，轨道角动量量子化条件为式(5.22)和式(5.24)，即

$$\begin{aligned}|L| &= \sqrt{l(l+1)}\hbar, \quad l = 0,\ 1,\ 2,\ \cdots \\ L_z &= m_l\hbar, \quad m_l = 0,\ \pm 1,\ \pm 2,\ \cdots,\ \pm l\end{aligned} \tag{6.31}$$

于是得轨道磁矩

$$\mu_l = -\sqrt{l(l+1)}\frac{e\hbar}{2m_{\mathrm{e}}} = -\sqrt{l(l+1)}\mu_{\mathrm{B}}$$

$$\mu_{lz} = -\frac{e}{2m_{\mathrm{e}}}L_z = -\frac{e}{2m_{\mathrm{e}}}m_l\hbar = -m_l\mu_{\mathrm{B}}, \quad m_l = 0,\ \pm 1,\ \pm 2,\ \cdots,\ \pm l \tag{6.32}$$

其中，玻尔磁子

$$\mu_{\mathrm{B}} = \frac{e\hbar}{2m_{\mathrm{e}}} = 0.9274\times 10^{-23}\mathrm{J/T} = 0.5788\times 10^{-4}\mathrm{eV/T}$$

2. 电子自旋磁矩

如上所述，自旋是一种相对论效应，电子自旋磁矩很难像轨道磁矩那样求得. 因此，可仿效轨道磁矩的形式，假设电子自旋磁矩 $\boldsymbol{\mu}_s$ 正比于自旋角动量 $\boldsymbol{S}$，自旋磁矩及其在 z 轴方向的分量分别为

$$\boldsymbol{\mu}_s = -g_s\frac{e}{2m_{\mathrm{e}}}\boldsymbol{S}, \quad \mu_s = -\sqrt{s(s+1)}g_s\mu_{\mathrm{B}}$$

$$\mu_{sz} = -g_s\frac{e}{2m_{\mathrm{e}}}S_z = -m_s g_s\mu_{\mathrm{B}} \tag{6.33}$$

其中的负号代表磁矩方向与自旋角动量方向相反；g_s 称为朗德因子，是为了区别于轨道磁矩与轨道角动量之间的关系而设的一个常数，其值可由实验测定. 目前的实验测得

$$g_s = 2.002319304386 \pm 0.000000000008 \approx 2$$

因此，电子自旋磁矩及其在 z 轴方向的分量具有非常简单的形式，分别为

$$\mu_s = -\sqrt{3}\mu_B$$
$$\mu_{sz} = \mp\mu_B$$

(6.34)

为统一形式，对于轨道磁矩，可定义在式(6.32)中也有朗德因子 $g_l = 1$.

3. 单电子原子总磁矩——矢量量子化合成

矢量合成符合平行四边形定则. 由于电子带负电，电子的轨道角动量 L 与轨道磁矩 μ_l 反向，电子的自旋角动量 S 与自旋磁矩 μ_s 也反向. 由于 $g_l = 1$，$g_s = 2$，它们合成的磁矩 μ 并不在总角动量 J 的延长线上，而是有一夹角. 由于 μ 绕 J 的延长线进动，其平均值才是总磁矩的实验测量值 μ_j.

从图 6.5 可知，μ_l 和 μ_s 在 J 的延长线上的投影之和即为 μ_j 值，所以

$$\mu_j = \mu_l \cos(L,J) + \mu_s \cos(S,J)$$

$$= -[L\cos(L,J) + 2S\cos(S,J)]\frac{e}{2m_e}$$

(6.35)

图 6.5　总磁矩合成示意图

其中，(L,J) 和 (S,J) 分别代表 μ_l、μ_j 和 μ_s、μ_j 之间的夹角. 根据余弦定理，得 $S^2 = L^2 + J^2 - 2LJ\cos(L,J)$，所以 $\cos(L,J) = \dfrac{L^2 + J^2 - S^2}{2LJ}$；同理我们得到 $\cos(S,J) = \dfrac{S^2 + J^2 - L^2}{2SJ}$，于是在中心力场中，得

$$\mu_j = -\left(\frac{J^2 + L^2 - S^2}{2J^2} + \frac{J^2 - L^2 + S^2}{J^2}\right)\frac{e}{2m_e}J$$

$$= -\left(1 + \frac{J^2 - L^2 + S^2}{2J^2}\right)\frac{e}{2m_e}J$$

$$= -\left[1 + \frac{j(j+1) - l(l+1) + s(s+1)}{2j(j+1)}\right]\frac{e}{2m_e}J$$

$$\equiv -g_j\frac{e}{2m_e}J$$

(6.36)

其中，总角动量朗德因子 $g_j = 1 + \dfrac{j(j+1) - l(l+1) + s(s+1)}{2j(j+1)}$. 于是，实验可测得的总磁矩及其 z 分量表达式为

$$\boldsymbol{\mu}_j = -g_j\frac{e}{2m_e}\boldsymbol{J}, \quad \mu_j = -\sqrt{j(j+1)}g_j\mu_B$$

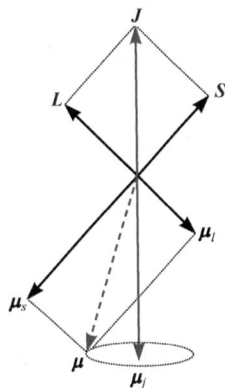

$$\mu_{j_z} = -g_j \frac{e}{2m_e} J_z , \quad \mu_{j_z} = -m_j g_j \mu_B$$

$$j = l+s,\ l+s-1,\ \cdots,\ |l-s| = l+\frac{1}{2},\ \left|l-\frac{1}{2}\right|;\quad m_j = j,\ j-1,\ \cdots,\ -j+1,\ -j \quad (6.37)$$

其中，m_j 共有 $(2j+1)$ 个取值. 在量子物理学中，式(6.37)也是两矢量叠加时量子数的一般取值法则.

4. 外磁场对原子的作用

设某原子具有磁矩 $\boldsymbol{\mu}$，在均匀磁场 $\boldsymbol{B}$ 中，相互夹角为 θ，受到的力矩作用为

$$\boldsymbol{\tau} = \boldsymbol{\mu} \times \boldsymbol{B}$$

其所具有的势能等于力矩所做的功，为

$$U = \int_{\pi/2}^{\theta} \tau d\theta = \int_{\pi/2}^{\theta} \mu B \sin\theta d\theta = -\mu B \cos\theta = -\boldsymbol{\mu} \cdot \boldsymbol{B} \quad (6.38)$$

其中假设 $\theta = \pi/2$ 时势能为零. 因此，加入沿 z 轴方向磁场后，总磁矩产生附加能量

$$\Delta E = U = -\boldsymbol{\mu}_j \cdot \boldsymbol{B} = -\mu_j B \cos\theta = -\mu_{j_z} = m_j g_j \mu_B B \quad (6.39)$$

若将力矩看成广义力，则

$$\boldsymbol{\tau} = \boldsymbol{\mu}_j \times \boldsymbol{B} = \frac{\mathrm{d}\boldsymbol{J}}{\mathrm{d}t} \quad (6.40)$$

此力矩垂直于角动量 $\boldsymbol{J}$，将改变 $\boldsymbol{J}$ 的方向，但大小不变. 于是总磁矩将产生进动，称之为拉莫尔进动，如图 6.6 所示.

从图可知，$\mathrm{d}J = J\sin\theta \mathrm{d}\varphi$，所以，拉莫尔进动的角速度为

$$\omega_j = \frac{\mathrm{d}\varphi}{\mathrm{d}t} = \frac{1}{J\sin\theta}\frac{\mathrm{d}J}{\mathrm{d}t}$$

利用式(6.40)，得

$$\omega_j = \frac{\mu_j B \sin\theta}{J\sin\theta} = \frac{\mu_j B}{J} = -g_j \frac{e}{2m_e} B \quad (6.41)$$

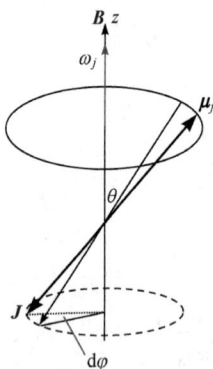

图 6.6 磁矩 $\boldsymbol{\mu}_j$ 绕磁场 $\boldsymbol{B}$ 进动示意图

当 $s=0$，$j=l$ 时，得 $g_j = 1$，则 $\omega_j = -\frac{e}{2m_e}B$.

6.5 施特恩-格拉赫实验

设有一沿 z 轴方向的非均匀外磁场 $\boldsymbol{B}$，$\dfrac{\partial B}{\partial z} \neq 0$ 且是一常数. 磁场中有一磁矩

为 $\boldsymbol{\mu}_j$ 的原子，利用式(6.38)，其受到的力等于势能沿 z 轴方向的梯度

$$F = -\frac{\partial U}{\partial z}$$

$$= -\frac{\partial}{\partial z}(-\mu_j B\cos\theta) = \mu_{jz}\frac{\partial B}{\partial z} = -m_j g_j \mu_B \frac{\partial B}{\partial z} \tag{6.42}$$

因为 m_j 有 $2j+1$ 个取值，故该原子应受到 $2j+1$ 种可能的不同作用力. 这一理论预言由施特恩-格拉赫(Stern - Gerlach)实验(1922 年)所证实，如图 6.7 所示.

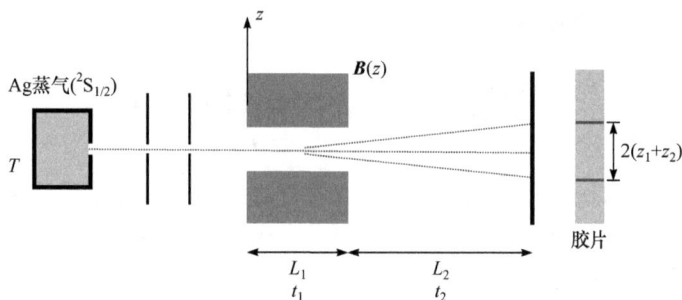

图 6.7　施特恩-格拉赫实验装置示意图

从温度为 T 的原子炉中飞出原子，其动能满足 $\frac{1}{2}M_A v_x^2 = \frac{3}{2}k_B T$，其中 M_A 为原子的质量. 由此可得其沿 x 方向的速度 v_x，即原子在 x 方向为匀速运动. 在 z 轴方向，原子经准直后进入非均匀磁场，在 z 轴方向受到力的作用，即式(6.42)，于是沿 z 轴方向做加速运动，移动 z_1；离开磁场后，因原子在 z 方向已有一速度，故随后它沿 z 轴方向做匀速运动，再移动 z_2. 所以，在 z 轴方向总偏转为

$$z_1 + z_2 = \frac{1}{2}a_z t_1^2 + v_z t_2$$

$$= \frac{1}{2}\frac{F_z}{M_A}\left(\frac{L_1}{v_x}\right)^2 + \frac{F_z}{M_A}\cdot\frac{L_1}{v_x}\cdot\frac{L_2}{v_x} = F_z L_1\left(\frac{L_1}{2}+L_2\right)/\left(M_A v_x^2\right)$$

$$= -m_j g_j \mu_B \frac{\partial B}{\partial z}L_1\left(\frac{L_1}{2}+L_2\right)/(3k_B T) \tag{6.43}$$

其中，原子受力 $M_A a_z = F_z = -m_j g_j \mu_B \frac{\partial B}{\partial z}$，$m_j = j,\ j-1,\ \cdots,\ -j$，共 $(2j+1)$ 个值，即在图 6.7 右面的胶片上可看到 $2j+1$ 束原子束线的痕迹.

对于图 6.7 中的银原子束，它们处于状态 $^2S_{1/2}$ (详见第 7 章)，故得 $l=0,\ j=s=\frac{1}{2},\ m_j=\pm 1/2$，因此得 $g_j=g_s=2$. 在 z 轴方向，银原子总磁矩有向

上($m_j = 1/2$)或向下($m_j = -1/2$)两种取向，所以银原子受到一上一下两种力

$$F_z = -m_j g_j \mu_B \frac{\partial B}{\partial z} = -\left(\pm \frac{1}{2}\right) 2\mu_B \frac{\partial B}{\partial z} = \mp \mu_B \frac{\partial B}{\partial z}$$

因此银原子在 z 方向的总偏转为

$$z_1 + z_2 = \mp \mu_B \frac{\partial B}{\partial z} L_1 \left(\frac{L_1}{2} + L_2\right) / (3k_B T)$$

于是，在图 6.7 右边的胶片上可看到两束银原子的痕迹. 此实验首次直接证明了原子在外场中的取向量子化.

6.6 原子光谱的精细结构

电子具有自旋，拥有自旋磁矩. 当带有磁矩的电子绕原子核转动时，可感受到因电子的轨道运动而产生的磁场. 原子光谱的精细结构就是由电子自旋与轨道运动磁相互作用引起的.

原子核带正电，当电子绕原子核转动时，它所感受到因其轨道运动而产生的磁场如图 6.8(a)所示，从中很难求得电子附近的磁场. 不妨换一种角度，把原来电子绕着原子核转动，转化为原子核绕电子转动，即图 6.8(b)，此时，电子在圆心，由于原子核绕电子转动，在圆心处的磁场 $\boldsymbol{B}_l$ 很容易求得. 不过，从图 6.8(a)转换到图 6.8(b)，实际上是不等价的，因此后面需要对此进行修正.

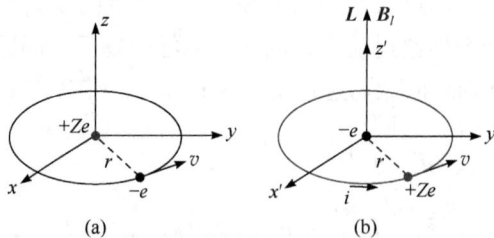

图 6.8 电子绕原子核转动与原子核绕电子转动不等价

由图 6.8(b)可知，带电 $+Ze$ 的原子核绕电子转动，电子与核的相对切线速度为 v，产生电流 i，在圆心电子处产生的磁场为

$$
\begin{aligned}
B_l &= \frac{\mu_0 i}{2r} = \frac{\mu_0 Ze}{2rT} = \frac{\mu_0 Zev}{2r \cdot 2\pi r} \\
&= \frac{Zem_e vr}{4\pi\varepsilon_0 m_e c^2 r^3} = \frac{Ze}{4\pi\varepsilon_0 m_e c^2 r^3} |\boldsymbol{L}|
\end{aligned}
\tag{6.44}
$$

其中利用了 $2\pi r = vT$，$i = \dfrac{Ze}{T}$，$\dfrac{1}{c^2} = \mu_0 \varepsilon_0$，$|\boldsymbol{L}| = m_e vr$ 为轨道角动量，T 为原子核绕

电子转动的周期. 此外, 对于电子自旋而言, $g_s = 2$, 所以电子的自旋磁矩为

$$\boldsymbol{\mu}_s = -g_s \cdot \frac{e}{2m_e} \boldsymbol{S} = -\frac{e}{m_e} \boldsymbol{S} \tag{6.45}$$

所以, 因轨道运动, 电子的附加能量为

$$\Delta \hat{E}'_{ls} = -\boldsymbol{\mu}_s \cdot \boldsymbol{B}_l = \frac{Z \cdot e^2}{4\pi\varepsilon_0 m_e^2 c^2 r^3} \boldsymbol{S} \cdot \boldsymbol{L} \tag{6.46}$$

上式是对图 6.8(b)计算的结果. 然而实际情况应该回到图 6.8(a), 两者是不一样的. 为此, 托马斯利用相对论量子力学中的狄拉克方程, 在过渡到非相对论极限时, 哈密顿量中将出现一项自旋-轨道耦合项[①]

$$\Delta \hat{E}_{ls} = \xi(r) \boldsymbol{S} \cdot \boldsymbol{L} \tag{6.47}$$

其中, $\xi(r) = \dfrac{1}{2m_e^2 c^2} \dfrac{1}{r} \dfrac{\mathrm{d}V(r)}{\mathrm{d}r}$.

1. 氢原子和类氢离子的光谱精细结构

对于氢原子或类氢离子, $V(r) = -\dfrac{Ze^2}{4\pi\varepsilon_0 r}$, 所以 $\xi(r) = \dfrac{1}{2} \dfrac{1}{4\pi\varepsilon_0 c^2 m_e^2} \dfrac{Ze^2}{r^3}$, 所以有

$$\Delta \hat{E}_{ls} = \frac{1}{2} \frac{Z \cdot e^2}{4\pi\varepsilon_0 m_e^2 c^2 r^3} \boldsymbol{S} \cdot \boldsymbol{L} \tag{6.48}$$

将式(6.46)和式(6.48)相比, 仅相差一常数 1/2. 因此, 可将式(6.48)视为对由图 6.8(a)转化为图 6.8(b)进行计算(即原子核绕电子转动)的修正.

所以, 考虑电子自旋-轨道相互作用后, 类氢离子的系统哈密顿为

$$\hat{H} = \hat{H}_0 + \Delta \hat{E}_{ls} \tag{6.49}$$

其中 $\hat{H}_0$ 是不计自旋-轨道耦合时的氢原子(类氢离子)哈密顿量, 其势能 $V(r)$ 为中心力场, 可测量力学量完备集为 $\{\hat{H}, \hat{L}^2, \hat{L}_z, \hat{S}_z\}$, 共同本征函数为 $\psi_{nlm_lm_s}$, 能量为 E_{nl}, 它关于 m_l 和 m_s 是简并的. 考虑自旋-轨道相互作用 $\Delta \hat{E}_{ls}$ [即式(6.49)]后, 可测量力学量的完备集为 $\{\hat{H}, \hat{L}^2, \hat{J}^2, \hat{J}_z\}$, 它们共同的本征函数为 ψ_{nljm_j}, 此波函数也是算符 $\boldsymbol{S} \cdot \boldsymbol{L} = \dfrac{\hbar}{2} \boldsymbol{\sigma} \cdot \boldsymbol{L}$ 的本征函数[见式(6.29)和数学附录六]. 于是考虑自旋-轨道磁相互作用后的能量附加值应对式(6.48)求平均

---

① 见 Thomas L H. Nature, 1926, 117: 514; Phil. Mag., 1927, 3: 1.

$$\left\langle \Delta \hat{E}_{ls} \right\rangle = \left\langle nljm_j \left| \Delta \hat{E}_{ls} \right| nljm_j \right\rangle = \frac{1}{2} \frac{Z \cdot e^2}{4\pi\varepsilon_0 \cdot m_e^2 c^2} \overline{\left(\frac{1}{r^3}\right)} (\overline{\mathbf{S} \cdot \mathbf{L}}) \tag{6.50}$$

因为 $\mathbf{J} = \mathbf{L} + \mathbf{S}$, 故 $\mathbf{S} \cdot \mathbf{L} = \frac{1}{2}(J^2 - L^2 - S^2)$. 此外, 对于一个价电子, $s = 1/2$, 自旋轨道耦合后 j 有两种取值, 即 $j = l + \frac{1}{2}$ 或 $j = \left| l - \frac{1}{2} \right|$. 根据式(6.29), 有

$$\overline{(\mathbf{S} \cdot \mathbf{L})} = \frac{\hbar^2}{2} \big[j(j+1) - s(s+1) - l(l+1) \big]$$

$$= \begin{cases} \dfrac{1}{2} l\hbar^2, & j = l + \dfrac{1}{2} \\ -\dfrac{1}{2}(l+1)\hbar^2, & j = l - \dfrac{1}{2} \end{cases}$$

此外, 由量子物理学严格求得[见第 5 章式(5.50)]

$$\overline{\left(\frac{1}{r^3}\right)} = \frac{Z^3}{n^3 l\left(l + \dfrac{1}{2}\right)(l+1)a_0^3}$$

其中, 玻尔半径 $a_0 = 4\pi\varepsilon_0 \dfrac{\hbar^2}{m_e e^2} = \dfrac{\hbar}{\alpha m_e c}$, 精细结构常数 $\alpha = \dfrac{e^2}{4\pi\varepsilon_0 \hbar c} \approx \dfrac{1}{137}$. 上式中, 要求 $l \neq 0$, 因为根据式(6.37), 若 $l = 0$, 则 $j = s = 1/2$, 仅一个值, 故此时能级不分裂, 也无附加能. 最后得

$$\Delta E_{ls} = \left\langle \Delta \hat{E}_{ls} \right\rangle = \begin{cases} \dfrac{(Z\alpha)^4 m_e c^2}{2n^3(2l+1)(l+1)}, & j = l + \dfrac{1}{2} \\ -\dfrac{(Z\alpha)^4 m_e c^2}{2n^3 l(2l+1)}, & j = l - \dfrac{1}{2} \end{cases} \tag{6.51}$$

对应大 j, 能级上移, 对应小 j, 能级下移, 两能级之间的能量差为

$$\Delta U = \Delta E_{l+1/2} - \Delta E_{l-1/2} = \frac{(Z\alpha)^4 m_e c^2}{2n^3 l(l+1)} \tag{6.52}$$

在第 1 章玻尔理论和第 5 章中求得, 类氢离子单电子能量可表示为

$$E_n = -\frac{m_e Z^2 e^4}{(4\pi\varepsilon_0)^2 2n^2 \hbar^2} = -\frac{1}{2}\alpha^2 m_e c^2 Z^2 / n^2$$

所以得能级分裂为

$$\Delta U = \Delta E_{l+1/2} - \Delta E_{l-1/2} = \frac{|E_n|(Z\alpha)^2}{nl(l+1)} \tag{6.53}$$

由上式可知，能级分裂随 n 和 l 增大而减小，随 Z 增大而增大.

式(6.48)~式(6.53)对氢原子和类氢离子成立，这一精细结构分裂解除了能量关于轨道角动量量子数 l 的简并，能级分裂式(6.53)所产生的能量差 ΔU 也已被高分辨率光谱仪观测实验所证实.

2. 碱金属原子的能级与光谱精细结构

碱金属由原子实(原子核 + 填满电子内壳层)和一个价电子组成，原子实中的所有轨道均已被电子占据，所有量子数均为零(主量子数 n 除外)，结构相对稳定(见第 7 章)，因此碱金属与类氢离子有相似之处. 不过，我们在第 1 章中讲到，原子实的存在会导致原子实极化和轨道贯穿效应，严格的中心力场不存在，因此，碱金属与类氢离子又有明显不同. 在理论上，要精确求解碱金属原子中的自旋-轨道相互作用相当困难. 不过，若采用有效电荷 Z^* (详见第 1 章)替代上述推导中的 Z，作为一种近似，氢原子和类氢离子的结果可被用于对碱金属光谱精细结构的近似解释. 例如，对钠黄光双线，$n=3$，$l=1$，可取 $Z^*=3.5$，由式(6.53)求得 $\Delta U = 2.01 \times 10^{-3} \mathrm{eV}$，相应的谱线波长间距约为 0.6 nm，已在实验上得到证实.

在第 1 章中考虑了静电相互作用后，能级 E_{nl} 的数量级为 $\alpha^2 m_e c^2$，这是粗略结构，可由玻尔-索末菲理论求得.

本章考虑了自旋-轨道磁相互作用后，附加能 ΔE_{ls} 数量级为 $\alpha^4 m_e c^2$，即式(6.51)是光谱的精细结构，总能量与 (n, l, j) 三个量子数关联，由下式给出：

$$E_{nlj} = E_{nl} + \Delta E_{ls} \tag{6.54}$$

例如钠原子，其能级与光谱精细结构如图 6.9 所示，与第 1 章中的图 1.11 类似，只是图 1.11 中没有精细结构分裂.

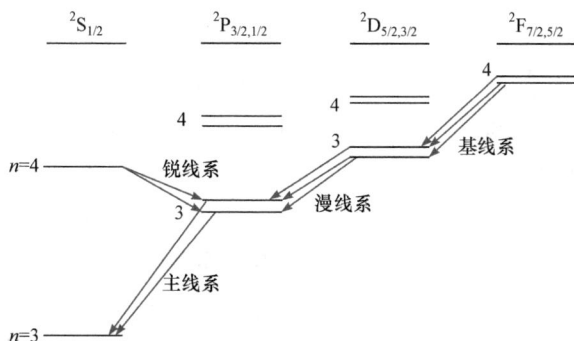

图 6.9　钠原子能级的精细结构分裂示意图

由图 6.9 可知，对于 $l \neq 0$ 能级均一分为二，精细结构分裂随着 n 和 l 增大而减小；能级分裂时，对应大 j，能级上移，对应小 j，能级下移，且主线系：$n\mathrm{P} \to 3\mathrm{S}$，分裂成两条；

锐线系(二辅)：$n\mathrm{S} \to 3\mathrm{P}$，分裂成两条；

漫线系(一辅)：$n\mathrm{D} \to 3\mathrm{P}$，分裂成三条；

基线系：$n\mathrm{F} \to 3\mathrm{D}$，分裂成三条.

在图 6.9 中，为了与实验符合，引进跃迁选择定则：$\Delta l = \pm 1$，$\Delta j = 0,\ \pm 1$. 选择定则一般与系统的角动量守恒有关，详见第 9 章.

6.7　塞曼效应

有些原子在较弱的外磁场($B = 0.1 \sim 1.0\mathrm{T}$)中谱线发生分裂，这种现象称为塞曼效应，它是 1896 年荷兰物理学家塞曼(P. Zeeman)首次发现的.

例如，镉原子的一条谱线($\lambda = 643.8\mathrm{nm}$)在磁场中分裂成 3 条，且分裂间隔相同；钠黄光由两条精细结构谱线 $\mathrm{D}_1(\lambda_1 = 589.6\mathrm{nm})$ 和 $\mathrm{D}_2(\lambda_2 = 589.0\mathrm{nm})$ 组成，在磁场中 D_1 线分裂成 4 条，D_2 线分裂成 6 条，分裂间隔均不同. 前者称为正常塞曼效应，后者为反常塞曼效应.

具有磁矩 $\boldsymbol{\mu}_j$ 的原子在外磁场 $\boldsymbol{B}$ 中有一附加能量 $\Delta E = -\boldsymbol{\mu}_j \cdot \boldsymbol{B} = -\mu_{j_z} B = m_j g_j \mu_{\mathrm{B}} B$，其中 $m_j = j,\ (j-1),\ \cdots,\ -(j-1),\ -j$，共 $(2j+1)$ 个 m_j 取值，则系统哈密顿量为

$$\hat{H} = \hat{H}_0 - \boldsymbol{\mu}_j \cdot \boldsymbol{B} \tag{6.55}$$

其中，假设外磁场方向为 z 轴方向；考虑中心力场，无外磁场的哈密顿量为

$$\hat{H}_0 = \frac{\hat{p}^2}{2m_{\mathrm{e}}} + V(r)$$

1. 正常塞曼效应($s = 0$)

如果一条谱线在外磁场 $\boldsymbol{B}$ 中一分为三，彼此间隔相等，且间隔值均为 $\mu_{\mathrm{B}} B$，称为正常塞曼效应. 实验证明：只有价电子数目为偶数，并形成单态(即总自旋 $s = 0,\ 2s+1 = 1$)的原子，才能产生正常塞曼效应. 此时，$j = l$，$g_j = g_l = 1$，电子自旋-轨道耦合作用可以忽略，原子的磁矩为电子轨道运动产生，由式(6.32)给出. 因为外磁场 $\boldsymbol{B}$ 沿 z 轴方向，则电子轨道磁矩与外磁场相互作用能为

$$\Delta E = -\boldsymbol{\mu}_j \cdot \boldsymbol{B} = g_j \frac{eB}{2m_{\mathrm{e}}} \hat{J}_z = \frac{eB}{2m_{\mathrm{e}}} \hat{L}_z \tag{6.56}$$

直接计算可知，可测量力学量的完备集为 $\left\{ \hat{H},\ \hat{L}^2,\ \hat{L}_z,\ \hat{S}_z \right\}$，与 $\hat{H}_0$ 所属的完备集一致，它们共同的本征函数为 $\psi_{nlm_l m_s} = R_{nl}(r)\mathrm{Y}_{lm_l}(\theta, \varphi)\chi_{m_s}(s_z)$，相应的能量本征值为

$$E = E_n + \frac{eB}{2m_e} m_l \hbar = E_n + m_l \mu_B B \tag{6.57}$$

其中，E_n 是 $\hat{H}_0$ 的本征能量，$m_j = m_l = 0, \pm 1, \pm 2, \cdots \pm l$，能级将分裂成 $2l+1$ 条.

以镉原子为例，它有两个价电子，光谱线跃迁 $^1D_2 \rightarrow {}^1P_1$，初态(i)和终态(f) 均有自旋 $s = 0$，$g_j = g_l = 1$. 根据式(6.57)，初态 $l=2$，分裂为五种附加能量

$$\Delta E_i = m_{l_i} \mu_B B, \quad m_{l_i} = 0, \pm 1, \pm 2$$

终态 $l=1$，分裂为三种附加能量

$$\Delta E_f = m_{l_f} \mu_B B, \quad m_{l_f} = 0, \pm 1$$

初态和终态能级分裂的间隔相同，均为 $\mu_B B$. 发出光子能量(频率 ν)

$$\begin{aligned} h\nu &= (E_i + \Delta E_i) - (E_f + \Delta E_f) \\ &= E_i - E_f + \Delta E_i - \Delta E_f = h\nu_0 + \Delta m_l \mu_B B \end{aligned}$$

其中，ν_0 为无磁场时的发光频率. 按选择定则 $\Delta m_l = 0, \pm 1$ 得

$$\Delta \tilde{\nu} = \frac{\Delta E}{hc} = \frac{\nu - \nu_0}{hc} h = \Delta m_l \frac{\mu_B B}{hc} = \begin{cases} \dfrac{\mu_B B}{hc} \\[2mm] 0 \\[2mm] -\dfrac{\mu_B B}{hc} \end{cases}$$

如图 6.10 所示，由于上下能级分裂均为等间隔 $\mu_B B$，故谱线分裂为 3 条，间距均为一个洛伦兹单位，即 $L = \dfrac{\mu_B B}{hc}$；对应 $\Delta m_l = 0$ 的谱线波数无变化，是 π 偏振光谱线(电矢量平行于磁场)；对应 $\Delta m_l = \pm 1$ 的两条谱线的波数分别增加和减少了一个洛伦兹单位 L，且是 σ 偏振光谱线(电矢量垂直于磁场). 所以，若垂直于磁场方向观察，谱线分裂成三条；若平行于磁场方向观察，只能看到两条 σ 线，π 线消失，因为其电矢量平行于磁场.

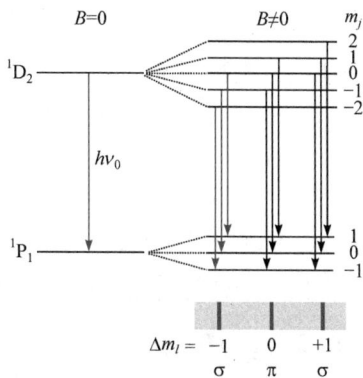

2. 反常塞曼效应

如果一条谱线在外磁场 $\boldsymbol{B}$ 中分裂可以不为三，分裂间隔也不尽相同，则称之

图 6.10　镉原子正常塞曼效应能级示意图

为反常塞曼效应. 实验证明: 多重态($s \neq 0$)谱线在外磁场中均出现反常塞曼效应. 此时, 需将电子自旋与轨道磁矩进行耦合, 形成原子的总磁矩, 然后计算该磁矩在外磁场中的附加能量. 根据式(6.47), 体系哈密顿量为

$$\hat{H} = \frac{\hat{p}^2}{2m_e} + V(r) + \xi(r)\hat{\boldsymbol{L}} \cdot \hat{\boldsymbol{S}} + g_j \frac{eB}{2m_e}\hat{J}_z$$

上述哈密顿量中出现了自旋-轨道耦合项, 故与上一节精细结构类似, 该系统力学量完备集可取为 $\left\{ \hat{H}, \hat{L}^2, \hat{J}^2, \hat{J}_z \right\}$, 它们共同的本征函数为 ψ_{nljm_j} [见式(6.29)和附录六], 相应的能量本征值为

$$E = E_{nlj} + g_j m_j \mu_B B \tag{6.58}$$

其中, E_{nlj} 即式(6.54), 它是由库仑作用势 $V(r)$ 和自旋-轨道耦合作用 $\xi(r)\hat{\boldsymbol{L}} \cdot \hat{\boldsymbol{S}}$ 决定的原子能级, 即光谱精细结构. 此外, 由于 $s \neq 0$, 是多重态, 一般 $g_j \neq 1$, 能级之间跃迁谱线相对复杂, 故称之为反常塞曼效应, 典型例子是钠黄光 D 线

$$\text{D}_1 线 \qquad 3^2\text{P}_{1/2} \to 3^2\text{S}_{1/2};$$
$$\text{D}_2 线 \qquad 3^2\text{P}_{3/2} \to 3^2\text{S}_{1/2}$$

它们的初态(i)和终态(f)的自旋均为 $s = 1/2$. 它们的有关参数如表 6.2 所示.

表 6.2   钠黄光 D₁、D₂ 线的相关参数

	m_j	g_j	$m_j g_j$
$^2\text{P}_{3/2}$	$\pm\dfrac{3}{2}, \pm\dfrac{1}{2}$	$\dfrac{4}{3}$	$\pm 2, \pm\dfrac{2}{3}$
$^2\text{P}_{1/2}$	$\pm\dfrac{1}{2}$	$\dfrac{2}{3}$	$\pm\dfrac{1}{3}$
$^2\text{S}_{1/2}$	$\pm\dfrac{1}{2}$	2	± 1

每条能级分裂数等于 m_j 的取值数($2j+1$). 跃迁所发出光子能量(频率 ν)为

$$h\nu = h\nu_0 + [(m_j g_j)_i - (m_j g_j)_f]\mu_B B$$

$$\Delta\tilde{\nu} = \frac{\nu - \nu_0}{c} = [(m_j g_j)_i - (m_j g_j)_f]\frac{\mu_B B}{hc} = [(m_j g_j)_i - (m_j g_j)_f] L$$

将表 6.2 中数据代入上式, 可得各能级的能量分裂值 $\Delta E = \Delta\tilde{\nu} hc$.

根据跃迁选择定则 $\Delta m_j = 0, \pm 1$, 能级结构及光谱分裂如图 6.11 所示. 其中, D₁ 线($3^2\text{P}_{1/2} \to 3^2\text{S}_{1/2}$, $\lambda_1 = 589.6\text{nm}$)分裂成 4 条, σ 和 π 线各两条; D₂ 线($3^2\text{P}_{3/2} \to 3^2\text{S}_{1/2}$, $\lambda_2 = 589.0\text{nm}$)分裂成 6 条, σ 线 4 条, π 线 2 条. 与正常塞曼效应类似, 若平行于磁场方向观察, π 线观察不到.

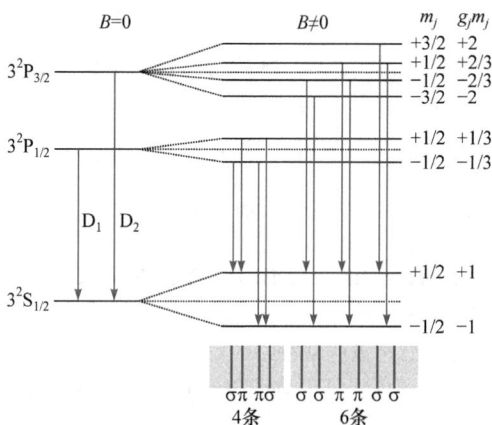

图 6.11　钠黄光的能级结构及反常塞曼效应示意图

有关上述光谱的选择定则问题，将在第 9 章中讲述. 此外，图 6.10 和图 6.11 中的光谱偏振特性(σ 或 π 光)均与跃迁所产生光子的角动量有关. 能级跃迁而产生光子，而光子的自旋角动量 z 分量为 $\hbar$，因此，跃迁前后原子和光子的总角动量要守恒，限制了光子的左旋或右旋角动量方向，导致不同的光谱偏振特性，即 σ 或 π 光.

例 6.4　试解析电子顺磁共振(EPR)现象.

解　具有未成对电子的原子所组成的物质置于外磁场 $\boldsymbol{B}$ 中，物质中的原子能级将发生塞曼分裂，产生附加能量 $E = m_j g_j \mu_B B$，能级分裂间隔为 $\Delta E = g_j \mu_B B$. 若在垂直于 $\boldsymbol{B}$ 方向加一频率为 ν 的电磁波，如果满足

$$h\nu = g_j \mu_B B$$

此时物质将共振吸收电磁波的能量. 这种现象称为电子顺磁共振，简称 EPR.

若某原子气体处于 $^2P_{1/2}$ 状态，当微波发生器发出的电磁波频率为 2.0×10^9 Hz 时，观察到顺磁共振现象. 此时，$s = 1/2, l = 1, j = 1/2$，得 $g_j = 2/3$. 根据顺磁共振条件 $h\nu = g_j \mu_B B$，得所用磁场的磁感应强度为

$$B = \frac{h\nu}{g_j \mu_B} = \frac{3h\nu}{2\mu_B} = 0.21\text{T}$$

与此类似，核磁共振是自旋不为零的原子核在外磁场 B 中发生塞曼分裂 $\Delta E = \Delta m_i g_i \mu_N B$，其中 m_i 是核自旋的磁量子数，g_i 是核磁矩的朗德因子，$\mu_N = \dfrac{e\hbar}{2m_p}$ 是核磁子，m_p 是质子质量. 若此时在垂直于 $\boldsymbol{B}$ 方向再加一频率为 ν 的电磁波，当 $h\nu = g_i \mu_N B$ 时，核材料将共振吸收电磁波的能量，即发生所谓的核磁共振吸收现

象，简称 NMR.

人体中氢核丰度很高，其 NMR 谱最为显著. 核磁共振成像技术是通过测量人体组织中氢核密度的变化而获得结论，不同器官、不同组织、正常组织和病变组织的氢核密度存在明显差异，故分辨率极高.

练 习 题

6-1 计算 $Tr(\boldsymbol{\sigma} \cdot \boldsymbol{A})$, $Tr[(\boldsymbol{\sigma} \cdot \boldsymbol{A})(\boldsymbol{\sigma} \cdot \boldsymbol{B})]$ 以及 $Tr[(\boldsymbol{\sigma} \cdot \boldsymbol{A})(\boldsymbol{\sigma} \cdot \boldsymbol{B})(\boldsymbol{\sigma} \cdot \boldsymbol{C})]$ ，其中 $\boldsymbol{\sigma}$ 为泡利矩阵，$\boldsymbol{A}$、$\boldsymbol{B}$、$\boldsymbol{C}$ 为与 $\boldsymbol{\sigma}$ 对易的算符或常矢量.

6-2 化简 $e^{i\theta\sigma_z}\sigma_\alpha e^{-i\theta\sigma_z}$ ，$\alpha = x$, y, θ 为常数.

6-3 设 A, B 为实常数矢量，试将 $e^{i\boldsymbol{\sigma} \cdot \boldsymbol{A}}$ 和 $e^{i\boldsymbol{\sigma} \cdot \boldsymbol{A}}e^{i\boldsymbol{\sigma} \cdot \boldsymbol{B}}$ 表示成单位矩阵 I 及 σ_x、σ_y、σ_z 的线性叠加，并求它们的迹.

6-4 电子的总角动量 $\boldsymbol{J}$ 等于轨道角动量 $\boldsymbol{L}$ 加自旋角动量 $\boldsymbol{S}$ ，即 $\boldsymbol{J} = \boldsymbol{L} + \boldsymbol{S}$. 试证明：(1) $[J_z, \boldsymbol{L} \cdot \boldsymbol{S}] = 0$ ；(2) $\left[\boldsymbol{J}^2, J_z\right] = 0$. (提示：$\left[\hat{a}, \hat{b}\hat{c}\right] = \left[\hat{a}, \hat{b}\right]\hat{c} + \hat{b}\left[\hat{a}, \hat{c}\right]$.)

6-5 一束电子进入 1.2T 的均匀磁场时，试问电子自旋平行和反平行于磁场的电子能量差为多大？

6-6 某原子分别处于 $^1P_1$ 和 $^3P_2$ 状态，试求相应的原子总磁矩及其在外磁场方向 z 轴分量的可能值(以 μ_B 为单位).

6-7 在施特恩-格拉赫实验中，处于基态($^2S_{1/2}$)的窄银原子束通过极不均匀的横向磁场射到屏上. 磁极长度 $d = 10$cm，磁极中心到屏的距离 $D = 25$cm，如题图 6-7 所示. 如果银原子的速度为 400m/s，线束在屏上的分裂间距为 2.0 mm，试问磁场强度的梯度值是多少？(银原子的质量为 107.87 [u].)

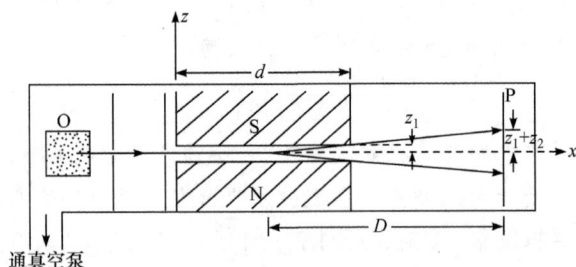

题图 6-7

6-8 锌原子光谱中的一条谱线($^3S_1 \rightarrow {}^3P_0$)在 $B = 1.0$ T 的磁场中发生塞曼分裂，试问：从垂直于磁场的方向观察，原谱线分裂为几条？相邻两谱线的波数差等于多少？是否属于正常塞曼效应？请画出相应的能级跃迁图.

6-9 试问波数差为 29.6 cm^{-1} 的莱曼系主线的精细结构双重线，属于何种类氢离子？

6-10 考虑氢原子的 2P 态，当无外加磁场时此态具有双层能级 $^2P_{3/2}$ 和 $^2P_{1/2}$. 试问在外加弱磁场 B 中将发生正常还是反常塞曼分裂？各分裂为几个能级？画出相应的能级图.

6-11 若原子能级 $^3D_3$ 在磁场中的总裂距为 7.5×10^{-5} eV，试求相邻塞曼支能级间的间隔，并计算磁场的磁感应强度.

6-12　(1) 基态碱金属原子处于 0.5T 的磁场中, 试问电子的两种自旋取向之间的能量差是多少?

(2) 若使这些电子的自旋变换方向所需光子的波长为 4.3cm, 试问该原子所处的磁感应强度为多少?

6-13　铊原子气体在 $^2P_{1/2}$ 状态, 当微波发生器发出的电磁波频率为 2.0×10^9 Hz 时, 所用磁场的磁感应强度调到多大时才可观察到顺磁共振现象?

6-14　在顺磁共振实验中, 若恒定磁场的磁感应强度为 1T 数量级, 试估计所需电磁波的波长范围.

6-15　原子态为 ^1F 的能级在弱磁场 B 中发生分裂. 试问是正常塞曼分裂还是反常塞曼分裂? 为什么? 能级分裂成几条? 画出相应的能级图; 计算当 $B = 0.1T$ 时塞曼支能级的总裂距.

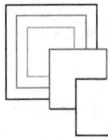

第7章　多电子原子及元素周期律

在第 5 章，求解氢原子和类氢离子的薛定谔方程，得到了精确的结果，还用近似方法(如电子在中心力场中运动等)处理了最外层仅有一个价电子的碱金属原子光谱精细结构等问题. 然而在元素周期表中，绝大部分原子均是多电子系统，它们的价电子往往也有多个，而且"中心力场"近似一般也不成立，因此，若要精确解析求解它们的薛定谔方程是不可能的. 本章将采取一些特殊的方法，揭示多电子原子中电子与电子的相互耦合规则、原子基态、元素周期律等.

7.1　氦原子的能级和光谱

除氢原子外，氦原子是元素周期表中次简单的一个元素，即 He ($Z = 2$)，它的第一个轨道仅两个电子，例如它们处于 1s1s 态，或写为 $1s^2$ 状态.

下面只讨论单电子激发情况，即只讨论 1 个电子永远处于 1s 态，而另一电子跃迁到 2s，2p，3s，3p，3d，… 态的情况. 这是因为若两电子同时跳到 2s 态，其能量要比一个电子留在 1s 态而将另一个电子电离的能量大得多. 氦原子单电子激发能谱如图 7.1 所示，其中上面一排的 $^{2s+1}L_j$ 为原子态符号.

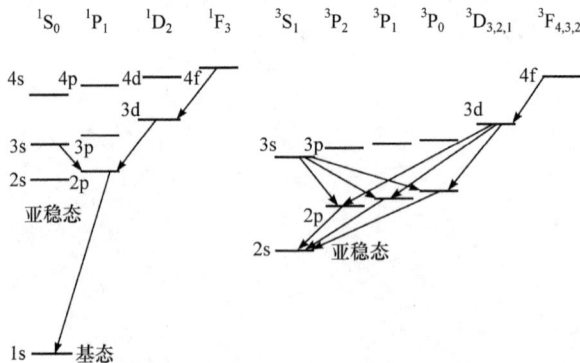

图 7.1　氦原子单电子激发能谱示意图

显然，图 7.1 所示的能级具有如下特征.

(1) 有两套能级，即单重态($s = 0$)和三重态($s = 1$). 如果主量子数 n 和角量子

数 l 相同，则单重态能量大于三重态能量，即 $E_单 > E_三$.

(2) 有两套光谱线，单重态与三重态左右分开，相互之间无跃迁，即跃迁选择定则 $\Delta s = 0$. 历史上曾经认为存在仲氦和正氦两种状态的氦.

(3) 氦原子基态电子组态为 1s1s，原子态为 $^1S_0$.

(4) 存在两个亚稳态：$1s2s\,^3S_1$ 和 $1s2s\,^1S_0$，它们不能自发跃迁.

(5) 根据已有理论，还应存在 $1s1s\,^3S_1$，但实验中没有观察到.

7.2 两电子耦合——具有两个价电子形成的原子态

为了解释氦原子光谱，必须构建电子与电子的相互耦合规则，揭示其深层次物理规律. 一般定义价电子组态如下：

原子内电子组态 = 原子实(满壳层或满支壳层，$s = l = j = 0$) + 价电子组态. 所以，一般原子状态由价电子组态决定.

在下面讨论中仍然约定，小写字母 n、s、l、j、m_s、m_l、m_j 一般代表量子数；大写字母 S、L、J 分别代表自旋、轨道和总角动量矢量算符，已将小箭头略去；S、L、J 代表相应矢量的模.

1. 价电子组态形成的原子态

考虑两个价电子的磁相互作用，如图 7.2 所示，符号 G 代表相互作用. 其中电子 1 自旋 s_1 与电子 2 轨道 l_2 之间的相互作用 $G_5(s_1\,l_2)$ 以及电子 1 轨道 l_1 与电子 2 自旋 s_2 之间的相互作用 $G_6(l_1\,s_2)$ 比较小，因此可略去，只计及 $G_1(s_1\,s_2)$、$G_2(l_1\,l_2)$、$G_3(s_1\,l_1)$ 和 $G_4(s_2l_2)$ 四种相互作用.

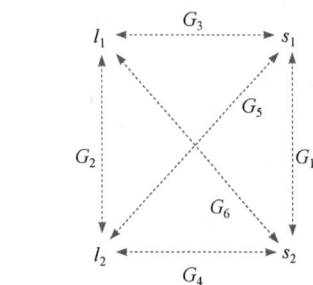

图 7.2 两个价电子之间的磁相互作用

如果 G_1 和 G_2 相对比较强，G_3 和 G_4 比较弱，则两电子的自旋角动量 S_1 和 S_2 先耦合成总自旋角动量 S，两电子的轨道角动量 L_1 和 L_2 耦合成总轨道角动量 L，然后由 S 和 L 耦合成总角动量 J，即 $J = S + L$. 此种耦合方式称为 L-S 耦合.

如果 G_1 和 G_2 相对比较弱，G_3 和 G_4 比较强，则电子 1 的自旋角动量 S_1 和其轨道角动量 L_1 先耦合成电子 1 的总角动量 $J_1 = L_1 + S_1$，电子 2 的自旋角动量 S_2 和其轨道角动量 L_2 耦合成电子 2 的总角动量 $J_2 = L_2 + S_2$，然后由 J_1 和 J_2 耦合成总角动量 J，即 $J = J_1 + J_2$. 此种耦合方式称为 J-J 耦合.

两种耦合法则的比较如表 7.1 所示.

表 7.1　*L-S* 耦合与 *J-J* 耦合

		G_1G_2	G_3G_4
L-S 耦合	$(s_1s_2)(l_1l_2)=(sl)=j$	强	弱
J-J 耦合	$(s_1l_1)(s_2l_2)=(j_1j_2)=j$	弱	强

　　一般而言，对大部分质量数较轻的原子，G_1 和 G_2 比较强，*L-S* 耦合适用. 对于质量数较重的原子，由于价电子距离原子核比较远，G_3 和 G_4 占优势，每个电子的自旋和轨道角动量先耦合成该电子的总角动量，然后两电子的总角动量合成原子的总角动量 $\boldsymbol{J}=\boldsymbol{J}_1+\boldsymbol{J}_2$，此时 *J-J* 耦合适用.

2. *L-S* 耦合

　　设电子 1 的主量子数、角量子数和自旋量子数分别为($n_1\ l_1\ s_1$)，电子 2 的主量子数、角量子数和自旋量子数分别为($n_2\ l_2\ s_2$). 考虑两电子相互作用较强，在中心力场近似下，根据第 5 章的求解，轨道角动量分别为

$$L_1=\sqrt{l_1(l_1+1)}\hbar,\quad L_2=\sqrt{l_2(l_2+1)}\hbar \tag{7.1}$$

自旋角动量分别为

$$S_1=\sqrt{s_1(s_1+1)}\hbar=\frac{\sqrt{3}}{2}\hbar,\quad S_2=\sqrt{s_2(s_2+1)}\hbar=\frac{\sqrt{3}}{2}\hbar \tag{7.2}$$

其中对于单个电子，$s_1=s_2=1/2$.

　　1) 原子总轨道角动量

　　两电子耦合后的总轨道角动量为

$$\boldsymbol{L}=\boldsymbol{L}_1+\boldsymbol{L}_2,\quad L=\sqrt{l(l+1)}\hbar,\quad l=l_1+l_2,\ l_1+l_2-1,\ \cdots,\ |l_1-l_2| \tag{7.3}$$

其中，若 $l_1>l_2$，则 l 的取值共有 $2l_2+1$ 个；反之，若 $l_1<l_2$，则 l 的取值共有 $2l_1+1$ 个. 例如 $l_1=1$，$l_2=2$，则 $l=3,\ 2,\ 1$.

　　2) 两电子耦合后的总自旋角动量

$$\boldsymbol{S}=\boldsymbol{S}_1+\boldsymbol{S}_2,\quad S=\sqrt{s(s+1)}\hbar \tag{7.4}$$

按照量子数的一般取值法则，自旋量子数 s 的取值为

$$s=s_1+s_2,\quad s_1+s_2-1,\cdots,|s_1-s_2| \tag{7.5}$$

　　因为是单个电子，故 $s_1=s_2=1/2$，所以 s 只能有两个取值，即 $s=1,\ 0$，分别代表两电子的自旋方向 z 分量相同和相反，所对应的单重态和三重态如图 7.3 所示.

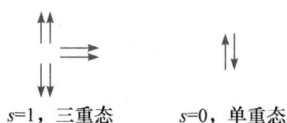

$s=1$，三重态　　　$s=0$，单重态

图 7.3 两个电子自旋耦合的单重态与三重态

3) 合成原子总角动量 J

第 6 章已说明：只要价电子在中心力场中运动，则它们合成的总角动量具有与式(6.25)、式(6.26)相似的形式，即

$$J = L + S , \qquad |J| = J = \sqrt{j(j+1)}\hbar , \tag{7.6}$$

$$j = \begin{cases} l+1, \ l, \ |l-1| & (s=1) \\ l & (s=0) \end{cases}$$

$$J_z = m_j\hbar , \quad m_j = j, \ j-1, \cdots, \ -j+1, \ -j \tag{7.7}$$

例 7.1 根据 L-S 耦合法则，求价电子组态 2p3p 形成的原子态.

解 因为 $l_1 = 1, \ l_2 = 1$，故有 $l = 0, \ 1, \ 2$；因为 $s_1 = 1/2, \ s_2 = 1/2$，故 $s = 0, \ 1$. 根据耦合规则式(7.6)，将耦合所得的 j 值和相应的原子态 $^{2s+1}L_j$ 列于表 7.2 中.

表 7.2 价电子组态 2p3p 按 L-S 耦合形成的原子态

s	l	j	符号
	0	0	$^1S_0$
0	1	1	$^1P_1$
	2	2	$^1D_2$
	0	1	$^3S_1$
1	1	2, 1, 0	$^3P_2$, $^3P_1$, $^3P_0$
	2	3, 2, 1	$^3D_3$, $^3D_2$, $^3D_1$

根据耦合规则式(7.6)，可将氦原子单电子激发的 j 值和相应的原子态 $^{2s+1}L_j$ 列于表 7.3 中，从表中可以看出，由 L-S 耦合所得的各原子态与图 7.1 中的能级一一对应. 此外，三重态 $1s1s\,^3S_1$ 是不存在的，因为该态违反泡利不相容原理，详见 7.3 节.

表 7.3　氦原子状态，其中第一个电子永远处于 1s 态

n_1l_1	n_2l_2	$s=0$（单重态）			$s=1$（三重态）		
		l	j	符号	l	j	符号
1s	1s	0	0	$^1S_0$	0	1	$^3S_1$（不存在，因为违反泡利原理）
1s	2s	0	0	$^1S_0$	0	1	$^3S_1$（亚稳态）
1s	2p	1	1	$^1P_1$	1	2,1,0	$^3P_2$，$^3P_1$，$^3P_0$
1s	3s	0	0	$^1S_0$	0	1	$^3S_1$
1s	3p	1	1	$^1P_1$	1	2,1,0	$^3P_2$，$^3P_1$，$^3P_0$
1s	3d	2	2	$^1D_2$	2	3,2,1	$^3D_3$，$^3D_2$，$^3D_1$

3. J-J 耦合

如上所述，对于质量数较重的原子，相互作用 G_3 和 G_4 相对较强，此时 J-J 耦合适用，每个电子的自旋和轨道角动量先分别合成总角动量 $\boldsymbol{J}_1$ 和 $\boldsymbol{J}_2$，然后两电子的总角动量合成原子的总角动量 $\boldsymbol{J}=\boldsymbol{J}_1+\boldsymbol{J}_2$.

对电子 1，有 $\boldsymbol{J}_1=\boldsymbol{L}_1+\boldsymbol{S}_1$，$J_1=\sqrt{j_1(j_1+1)}\hbar$，$j_1=l_1+\dfrac{1}{2}$，$\left|l_1-\dfrac{1}{2}\right|$；

对电子 2，有 $\boldsymbol{J}_2=\boldsymbol{L}_2+\boldsymbol{S}_2$，$J_2=\sqrt{j_2(j_2+1)}\hbar$，$j_2=l_2+\dfrac{1}{2}$，$\left|l_1-\dfrac{1}{2}\right|$；

合成后的总角动量

$$\boldsymbol{J}=\boldsymbol{J}_1+\boldsymbol{J}_2$$

$$J=\sqrt{j(j+1)}\hbar，\quad j=j_1+j_2,\ j_1+j_2-1,\cdots,\left|j_1-j_2\right|$$

$$J_z=m_j\hbar，\quad m_j=j,\ j-1,\cdots,\ -j+1,\ -j \tag{7.8}$$

其中，若 $j_1>j_2$，则 j 的取值共有 $2j_2+1$ 个；反之，若 $j_1<j_2$，则 j 的取值共有 $2j_1+1$ 个；m_j 共有 $(2j+1)$ 个取值. J-J 耦合后的原子态符号记为 $(j_1,j_2)_j$.

例 7.2　根据 J-J 耦合法则，求价电子组态 2p3p 形成的原子态.

解　因为 $l_1=1$，$s_1=1/2$，故 $j_1=3/2,\ 1/2$；因为 $l_2=1$，$s_2=1/2$，故 $j_2=3/2,\ 1/2$. 根据耦合规则式(7.8)，将耦合所得 j 值和相应原子态 $(j_1,j_2)_j$ 列于表 7.4 中.

表 7.4　价电子组态 2p3p 按 J-J 耦合形成的原子态

j_1	j_2	j	符号
1/2	1/2	1, 0	$(1/2,\ 1/2)_1$，$(1/2,\ 1/2)_0$
1/2	3/2	2, 1	$(1/2,\ 3/2)_2$，$(1/2,\ 3/2)_1$

续表

j_1	j_2	j	符号
3/2	1/2	2, 1	$(3/2, 1/2)_2$, $(3/2, 1/2)_1$
3/2	3/2	3, 2, 1, 0	$(3/2, 3/2)_3$, $(3/2, 3/2)_2$, $(3/2, 3/2)_1$, $(3/2, 3/2)_0$

从表 7.2 和表 7.4 两个结果可知，由 L-S 和 J-J 两种不同方式进行耦合，价电子组态 2p3p 所形成原子状态的数目一样，均为 10 个态，且 j 的取值以及每个 j 值出现的次数也一样.

7.3　泡利不相容原理

在 7.2 节中提到，基态氦原子的两个电子均处于 1s 轨道，即电子组态 1s1s. 根据两个价电子角动量的 L-S 耦合规则，它应该存在单重态 $^1S_0$ 和三重态 $^3S_1$. 但实验观察发现：三重态 1s1s $^3S_1$ 是不存在的，因为此态中两个电子的四个量子数 (n, l, m_l, m_s) 均相等，违反了泡利不相容原理.

1. 泡利不相容原理

为了解释原子中电子分布的壳层结构，1925 年泡利提出了微观粒子运动的基本规律之一，即泡利不相容原理(简称"泡利原理")：

在一个原子中不可能有两个或两个以上的电子具有完全相同的四个量子数 (n, l, m_l, m_s)，即原子中的每一个量子状态只能容纳一个电子.

根据上述泡利原理，原子壳层结构中 4 个量子数 (n, l, m_l, m_s) 代表一个量子状态，氦原子的基态一定是单重态 $^1S_0$，而不是三重态 $^3S_0$，因为在这个三重态中，两个电子的四个量子数均相等，即 $(n, l, m_l, m_s) = (1, 0, 0, 1/2)$，见图 7.1 和表 7.3. 至此，氦原子基态问题得到圆满解释. 事实上，元素周期表中所有原子电子壳层中的电子排列均满足泡利原理的要求. 可以说，泡利原理的提出，为元素周期律的物理解释迈出了坚实的一步.

泡利原理是微观粒子运动的基本规律之一. 在自旋为半整数的费米子系统中(如电子、质子和中子均为费米子，自旋均为 $s = \dfrac{1}{2}$)，均遵从泡利原理，即费米子系统中不能有两个或多个费米子处于完全相同的量子状态. 该原理在元素周期律、分子化学价键、固态金属、半导体和绝缘体、原子核模型等理论中均起着重要作用.

例 7.3　试估算元素周期表中各种原子的半径.

解　根据玻尔理论，类氢离子的主量子数 $n(n = 1, 2, 3, \cdots)$ 对应的电子轨道半径 r_n 满足式(1.24)

$$r_n = 4\pi\varepsilon_0 \frac{n^2\hbar^2}{\mu Z e^2}$$

其中，Z 是核电荷数，μ 是电子折合质量. 由上式可见，原子半径 r_n 与 Z 值成反比，即质量数 A 越大的原子，其半径越小. 但实际上，根据晶体原子密度和晶格常数测量数据显示：元素周期表中所有原子半径均差别不大，与 Z 值并没有反比关系.

设某原子呈球形，半径为 r，其体积为 $V = \frac{4}{3}\pi r^3$，它等于一个原子的质量除以原子的平均质量密度，即

$$V = \frac{4}{3}\pi r^3 = \frac{A / N_A}{\rho} \tag{7.9}$$

其中，N_A 为阿伏伽德罗常量，ρ 是原子的平均密度. 于是得原子半径为

$$r = \left(\frac{3A}{4\pi\rho N_A} \right)^{1/3} \tag{7.10}$$

作为估算，可以采用该种原子组成的晶体密度近似代替 ρ，根据式(7.10)即可求得原子的半径，结果如表 7.5 所示.

表 7.5　不同原子半径的理论值

元素	质量数 A	质量密度 $\rho/(\text{g/cm}^3)$	原子半径 r/nm
Li	7	0.7	0.16
Al	27	2.7	0.16
Cu	63	8.9	0.14
S	32	2.07	0.18
Pb	207	11.34	0.19

表 7.5 中的理论结果与实验测值接近，说明原子半径 r 并不符合玻尔理论结果式(1.24). 原因就是泡利原理的限制：虽然 r_n 轨道随着 Z 的增加而减小，但每个轨道上可容纳的电子数目有限. 根据式(6.30)，在一个固定 n 的轨道上，共有量子状态数目为 $2n^2$，即第 n 个轨道最多可容纳 $2n^2$ 个电子. 因此，当第 n 个轨道填满后，如果 Z 进一步增加，电子将填到第 $n+1$ 个轨道上去，而 r_n 是随着 n 的增加而增加的. 以此类推，总体效果是，原子半径与 Z 或 A 的关系并不很大，更没有反比关系.

例 7.4　试解析电子对金属比热容的贡献.

解　根据热力学公式计算，如果加温至 1×10^4K，电子得到的能量约为 1eV. 因

此一般金属加温时，即使加温几千开尔文，也很难使电子的费米能级 E_F 及其形状 (称为费米面)发生明显改变；而在 E_F 以下各能级或能带中每个量子状态均已被电子所占据，受泡利原理限制，它们之间的相互跃迁也是不可能的；如果要将电子加温至足够电离的能量，也是不现实的，因为早在电子获得此能量之前，金属就已熔化了．因此，在金属加温时，大量能量是原子核得到的，而电子几乎不吸收热能，电子对金属比热容的贡献只在 $T \to 0\,\mathrm{K}$ 时才凸显出来(见第 11 章).

例 7.5　试解析共价键的形成机理.

解　海特勒(W. Heitler)和伦敦(F. London)在 1927 年提出的共价键理论(详见第 9 章)是现代共价键理论的基础．根据这一理论，当两个氢原子接近时，它们各拥有一个未配对电子，而它们的轨道量子态波函数可以有较大程度交叠，使这对电子自旋相反，即两个电子的 m_s 值不同，它们是两个氢原子所共有，即第一轨道可容纳两个电子，从而形成自旋相反的共价键．根据这一理论，在自然界中有氢分子(H_2)、氧分子(O_2)、氮分子(N_2)等，但没有"氦分子"，因为氦原子中第一壳层已有两个配对原子，不可能再与另一个氦原子中的电子配对而形成共价键．

例 7.6　试解析主壳层和支壳层均被电子填满时的原子态.

解　主壳层(对应固定的主量子数 n)或支壳层(对应固定的主量子数 n 和角量子数 l)均填满的壳层，其原子态必定为 $^1S_0$.

证　若 n、l 固定，即对于某一支壳层，$m_l = l,\ l-1,\ \cdots,\ -l$，共 $2l+1$ 个值；而对于每一个 m_l 值，m_s 可取值 $\pm 1/2$．因此，在此支壳层中，共有 $N_l = 2(2l+1)$ 个量子态．若支壳层中所有量子态均填有一个电子，由于 m_l 和 m_s 取值的正负对称性，其所有电子耦合后必有 $l=0$ 且 $s=0$，故其总原子态为 $^1S_0$.

例如，对于 2p 支壳层，$n=2,\ l=1$；m_l、m_s 的取值如表 7.6 所示．所以，$\sum m_s = 0$，故 $s=0$；$\sum m_l = 0$，故 $l=0$．于是 $j=0$，所以原子态为 $^1S_0$.

表 7.6　$n=2, l=1$ 时，m_l 和 m_s 的取值

n	l	m_l	m_s
2	1	0	$\pm 1/2$
2	1	1	$\pm 1/2$
2	1	-1	$\pm 1/2$

2. 同科电子形成的原子态

定义　n、l 相同(即处于同一支壳层)的电子称为同科电子.

对非同科电子对 2p3p，根据上述 $L\text{-}S$ 耦合，共有 10 个原子态，即

$^1S_0$、$^1P_1$、$^1D_2$、$^3S_1$、$^3P_{2,1,0}$、$^3D_{3,2,1}$，见表 7.2；若采用 $J\text{-}J$ 耦合，合成后同样有 10 个原子态，见表 7.4.

但对同科电子 2p2p(或表示为 $2p^2$)，经 $L\text{-}S$ 耦合后的可能态仍为 10 个，但实际态要少很多，原因是泡利原理限制：因为此时两个同科电子的 n, l 已相同，所以 m_l、m_s 必须有一个不同，否则就违反了泡利原理. 事实上，此时只有 $^1S_0$、$^1D_2$、$^3P_{2,1,0}$ 五个态是允许的.

对于同科电子而言，要从所有可能态中选出泡利原理允许的原子态，原则上，只要对每一个电子的四个量子数 (n,l,m_l,m_s) 进行排列，任何两个同科电子的这四个量子数均不能完全相同，即可选出实际存在的态. 但实际上这种排列和筛选是十分烦琐的，尤其是对 l 较大的同科电子系统. 这里介绍一种比较简单的筛选方法，见例 7.7.

例 7.7　选出两个同科电子 np^2 的原子态.

解　两个同科 p 电子，$l=1$，$m_{l_1}=1, 0, -1$，$m_{l_2}=1, 0, -1$. 为了选出实际存在的原子态，特作简表 7.7，中间 9 个数据是 $m_l = m_{l_1} + m_{l_2}$，其中对角线上的数据均有 $m_{l_1}=m_{l_2}$.

表 7.7　同科电子 np^2 原子态筛选简表

m_{l_1}	1	0	−1	m_{l_2}
	2	1	0	1
$m_l = m_{l_1} + m_{l_2}$	1	0	−1	0
	0	−1	−2	−1

按照如下规则取值：①当 $s=0$ 时，因为此时 $m_{s_1} \neq m_{s_2}$，两个电子一个朝上、一个朝下，所以 m_{l_1} 和 m_{l_2} 可以相等，因此可选取对角线上以及对角线右上方的 m_l 值，每个数字只取一次；②当 $s=1$ 时，$m_{s_1}=m_{s_2}$，不能取对角线上的 m_l 值(因为这些数据均有 $m_{l_1}=m_{l_2}$)，而只能选取对角线右上方的 m_l 值，每个数字只取一次；③由 m_l 的取值数组，确定 l 值. 此外，考虑到对角线左下方的数据与对角线右上方的数据对称相同，故对角线左下方数据不予选取.

所以，对于 $s=0(\uparrow\downarrow)$，可取 $m_l=2, 1, 0, -1, -2$，则 $l=2$，原子态为 $^1D_2$；还可取 $m_l=0$，则 $l=0$，原子态为 $^1S_0$.

对于 $s=1(\uparrow\uparrow)$，此时对角线上的 m_l 值不能取(因为 $m_{l_1}=m_{l_2}$)，故只能取 $m_l=1, 0, -1$，则 $l=1$，原子态为 $^3P_{2,1,0}$.

所以, 由两个同科 p 电子 np^2 组成的实际原子态仅有五个: $^1S_0$、$^1D_2$、$^3P_{2,1,0}$.

同理, 若要选出两个同科电子 $3d^2$ 的原子态, 按照上述规则筛选, 作简表 7.8.

表 7.8　同科电子 nd^2 原子态筛选简表

m_{l_1}	2	1	0	−1	−2		m_{l_2}
$m_l = m_{l_1} + m_{l_2}$	4	3	2	1	0		2
	3	2	1	0	−1		1
	2	1	0	−1	−2		0
	1	0	−1	−2	−3		−1
	0	−1	−2	−3	−4		−2

对于 $s = 0(\uparrow\downarrow)$, 对角线上的 m_l 值可取, $m_l = 4, 3, 2, 1, 0, -1, -2, -3, -4$, 则 $l = 4$, 原子态为 $^1G_4$; 还可取 $m_l = 2, 1, 0, -1, -2$, 则 $l = 2$, 原子态为 $^1D_2$; 还可取 $m_l = 0$, 则 $l = 0$, 原子态为 $^1S_0$.

对于 $s = 1(\uparrow\uparrow)$, 对角线上的 m_l 值不能取(因为 $m_{l_1} = m_{l_2}$), 故只能取对角线右上方的 m_l 数据, $m_l = 3, 2, 1, 0, -1, -2, -3$, 则 $l = 3$, 原子态为 $^3F_{4,3,2}$; 还可取 $m_l = 1, 0, -1$, 则 $l = 1$, 原子态为 $^3P_{2,1,0}$.

所以, 由两个同科 d 电子($3d^2$)组成的实际原子态为 $^1S_0$、$^1D_2$、$^1G_4$、$^3P_{2,1,0}$、$^3F_{4,3,2}$, 共 9 个态.

因此, 上述方法很有效, 并且简单、准确, 对筛选泡利原理允许的同科电子原子态是一种较好的方法. 此外, 还有几种特殊情况:

(1) 若某原子由三个电子组成的态, 例如 $(n_1p)^2 n_2p$ ($n_1 \neq n_2$), 先按一般 L-S 耦合: 两个同科 p 电子耦合得态 $^1S_0$、$^3P_{2,1,0}$、$^1D_2$; 然后其中每一个态再与 n_2p 进行耦合, 便可获得所有态.

(2) 按 L-S 耦合, 由于支壳层被填满时, $l = s = j = 0$, 因此 np 与 np^5, np^2 与 np^4 的原子态相同. 同理, nd^9 与 nd^1, nd^8 与 nd^2 等具有相同原子态.

对于 p^3、d^4 等任意个同科电子的耦合, 要选择其所形成的原子态较为复杂, 这里不再介绍.

7.4　L-S 耦合法则

为了确定原子基态, 需要确定相关量子数的选取法则, 一般是对实验规律的总结与概括. 由于原子实的所有量子数均为零(n 除外), 下面只考虑价电子情况.

1. 洪德(Hund)定则

对于同一电子组态(n 同)的价电子形成的原子态能量次序如下:

(1) s 值最大的态能量最低, 即三重态比单重态低.

可定性解释如下: 两个电子之间相互排斥, 其库仑能大于零. 当 $s=0$ 时, 两个电子自旋反平行, 即"↑↓", 它们相互较近, 故两个电子之间的库仑能较大; 当 $s=1$ 时, 两个电子自旋平行, 即"↑ ↑", 相互较远, 库仑能较小, 从而导致总能量较低.

(2) 同一 s 值的诸原子态中, l 值最大的原子态能量最低.

可定性解释如下: $L = L_1 + L_2$, 电子 2 的磁矩在电子 1 产生的磁场中所产生的附加能量为 $\Delta E = -\mu_{l_2} \cdot B_{l_1} \sim -\mu_{l_2} \cdot \mu_{l_1} \sim -\cos(L_1, L_2)$, 所以 L_1 和 L_2 之间的夹角越小, 即 L 越大, 能量越低.

(3) 在 s、l 值相同的诸原子态中, 当支壳层中的电子数(即同科电子数)$\leqslant \dfrac{N_l}{2}$ (小于或等于半满电子数)时, j 值最小(即 $j = |l-s|$)时的原子态能量最低, 称之为正常次序; 当支壳层中的电子数 $> \dfrac{N_l}{2}$ (大于半满电子数)时, j 值最大(即 $j = l+s$)时的原子态能量最低, 称之为反常次序(或倒转次序).

值得注意的是, 洪德定则是一个由实验总结而来的近似规律, 绝大多数情况下它是正确的, 但有个别例外. 不过, 若用洪德定则确定原子基态却十分成功, 例外极少.

2. 电偶极跃迁时的选择定则(即跃迁概率最大)

电子在不同能级之间跃迁而产生光子. 实验发现, 由于光子具有自旋和宇称, 此种跃迁具有选择性, 称之为选择定则. 从图 7.1 中可见, 一些能级之间跃迁是允许的, 而另一些能级之间的跃迁是不允许的, 其机制与系统角动量守恒和宇称守恒等有关. 在电偶极近似下(详见第 9 章), 单电子跃迁选择定则可归纳如下.

$\Delta s = 0$: 即电子自旋在跃迁时不变, 单重态与三重态之间不能跃迁.

$\Delta l = \pm 1$: 这是宇称守恒要求. 在量子物理学中, 在中心力场中运动粒子波函数满足 $\psi(r) = (-1)^l \psi(-r)$, 其中宇称 $= (-1)^l$. 又因为光子的宇称为 -1, 故两能级间的宇称相反.

$\Delta j = 0, \pm 1, \Delta m_j = 0, \pm 1$: 光子自旋为 1, 其角动量 z 分量为 $\hbar$, 跃迁产生的光子要带走此角动量, 故此选择定则是跃迁前后角动量守恒的要求.

7.5　原子的电子壳层结构——元素周期律

1. 元素周期律和周期表

1869 年，门捷列夫(D. I. Mendeleev)对当时所发现的 63 种元素的性质进行排列，发现随着原子量(或原子序数 Z，或核外电子数，或核电荷数)的增加，元素的性质呈现周期性变化，于是他率先提出元素周期律概念，给出了元素周期表的"雏形"，尽管比较残缺，但其意义重大. 由于当时这张表还有许多空位，在周期性思想的指导下，又发现了诸多元素，如钪(Sc)、锗(Ge)、镓(Ga)等. 后人根据元素周期律的思想，发现了越来多的元素，从而使此表不断趋向完整. 然而，在随后的半个世纪中，人们始终无法对元素周期律给出理论解释.

在表 7.9 中，最后一列称为幻数：2、10、18、36、54、86. 只要核电荷数 Z 等于幻数，就意味着新的一个周期的开始. 在第七周期中，迄今发现的最重天然元素是铀($Z = 92$)，从镎($Z = 93$)开始至 $Z = 118$ 为人工合成元素，共 26 种.

表 7.9　元素周期律

周期	元素	幻数
第一周期	H(Z=1) —— He(Z=2)	2
第二周期	Li(Z=3) —— Ne(Z=10)	10
第三周期	Na(Z=11) —— Ar(Z=18)	18
第四周期	K(Z=19) —— Kr(Z=36)	36
第五周期	Rb(Z=37) —— Xe(Z=54)	54
第六周期	Cs(Z=55) —— Rn(Z=86)	86
第七周期	Fr(Z=87) ——	

一般将某原子最外层的一个电子移至无穷远(即电离)所需的能量称为该原子的电离能 E. 元素周期律还可以通过元素的电离能实验看出，如图 7.4 所示，元素的电离能随原子序数 Z 周期性变化，电离能峰值对应幻数.

2. 元素周期律与电子组态相关联

玻尔根据他独特的量子物理思想，率先将元素按电子组态周期性排列成表，用于解释周期表，并成功找到了一种新的元素铪(Hf). 直到 1925 年泡利提出不相容原理后，人们才从量子物理学高度深刻认识了元素周期律是电子组态周期的反映，它与各轨道量子状态的数量以及电子填充时的能量变化密切相关.

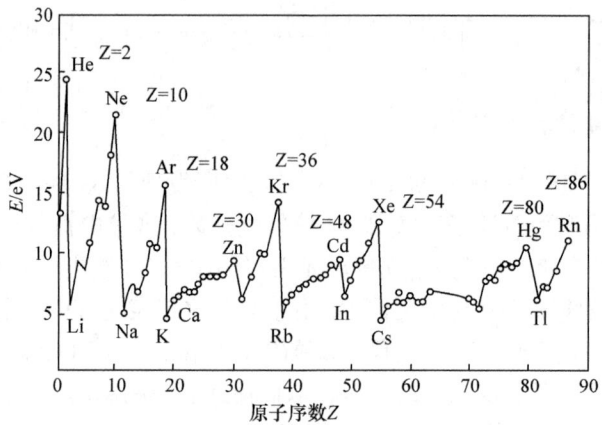

图 7.4　元素的电离能随原子序数的变化

总体而言，电子壳层结构与电子所处状态相关. 决定电子在原子中所处状态的准则:

(1) 泡利原理;

(2) 能量最低原理，即原子处于基态时，所有电子尽可能占据低能量子态.

主量子数 n 相同的壳层称为主壳层，主壳层中的量子态数目为

$$N_n = \sum_{l=0}^{n-1} 2(2l+1) = 2n^2 \tag{7.11}$$

n, l 相同的壳层称为支壳层，支壳层中的量子态数目为

$$N_l = 2(2l+1) \tag{7.12}$$

根据泡利原理，原子中每一个量子态最多只能容纳一个电子，因此上述主壳层和支壳层中所包含的量子态数即为可容纳的电子数. 将主壳层和支壳层所能容纳电子数进行列表，如表 7.10 所示.

表 7.10　主壳层和支壳层中的电子排列

n	1	2	3	4	5
壳层	K	L	M	N	O
支壳层	1s	2s, 2p	3s, 3p, 3d	4s, 4p, 4d, 4f	5s, 5p, 5d, 5f, 5g
N_l	2	2, 6	2, 6, 10	2, 6, 10, 14	2, 6, 10, 14, 18
N_n	2	8	18	32	50
$\sum N_n$	2	10	28	60	110

显然，表 7.10 中最下一行的数字中，仅有 2 和 10 与幻数对应，其余均不对应. 因此，仅按泡利原理，还不能说明 2、10、18、36、54、86 等幻数结构.

3. 外层电子填充次序及周期表结构

单电子填充能级，应该同时服从能量最小和泡利不相容原理.

根据量子物理学原理，电子是以物质波的形式存在于原子核外，而物质波是用波函数 $\psi(r,t)$ 描述的，波函数模的平方 $\psi^*(r,t) \cdot \psi(r,t)$ 等于在空间 r 处和 t 时刻电子出现的概率，即形成概率云，或电子云. 这些电子云可相互交叠，并向原子实内部渗入，导致能量降低，有时可颠倒能级主量子数 n 的次序，它是考虑了电子云之间的相互作用后由薛定谔方程求得. 根据式(5.29)，氢原子的能级随 n 的增加而增加. 然而对多电子原子，由于电子云的相互交叠，此结论不是绝对的. 研究发现，3d 能级高于 4s 能级，4d 能级高于 5s 能级，4f, 5d 能级高于 6s 能级，5f, 6d 能级高于 7s 能级，等等. 因此，外层电子(价电子)应按此能级高低来填充.

图 7.5 给出了价电子波贯穿原子实而能量降低的曲线. 其中，氩(Ar)原子外加一个价电子，构成钾(K)原子；(a)、(b)、(c)分别是原子实"Ar 原子"外价电子("氢

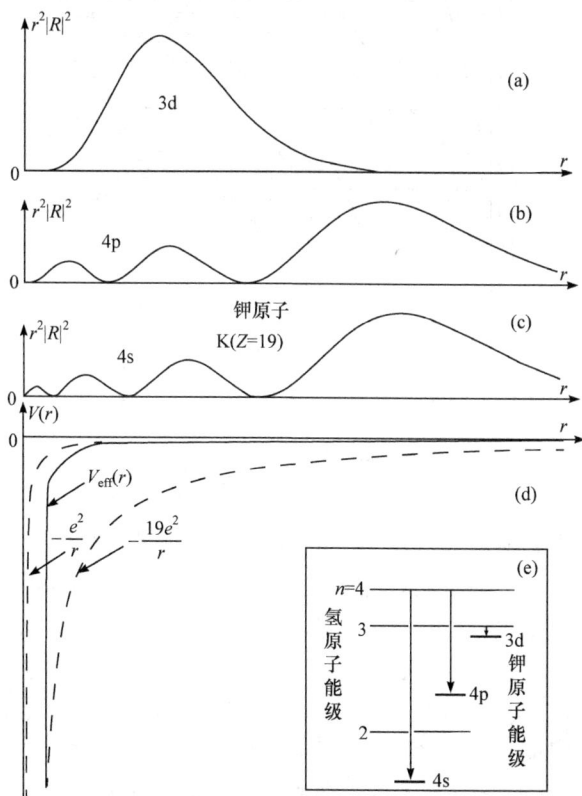

图 7.5　K 原子内原子实的静电屏蔽作用

原子")的 3d、4p、4s 态的径向概率分布曲线, (d)描绘原子实静电屏蔽作用的等效势能. 3d 态基本上未渗入原子实, 能量降低最少; 4s 态曲线有两个峰在原子实内, 能级降低最多, 显著低过了 3d 能级, 甚至比氢原子 $n=2$ 能级还低, 见图 7.5(e).

　　此外, 实验和理论均已证明, 由于电子云的相互交叠, 在某些 Z 区域, 4s 壳层能量低于 3d 壳层能量, 如图 7.6 所示, 图中的"电子结合能"(采用里德伯单位 Ry)即电离某支壳层一个电子所需能量.

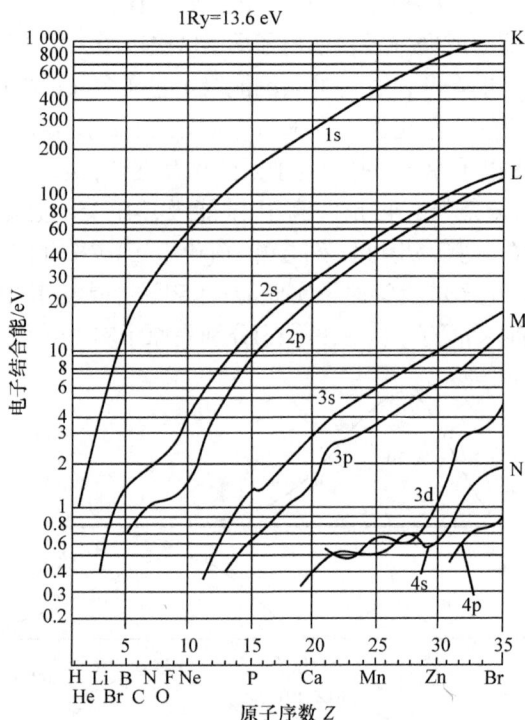

图 7.6　不同壳层中电子结合能随原子序数的变化

　　根据上述分析, 最后外层电子(价电子)的填充次序及周期结构如图 7.7 所示. 由图可见, 幻数结构得到圆满解释, 也就是元素周期律得到圆满解释.

　　元素周期律的发现及物理解释, 对其他学科领域的发展产生了深远的影响. 例如在原子核领域, 自由核子组成原子核时所释放出的能量被称为结合能 B. 定义比结合能 ε 等于原子核中每个核子的平均结合能, 即 $\varepsilon = B/A$, 其中 A 是原子的质量数, 即原子核中的核子数. 比结合能 ε 的大和小由核力引起, 分别表示原子核束缚的紧和松. 实验发现, 原子核中每个核子的平均结合能随质量数 A 的变化也呈现一定的周期性, 如图 7.8 所示. 图中显示, 比结合能 ε 的变化呈现两头低、中间高的形貌, 在 A 较小时, 氘核的比结合能最小, 约 1 eV, 然后随着 A

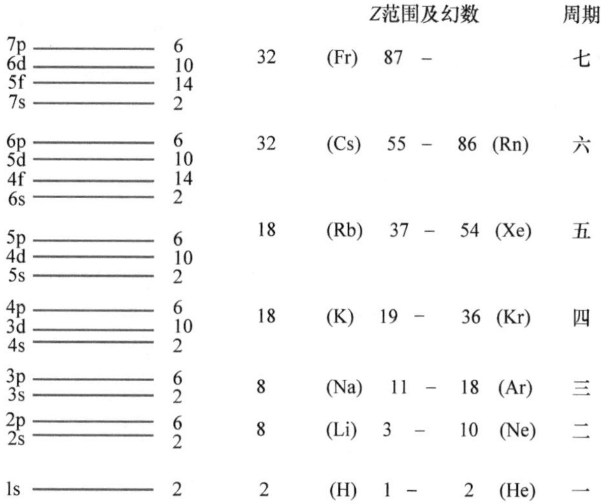

| | | Z范围及幻数 | 周期 |

7p ———————	6				
6d ———————	10	32	(Fr) 87 －	七
5f ———————	14				
7s ———————	2				

6p ———————	6				
5d ———————	10	32	(Cs) 55 － 86 (Rn)	六
4f ———————	14				
6s ———————	2				

5p ———————	6				
4d ———————	10	18	(Rb) 37 － 54 (Xe)	五
5s ———————	2				

4p ———————	6				
3d ———————	10	18	(K) 19 － 36 (Kr)	四
4s ———————	2				

| 3p ——————— | 6 | 8 | (Na) 11 － 18 (Ar) | 三 |
| 3s ——————— | 2 | | | | |

| 2p ——————— | 6 | 8 | (Li) 3 － 10 (Ne) | 二 |
| 2s ——————— | 2 | | | | |

| 1s ——————— 2 | | 2 | (H) 1 － 2 (He) | 一 |

图 7.7　外层电子(价电子)的填充次序及周期结构

的增大不断增加，且 ^{4}He、^{9}Be、^{12}C、^{16}O、^{20}Ne、^{24}Mg 等元素，明显呈现比结合能的准周期性特征和峰值(即幻数)，说明这些拥有幻数的原子核束缚较紧，所以氘核聚变成氦核，放出大量能量，因为在此过程中束缚能大大减小. 原子核物理中的核壳层模型即在此基础上建立,其中还需考虑核子自旋-轨道耦合所产生的能级分裂以及泡利原理限制.

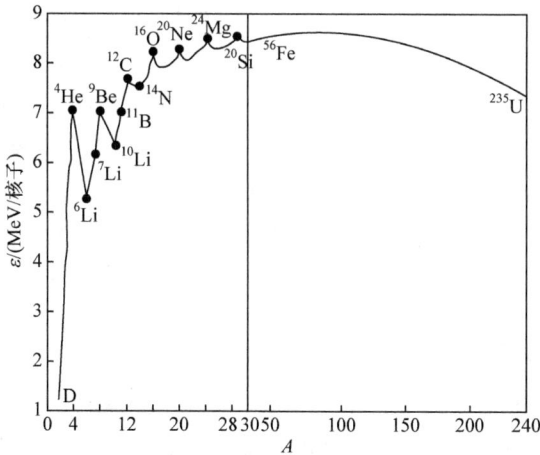

图 7.8　原子核内每个核子的平均结合能 ε 随质量数 A 的变化

　　20 世纪 90 年代，人们发现原子团簇或分子的组成也具有一定的周期性. 例如，由 60 个碳原子构成的碳 60(C_{60})，具有 60 个顶点和 32 个面，其中 12 个为正五边形，20 个为正六边形，形似足球(故也称为足球烯)，它是几何形状十分完美的稳定分子，如图 7.9 所示，其中 60 就是此类分子的幻数，其相邻的数字均构不成稳定的分子. 此外, 碳70(C_{70})是由 70 个碳原子组成的稳定分子, 其形状如橄榄球, 说明 70 也是此类碳分子的结构幻数. 在理论上, 对于此预言更多. 这些幻数的出现, 与此类碳原子分子的稳定几何结构相关联.

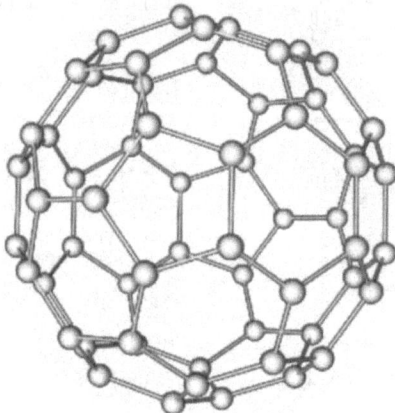

图 7.9　　C_{60} 结构图

例 7.8　求惰性元素的原子态.

解　从元素周期律角度看惰性气体原子, 它是 p 壳层(最外层)被填满的元素, 其 6 个 p 电子的轨道填充如下:

$$l=1, \quad m_l = 1 \qquad 0 \qquad -1$$

$$\uparrow\downarrow \qquad \uparrow\downarrow \qquad \uparrow\downarrow$$

上述 6 个箭头代表 3 个电子自旋朝上, 3 个电子自旋朝下, 并分别对应量子数 $m_l = 1, 0, -1$. 于是 6 个电子填充完全是 m_l 正负和自旋上下对称的, 总磁量子数为 $M_l = 0$, $M_s = 0$, 从而得量子数 $l=0$, $s=0$, $j=0$, 原子态为 $^1S_0$.

从微观结构看, 惰性气体原子的正负电荷中心重合, 对外不显电矩和磁矩, 原子之间也无法电子配对, 因此, 它们很难与其他元素结合.

4. 原子基态的确定

在常温下, 一般原子均处于基态, 因此确定原子基态十分重要. 将所有原子处在基态时的电子组态、原子基态及电离能列于表 7.11 中, 其中有些原子基态的 j 值未标出, 因为当 $l=0$ 或 $s=0$ 时, j 值是唯一的. 确定原子基态的原则如下: 同时考虑泡利原理、能量最小原理和洪德定则. 具体如下:

(1) 设置同科轨道, n、l 已确定, 则同科轨道

$$m_l = l, \quad l-1, \quad \cdots, \quad -l+1, \quad -l$$

(2) 根据洪德定则, 为了获得最大 s 值, 价电子"先占位, 后配对".

(3) 根据洪德定则，为了获得最大 l 值，价电子"先占大 m_l，后配对".

(4) 对各价电子的相应量子数求和，获得最大 $M_l = \sum_l m_l$，$M_s = \sum_s m_s$，于是 l 和 s 被确定，即 $l = M_l$，$s = M_s$，然后可确定总角动量量子数 j 为

$$j = \begin{cases} |l-s|, & \text{当价电子数} \leqslant \dfrac{N_l}{2}，\text{即小于或等于半满支壳层} \\ l+s, & \text{当价电子数} > \dfrac{N_l}{2}，\text{即大于半满支壳层} \end{cases}$$

(5) 如果电子落在两个支壳层 1 和 2，则先分别重复上面步骤(1)~(4)，然后再合之考虑

$$M_{l_1} + M_{l_2} = M_l = l，M_{s_1} + M_{s_2} = M_s = s，\cdots$$

此外，在如下确定原子基态时，被填满的主壳层和支壳层(即原子实)的电子组态多数未被标出，如表 7.11 所示，因为它们的量子数 $l = s = j = 0$，对原子态量子数无贡献，因此无须考虑，只要考虑价电子组态即可.

表 7.11　基态原子的电子组态、原子基态及电离能*

Z	符号	名称	电子组态	原子基态	电离能/eV
1	H	氢	1s	$^2S_{1/2}$	13.599
2	He	氦	$1s^2$	$^1S_0$	24.581
3	Li	锂	[He]2s	$^2S_{1/2}$	5.390
4	Be	铍	$2s^2$	$^1S_0$	9.320
5	B	硼	$2s^22p$	$^2P_{1/2}$	8.296
6	C	碳	$2s^22p^2$	$^3P_0$	11.256
7	N	氮	$2s^22p^3$	$^4S_{3/2}$	14.545
8	O	氧	$2s^22p^4$	$^3P_2$	13.614
9	F	氟	$2s^22p^5$	$^2P_{3/2}$	17.418
10	Ne	氖	$2s^22p^6$	$^1S_0$	21.559
11	Na	钠	[Ne]3s	$^2S_{1/2}$	5.138
12	Mg	镁	$3s^2$	$^1S_0$	7.644
13	Al	铝	$3s^23p$	$^2P_{1/2}$	5.984
14	Si	硅	$3s^23p^2$	$^3P_0$	8.149
15	P	磷	$3s^23p^3$	$^4S_{3/2}$	10.484
16	S	硫	$3s^23p^4$	$^3P_2$	10.357
17	Cl	氯	$3s^23p^5$	$^2P_{3/2}$	13.01
18	Ar	氩	$3s^23p^6$	^1S	15.755

Z	符号	名称	电子组态	原子基态	电离能/eV
19	K	钾	[Ar]4s	$^2S_{1/2}$	4.339
20	Ca	钙	$4s^2$	^1S	6.111
21	Sc	钪	$3d4s^2$	$^2D_{3/2}$	6.538
22	Ti	钛	$3d^24s^2$	$^3F_2$	6.818
23	V	钒	$3d^34s^2$	$^4F_{3/2}$	6.743
24	Cr	铬	$3d^54s$	^7S	6.764
25	Mn	锰	$3d^54s^2$	^6S	7.432
26	Fe	铁	$3d^64s^2$	$^5D_4$	7.868
27	Co	钴	$3d^74s^2$	$^4F_{9/2}$	7.862
28	Ni	镍	$3d^84s^2$	$^3F_4$	7.633
29	Cu	铜	$3d^{10}4s$	^2S	7.724
30	Zn	锌	$3d^{10}4s^2$	^1S	9.391
31	Ga	镓	$3d^{10}4s^24p$	$^2P_{1/2}$	6.00
32	Ge	锗	$3d^{10}4s^24p^2$	$^3P_0$	7.88
33	As	砷	$3d^{10}4s^24p^3$	^4S	9.81
34	Se	硒	$3d^{10}4s^24p^4$	$^3P_2$	9.75
35	Br	溴	$3d^{10}4s^24p^5$	$^2P_{3/2}$	11.84
36	Kr	氪	$3d^{10}4s^24p^6$	^1S	13.996
37	Rb	铷	[Kr]5s	^2S	4.176
38	Sr	锶	$5s^2$	^1S	5.692
39	Y	钇	$4d5s^2$	$^2D_{3/2}$	6.377
40	Zr	锆	$4d^25s^2$	$^3F_2$	6.835
41	Nb	铌	$4d^45s$	$^6D_{1/2}$	6.881
42	Mo	钼	$4d^55s$	^7S	7.10
43	Tc	锝	$4d^55s^2$	^6S	7.228
44	Rn	钌	$4d^75s$	$^5F_5$	7.365
45	Rh	铑	$4d^85s$	$^4F_{9/2}$	7.461
46	Pd	钯	$4d^{10}$	^1S	8.334
47	Ag	银	$4d^{10}5s$	^2S	7.574
48	Cd	镉	$4d^{10}5s^2$	^1S	8.991

续表

Z	符号	名称	电子组态	原子基态	电离能/eV
49	In	铟	$4d^{10}5s^25p$	$^2P_{1/2}$	5.785
50	Sn	锡	$4d^{10}5s^25p^2$	$^3P_0$	7.342
51	Sb	锑	$4d^{10}5s^25p^3$	^4S	8.639
52	Te	碲	$4d^{10}5s^25p^4$	$^3P_2$	9.01
53	I	碘	$4d^{10}5s^25p^5$	$^2P_{3/2}$	10.454
54	Xe	氙	$4d^{10}5s^25p^6$	^1S	12.127
55	Cs	铯	$[Xe]6s$	^2S	3.893
56	Ba	钡	$6s^2$	^1S	5.210
57	La	镧	$5d6s^2$	$^2D_{3/2}$	5.61
58	Ce	铈	$4f5d6s^2$	$^3H_4$	6.54
59	Pr	镨	$4f^36s^2$	$^4I_{9/2}$	5.48
60	Nd	钕	$4f^46s^2$	$^5I_4$	5.51
61	Pm	钷	$4f^56s^2$	$^6H_{5/2}$	5.55
62	Sm	钐	$4f^66s^2$	$^7F_0$	5.63
63	Eu	铕	$4f^76s^2$	^8S	5.67
64	Gd	钆	$4f^75d6s^2$	$^9D_2$	6.16
65	Tb	铽	$4f^96s^2$	$^6H_{15/2}$	6.74
66	Dy	镝	$4f^{10}6s^2$	$^5I_3$	6.82
67	Ho	钬	$4f^{11}6s^2$	$^4I_{15/2}$	6.02
68	Er	铒	$4f^{12}6s^2$	$^3H_6$	6.10
69	Tm	铥	$4f^{13}6s^2$	$^2F_{7/2}$	6.18
70	Yb	镱	$4f^{14}6s^2$	^1S	6.22
71	Lu	镥	$4f^{14}5d6s^2$	$^2D_{3/2}$	6.15
72	Hf	铪	$4f^{14}5d^26s^2$	$^3F_2$	7.0
73	Ta	钽	$4f^{14}5d^36s^2$	$^4F_{3/2}$	7.88
74	W	钨	$4f^{14}5d^46s^2$	$^5D_0$	7.98
75	Re	铼	$4f^{14}5d^56s^2$	^6S	7.87
76	Os	锇	$4f^{14}5d^66s^2$	$^5D_4$	8.7
77	Ir	铱	$4f^{14}5d^76s^2$	$^4F_{9/2}$	9.2
78	Pt	铂	$4f^{14}5d^96s^1$	$^3D_3$	8.88

续表

Z	符号	名称	电子组态	原子基态	电离能/eV
79	Au	金	$[Xe,4f^{14}5d^{10}]6s$	^2S	9.223
80	Hg	汞	$6s^2$	^1S	10.434
81	Tl	铊	$6s^26p$	$^2P_{1/2}$	6.106
82	Pb	铅	$6s^26p^2$	$^3P_0$	7.415
83	Bi	铋	$6s^26p^3$	^4S	7.287
84	Po	钋	$6s^26p^4$	$^3P_2$	8.43
85	At	砹	$6s^26p^5$	$^2P_{3/2}$	9.5
86	Rn	氡	$6s^26p^6$	^1S	10.745
87	Fr	钫	$[Rn]7s$	^2S	4.0
88	Ra	镭	$7s^2$	^1S	5.277
89	Ac	锕	$6d7s^2$	$^2D_{3/2}$	6.9
90	Th	钍	$6d^27s^2$	$^3F_2$	6.1
91	Pa	镤	$5f^26d7s^2$	$^4K_{11/2}$	5.7
92	U	铀	$5f^36d7s^2$	$^5L_6$	6.08
93	Np	镎	$5f^46d7s^2$	$^6L_{11/2}$	5.8
94	Pu	钚	$5f^67s^2$	$^7F_0$	5.8
95	Am	镅	$5f^77s^2$	^8S	6.05
96	Cm	锔	$5f^76d7s^2$	$^9D_2$	
97	Bk	锫	$5f^97s^2$	$^6H_{15/2}$	
98	Cf	锎	$5f^{10}7s^2$	$^5I_8$	
99	Es	锿	$5f^{11}7s^2$	$^4I_{15/2}$	
100	Fm	镄	$5f^{12}7s^2$	$^3H_6$	
101	Md	钔	$5f^{13}7s^2$	$^2F_{7/2}$	
102	No	锗	$5f^{14}7s^2$	$^1S_0$	
103	Lr	铹	$6d5f^{14}7s^2$	$^2D_{5/2}$	

* 取自：史斌星. 量子物理. 北京：清华大学出版社, 1982: 220.

例 7.9　He $(Z=2)$，电子组态 $1s^2$，求基态.

解　氦原子的 1s 轨道，2 个 s 电子填充如下：

$$l=0, \quad m_l=0$$

$$\uparrow\downarrow$$

上述 2 个箭头代表 1 个电子自旋朝上，1 个电子自旋朝下，对应量子数 $m_l = 0$．于是量子数 $s = M_s = \sum m_s = 0$，$l = M_l = \sum m_l = 0$，因此必有 $j = 0$，最后得氦原子基态为 $^1S_0$．

例 7.10 C $(Z = 6)$，电子组态 $2p^2$，求基态．

解 碳原子的 2p 轨道，2 个 p 电子填充如下：

$$l = 1, \quad m_l = \quad 1 \qquad 0 \qquad -1$$
$$\uparrow \qquad \uparrow$$

上述 2 个箭头代表 2 个电子自旋均朝上，分别对应量子数 $m_l = 1$，0．于是量子数 $s = M_s = \sum m_s = 2 \times \frac{1}{2} = 1$，$l = M_l = \sum m_l = 1$，因此得 $j = l + s$，$l + s - 1, \cdots, |l - s| = 2, 1, 0$．此外，根据洪德定则，对于碳原子中的 2p 轨道填有 2 个 p 电子，少于半满，应取小 j，故取 $j = 0$．最后得到碳原子基态为 $^3P_0$．

例 7.11 N $(Z = 7)$，电子组态 $2p^3$，求基态．

解 氮原子的 2p 轨道，3 个 p 电子填充如下：

$$l = 1, \quad m_l = \quad 1 \qquad 0 \qquad -1$$
$$\uparrow \qquad \uparrow \qquad \uparrow$$

上述 3 个箭头代表 3 个电子自旋均朝上，分别对应量子数 $m_l = 1$，0，-1．于是量子数 $s = M_s = \sum m_s = 3/2$，$l = M_l = \sum m_l = 0$（填满一半，定有 $l = 0$），于是得 $j = 3/2$，最后得到氮原子基态为 $^4S_{3/2}$．

例 7.12 O $(Z = 8)$，电子组态 $2p^4$，求基态．

解 氧原子的 2p 轨道，4 个 p 电子填充如下：

$$l = 1, \quad m_l = \quad 1 \qquad 0 \qquad -1$$
$$\uparrow\downarrow \qquad \uparrow \qquad \uparrow$$

上述 4 个箭头代表 3 个电子自旋朝上，1 个电子自旋朝下，分别对应量子数 $m_l = 1$，0，-1．于是有 $s = M_s = \sum m_s = 1$，$l = M_l = \sum m_l = 1$，因此得 $j = 2, 1, 0$．此外，根据洪德定则，p 轨道填 4 个 p 电子，大于半满，应取大 j，故 $j = 2$，最后得到氧原子基态为 $^3P_2$．

例 7.13 Fe $(Z = 26)$，电子组态 $3d^64s^2$，求基态．

解 铁原子 4s 壳层已填满，所有量子数均为零，对原子态量子数无贡献，这里无须考虑；3d 轨道，6 个 d 电子填充如下：

$$l=2 , \quad m_l=2 \quad 1 \quad 0 \quad -1 \quad -2$$
$$\uparrow\downarrow \quad \uparrow \quad \uparrow \quad \uparrow \quad \uparrow$$

上述 6 个箭头代表 5 个电子自旋朝上，1 个电子自旋朝下，分别对应量子数 $m_l=2,1,0,-1,-2$. 于是量子数 $s=M_s=\sum m_s=2$, $l=M_l=\sum m_l=2$, 因此得 $j=4,3,2,1,0$. 此外，根据洪德定则，d 轨道填 6 个 d 电子，大于半满，应取大 j , 故 $j=4$. 最后得铁原子基态为 $^5D_4$.

例 7.14　Rh $(Z=45)$, 电子组态 $4d^85s$, 求基态.

解　铑原子的 4d 和 5s 轨道均未填满，电子填充如下：

$$m_l=2 \quad 1 \quad 0 \quad -1 \quad -2$$
$$8\text{个 d 电子} \quad \uparrow\downarrow \quad \uparrow\downarrow \quad \uparrow\downarrow \quad \uparrow \quad \uparrow$$
$$1\text{个 s 电子} \quad\quad\quad\quad\quad \uparrow$$

以上是 8 个 d 电子和 1 个 s 电子的填充情况，其中 8 个 d 电子自旋有 5 个朝上，3 个朝下，故量子数 $s_1=M_{s_1}=\sum m_{s_1}=1$, $l_1=M_{l_1}=\sum m_{l_1}=3$; 1 个 s 电子自旋朝上，故量子数 $s_2=M_{s_2}=\sum m_{s_2}=1/2$, $l_2=M_{l_2}=\sum m_{l_2}=0$. 合之，得总量子数 $l=M_l=M_{l_1}+M_{l_2}=3$, $s=M_s=M_{s_1}+M_{s_2}=3/2$. 于是得

$$j=l+s,\ l+s-1,\cdots,|l-s| \ =\ 9/2,\ 7/2,\ 5/2,\ 3/2$$

此外，根据洪德定则，铑原子的 s 轨道填有 1 个 s 电子，刚好半满，应取小 j ; 但 d 轨道填有 8 个 d 电子，远超半满，根据洪德定则，应取大 j . 因此，反常次序的影响更大，故取 $j=9/2$. 最后得铑原子基态为 $^4F_{9/2}$.

例 7.15　试求银原子的基态.

解　在施特恩-格拉赫实验中(见第 6 章)，曾经提到从原子炉中飞出的银原子处于基态 $^2S_{1/2}$, 可用上述方法加以证明.

证　Ag $(Z=47)$, 电子组态 $4d^{10}5s$, 价电子填充如下：

$$l=0, \quad m_l= \ 0$$
$$\uparrow$$

银原子的 1 个 s 电子自旋朝上，故量子数 $s=M_s=\sum m_s= \ 1/2$, $l=M_l=\sum m_l=0$. 此外，d 轨道有 10 个电子，d 壳层被填满，所有量子数均为零，因此无须考虑，故得 $j=1/2$. 最后得银原子基态为 $^2S_{1/2}$.

上面诸多举例结果的正确性均可在表 7.11 中得到验证. 应该指出，洪德定则是实验总结，因此上述确定原子基态的方法对绝大多数原子是适用的，但也有例外. 例如，元素铹 Lr(Z=103)，电子组态 $6d5f^{14}7s^2$, 其 5f 轨道和 7s 轨道均填满，无须考虑；一个 6d 电子，$s=1/2$, $l=2$; 6d 轨道仅一个电子，小于半满，故应取 $j=3/2$; 所以

按上述方法得到镧原子基态为 $^2D_{3/2}$，但实际上镧原子基态为 $^2D_{5/2}$，见表 7.11.

此外，应该区分两种情况：在本章 7.3 节中介绍了同科电子形成原子态的筛选方法；在本节(即 7.5 节)中又介绍了原子基态的确定方法. 前者是从所有原子态中选出不违反泡利原理的可能原子态，后者只需要求出原子的基态,两种方法既有重叠又有区别. 对于同科电子所形成的诸多原子态，原子基态一定是包含其中的. 例如，对于上面例子中的 $C(Z=6)$, $2p^2$，按照本节的方法求得其基态为 $^3P_0$，而按照 7.3 节中对两个同科 p 电子组态，即 np^2，筛选出不违反泡利原理的所有可能原子态有 $^1S_0$、$^1D_2$、$^3P_{2,1,0}$，因此原子基态 $^3P_0$ 已包含其中.

练 习 题

7-1　氦原子中电子的结合能(即电离第一个电子所需能量)为 24.5eV. 试问：欲使这个原子的两个电子逐一电离，外界必须提供多少能量？

7-2　在本征态 ψ_{nljm_j} 中，对于 $s=\dfrac{1}{2}$ 和 $l=2$，试计算 $\boldsymbol{L}\cdot\boldsymbol{S}$ 的可能值.

7-3　在本征态 ψ_{nljm_j} 中，试求 $^3F_2$ 态的总角动量和轨道角动量之间的夹角.

7-4　在氢、氦、锂、铍、钠、镁、钾和钙中，哪些原子会出现正常塞曼效应？为什么？

7-5　依 L-S 耦合法则，下列电子组态可形成哪些原子态？其中哪个态能量最低？
(1) np^1; (2) np^5; (3) nd^2; (4) nd^8.

7-6　铍原子基态的电子组态是 $2s^2$，若其中有一个电子被激发到 3p 态，按 L-S 耦合可形成哪些原子态？写出这些原子态的符号. 从这些原子态向低能态跃迁时，可产生几条光谱线？画出相应的能级跃迁图. 若该电子被激发到 2p 态，则可能产生的光谱线又为几条？

7-7　试证明：一个支壳层全部填满的原子必定具有 $^1S_0$ 的基态.

7-8　试根据泡利不相容原理证明：原子的封闭壳层和封闭支壳层(即被电子填满壳层)的角动量 $\boldsymbol{L}$, $\boldsymbol{S}$ 和 $\boldsymbol{J}$ 均为零.

7-9　假如电子自旋为 0 或 $\hbar$，那么当 K 壳层和 L 壳层都填满电子时，Z 为何值？实际情况如何？

7-10　某原子含有若干个封闭壳层和封闭支壳层，在一个未满支壳层内有一个 p 电子. 按 L-S 耦合法则，该原子可能处于什么状态？

7-11　依照 L-S 耦合法则，$(nd)^2$ 组态可形成哪几种原子态？能量最低的是哪个态？并依此确定钛原子 $(3d^24s^2)$ 和镍原子 $(3d^84s^2)$ 基态，计算它们基态时的磁矩及在外磁场 B 方向的可能值.

7-12　元素周期表中第三周期各元素的电子组态如下：第 1、第 2 壳层均已填满，逐次填充 3s、3p 支壳层. 试确定该周期内各元素的原子序数范围.

7-13　碱土金属比惰性气体多两个同科 s 电子，试确定碱土金属的原子序数，并写出它们的电子组态.

7-14　利用 L-S 耦合法则、泡利原理和洪德定则确定氮($Z=7$)、硅($Z=14$)、磷($Z=15$)、锆($Z=40$)和铂($Z=78$)原子的基态.

7-15　一束基态的氢原子通过非均磁场后，在屏上可以接收到几束？在相同条件下,对硼原子，可接收到几条？为什么？

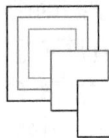

第8章 定态微扰近似理论

前几章介绍了量子物理学的基本理论，并解决了一些相对简单的问题，给出了精确解析解，如一维无限深势阱、一维线性谐振子、势垒贯穿、氢原子问题等．然而，对于大量的实际问题，能够求得薛定谔方程精确解析解的情况很少．因此，在处理复杂实际问题时，寻求近似求解方法十分必要，通常是利用已有的简单问题精确解(解析解)，经过数学简化，从而求得较复杂问题的近似解．

微扰方法是比较传统的近似求解方法．最初，在天体物理领域，当计算行星运行轨道时发展并使用该方法，其中的"微扰"是其他行星影响的二级效应．例如，地球受太阳引力作用绕太阳公转．但是，由于与其他行星的相互作用，其轨道需要予以修正：首先把太阳和地球作为二体系统，求出其轨道；然后计算此轨道受其他行星的微扰作用而发生的微小变化．

下面将介绍的定态微扰理论是关于分立能级的能量和波函数修正求解．如果哈密顿量可表示成两项之和，即 $\hat{H} = \hat{H}^{(0)} + \hat{H}'$，其中 $\hat{H}^{(0)}$ 所描述的体系可以精确求解，其本征矢为 $\left|\psi_n^{(0)}\right\rangle$、本征值 $E_n^{(0)}$ 为分立能级，且相比较 $\hat{H}^{(0)}$ 而言，$\hat{H}'$ 是小量．此时，可采用如下微扰方法近似求解．

8.1 非简并态微扰论

1. 微扰体系方程

设体系哈密顿量不显含时间，且可分为两部分

$$\hat{H} = \hat{H}^{(0)} + \hat{H}' \tag{8.1}$$

其中，$\hat{H}'$ 是小量，可被视为加于 $\hat{H}^{(0)}$ 上的微小扰动．而 $\hat{H}^{(0)}$ 所描写的体系是可以精确求解的，其本征值 $E_n^{(0)}$(分立能级)和本征矢 $\left|\psi_n^{(0)}\right\rangle$ 满足如下本征方程：

$$\hat{H}^{(0)}\left|\psi_n^{(0)}\right\rangle = E_n^{(0)}\left|\psi_n^{(0)}\right\rangle \tag{8.2}$$

设哈密顿量 $\hat{H}$ 的本征值和本征矢满足

$$\hat{H}\left|\psi_n\right\rangle = E_n\left|\psi_n\right\rangle \tag{8.3}$$

当 $\hat{H}' = 0$ 时，$\left|\psi_n\right\rangle = \left|\psi_n^{(0)}\right\rangle$，$E_n = E_n^{(0)}$；当 $\hat{H}' \neq 0$ 时，引入微扰，使体系能级发

生移动，由 $E_n^{(0)} \to E_n$，状态由 $\left|\psi_n^{(0)}\right\rangle \to \left|\psi_n\right\rangle$.

为了明显表示出微扰的微小程度，将其写为

$$\hat{H}' = \lambda \hat{H}^{(1)} \tag{8.4}$$

其中 λ 是很小的实数，表征微扰数量级的参量. 因为 E_n、$\left|\psi_n\right\rangle$ 均与微扰有关，可以把它们看成是 λ 的函数而将其展开成 λ 的幂级数

$$E_n = E_n^{(0)} + \lambda E_n^{(1)} + \lambda^2 E_n^{(2)} + \cdots$$

$$\left|\psi_n\right\rangle = \left|\psi_n^{(0)}\right\rangle + \lambda\left|\psi_n^{(1)}\right\rangle + \lambda^2\left|\psi_n^{(2)}\right\rangle + \cdots \tag{8.5}$$

其中 $E_n^{(0)}$，$\lambda E_n^{(1)}$，$\lambda^2 E_n^{(2)}$，$\cdots$ 分别是能量的零级近似、一级修正和二级修正等；而 $\left|\psi_n^{(0)}\right\rangle$，$\lambda\left|\psi_n^{(1)}\right\rangle$，$\lambda^2\left|\psi_n^{(2)}\right\rangle$，$\cdots$ 分别是状态矢量零级近似、一级修正和二级修正等. 代入薛定谔方程得

$$\left(\hat{H}^{(0)} + \lambda\hat{H}^{(1)}\right)\left(\left|\psi_n^{(0)}\right\rangle + \lambda\left|\psi_n^{(1)}\right\rangle + \lambda^2\left|\psi_n^{(2)}\right\rangle + \cdots\right)$$

$$= \left(E_n^{(0)} + \lambda E_n^{(1)} + \lambda^2 E_n^{(2)} + \cdots\right)\left(\left|\psi_n^{(0)}\right\rangle + \lambda\left|\psi_n^{(1)}\right\rangle + \lambda^2\left|\psi_n^{(2)}\right\rangle + \cdots\right) \tag{8.6}$$

将上式展开分别得

$$\hat{H}^{(0)}\left|\psi_n^{(0)}\right\rangle + \lambda\left(\hat{H}^{(0)}\left|\psi_n^{(1)}\right\rangle + \hat{H}^{(1)}\left|\psi_n^{(0)}\right\rangle\right) + \lambda^2\left(\hat{H}^{(0)}\left|\psi_n^{(2)}\right\rangle + \hat{H}^{(1)}\left|\psi_n^{(1)}\right\rangle\right) + \cdots$$

$$= E_n^{(0)}\left|\psi_n^{(0)}\right\rangle + \lambda\left(E_n^{(0)}\left|\psi_n^{(1)}\right\rangle + E_n^{(1)}\left|\psi_n^{(0)}\right\rangle\right) + \lambda^2\left(E_n^{(0)}\left|\psi_n^{(2)}\right\rangle + E_n^{(1)}\left|\psi_n^{(1)}\right\rangle + E_n^{(2)}\left|\psi_n^{(0)}\right\rangle\right) + \cdots$$

上式两边 λ 同幂次的系数应该相等，得如下系列方程.

λ^0: $\quad \hat{H}^{(0)}\left|\psi_n^{(0)}\right\rangle = E_n^{(0)}\left|\psi_n^{(0)}\right\rangle$

λ^1: $\quad \hat{H}^{(0)}\left|\psi_n^{(1)}\right\rangle + \hat{H}^{(1)}\left|\psi_n^{(0)}\right\rangle = E_n^{(0)}\left|\psi_n^{(1)}\right\rangle + E_n^{(1)}\left|\psi_n^{(0)}\right\rangle$

λ^2: $\quad \hat{H}^{(0)}\left|\psi_n^{(2)}\right\rangle + \hat{H}^{(1)}\left|\psi_n^{(1)}\right\rangle = E_n^{(0)}\left|\psi_n^{(2)}\right\rangle + E_n^{(1)}\left|\psi_n^{(1)}\right\rangle + E_n^{(2)}\left|\psi_n^{(0)}\right\rangle$

$\quad\quad\quad\quad \cdots\cdots$

整理得

λ^0: $\quad \left(\hat{H}^{(0)} - E_n^{(0)}\right)\left|\psi_n^{(0)}\right\rangle = 0 \tag{8.7}$

λ^1: $\quad \left(\hat{H}^{(0)} - E_n^{(0)}\right)\left|\psi_n^{(1)}\right\rangle = -\left(\hat{H}^{(1)} - E_n^{(1)}\right)\left|\psi_n^{(0)}\right\rangle \tag{8.8}$

λ^2: $\quad \left(\hat{H}^{(0)} - E_n^{(0)}\right)\left|\psi_n^{(2)}\right\rangle = -\left(\hat{H}^{(1)} - E_n^{(1)}\right)\left|\psi_n^{(1)}\right\rangle + E_n^{(2)}\left|\psi_n^{(0)}\right\rangle \tag{8.9}$

$\quad\quad\quad\quad \cdots\cdots$

式(8.7)是 $\hat{H}^{(0)}$ 的本征方程，式(8.8)、式(8.9)分别是能量 $E_n^{(1)}$ 和 $E_n^{(2)}$、态矢 $\left|\psi_n^{(1)}\right\rangle$ 和 $\left|\psi_n^{(2)}\right\rangle$ 所满足的方程，由此可解得能量和态矢的第一、二级修正.

2. 态矢和能量的一级修正

借助于未微扰体系的态矢 $\left|\psi_n^{(0)}\right\rangle$ 和本征能量 $E_n^{(0)}$，便可导出扰动后的态矢 $\left|\psi_n\right\rangle$ 和能量 E_n 的近似表达式.

1) 能量一级修正 $\lambda E_n^{(1)}$

根据力学量本征矢的完备性假定，$\hat{H}^{(0)}$ 的本征矢 $\left|\psi_n^{(0)}\right\rangle$ 是完备的，任何态矢都可按其展开，$\left|\psi_n^{(1)}\right\rangle$ 也不例外. 因此，可将态矢的一级修正展开为

$$\left|\psi_n^{(1)}\right\rangle = \sum_{k=1}^{\infty}\left|\psi_k^{(0)}\right\rangle\left\langle\psi_k^{(0)}\big|\psi_n^{(1)}\right\rangle = \sum_{k=1}^{\infty} a_{kn}^{(1)}\left|\psi_k^{(0)}\right\rangle \tag{8.10}$$

其中

$$a_{kn}^{(1)} = \left\langle\psi_k^{(0)}\big|\psi_n^{(1)}\right\rangle \tag{8.11}$$

将上式代回式(8.8)，并利用式(8.7)，得

$$\left(\hat{H}^{(0)} - E_n^{(0)}\right)\sum_{k=1}^{\infty} a_{kn}^{(1)}\left|\psi_k^{(0)}\right\rangle = -\left(\hat{H}^{(1)} - E_n^{(1)}\right)\left|\psi_n^{(0)}\right\rangle$$

或

$$\sum_{k=1}^{\infty} a_{kn}^{(1)}\left(E_k^{(0)} - E_n^{(0)}\right)\left|\psi_k^{(0)}\right\rangle = -\left(\hat{H}^{(1)} - E_n^{(1)}\right)\left|\psi_n^{(0)}\right\rangle$$

将上式左乘 $\left\langle\psi_m^{(0)}\right|$ 得

$$\sum_{k=1}^{\infty} a_{kn}^{(1)}\left(E_k^{(0)} - E_n^{(0)}\right)\left\langle\psi_m^{(0)}\big|\psi_k^{(0)}\right\rangle$$

$$= -\left\langle\psi_m^{(0)}\big|\hat{H}^{(1)}\big|\psi_n^{(0)}\right\rangle + E_n^{(1)}\left\langle\psi_m^{(0)}\big|\psi_n^{(0)}\right\rangle$$

因为本征基矢 $\left|\psi_n^{(0)}\right\rangle$ 具有正交归一性，所以

$$\sum_{k=1}^{\infty} a_{kn}^{(1)}\left(E_k^{(0)} - E_n^{(0)}\right)\delta_{mk} = -H_{mn}^{(1)} + E_n^{(1)}\delta_{mn}$$

即

$$a_{mn}^{(1)}\left(E_m^{(0)} - E_n^{(0)}\right) = -H_{mn}^{(1)} + E_n^{(1)}\delta_{mn} \tag{8.12}$$

其中，$H_{mn}^{(1)} \equiv \left\langle\psi_m^{(0)}\big|\hat{H}^{(1)}\big|\psi_n^{(0)}\right\rangle$. 如果 $m = n$，则式(8.12)简化为

$$E_n^{(1)} = H_{nn}^{(1)} \equiv \left\langle\psi_n^{(0)}\big|\hat{H}^{(1)}\big|\psi_n^{(0)}\right\rangle$$

如果 $m \neq n$，则由式(8.12)得

$$a_{mn}^{(1)} = \frac{H_{mn}^{(1)}}{E_n^{(0)} - E_m^{(0)}} = \frac{\left\langle \psi_m^{(0)} \left| \hat{H}^{(1)} \right| \psi_n^{(0)} \right\rangle}{E_n^{(0)} - E_m^{(0)}} \tag{8.13}$$

应该指出: 在式(8.13)中, $n \neq m$, 否则该式发散, 即由该式得不出系数 $a_{nn}^{(1)}$. 于是, 精确到一级微扰的体系能量

$$\begin{aligned}
E_n &= E_n^{(0)} + \lambda E_n^{(1)} \\
&= E_n^{(0)} + \lambda \left\langle \psi_n^{(0)} \left| \hat{H}^{(1)} \right| \psi_n^{(0)} \right\rangle = E_n^{(0)} + \left\langle \psi_n^{(0)} \left| \lambda \hat{H}^{(1)} \right| \psi_n^{(0)} \right\rangle \\
&= E_n^{(0)} + \left\langle \psi_n^{(0)} \left| \hat{H}' \right| \psi_n^{(0)} \right\rangle = E_n^{(0)} + H_{nn}'
\end{aligned} \tag{8.14}$$

其中, $H_{nn}' \equiv \left\langle \psi_n^{(0)} \left| \hat{H}' \right| \psi_n^{(0)} \right\rangle$, 能量的一级修正等于微扰哈密顿量在零级态矢中的平均值.

2) 求解态矢一级修正 $\left| \psi_n^{(1)} \right\rangle$

$$\left| \psi_n^{(1)} \right\rangle = \sum_{k=1}^{\infty} a_{kn}^{(1)} \left| \psi_k^{(0)} \right\rangle$$

基于式(8.5)、式(8.10)、式(8.11)以及 $\left| \psi_n \right\rangle$ 的归一化条件, 近似到小量 λ 的一次项, 有

$$\begin{aligned}
1 &= \left\langle \psi_n \mid \psi_n \right\rangle \\
&= \left(\left\langle \psi_n^{(0)} \right| + \lambda \left\langle \psi_n^{(1)} \right| \right) \cdot \left(\left| \psi_n^{(0)} \right\rangle + \lambda \left| \psi_n^{(1)} \right\rangle \right) \\
&= \left\langle \psi_n^{(0)} \middle| \psi_n^{(0)} \right\rangle + \lambda \left\langle \psi_n^{(0)} \middle| \psi_n^{(1)} \right\rangle + \lambda \left\langle \psi_n^{(1)} \middle| \psi_n^{(0)} \right\rangle + \lambda^2 \left\langle \psi_n^{(1)} \middle| \psi_n^{(1)} \right\rangle \\
&= 1 + \lambda \sum_{k=1}^{\infty} \left(a_{kn}^{(1)} \left\langle \psi_n^{(0)} \middle| \psi_k^{(0)} \right\rangle + a_{kn}^{(1)*} \left\langle \psi_k^{(0)} \middle| \psi_n^{(0)} \right\rangle \right) + \lambda^2 + \cdots \\
&= 1 + \lambda \sum_{k=1}^{\infty} \left(a_{kn}^{(1)} \delta_{nk} + a_{kn}^{(1)*} \delta_{kn} \right) + \lambda^2 + \cdots \\
&\approx 1 + \lambda \left(a_{nn}^{(1)} + a_{nn}^{(1)*} \right)
\end{aligned}$$

根据归一性条件, 有

$$\lambda \left(a_{nn}^{(1)} + a_{nn}^{(1)*} \right) = 0$$

但 $\lambda \neq 0$, 故要求 $\left(a_{nn}^{(1)} + a_{nn}^{(1)*} \right) = 0$, 所以 $\mathrm{Re}\left(a_{nn}^{(1)} \right) = 0$, 即 $a_{nn}^{(1)}$ 的实部为 0, 它是一个纯虚数, 故可令 $a_{nn}^{(1)} = \mathrm{i}\gamma$ (γ 为实). 于是

$$\left|\psi_n\right\rangle = \left|\psi_n^{(0)}\right\rangle + \lambda\sum_{k=1}^{\infty} a_{kn}^{(1)}\left|\psi_k^{(0)}\right\rangle$$

$$= \left|\psi_n^{(0)}\right\rangle + \lambda a_{nn}^{(1)}\left|\psi_n^{(0)}\right\rangle + \lambda\sum_{k\neq n}^{\infty} a_{kn}^{(1)}\left|\psi_k^{(0)}\right\rangle$$

$$= \left|\psi_n^{(0)}\right\rangle + \lambda\mathrm{i}\gamma\left|\psi_n^{(0)}\right\rangle + \lambda\sum_{k\neq n}^{\infty} a_{kn}^{(1)}\left|\psi_k^{(0)}\right\rangle$$

$$= (1+\lambda\mathrm{i}\gamma)\left|\psi_n^{(0)}\right\rangle + \lambda\sum_{k\neq n}^{\infty} a_{kn}^{(1)}\left|\psi_k^{(0)}\right\rangle \approx \mathrm{e}^{\lambda\mathrm{i}\gamma}\left|\psi_n^{(0)}\right\rangle + \lambda\sum_{k\neq n}^{\infty} a_{kn}^{(1)}\left|\psi_k^{(0)}\right\rangle$$

由于 λ 是小量，只保留 λ 的一次项，略去 λ 的平方及以上项，上式为

$$\left|\psi_n\right\rangle = \mathrm{e}^{\lambda\mathrm{i}\gamma}\left(\left|\psi_n^{(0)}\right\rangle + \lambda\sum_{k\neq n}^{\infty} a_{kn}^{(1)}\left|\psi_k^{(0)}\right\rangle\right)$$

上式表明，展开式中 $a_{nn}^{(1)}\left|\psi_n^{(0)}\right\rangle$ 项的存在只不过使整个态矢量 $\left|\psi_n\right\rangle$ 增加了一个相因子，这是无关紧要的，所以可取 $\gamma=0$，即 $a_{nn}^{(1)}=0$，说明式(8.13)中的 $n=m$ 项的确无须考虑. 于是

$$\left|\psi_n\right\rangle = \left|\psi_n^{(0)}\right\rangle + \lambda\sum_{k\neq n}^{\infty} a_{kn}^{(1)}\left|\psi_k^{(0)}\right\rangle \tag{8.15}$$

利用式(8.13)和式(8.15)，有

$$\left|\psi_n\right\rangle = \left|\psi_n^{(0)}\right\rangle + \lambda\sum_{k\neq n}^{\infty} a_{kn}^{(1)}\left|\psi_k^{(0)}\right\rangle$$

$$= \left|\psi_n^{(0)}\right\rangle + \lambda\sum_{k\neq n}^{\infty} \frac{\left\langle\psi_k^{(0)}\left|\hat{H}^{(1)}\right|\psi_n^{(0)}\right\rangle}{E_n^{(0)}-E_k^{(0)}}\left|\psi_k^{(0)}\right\rangle$$

$$= \left|\psi_n^{(0)}\right\rangle + \sum_{k\neq n}^{\infty} \frac{\left\langle\psi_k^{(0)}\left|\lambda\hat{H}^{(1)}\right|\psi_n^{(0)}\right\rangle}{E_n^{(0)}-E_k^{(0)}}\left|\psi_k^{(0)}\right\rangle$$

$$= \left|\psi_n^{(0)}\right\rangle + \sum_{k\neq n}^{\infty} \frac{\left\langle\psi_k^{(0)}\left|\hat{H}'\right|\psi_n^{(0)}\right\rangle}{E_n^{(0)}-E_k^{(0)}}\left|\psi_k^{(0)}\right\rangle$$

$$= \left|\psi_n^{(0)}\right\rangle + \sum_{k\neq n}^{\infty} \frac{H'_{kn}}{E_n^{(0)}-E_k^{(0)}}\left|\psi_k^{(0)}\right\rangle \tag{8.16}$$

上式即为一级修正后的态矢.

3. 能量的二级修正

与求态矢的一级修正类似，将 $\left|\psi_n^{(2)}\right\rangle$ 按 $\left|\psi_n^{(0)}\right\rangle$ 展开

$$\left|\psi_n^{(2)}\right\rangle = \sum_{k=1}^{\infty}\left|\psi_k^{(0)}\right\rangle\left\langle\psi_k^{(0)}\left|\psi_n^{(2)}\right\rangle\right. = \sum_{k=1}^{\infty} a_{kn}^{(2)}\left|\psi_k^{(0)}\right\rangle$$

将上式与 $\left|\psi_n^{(1)}\right\rangle$ 展开式一起代入关于 λ^2 量级的式(8.9)，得

$$\left(\hat{H}^{(0)} - E_n^{(0)}\right)\sum_{k=1}^{\infty} a_{kn}^{(2)}\left|\psi_k^{(0)}\right\rangle = -\left(\hat{H}^{(1)} - E_n^{(1)}\right)\sum_{k=1}^{\infty} a_{kn}^{(1)}\left|\psi_k^{(0)}\right\rangle + E_n^{(2)}\left|\psi_n^{(0)}\right\rangle$$

或

$$\sum_{k=1}^{\infty}\left(E_k^{(0)} - E_n^{(0)}\right)a_{kn}^{(2)}\left|\psi_k^{(0)}\right\rangle = -\left(\hat{H}^{(1)} - E_n^{(1)}\right)\sum_{k=1}^{\infty} a_{kn}^{(1)}\left|\psi_k^{(0)}\right\rangle + E_n^{(2)}\left|\psi_n^{(0)}\right\rangle$$

对上式左乘态矢 $\left\langle\psi_m^{(0)}\right|$，利用正交归一性，得

$$\sum_{k=1}^{\infty}\left(E_k^{(0)} - E_n^{(0)}\right)a_{kn}^{(2)}\left\langle\psi_m^{(0)}\middle|\psi_k^{(0)}\right\rangle$$

$$= -\sum_{k=1}^{\infty} a_{kn}^{(1)}\left\langle\psi_m^{(0)}\middle|\hat{H}^{(1)}\middle|\psi_k^{(0)}\right\rangle + E_n^{(1)}\sum_{k=1}^{\infty} a_{kn}^{(1)}\left\langle\psi_m^{(0)}\middle|\psi_k^{(0)}\right\rangle + E_n^{(2)}\left\langle\psi_m^{(0)}\middle|\psi_n^{(0)}\right\rangle$$

即

$$\sum_{k=1}^{\infty}\left(E_k^{(0)} - E_n^{(0)}\right)a_{kn}^{(2)}\delta_{mk}$$

$$= -\sum_{k=1}^{\infty} a_{kn}^{(1)}\left\langle\psi_m^{(0)}\middle|\hat{H}^{(1)}\middle|\psi_k^{(0)}\right\rangle + E_n^{(1)}\sum_{k=1}^{\infty} a_{kn}^{(1)}\delta_{mk} + E_n^{(2)}\delta_{mn}$$

于是

$$\left(E_m^{(0)} - E_n^{(0)}\right)a_{mn}^{(2)} = -\sum_{k=1}^{\infty} a_{kn}^{(1)} H_{mk}^{(1)} + E_n^{(1)} a_{mn}^{(1)} + E_n^{(2)}\delta_{mn} \tag{8.17}$$

如果 $m = n$，则式(8.17)简化为

$$0 = -\sum_{k=1}^{\infty} a_{kn}^{(1)} H_{nk}^{(1)} + E_n^{(1)} a_{nn}^{(1)} + E_n^{(2)}$$

因为前面讨论已知 $a_{nn}^{(1)} = 0$，利用式(8.13)，得能量二级修正为

$$E_n^{(2)} = \sum_{k \neq n}^{\infty} a_{kn}^{(1)} H_{nk}^{(1)} = \sum_{k \neq n}^{\infty} \frac{H_{kn}^{(1)}}{E_n^{(0)} - E_k^{(0)}} H_{nk}^{(1)}$$

$$= \sum_{k \neq n}^{\infty} \frac{H_{kn}^{(1)} H_{kn}^{(1)*}}{E_n^{(0)} - E_k^{(0)}} = \sum_{k \neq n}^{\infty} \frac{|H_{kn}^{(1)}|^2}{E_n^{(0)} - E_k^{(0)}} \tag{8.18}$$

上述推导中利用了微扰算符的厄米性，即

$$H_{nk}^{(1)} = \tilde{H}_{kn}^{(1)} = [H_{kn}^{(1)+}]^*$$

$$= \left(\left\langle\psi_k^{(0)}\middle|\hat{H}^{(1)+}\middle|\psi_n^{(0)}\right\rangle\right)^* = \left(\left\langle\psi_k^{(0)}\middle|\hat{H}^{(1)}\middle|\psi_n^{(0)}\right\rangle\right)^* = H_{kn}^{(1)*}$$

所以，在计及二级修正后，扰动体系能量本征值为

$$E_n = E_n^{(0)} + \lambda E_n^{(1)} + \lambda^2 E_n^{(2)} = E_n^{(0)} + H'_{nn} + \sum_{k \neq n}^{\infty} \frac{|H'_{kn}|^2}{E_n^{(0)} - E_k^{(0)}} \tag{8.19}$$

为了将扰动后的定态薛定谔方程按 λ 的幂次分出各阶修正态矢所满足的方程，引入了小量 λ. 一旦得到各阶方程后，后面的求解中就不用再明显写出 λ. 此外，如果 $m \neq n$，则式(8.17)可化为

$$\left(E_m^{(0)} - E_n^{(0)} \right) a_{mn}^{(2)} = -\sum_{k=1}^{\infty} a_{kn}^{(1)} H_{mk}^{(1)} + E_n^{(1)} a_{mn}^{(1)}$$

于是有

$$\begin{aligned}
a_{mn}^{(2)} &= \sum_{k=1}^{\infty} \frac{a_{kn}^{(1)} H_{mk}^{(1)}}{E_n^{(0)} - E_m^{(0)}} - \frac{H_{nn}^{(1)} a_{mn}^{(1)}}{E_n^{(0)} - E_m^{(0)}} \\
&= \sum_{k \neq n}^{\infty} \frac{H_{kn}^{(1)} H_{mk}^{(1)}}{\left(E_n^{(0)} - E_m^{(0)} \right)\left(E_n^{(0)} - E_k^{(0)} \right)} - \frac{H_{nn}^{(1)} H_{mn}^{(1)}}{\left(E_n^{(0)} - E_m^{(0)} \right)^2}
\end{aligned} \tag{8.20}$$

其中利用了式(8.13). 一般而言，计算波函数二级修正的情况很少.

4. 定态微扰理论适用条件

根据上述推导，在一级近似下，定态态矢量可表示为

$$|\psi_n\rangle = |\psi_n^{(0)}\rangle + \sum_{k \neq n}^{\infty} \frac{H'_{kn}}{E_n^{(0)} - E_k^{(0)}} |\psi_k^{(0)}\rangle$$

即式(8.16)，说明扰动态矢 $|\psi_n\rangle$ 可视为未扰动态矢 $|\psi_k^{(0)}\rangle$ 的线性叠加. 展开系数 $H'_{kn}/(E_n^{(0)} - E_k^{(0)})$ 表明第 k 个未扰动态矢 $|\psi_k^{(0)}\rangle$ 对第 n 个扰动态矢 $|\psi_n\rangle$ 的贡献有多大. 由于展开系数反比于扰动前状态间的能量间隔，所以能量最接近的态 $|\psi_k^{(0)}\rangle$ 混合也越强. 一般情况下，态矢一级修正无须计算无限多项.

在二级近似下，体系能量可表示为

$$E_n = E_n^{(0)} + H'_{nn} + \sum_{k \neq n}^{\infty} \frac{|H'_{kn}|^2}{E_n^{(0)} - E_k^{(0)}} + \cdots$$

即式(8.19). 其中，H'_{nn} 是一级修正，即扰动后体系能量由扰动前第 n 态能量 $E_n^{(0)}$ (分立能级)加微扰哈密顿量 $\hat{H}'$ 在未微扰态 $|\psi_n^{(0)}\rangle$ 中的平均值组成. 该值可能是正或负，引起原来能级上移或下移. 如果满足适用条件

$$\left| \frac{H'_{kn}}{E_n^{(0)} - E_k^{(0)}} \right| \ll 1, \quad E_n^{(0)} \neq E_k^{(0)}$$

通常求能量的一级微扰修正精度就够了. 如果一级能量修正 $H'_{nn} = 0$, 则需求二级修正; 态矢一般求到一级修正即可.

严格地讲, 要证明微扰适用条件, 需证明波函数和能量修正级数收敛. 但由于很难得到级数的一般项, 无法判断级数的收敛性, 故只能要求级数已知项中后项远小于前项. 于是, 微扰理论适用条件如下:

(1) 微扰矩阵元 $|H'_{kn}| = \left| \left\langle \psi_k^{(0)} \middle| \hat{H}' \middle| \psi_n^{(0)} \right\rangle \right|$ 很小;

(2) 分立能级差 $|E_n^{(0)} - E_k^{(0)}|$ 要大, 即能级间距要宽.

例如, 在库仑场中, 类氢离子能级与主量子数 n^2 成反比, 即

$$E_n = -\frac{\mu Z^2 e^4}{(4\pi\varepsilon_0)^2 2\hbar^2 n^2}, \quad n = 1, 2, 3, \cdots$$

由上式可见, 当 n 大时, 能级间距变小, 因此微扰理论只适用于计算低能级(n 小)的修正.

例 8.1 一电荷为 $-e$ 的线性谐振子, 受恒定弱电场 ε 作用, 电场沿 x 正向. 用微扰法求体系的定态能量和波函数.

解 电谐振子哈密顿量为

$$\hat{H} = -\frac{\hbar^2}{2\mu}\frac{\mathrm{d}^2}{\mathrm{d}x^2} + \frac{1}{2}\mu\omega^2 x^2 - e\varepsilon x$$

将哈密顿量分成 $\hat{H} = \hat{H}^{(0)} + \hat{H}'$, 在弱电场下, $\hat{H}'$ 很小, 可视为微扰, 即

$$\begin{cases} \hat{H}^{(0)} = -\dfrac{\hbar^2}{2\mu}\dfrac{\mathrm{d}^2}{\mathrm{d}x^2} + \dfrac{1}{2}\mu\omega^2 x^2 \\ \hat{H}' = -e\varepsilon x \end{cases}$$

其中, 哈密顿算符 $\hat{H}^{(0)}$ 的本征函数和本征值已求解得到(见第 3 章), 即

$$\psi_n^{(0)} = N_n \mathrm{e}^{-\alpha^2 x^2 / 2} \mathrm{H}_n(\alpha x), \quad \alpha = \sqrt{\frac{\mu\omega}{\hbar}}, \quad N_n = \sqrt{\frac{\alpha}{\sqrt{\pi} 2^n n!}}$$

$$E_n^{(0)} = \hbar\omega\left(n + \frac{1}{2}\right), \quad n = 0, 1, 2, \cdots$$

利用式(8.19), 能量的一级修正 $E_n^{(1)}$ 为

$$E_n^{(1)} = H'_{nn} = \int_{-\infty}^{\infty} \psi_n^{(0)*} \hat{H}' \psi_n^{(0)} \mathrm{d}x = -e\varepsilon \int_{-\infty}^{\infty} \psi_n^{(0)*} x \psi_n^{(0)} \mathrm{d}x = 0$$

因为被积函数为奇函数, 故上式积分等于 0. 需要计算能量二级修正.

先计算 H'_{kn} 矩阵元

$$H'_{kn} = \int_{-\infty}^{\infty} \psi_k^{(0)*} \hat{H}' \psi_n^{(0)} \mathrm{d}x = -e\varepsilon \int_{-\infty}^{\infty} \psi_k^{(0)*} x \psi_n^{(0)} \mathrm{d}x$$

利用线性谐振子本征函数的递推关系式(3.34)(见第 3 章)

$$x\psi_n = \frac{1}{\alpha}\left(\sqrt{\frac{n}{2}}\ \psi_{n-1} + \sqrt{\frac{n+1}{2}}\ \psi_{n+1}\right)$$

得

$$H'_{kn} = -e\varepsilon\int_{-\infty}^{\infty}\ \psi_k^{(0)*}\frac{1}{\alpha}\left(\sqrt{\frac{n}{2}}\ \psi_{n-1}^{(0)} + \sqrt{\frac{n+1}{2}}\ \psi_{n+1}^{(0)}\right)\mathrm{d}x$$

$$= -e\varepsilon\frac{1}{\alpha}\left(\int_{-\infty}^{\infty}\ \psi_k^{(0)*}\sqrt{\frac{n}{2}}\ \psi_{n-1}^{(0)}\ \mathrm{d}x + \int_{-\infty}^{\infty}\ \psi_k^{(0)*}\sqrt{\frac{n+1}{2}}\ \psi_{n+1}^{(0)}\ \mathrm{d}x\right)$$

$$= -\frac{e\varepsilon}{\alpha}\left(\sqrt{\frac{n}{2}}\ \delta_{k,n-1} + \sqrt{\frac{n+1}{2}}\ \delta_{k,n+1}\right)$$

将上式代入式(8.18)，得

$$E_n^{(2)} = \sum_{k\neq n}\frac{|\ H'_{kn}\ |^2}{E_n^{(0)} - E_k^{(0)}}$$

$$= \sum_{k\neq n}\frac{\left(-\dfrac{e\varepsilon}{\alpha}\right)^2\left(\sqrt{\dfrac{n}{2}}\ \delta_{k,n-1} + \sqrt{\dfrac{n+1}{2}}\ \delta_{k,n+1}\right)^2}{E_n^{(0)} - E_k^{(0)}}$$

$$= \left(\frac{e\varepsilon}{\alpha}\right)^2\sum_{k\neq n}\frac{1}{E_n^{(0)} - E_k^{(0)}}\left(\frac{n}{2}\delta_{k,n-1} + \frac{n+1}{2}\delta_{k,n+1}\right)$$

$$= \left(\frac{e\varepsilon}{\alpha}\right)^2\left[\frac{n}{2}\frac{1}{E_n^{(0)} - E_{n-1}^{(0)}} + \frac{n+1}{2}\frac{1}{E_n^{(0)} - E_{n+1}^{(0)}}\right]$$

对于谐振子，能级差是等间隔的，因此 $E_n^{(0)} - E_{n-1}^{(0)} = \hbar\omega$，$E_n^{(0)} - E_{n+1}^{(0)} = -\hbar\omega$，因此

$$E_n^{(2)} = \left(\frac{e\varepsilon}{\alpha}\right)^2\left(\frac{n}{2}\frac{1}{\hbar\omega} + \frac{n+1}{2}\frac{1}{-\hbar\omega}\right) = -\left(\frac{e\varepsilon}{\alpha}\right)^2\frac{1}{2\hbar\omega} = -\frac{e^2\varepsilon^2}{2\mu\omega^2}$$

由此可见，能级移动与 n 无关，即与扰动前振子的状态无关.

利用式(8.16)，波函数的一级修正为

$$\psi_n^{(1)} = \sum_{k\neq n}\frac{H'_{kn}}{E_n^{(0)} - E_k^{(0)}}\psi_k^{(0)}$$

$$= \sum_{k\neq n}\frac{-\dfrac{e\varepsilon}{\alpha}\left(\sqrt{\dfrac{n}{2}}\ \delta_{k,n-1} + \sqrt{\dfrac{n+1}{2}}\ \delta_{k,n+1}\right)}{E_n^{(0)} - E_k^{(0)}}\psi_k^{(0)}$$

$$= -\frac{e\varepsilon}{\alpha}\left[\sqrt{\frac{n}{2}}\ \frac{1}{E_n^{(0)}-E_{n-1}^{(0)}}\psi_{n-1}^{(0)}+\sqrt{\frac{n+1}{2}}\ \frac{1}{E_n^{(0)}-E_{n+1}^{(0)}}\ \psi_{n+1}^{(0)}\right]$$

$$= -\frac{e\varepsilon}{\alpha}\left[\sqrt{\frac{n}{2}}\ \frac{1}{\hbar\omega}\psi_{n-1}^{(0)}+\sqrt{\frac{n+1}{2}}\ \frac{1}{-\hbar\omega}\psi_{n+1}^{(0)}\right]$$

$$= e\varepsilon\sqrt{\frac{1}{2\hbar\mu\omega^3}}\left[\sqrt{n+1}\ \psi_{n+1}^{(0)}-\sqrt{n}\ \psi_{n-1}^{(0)}\right]$$

例 8.2　在占有数表象中求解上述电谐振子问题.

解　在占有数表象中(见第 4 章)

$$x=\frac{1}{\alpha\sqrt{2}}(\hat{a}+\hat{a}^+)$$

$$\hat{a}|n\rangle=\sqrt{n}|n-1\rangle,\quad \hat{a}^+|n\rangle=\sqrt{n+1}|n+1\rangle$$

所以，微扰矩阵元

$$E_n^{(1)}=\left\langle n\big|\hat{H}'\big|n\right\rangle$$

$$=-e\varepsilon\langle n|x|n\rangle=-e\varepsilon\left\langle n\left|\frac{1}{\alpha\sqrt{2}}(\hat{a}+\hat{a}^+)\right|n\right\rangle$$

$$=-e\varepsilon\frac{1}{\alpha\sqrt{2}}\left(\langle n|\hat{a}|n\rangle+\langle n|\hat{a}^+|n\rangle\right)$$

$$=-e\varepsilon\frac{1}{\alpha\sqrt{2}}\left(\sqrt{n}\langle n|n-1\rangle+\sqrt{n+1}\langle n|n+1\rangle\right)=0$$

即能量一级修正为零. 需要计算二级修正如下：

$$H'_{mn}=\left\langle m\big|\hat{H}'\big|n\right\rangle$$

$$=-e\varepsilon\langle m|x|n\rangle=-e\varepsilon\left\langle m\left|\frac{1}{\alpha\sqrt{2}}(\hat{a}+\hat{a}^+)\right|n\right\rangle$$

$$=-e\varepsilon\frac{1}{\alpha\sqrt{2}}\left(\langle m|\hat{a}|n\rangle+\langle m|\hat{a}^+|n\rangle\right)$$

$$=-e\varepsilon\frac{1}{\alpha\sqrt{2}}\left(\sqrt{n}\langle m|n-1\rangle+\sqrt{n+1}\langle m|n+1\rangle\right)$$

$$=-e\varepsilon\frac{1}{\alpha\sqrt{2}}\left(\sqrt{n}\ \delta_{m,n-1}+\sqrt{n+1}\ \delta_{m,n+1}\right)$$

将上式代入能量二级修正公式(8.18)，得

$$E_n^{(2)} = \sum_{m \neq n} \frac{|H'_{mn}|^2}{E_n^{(0)} - E_m^{(0)}}$$

$$= \sum_{m \neq n} \frac{\left| -e\varepsilon \frac{1}{\alpha\sqrt{2}} \left(\sqrt{n}\, \delta_{m,n-1} + \sqrt{n+1}\, \delta_{m,n+1} \right) \right|^2}{E_n^{(0)} - E_m^{(0)}} = -\frac{e^2\varepsilon^2}{2\mu\omega^2}$$

与上例结果一致.

例 8.3　求电谐振子的精确解.

解　实际上, 上述问题是可以精确求解的, 只要将体系哈密顿量作以下变换:

$$\hat{H} = -\frac{\hbar^2}{2\mu}\frac{d^2}{dx^2} + \frac{1}{2}\mu\omega^2 x^2 - e\varepsilon\, x$$

$$= -\frac{\hbar^2}{2\mu}\frac{d^2}{dx^2} + \frac{1}{2}\mu\omega^2 \left[x^2 - 2\frac{e\varepsilon}{\mu\omega^2}x + \left(\frac{e\varepsilon}{\mu\omega^2}\right)^2 \right] - \frac{e^2\varepsilon^2}{2\mu\omega^2}$$

$$= -\frac{\hbar^2}{2\mu}\frac{d^2}{dx^2} + \frac{1}{2}\mu\omega^2 \left(x - \frac{e\varepsilon}{\mu\omega^2} \right)^2 - \frac{e^2\varepsilon^2}{2\mu\omega^2}$$

$$= -\frac{\hbar^2}{2\mu}\frac{d^2}{dx'^2} + \frac{1}{2}\mu\omega^2 x'^2 - \frac{e^2\varepsilon^2}{2\mu\omega^2}$$

其中令 $x' = x - e\varepsilon/(\mu\omega^2)$. 可见, 体系仍是一个线性谐振子. 它的每一个能级都比无电场时的线性谐振子的相应能级低 $e^2\varepsilon^2/(2\mu\omega^2)$, 而平衡点向右移动了 $e\varepsilon/(\mu\omega^2)$ 距离.

此外, 由于势场不再具有空间反演对称性, 所以波函数没有确定的宇称. 这一点可以从上述例子中求得扰动后的波函数看出, 此时, ψ_n 已变成 $\psi_n^{(0)}$、$\psi_{n+1}^{(0)}$、$\psi_{n-1}^{(0)}$ 的叠加, 即

$$\psi_n = \psi_n^{(0)} + \psi_n^{(1)} = \psi_n^{(0)} + e\varepsilon\sqrt{\frac{1}{2\mu\hbar\omega^3}} \left(\sqrt{n+1}\, \psi_{n+1}^{(0)} - \sqrt{n}\, \psi_{n-1}^{(0)} \right)$$

*8.2　简并态微扰论

1. 简并微扰体系方程

假设分立能级 $E_n^{(0)}$ 是简并的, 则属于 $\hat{H}^{(0)}$ 的本征值 $E_n^{(0)}$ 有 k 个归一化本征函数, 即 $|n_1\rangle, |n_1\rangle, \cdots, |n_k\rangle$, 它们是相互正交的, 即 $\langle n\alpha | n\beta \rangle = \delta_{\alpha\beta}$ (见第 4 章).
本征方程为

$$\left(\hat{H}^{(0)} - E_n^{(0)}\right)|n\alpha\rangle = 0, \quad \alpha = 1, 2, 3, \cdots, k$$

其共轭方程为

$$\langle n\alpha|\left(\hat{H}^{(0)} - E_n^{(0)}\right) = 0, \quad \alpha = 1, 2, 3, \cdots, k$$

在简并情况下，加入微扰式(8.4)后，首先需要选取零级近似波函数，然后才可求解能量和波函数的各级修正. 从 k 个本征函数 $|n\alpha\rangle$ 中挑选零级近似波函数，需要满足 8.1 节按 λ 幂次分类得到的方程(8.8)，即

$$\left(\hat{H}^{(0)} - E_n^{(0)}\right)\left|\psi_n^{(1)}\right\rangle = -\left(\hat{H}' - E_n^{(1)}\right)\left|\psi_n^{(0)}\right\rangle$$

因此，要选取零级近似波函数 $\left|\psi_n^{(0)}\right\rangle$，最好的方法是将其表示成 k 个本征函数 $|n\alpha\rangle(\alpha = 1, 2, \cdots, k)$ 的线性组合，且它们是相互正交的，故令

$$\left|\psi_n^{(0)}\right\rangle = \sum_{\alpha=1}^{k} c_\alpha |n\alpha\rangle \tag{8.21}$$

其中 c_α 应由 λ 一次幂方程确定，故将上式代入式(8.8)，得

$$\left(\hat{H}^{(0)} - E_n^{(0)}\right)\left|\psi_n^{(1)}\right\rangle = -\left(\hat{H}' - E_n^{(1)}\right)\sum_{\alpha=1}^{k} c_\alpha |n\alpha\rangle$$

$$= E_n^{(1)}\sum_{\alpha=1}^{k} c_\alpha |n\alpha\rangle - \sum_{\alpha=1}^{k} c_\alpha \hat{H}'|n\alpha\rangle$$

将上式两边左乘 $\langle n\beta|$ 得

$$\langle n\beta\left|\left(\hat{H}^{(0)} - E_n^{(0)}\right)\right|\psi_n^{(1)}\rangle = E_n^{(1)}\sum_{\alpha=1}^{k} c_\alpha \langle n\beta|n\alpha\rangle - \sum_{\alpha=1}^{k} c_\alpha \langle n\beta|\hat{H}'|n\alpha\rangle$$

$$= E_n^{(1)}\sum_{\alpha=1}^{k} c_\alpha \delta_{\beta\alpha} - \sum_{\alpha=1}^{k} c_\alpha H'_{\beta\alpha}$$

$$= \sum_{\alpha=1}^{k}\left(E_n^{(1)}\delta_{\beta\alpha} - H'_{\beta\alpha}\right) c_\alpha$$

上式左边等于 0，因为 $\langle n\beta|\left(\hat{H}^{(0)} - E_n^{(0)}\right) = 0$，所以得

$$\sum_{\alpha=1}^{k}\left(H'_{\beta\alpha} - E_n^{(1)}\delta_{\beta\alpha}\right) c_\alpha = 0 \tag{8.22}$$

其中，$H'_{\beta\alpha} = \langle n\beta|\hat{H}'|n\alpha\rangle$. 式(8.22)是以展开系数 c_α 为未知数的齐次线性方程组，它具有非零解的条件是系数行列式为零，即

$$\begin{vmatrix} H'_{11} - E_n^{(1)} & H'_{12} & \cdots & H'_{1k} \\ H'_{21} & H'_{22} - E_n^{(1)} & \cdots & H'_{2k} \\ \vdots & \vdots & & \vdots \\ H'_{k1} & H'_{k2} & \cdots & H'_{kk} - E_n^{(1)} \end{vmatrix} = 0 \qquad (8.23)$$

解此久期方程, 可得能量的一级修正 $E_n^{(1)}$ 的 k 个根: $E_{n\nu}^{(1)}$, $\nu = 1, 2, \cdots, k$. 因为 $E_{n\nu} = E_n^{(0)} + E_{n\nu}^{(1)}$, 所以, 若这 k 个根都不相等, 那么一级微扰就可以将 k 度简并完全消除. 若 $E_{n\nu}^{(1)}$ 有几个重根, 则表明简并只是部分消除, 必须进一步考虑二级修正才有可能使能级完全分裂开来.

为了确定能量 $E_{n\nu}$ 所对应的零级近似波函数, 可以把 $E_{n\nu}^{(1)}$ 之值代入线性方程组(8.22), 从而解得一组 c_α ($\alpha = 1, 2, \cdots, k$)系数, 将该组系数代回. 式(8.21)就可得到相应的零级近似波函数.

为了表示出 c_α 是对应于第 ν 个能量一级修正 $E_{n\nu}^{(1)}$的一组系数, 我们在其上加上角标 ν 而改写成 $c_{\alpha\nu}$. 如此, 线性方程组(8.22)就改写成

$$\sum_{\alpha=1}^{k} \left(H'_{\beta\alpha} - E_{n\nu}^{(1)} \delta_{\beta\alpha} \right) c_{\alpha\nu} = 0 , \quad \beta = 1, 2, \cdots, k \qquad (8.24)$$

对应于 $E_{n\nu}^{(1)}$ 修正的零级近似波函数改为

$$\left| \psi_{n\nu}^{(0)} \right\rangle = \sum_{\alpha=1}^{k} c_{\alpha\nu} \left| n\alpha \right\rangle \qquad (8.25)$$

2. 波函数的正交归一性

由式(8.24)和式(8.25)求得的新零级波函数是正交归一的. 证明如下.

1) 波函数的正交性

对式(8.24)两边取复共轭

$$\sum_{\alpha=1}^{k} [(H'_{\beta\alpha})^* - E_{n\nu}^{(1)} \delta_{\beta\alpha}] \, c_{\alpha\nu}^* = 0$$

由于 $\hat{H}'$ 的厄米性, 有

$$(H'_{\beta\alpha})^* = \left\langle n\beta \middle| \hat{H}' \middle| n\alpha \right\rangle^* = \left\langle n\alpha \middle| \hat{H}'^+ \middle| n\beta \right\rangle = \left\langle n\alpha \middle| \hat{H}' \middle| n\beta \right\rangle = H'_{\alpha\beta}$$

所以

$$\sum_{\alpha=1}^{k} \left(H'_{\alpha\beta} - E_{n\nu}^{(1)} \delta_{\beta\alpha} \right) c_{\alpha\nu}^* = 0$$

改记求和指标, 将 α、β 对换, 将 ν、γ 对换, 上式变为

$$\sum_{\beta=1}^{k}\left(H'_{\beta\alpha} - E_{n\gamma}^{(1)}\delta_{\alpha\beta}\right)c_{\beta\gamma}^{*} = 0 \tag{8.26}$$

作等式

$$\sum_{\beta=1}^{k}(8.24)\times c_{\beta\gamma}^{*} - \sum_{\alpha=1}^{k}(8.26)\times c_{\alpha\nu} = 0$$

得

$$\sum_{\beta=1}^{k}\sum_{\alpha=1}^{k}(H'_{\beta\alpha} - E_{n\nu}^{(1)}\delta_{\beta\alpha})\,c_{\beta\gamma}^{*}c_{\alpha\nu} - \sum_{\alpha=1}^{k}\sum_{\beta=1}^{k}(H'_{\beta\alpha} - E_{n\gamma}^{(1)}\delta_{\alpha\beta})\,c_{\alpha\nu}c_{\beta\gamma}^{*} = 0$$

将 $\hat{H}'$ 矩阵元消去, 得

$$\sum_{\alpha=1}^{k}\sum_{\beta=1}^{k}(E_{n\gamma}^{(1)} - E_{n\nu}^{(1)})\,\delta_{\beta\alpha}c_{\beta\gamma}^{*}c_{\alpha\nu} = 0$$

即

$$(E_{n\gamma}^{(1)} - E_{n\nu}^{(1)})\sum_{\alpha=1}^{k}c_{\alpha\gamma}^{*}c_{\alpha\nu} = 0$$

对于 $E_{n\gamma}^{(1)} \neq E_{n\nu}^{(1)}$ 的根

$$\sum_{\alpha=1}^{k}c_{\alpha\gamma}^{*}c_{\alpha\nu} = 0 \tag{8.27}$$

设对应 $E_{n\nu} = E_n^{(0)} + E_{n\nu}^{(1)}$ 和 $E_{n\gamma} = E_n^{(0)} + E_{n\nu}^{(1)}$ 的零级近似本征函数分别为

$$\left|\psi_{n\nu}^{(0)}\right\rangle = \sum_{\alpha=1}^{k}c_{\alpha\nu}|n\alpha\rangle, \quad \left|\psi_{n\gamma}^{(0)}\right\rangle = \sum_{\beta=1}^{k}c_{\beta\gamma}|n\beta\rangle$$

此时角标 $\nu \neq \gamma$, 作标积

$$\left\langle\psi_{n\gamma}^{(0)}\middle|\psi_{n\nu}^{(0)}\right\rangle = \sum_{\alpha=1}^{k}\sum_{\beta=1}^{k}c_{\beta\gamma}^{*}c_{\alpha\nu}\langle n\beta|n\alpha\rangle$$

$$= \sum_{\alpha=1}^{k}\sum_{\beta=1}^{k}c_{\beta\gamma}^{*}c_{\alpha\nu}\delta_{\alpha\beta} = \sum_{\alpha=1}^{k}c_{\alpha\gamma}^{*}c_{\alpha\nu} = 0 \tag{8.28}$$

上式的最后一步利用了式(8.27). 上式表明, 新零级近似波函数满足正交条件.

2) 波函数的归一性

对于同一能量, 即角标 $\nu = \gamma$, 故上式变为

$$\left\langle\psi_{n\gamma}^{(0)}\middle|\psi_{n\gamma}^{(0)}\right\rangle = \sum_{\alpha=1}^{k}c_{\alpha\gamma}^{*}c_{\alpha\gamma} = 1 \tag{8.29}$$

上式利用了新零级近似波函数应满足归一化条件. 可将式(8.28)和式(8.29)合记为

$$\sum_{\alpha=1}^{k} c_{\alpha\gamma}^{*} c_{\alpha v} = \delta_{\gamma v} \tag{8.30}$$

在新零级近似波函数 $\left|\psi_{n\gamma}^{(0)}\right\rangle$ 为基矢的 k 维子空间中, $\hat{H}'$ 进而 $\hat{H}$ 的矩阵形式是对角化的, 可证明如下:

根据式(8.24)和式(8.25), 作矩阵元

$$\left\langle \psi_{n\gamma}^{(0)} \left| \hat{H}' \right| \psi_{nv}^{(0)} \right\rangle$$

$$= \sum_{\alpha=1}^{k} \sum_{\beta=1}^{k} c_{\beta\gamma}^{*} c_{\alpha v} \left\langle n\beta \left| \hat{H}' \right| n\alpha \right\rangle = \sum_{\alpha=1}^{k} \sum_{\beta=1}^{k} c_{\beta\gamma}^{*} c_{\alpha v} H_{\beta\alpha}'$$

$$= \sum_{\beta=1}^{k} c_{\beta\gamma}^{*} \sum_{\alpha=1}^{k} c_{\alpha v} H_{\beta\alpha}' = \sum_{\beta=1}^{k} c_{\beta\gamma}^{*} \sum_{\alpha=1}^{k} E_{nv}^{(1)} \delta_{\alpha\beta} c_{\alpha v}$$

$$= E_{nv}^{(1)} \sum_{\beta=1}^{k} c_{\beta\gamma}^{*} c_{\beta v} = E_{nv}^{(1)} \delta_{\gamma v}$$

上式最后一步利用了式(8.30). 证毕.

当 $v = \gamma$ 时, 上式给出如下关系式:

$$E_{n\gamma}^{(1)} = \left\langle \psi_{n\gamma}^{(0)} \left| \hat{H}' \right| \psi_{n\gamma}^{(0)} \right\rangle$$

即能量一级修正是 $\hat{H}'$ 在新零级波函数中的平均值. 此外, 因为 $\hat{H}_0$ 在自身表象中是对角化的, 所以在新零级近似波函数为基矢的表象中, $\hat{H}$ 是对角化的.

上述结论应是合理的, 因为求解简并微扰问题, 从本质上讲就是寻找一么正变换矩阵 S, 使 $\hat{H}'$ 进而 $\hat{H}$ 对角化. 求解久期方程和线性方程组就是寻找这一么正变换矩阵的方法.

例 8.4 试求氢原子一级斯塔克(Stark)效应的能级分裂.

解 氢原子在外电场作用下产生谱线分裂的现象称为斯塔克效应. 在氢原子中, 电子受到球对称库仑场作用, 造成第 n 个能级有 n^2 度简并(不考虑电子自旋). 但是当加入外电场后, 由于势场对称性受到破坏, 能级发生分裂, 简并部分被消除. 斯塔克效应可以用简并情况下的微扰理论予以解释.

设外电场沿 z 正向, 则处于其中的氢原子哈密顿量

$$\hat{H} = \hat{H}^{(0)} + \hat{H}'$$

其中

$$\hat{H}^{(0)} = -\frac{\hbar^2}{2\mu}\nabla^2 - \frac{e^2}{4\pi\varepsilon_0 r}, \quad \hat{H}' = e\boldsymbol{\varepsilon} \cdot \boldsymbol{r} = e\,\varepsilon z = e\varepsilon\, r\cos\theta$$

通常外电场强度比原子内部电场强度小得多, 例如外电场约为 10^7V/m 已是很强的电场, 而原子内部电场约为 10^{11}V/m, 二者相差 4 个量级. 所以我们可以把

外电场的影响作为微扰处理.

在无微扰情况下(见第 5 章), $\hat{H}^{(0)}$ 的本征值和本征函数分别为

$$E_n^{(0)} = -\frac{\mu e^4}{(4\pi\varepsilon_0)^2 2\hbar^2 n^2} \ , \quad n = 1, 2, 3, \cdots$$

$$\psi_{nlm}(\boldsymbol{r}) = R_{nl}(r) Y_{lm}(\theta, \varphi)$$

设氢原子处在第一激发态, $n = 2$, 本征能量为

$$E_2^{(0)} = -\frac{\mu e^4}{(4\pi\varepsilon_0)^2 8\hbar^2} = -\frac{e^2}{(4\pi\varepsilon_0)8a_0}$$

其中, 玻尔半径 $a_0 = 4\pi\varepsilon_0 \dfrac{\hbar^2}{\mu e^2}$, μ 为电子的折合质量. 此时简并度 $n^2 = 4$, 属于该能级的 4 个简并态矢为

$$\varphi_1 \equiv \psi_{200} = R_{20} Y_{00} = \frac{1}{4\sqrt{2\pi}} \left(\frac{1}{a_0}\right)^{3/2} (2 - r/a_0) \mathrm{e}^{-r/(2a_0)}$$

$$\varphi_2 \equiv \psi_{210} = R_{21} Y_{10} = \frac{1}{4\sqrt{2\pi}} \left(\frac{1}{a_0}\right)^{3/2} \left(\frac{r}{a_0}\right) \mathrm{e}^{-r/(2a_0)} \cos\theta$$

$$\varphi_3 \equiv \psi_{211} = R_{21} Y_{11} = -\frac{1}{8\sqrt{\pi}} \left(\frac{1}{a_0}\right)^{3/2} \left(\frac{r}{a_0}\right) \mathrm{e}^{-r/(2a_0)} \sin\theta \mathrm{e}^{\mathrm{i}\varphi}$$

$$\varphi_4 \equiv \psi_{21-1} = R_{21} Y_{1-1} = \frac{1}{8\sqrt{\pi}} \left(\frac{1}{a_0}\right)^{3/2} \left(\frac{r}{a_0}\right) \mathrm{e}^{-r/(2a_0)} \sin\theta \mathrm{e}^{-\mathrm{i}\varphi}$$

其中, φ_α 或 $|2\alpha\rangle$ 中的 $\alpha = 1, 2, 3, 4$. 考察微扰哈密顿量 $\hat{H}'$ 的如下矩阵元:

$$H'_{12} = \left\langle \varphi_1 \left| \hat{H}' \right| \varphi_2 \right\rangle = e\varepsilon \left\langle R_{20} \left| r \right| R_{21} \right\rangle \left\langle Y_{00} \left| \cos\theta \right| Y_{10} \right\rangle$$

$$H'_{21} = \left\langle \varphi_2 \left| \hat{H}' \right| \varphi_1 \right\rangle = e\varepsilon \left\langle R_{21} \left| r \right| R_{20} \right\rangle \left\langle Y_{10} \left| \cos\theta \right| Y_{00} \right\rangle$$

求解上述矩阵元, 遇到积分式 $\left\langle Y_{l'm'} \left| \cos\theta \right| Y_{lm} \right\rangle$. 利用球谐函数递推关系式(5.26)

$$\cos\theta \, Y_{lm} = \sqrt{\frac{(l+1)^2 - m^2}{(2l+1)(2l+3)}} \, Y_{l+1,m} + \sqrt{\frac{l^2 - m^2}{(2l-1)(2l+1)}} \, Y_{l-1,m}$$

得

$$\left\langle Y_{l'm'} \left| \cos\theta \right| Y_{lm} \right\rangle = \sqrt{\frac{(l+1)^2 - m^2}{(2l+1)(2l+3)}} \left\langle Y_{l'm'} \left| Y_{l+1,m} \right.\right\rangle + \sqrt{\frac{l^2 - m^2}{(2l-1)(2l+1)}} \left\langle Y_{l'm'} \left| Y_{l-1,m} \right.\right\rangle$$

$$= \sqrt{\frac{(l+1)^2 - m^2}{(2l+1)(2l+3)}} \, \delta_{l', l+1} \, \delta_{m', m} + \sqrt{\frac{l^2 - m^2}{(2l-1)(2l+1)}} \, \delta_{l', l-1} \, \delta_{m', m}$$

要使上式不为 0, 由球谐函数正交归一性, 要求量子数必须满足如下条件:

$$\begin{cases} \Delta l = l' - l = \pm 1 \\ \Delta m = m' - m = 0 \end{cases}$$

即仅当 $\Delta l = \pm 1$，$\Delta m = 0$ 时，$\hat{H}'$ 的矩阵元才不为 0，故矩阵元中只有 H'_{12} 和 H'_{21} 不等于 0. 又因为

$$\langle Y_{10} | \cos\theta | Y_{00} \rangle = \langle Y_{00} | \cos\theta | Y_{10} \rangle = \sqrt{\frac{1}{3}}$$

故有

$$H'_{12} = H'_{21} = \frac{e\varepsilon}{\sqrt{3}} \langle R_{20} | r | R_{21} \rangle$$

$$= \frac{e\varepsilon}{\sqrt{3}} \int_0^\infty \left(\frac{1}{2a_0}\right)^{3/2} (2 - \frac{r}{a_0}) e^{-r/(2a_0)} r \frac{1}{\sqrt{3}} \left(\frac{1}{2a_0}\right)^{3/2} \left(\frac{r}{a_0}\right) e^{-r/(2a_0)} r^2 dr$$

$$= \frac{e\varepsilon}{24} \left(\frac{1}{a_0}\right)^4 \int_0^\infty \left(2 - \frac{r}{a_0}\right) e^{-r/a_0} r^4 dr$$

$$= \frac{e\varepsilon}{24} \left(\frac{1}{a_0}\right)^4 \left(\int_0^\infty 2e^{-r/a_0} r^4 dr - \int_0^\infty \frac{r}{a_0} e^{-r/a_0} r^4 dr\right)$$

$$= \frac{e\varepsilon}{24} \left(\frac{1}{a_0}\right)^4 [a_0{}^5 4!(2-5)] = -3e\varepsilon a_0$$

由上述简并微扰理论可知，要求能量一级修正，利用 4 个简并态矢计算出 $\hat{H}'$ 的矩阵元代入久期方程式(8.23)，得

$$\begin{vmatrix} -E_2^{(1)} & -3e\varepsilon a_0 & 0 & 0 \\ -3e\varepsilon a_0 & -E_2^{(1)} & 0 & 0 \\ 0 & 0 & -E_2^{(1)} & 0 \\ 0 & 0 & 0 & -E_2^{(1)} \end{vmatrix} = 0$$

求解上述久期方程得 4 个根

$$\begin{cases} E_{21}^{(1)} = 3e\varepsilon a_0 \\ E_{22}^{(1)} = -3e\varepsilon a_0 \\ E_{23}^{(1)} = 0 \\ E_{24}^{(1)} = 0 \end{cases}$$

即在外场作用下，原来 4 度简并的能级 $E_2^{(0)}$ 在一级修正下分裂成 3 条能级，简并部分消除. 当跃迁发生时，原来的一条谱线就变成 3 条，其中一条谱线的频率与原来相同，另外两条谱线的频率分别稍高于和稍低于原来频率，分裂能间距相等.

根据能量一级修正的 4 个根, 可求零级近似波函数. 分别将 $E_2^{(1)}$ 的 4 个根值代入方程组(8.24), 得四元一次线性方程组

$$\begin{cases} -E_2^{(1)}c_1 - 3e\varepsilon a_0 c_2 = 0 \\ -3e\varepsilon a_0 c_1 - E_2^{(1)}c_2 = 0 \\ E_2^{(1)}c_3 = 0 \\ E_2^{(1)}c_4 = 0 \end{cases} \tag{8.31}$$

将 $E_2^{(1)} = E_{21}^{(1)} = 3e\varepsilon a_0$ 代入方程组(8.31), 得

$$\begin{cases} c_1 = -c_2 \\ c_3 = c_4 = 0 \end{cases}$$

所以相应于能级 $E_2^{(0)} + 3e\varepsilon a_0$ 的零级近似波函数为

$$\psi_1^{(0)} = \frac{1}{\sqrt{2}}(\varphi_1 - \varphi_2) = \frac{1}{\sqrt{2}}(\psi_{200} - \psi_{210})$$

将 $E_2^{(1)} = E_{22}^{(1)} = -3e\varepsilon a_0$ 代入方程组(8.31), 得

$$\begin{cases} c_1 = c_2 \\ c_3 = c_4 = 0 \end{cases}$$

所以相应于能级 $E_2^{(0)} - 3e\varepsilon a_0$ 的零级近似波函数是

$$\psi_2^{(0)} = \frac{1}{\sqrt{2}}(\varphi_1 + \varphi_2) = \frac{1}{\sqrt{2}}(\psi_{200} + \psi_{210})$$

$E_2^{(1)} = E_{23}^{(1)} = E_{24}^{(1)} = 0$, 代入方程组(8.31), 得

$$\begin{cases} c_1 = c_2 = 0 \\ c_3 \text{ 和 } c_4 \text{为不同时等于 0 的常数} \end{cases}$$

因此, 相应于能级 $E_2^{(0)}$ 的零级近似波函数可取原来的零级波函数

$$\begin{cases} c_3 = 1 \\ c_4 = 0 \end{cases} \quad \text{或} \quad \begin{cases} c_3 = 0 \\ c_4 = 1 \end{cases}$$

于是得

$$\begin{cases} \psi_3^{(0)} = \psi_{211} \\ \psi_4^{(0)} = \psi_{21-1} \end{cases}$$

上述结果表明, 若氢原子处于零级近似态 $\psi_1^{(0)}$、$\psi_2^{(0)}$、$\psi_3^{(0)}$、$\psi_4^{(0)}$, 则氢原子

就类似于具有了大小为 $3ea_0$ 的永久电偶极矩. 对于处在 $\psi_1^{(0)}$、$\psi_2^{(0)}$ 态的氢原子，此电矩取向分别与电场方向平行和反平行；而当氢原子处在 $\psi_3^{(0)}$、$\psi_4^{(0)}$ 态时，电矩取向均与电场方向垂直.

例 8.5　有一粒子，其哈密顿量的矩阵形式为 $\hat{H} = \hat{H}^{(0)} + \hat{H}'$，其中

$$\hat{H}^{(0)} = \begin{pmatrix} 2 & 0 & 0 \\ 0 & 2 & 0 \\ 0 & 0 & 2 \end{pmatrix}, \quad \hat{H}' = \begin{pmatrix} 0 & 0 & \alpha \\ 0 & 0 & 0 \\ \alpha & 0 & 0 \end{pmatrix}, \quad \alpha \ll 1$$

求能级的一级近似和波函数的零级近似.

解　$\hat{H}^{(0)}$ 的本征值是三重简并的，这是一个简并微扰问题. 为了求本征能量，由久期方程(8.23)，即 $\left| \hat{H}' - E^{(1)}\hat{I} \right| = 0$，得

$$\begin{vmatrix} -E^{(1)} & 0 & \alpha \\ 0 & -E^{(1)} & 0 \\ \alpha & 0 & -E^{(1)} \end{vmatrix} = 0$$

得 $E^{(1)}[(E^{(1)})^2 - \alpha^2] = 0$，$E^{(1)} = 0, \pm\alpha$，或记为 $E_1^{(1)} = -\alpha$，$E_2^{(1)} = 0$，$E_3^{(1)} = +\alpha$. 能级一级近似为

$$\begin{cases} E_1 = E_0 + E_1^{(1)} = 2 - \alpha \\ E_2 = E_0 + E_2^{(1)} = 2 \\ E_3 = E_0 + E_3^{(1)} = 2 + \alpha \end{cases}$$

简并完全消除.

为了求解零级近似波函数，将 $E_1^{(1)} = -\alpha$ 代入方程组(8.24)，得

$$\begin{pmatrix} \alpha & 0 & \alpha \\ 0 & \alpha & 0 \\ \alpha & 0 & \alpha \end{pmatrix} \begin{pmatrix} c_1 \\ c_2 \\ c_3 \end{pmatrix} = 0$$

即方程组

$$\begin{cases} \alpha(c_1 + c_3) = 0 \\ \alpha c_2 = 0 \\ \alpha(c_1 + c_3) = 0 \end{cases}$$

于是得

$$\begin{cases} c_1 = -c_3 \\ c_2 = 0 \end{cases}$$

由归一化条件

$$\begin{pmatrix} c_1^* & 0 & -c_1^* \end{pmatrix} \begin{pmatrix} c_1 \\ 0 \\ -c_1 \end{pmatrix} = 2|c_1|^2 = 1$$

取实解 $c_1 = \dfrac{1}{\sqrt{2}}$. 于是得

$$\psi_1^{(0)} = \frac{1}{\sqrt{2}} \begin{pmatrix} 1 \\ 0 \\ -1 \end{pmatrix}$$

同理, 将 $E_2^{(1)} = 0$ 代入方程组(8.24), 得

$$\psi_2^{(0)} = \begin{pmatrix} 0 \\ 1 \\ 0 \end{pmatrix}$$

将 $E_3^{(1)} = \alpha$ 代入方程, 得

$$\psi_3^{(0)} = \frac{1}{\sqrt{2}} \begin{pmatrix} 1 \\ 0 \\ 1 \end{pmatrix}$$

练 习 题

8-1　一维无限深势阱 $(0 < x < a)$ 中的粒子, 受到如下微扰作用, 求基态能量的一级修正.

$$\hat{H}' = \begin{cases} 2\lambda x / a, & 0 < x \leqslant a/2 \\ 2\lambda(1 - x/a), & a/2 < x < a \end{cases}$$

8-2　设体系哈密顿量为 $\hat{H} = \hat{H}_0 + \hat{H}'$, 其中 $\hat{H}'$ 很小, 可看成微扰, 且 $\hat{H}_0 = \begin{pmatrix} E_1^{(0)} & 0 \\ 0 & E_2^{(0)} \end{pmatrix}$,

$\hat{H}' = \begin{pmatrix} a & b \\ c & d \end{pmatrix}$, a、b、c、d 为小实数. 试用微扰论求能级的一级和二级修正.

8-3　一维谐振子, 能量算符为 $\hat{H}^{(0)} = -\dfrac{\hbar^2}{2m}\dfrac{d^2}{dx^2} + \dfrac{1}{2}m\omega^2 x^2$. 设此谐振子受到微扰作用

$\hat{H}' = \dfrac{\lambda}{2}m\omega^2 x^2$, $|\lambda| \ll 1$. 试求各能级的微扰修正(一级、二级), 并与精确解比较.

提示: 利用递推关系 $x\psi_n = \dfrac{1}{\alpha}\left(\sqrt{\dfrac{n}{2}}\psi_{n-1} + \sqrt{\dfrac{n+1}{2}}\psi_{n+1}\right)$.

8-4　有一量子物理学体系, 能量算符 $\hat{H}^{(0)}$, 本征态 ψ_0, ψ_1, $\cdots$, ψ_n, $\cdots$, 记为 $|0\rangle$,$|1\rangle$,$\cdots$,$|n\rangle$,$\cdots$.
给定厄米算符 $\hat{A}$、$\hat{B}$ 和 $\hat{C} = i[\hat{B}, \hat{A}]$. 设体系受到微扰作用, 微扰算符可以表示成

$\hat{H}' = \mathrm{i}\lambda[\hat{A}, \hat{H}^{(0)}]$，$\lambda$ 为小实数. 如在微扰作用前的基态 ψ_0 下，$\hat{A}$、$\hat{B}$、$\hat{C}$ 的平均值为已知，分别记为 A_0、B_0、C_0，试对微扰后的基态(非简并)计算 $\langle \hat{B} \rangle$，精确到量级 λ.

8-5　(1)质量为 m 的粒子在一维区域 $-\dfrac{L}{2} \leqslant x \leqslant \dfrac{L}{2}$ 中自由运动，波函数满足周期性边界条件

$\psi\left(-\dfrac{L}{2}\right) = \psi\left(\dfrac{L}{2}\right)$. 试写出能级和能量本征函数.

(2) 如粒子还受到一个"陷阱"的作用，作用势为 $\hat{H}' = -V_0 \exp\left(-\dfrac{x^2}{a^2}\right)$，$a \ll L$. 试用微扰论计算能级修正(一级近似).

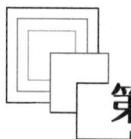

第9章 量子跃迁和激光原理

在讨论体系的定态问题时，体系的哈密顿量 $\hat{H}$ 不显含时间，薛定谔方程的时间和空间波函数可分离变量求解，得到空间波函数为 $\psi(\boldsymbol{r})$，体系总波函数为

$$\psi(\boldsymbol{r},t) = \mathrm{e}^{-\frac{\mathrm{i}}{\hbar}Et}\psi(\boldsymbol{r})$$

其中，E 为粒子能量，定态时粒子能量为守恒量，此时 $\psi(\boldsymbol{r})$ 满足定态薛定谔方程(2.28)，各种力学性质不随时间而改变，力学量的可能观测值等于力学量相应厄米算符的本征值.

当体系的哈密顿量 $\hat{H}$ 显含时间时，体系状态波函数 $\Psi(\boldsymbol{r},t)$ 随时空演化满足含时薛定谔方程

$$\mathrm{i}\hbar\frac{\partial}{\partial t}\Psi = \hat{H}(t)\Psi$$

即式(2.21). 一般而言，严格求解此含时间的薛定谔方程比较困难，但是如果哈密顿量中的含时间部分很小，就可以采用微扰理论来处理，它可以解决在外界某种微小扰动作用下定态之间的跃迁概率之类的问题.

9.1 含时微扰理论

定态微扰理论讨论了分立能级能量和波函数的修正求解问题，所讨论的体系哈密顿算符不显含时间，因而求解的是定态薛定谔方程. 含时微扰理论讨论体系的哈密顿算符含有与时间有关的微扰项，即

$$\hat{H}(t) = \hat{H}^{(0)} + \hat{H}'(t) \tag{9.1}$$

其中，无微扰时的哈密顿量 $\hat{H}^{(0)}$ 满足定态薛定谔方程(2.28)，可精确求解；与 $\hat{H}^{(0)}$ 相比较，$\hat{H}'(t)$ 可被视为小量. 因为哈密顿量 $\hat{H}$ 与时间有关，所以体系波函数需由含时薛定谔方程(2.21)解出. 但是精确求解这种问题通常很困难，需要发展与时间有关的含时微扰理论，其基本方法是通过精确求解 $\hat{H}^{(0)}$ 的定态波函数，近似求出具有含时微扰的波函数，从而可计算求出加入含时微扰后体系由一个量子态到另一个量子态的跃迁概率.

设 $\hat{H}^{(0)}$ 不显含时间，定态薛定谔方程以及求得的本征函数 ψ_n 和总波函 Ψ_n 分别为

$$i\hbar\frac{\partial}{\partial t}\Psi_n = \hat{H}^{(0)}\Psi_n$$

$$\hat{H}^{(0)}\psi_n = \varepsilon_n\psi_n, \quad \Psi_n = \psi_n\mathrm{e}^{-\mathrm{i}\varepsilon_n t/\hbar} \tag{9.2}$$

定态波函数 Ψ_n 构成正交完备系，故体系的波函数 Ψ 可按 Ψ_n 展开，即

$$\Psi = \sum_n a_n(t)\Psi_n \tag{9.3}$$

其中系数 $a_n(t)$ 与时间有关．将式(9.3)代入含时薛定谔方程(2.21)，得

$$i\hbar\frac{\partial}{\partial t}\sum_n a_n(t)\Psi_n = \hat{H}(t)\sum_n a_n(t)\Psi_n$$

将式(9.1)代入上式，得

$$i\hbar\sum_n\left[\frac{\mathrm{d}}{\mathrm{d}t}a_n(t)\right]\Psi_n + i\hbar\sum_n a_n(t)\frac{\partial}{\partial t}\Psi_n$$

$$= \sum_n a_n(t)\hat{H}^{(0)}\Psi_n + \sum_n a_n(t)\hat{H}'(t)\Psi_n$$

式中，因为 $\hat{H}'(t)$ 不含对时间 t 的偏导数算符，故它与 $a_n(t)$ 对易．利用式(9.2)，上式简化为

$$i\hbar\sum_n\left[\frac{\mathrm{d}}{\mathrm{d}t}a_n(t)\right]\Psi_n = \sum_n a_n(t)\hat{H}'(t)\Psi_n$$

用 Ψ_m^* 左乘上式后对全空间积分，得

$$i\hbar\sum_n\left[\frac{\mathrm{d}}{\mathrm{d}t}a_n(t)\right]\int\Psi_m^*\Psi_n\mathrm{d}\tau = \sum_n a_n(t)\int\Psi_m^*\hat{H}'(t)\,\Psi_n\mathrm{d}\tau$$

$$i\hbar\sum_n\left[\frac{\mathrm{d}}{\mathrm{d}t}a_n(t)\right]\delta_{mn} = \sum_n a_n(t)\int\psi_m^*\hat{H}'(t)\,\psi_n\mathrm{e}^{\mathrm{i}(\varepsilon_m-\varepsilon_n)t/\hbar}\mathrm{d}\tau$$

上述推导利用了波函数 Ψ_n 的正交性和式(9.2)．于是上式可简化为

$$i\hbar\frac{\mathrm{d}}{\mathrm{d}t}a_m(t) = \sum_n a_n(t)H'_{mn}\mathrm{e}^{\mathrm{i}\omega_{mn}t}$$

$$H'_{mn} = \int\psi_m^*\hat{H}'(t)\psi_n\mathrm{d}\tau \tag{9.4}$$

其中，玻尔频率 $\omega_{mn} = (\varepsilon_m-\varepsilon_n)/\hbar$，$H'_{mn}$ 为微扰矩阵元．式(9.4)是通过展开 $\Psi = \sum_n a_n(t)\,\Psi_n$ 改写而成的薛定谔方程的另一种形式，至此仍然是严格表述．

与第 8 章定态微扰中使用的方法类似，与时间有关的微扰理论方法如下：

(1) 引进一个参量 λ，用 $\lambda\hat{H}'$ 代替 $\hat{H}'$ (最后结果中令 $\lambda = 1$)；

(2) 将 $a_n(t)$ 展开成下列幂级数；$a_n = a_n^{(0)} + \lambda a_n^{(1)} + \lambda^2 a_n^{(2)} + \cdots$；

(3) 代入薛定谔方程(9.4)，并按 λ 幂次分类；

$$\mathrm{i}\hbar\frac{\mathrm{d}}{\mathrm{d}t}(a_m^{(0)} + \lambda a_m^{(1)} + \lambda^2 a_m^{(2)} + \cdots)$$

$$= \sum_n (a_n^{(0)} + \lambda a_n^{(1)} + \lambda^2 a_n^{(2)} + \cdots)\lambda H'_{mn}\mathrm{e}^{\mathrm{i}\omega_{mn}t}$$

或改写为

$$\mathrm{i}\hbar\left(\frac{\mathrm{d}a_m^{(0)}}{\mathrm{d}t} + \lambda\frac{\mathrm{d}a_m^{(1)}}{\mathrm{d}t} + \lambda^2\frac{\mathrm{d}a_m^{(2)}}{\mathrm{d}t} + \cdots\right)$$

$$= \sum_n (\lambda a_n^{(0)} + \lambda^2 a_n^{(1)} + \lambda^3 a_n^{(2)} + \cdots)H'_{mn}\mathrm{e}^{\mathrm{i}\omega_{mn}t} \tag{9.5}$$

(4) 解上组方程，即可得到关于 a_n 的各级近似解，而得到波函数 Ψ 的近似解. 一般只求一级近似便足够了.

最后令 $\lambda = 1$，即用 H'_{mn} 代替 $\lambda H'_{mn}$，用 $a_m^{(1)}$ 代替 $\lambda a_m^{(1)}$ 等. 比较式(9.5)两边同 λ 幂次项，并令它们相等，得

$$\frac{\mathrm{d}a_m^{(0)}}{\mathrm{d}t} = 0 \tag{9.6}$$

$$\mathrm{i}\hbar\frac{\mathrm{d}a_m^{(1)}}{\mathrm{d}t} = \sum_n a_n^{(0)}H'_{mn}\mathrm{e}^{\mathrm{i}\omega_{mn}t} \tag{9.7}$$

$$\mathrm{i}\hbar\frac{\mathrm{d}a_m^{(2)}}{\mathrm{d}t} = \sum_n a_n^{(1)}H'_{mn}\mathrm{e}^{\mathrm{i}\omega_{mn}t} \tag{9.8}$$

$$\cdots\cdots$$

式(9.6)说明：零级近似波函数 $a_m^{(0)}$ 不随时间变化，它由未微扰时体系所处的初始状态所决定.

设 $t \leqslant 0$ 时，体系处于 $\hat{H}^{(0)}$ 的第 k 个本征态 ψ_k，且由于 $\exp(-\mathrm{i}\varepsilon_k t / \hbar)_{t=0} = 1$，利用式(9.2)、式(9.3)，有

$$\psi_k = \sum_m a_m(0)\Psi_m(0) = \sum_m a_m(0)\psi_m = \sum_m [a_m^{(0)}(0) + \lambda a_m^{(1)}(0) + \cdots]\psi_m$$

对上式两边左乘 ψ_n^*，全空间积分得

$$\delta_{nk} = a_n^{(0)}(0) + \lambda a_n^{(1)}(0) + \cdots$$

比较上式等号两边同 λ 幂次项得

$$a_n^{(0)}(0) = \delta_{nk}$$
$$a_n^{(1)}(0) = a_n^{(2)}(0) = \cdots = 0 \tag{9.9}$$

因 $a_n^{(0)}$ 不随时间变化, 利用式(9.6), 故 $a_n^{(0)}(t) = a_n^{(0)}(0) = \delta_{nk}$.

当 $t \geqslant 0$ 后加入微扰, 利用式(9.9), 式(9.7)的一级近似为

$$\frac{\mathrm{d}a_m^{(1)}}{\mathrm{d}t} = \frac{1}{\mathrm{i}\hbar}\sum_n \delta_{nk} H'_{mn} \mathrm{e}^{\mathrm{i}\omega_{mn}t} = \frac{1}{\mathrm{i}\hbar} H'_{mk} \mathrm{e}^{\mathrm{i}\omega_{mk}t}$$

对时间 t 积分得

$$a_m^{(1)} = \frac{1}{\mathrm{i}\hbar}\int_0^t H'_{mk} \mathrm{e}^{\mathrm{i}\omega_{mk}t} \mathrm{d}t \tag{9.10}$$

9.2 量子跃迁概率

1. 跃迁概率

根据波函数展开式(9.3), 若 $t = 0$ 时, 体系处于 Ψ_k, t 时刻发现体系处于 Ψ_m 态的概率等于 $|a_m(t)|^2$. 利用式(9.10), 得

$$a_m(t) = a_m^{(0)}(t) + a_m^{(1)}(t) + \cdots = \delta_{mk} + \frac{1}{\mathrm{i}\hbar}\int_0^t H'_{mk}\mathrm{e}^{\mathrm{i}\omega_{mk}t}\mathrm{d}t + \cdots$$

若末态不等于初态, $\delta_{mk} = 0$, 则

$$a_m(t) = a_m^{(1)}(t) + \cdots$$

所以, 体系在微扰作用下, 由初态 Ψ_k 跃迁到末态 Ψ_m 的概率在一级近似下为

$$W_{k \to m} = |a_m^{(1)}(t)|^2 = \left| \frac{1}{\mathrm{i}\hbar}\int_0^t H'_{mk}\mathrm{e}^{\mathrm{i}\omega_{mk}t}\mathrm{d}t \right|^2$$

2. 一阶常微扰

(1) 设含时哈密顿量 $\hat{H}'$ 在 $0 \leqslant t \leqslant t_1$ 这段时间之内不为零, 但与时间无关, 即

$$\hat{H}' = \begin{cases} 0, & t < 0 \\ \hat{H}'(r), & 0 \leqslant t \leqslant t_1 \\ 0, & t > t_1 \end{cases}$$

(2) 一级微扰近似 $a_m^{(1)}$.

令 $0 \leqslant t \leqslant t_1$, 在此期间, $\hat{H}'$ 与时间无关, 故

$$a_m^{(1)}(t_1) = \frac{1}{i\hbar} \int_0^{t_1} H'_{mk} e^{i\omega_{mk}t} dt = \frac{H'_{mk}}{i\hbar} \int_0^{t_1} e^{i\omega_{mk}t} dt$$

$$= \frac{H'_{mk}}{i\hbar} \frac{1}{i\omega_{mk}} (e^{i\omega_{mk}t})\Big|_0^{t_1} = -\frac{H'_{mk}}{\hbar\omega_{mk}} (e^{i\omega_{mk}t_1} - 1)$$

$$= -\frac{H'_{mk}}{\hbar\omega_{mk}} e^{i\omega_{mk}t_1/2} (e^{i\omega_{mk}t_1/2} - e^{-i\omega_{mk}t_1/2})$$

$$= -\frac{H'_{mk}}{\hbar\omega_{mk}} 2i e^{i\omega_{mk}t_1/2} \sin\left(\frac{1}{2}\omega_{mk}t_1\right)$$

(3) 跃迁概率和跃迁速率.

由初态 Ψ_k 到末态 Ψ_m 的跃迁概率为

$$\begin{aligned} W_{k\to m} &= |a_m^{(1)}(t_1)|^2 \\ &= \left| -\frac{H'_{mk}}{\hbar\omega_{mk}} 2i e^{i\omega_{mk}t_1/2} \sin\left(\frac{1}{2}\omega_{mk}t_1\right) \right|^2 \\ &= \frac{4|H'_{mk}|^2 \sin^2\left(\frac{1}{2}\omega_{mk}t_1\right)}{\hbar^2 \omega_{mk}^2} \end{aligned}$$

(9.11)

已知极限公式 $\lim\limits_{\alpha\to\infty} \dfrac{\sin^2(\alpha x)}{\pi\alpha x^2} = \delta(x)$ (见数学附录), 则当 $t\to\infty$ 时, 极限值

$$\lim_{t\to\infty} \frac{\sin^2\left(\frac{1}{2}\omega_{mk}t\right)}{t\left(\frac{1}{2}\omega_{mk}\right)^2} = \pi\delta\left(\frac{1}{2}\omega_{mk}\right) = 2\pi\delta\left(\frac{\varepsilon_m - \varepsilon_k}{\hbar}\right) = 2\pi\hbar\delta(\varepsilon_m - \varepsilon_k)$$

于是跃迁概率为

$$W_{k\to m} = \frac{2\pi t_1}{\hbar} |H'_{mk}|^2 \delta(\varepsilon_m - \varepsilon_k)$$

(9.12)

跃迁速率为

$$\omega_{k\to m} = \frac{W_{k\to m}}{t_1} = \frac{2\pi}{\hbar} |H'_{mk}|^2 \delta(\varepsilon_m - \varepsilon_k)$$

(9.13)

上式说明, 对于常微扰, 在作用时间相当长的情况下, 跃迁速率与时间无关, 且仅在能量 $\varepsilon_m \approx \varepsilon_k$ 时, 即在初态能量的小范围内才有较显著的跃迁概率. 换言之, 常微扰下, 体系将跃迁到与初态能量相同的末态, 即末态是与初态不同的状态, 但能量是相同的. 所以, 式(9.13)中的 $\delta(\varepsilon_m - \varepsilon_k)$ 反映了跃迁过程需要满足能量守恒定律. 此外, 根据式(9.13), 若要让常微扰获得跃迁概率, 矩阵元 H'_{mk} 不能为零.

例 9.1 设 $t=0$ 时，电荷为 $-e$ 的线性谐振子处于基态. 在 $t>0$ 时，加一与振子振动方向相同的恒定外电场 ε，即 $\hat{H}'=-e\varepsilon x$. 求谐振子处在任意态的概率.

解 因为 $t=0$ 时振子处于基态，$k=0$. 据式(9.13)，跃迁概率为

$$\omega_{0\to m}=\frac{2\pi}{\hbar}|H'_{m0}|^2\delta(\varepsilon_m-\varepsilon_0)$$

所以，若要有明显的跃迁概率，要求上式中的 $\delta\neq 0$，即要求 $m=0$. 但另一方面

$$H'_{m0}=-e\varepsilon x_{m0}$$

$$x_{m0}=-e\varepsilon\int_{-\infty}^{\infty}\psi_m^*(x)x\psi_0(x)\mathrm{d}x$$

$$=-e\varepsilon\int_{-\infty}^{\infty}\psi_m^*(x)\frac{1}{\alpha}\sqrt{\frac{1}{2}}\psi_1(x)\mathrm{d}x=\frac{-e\varepsilon}{\alpha}\sqrt{\frac{1}{2}}\delta_{m1}$$

上述积分利用了递推关系式(3.34). 因此，当 $m=0$ 时，必有 $H'_{m0}=0$，此时必有跃迁概率等于零，所以恒定外电场不能使该线性谐振子发生明显跃迁，但能级有移动，见第 8 章例 8.1.

此外，式(9.13)还有一个问题令人费解，即当 $\varepsilon_m=\varepsilon_k$ 时，如果此时矩阵元 H'_{mk} 不为零，跃迁概率将达到无穷大！事实上，在推导此公式时，条件"$t\to\infty$"是一个极限假设，δ 函数也是一个数学极限函数，关键是它包含的面积有限且等于 1，且只对能量连续分布才有意义. 根据海森伯不确定性关系，激发态能级均有一个连续分布宽度，故假设体系在能级 ε_m 附近的能态密度为 $\rho(\varepsilon_m)$，在 $\mathrm{d}\varepsilon_m$ 范围内能态数目是 $\rho(\varepsilon_m)\,\mathrm{d}\varepsilon_m$，则跃迁到 ε_m 附近一系列可能末态的跃迁概率之和为

$$\omega=\int\mathrm{d}\varepsilon_m\rho(\varepsilon_m)\omega_{k\to m}$$

$$=\int\mathrm{d}\varepsilon_m\rho(\varepsilon_m)\frac{2\pi}{\hbar}|H'_{mk}|^2\delta(\varepsilon_m-\varepsilon_k)$$

$$=\frac{2\pi}{\hbar}|H'_{mk}|^2\rho(\varepsilon_k) \tag{9.14}$$

式(9.14)也称为费米黄金定则(golden rule).

3. 简谐微扰

(1) 当时间 $t=0$ 时，在哈密顿量中加入一个微小的简谐振动扰动

$$\hat{H}'(t)=\begin{cases}0, & t<0\\\hat{A}\cos(\omega t), & t\geqslant 0\end{cases} \tag{9.15}$$

上式可改写为

$$\hat{H}'(t)=\begin{cases}0, & t<0\\\hat{F}\,(\mathrm{e}^{\mathrm{i}\omega t}+\mathrm{e}^{-\mathrm{i}\omega t}), & t\geqslant 0\end{cases}$$

其中的 $\hat{F}$ 是与 t 无关，只与 r 有关的算符.

(2) 求 $a_m^{(1)}(t)$.

$\hat{H}'(t)$ 在 $\hat{H}^{(0)}$ 的第 k 个和第 m 个本征态 ψ_k 和 ψ_m 之间的微扰矩阵元为

$$
\begin{aligned}
H'_{mk} &= \left\langle \psi_m \middle| \hat{H}'(t) \middle| \psi_k \right\rangle \\
&= \left\langle \psi_m \middle| \hat{F}(\mathrm{e}^{\mathrm{i}\omega t} + \mathrm{e}^{-\mathrm{i}\omega t}) \middle| \psi_k \right\rangle = \left\langle \psi_m \middle| \hat{F} \middle| \psi_k \right\rangle (\mathrm{e}^{\mathrm{i}\omega t} + \mathrm{e}^{-\mathrm{i}\omega t}) \\
&= F_{mk}(\mathrm{e}^{\mathrm{i}\omega t} + \mathrm{e}^{-\mathrm{i}\omega t})
\end{aligned}
$$

其中，$F_{mk} = \left\langle \psi_m \middle| \hat{F} \middle| \psi_k \right\rangle$. 所以有

$$
\begin{aligned}
a_m^{(1)}(t) &= \frac{F_{mk}}{\mathrm{i}\hbar} \int_0^t (\mathrm{e}^{\mathrm{i}\omega t} + \mathrm{e}^{-\mathrm{i}\omega t}) \mathrm{e}^{\mathrm{i}\omega_{mk} t} \mathrm{d}t \\
&= \frac{F_{mk}}{\mathrm{i}\hbar} \int_0^t \left[\mathrm{e}^{\mathrm{i}(\omega_{mk}+\omega)t} + \mathrm{e}^{\mathrm{i}(\omega_{mk}-\omega)t} \right] \mathrm{d}t \\
&= \frac{F_{mk}}{\mathrm{i}\hbar} \left[\frac{\mathrm{e}^{\mathrm{i}(\omega_{mk}+\omega)t}}{\mathrm{i}(\omega_{mk}+\omega)} + \frac{\mathrm{e}^{\mathrm{i}(\omega_{mk}-\omega)t}}{\mathrm{i}(\omega_{mk}-\omega)} \right]_0^t \\
&= -\frac{F_{mk}}{\hbar} \left[\frac{\mathrm{e}^{\mathrm{i}(\omega_{mk}+\omega)t}-1}{\omega_{mk}+\omega} + \frac{\mathrm{e}^{\mathrm{i}(\omega_{mk}-\omega)t}-1}{\omega_{mk}-\omega} \right]
\end{aligned}
$$

即得

$$
a_m^{(1)}(t) = -\frac{F_{mk}}{\hbar} \left[\frac{\mathrm{e}^{\mathrm{i}(\omega_{mk}+\omega)t}-1}{\omega_{mk}+\omega} + \frac{\mathrm{e}^{\mathrm{i}(\omega_{mk}-\omega)t}-1}{\omega_{mk}-\omega} \right] \tag{9.16}
$$

对于式(9.16)右边，当 $\omega \neq \pm \omega_{mk}$ 时，两项都不随时间增大. 但有两种极限情况：

(i) 当 $\omega \to \omega_{mk}$ 时，微扰频率 ω 趋近玻尔频率 $\omega_{mn} = (\varepsilon_m - \varepsilon_n)/\hbar$，此时，式(9.16)第一项随时间变化有限；而第二项的分子、分母皆为零，求其极限得

$$
\lim_{\omega \to \omega_{mk}} \frac{\mathrm{e}^{\mathrm{i}(\omega_{mk}-\omega)t}-1}{\omega_{mk}-\omega} = \mathrm{i}t
$$

它随时间呈线性增加. 所以，此时第二项起主要作用，可忽略式(9.16)中第一项，得

$$
a_m^{(1)} = -\frac{F_{mk}}{\hbar} \left[\frac{\mathrm{e}^{\mathrm{i}(\omega_{mk}-\omega)t}-1}{\omega_{mk}-\omega} \right]
$$

此式与常微扰情况表达式类似，只需要在式(9.11)～式(9.13)中作代换：$H'_{mk} \to F_{mk}$，$\omega_{mk} \to \omega_{mk} - \omega$，上述常微扰结果就可直接引用. 于是，当 $t \to \infty$ 时，得简谐微扰情况下的跃迁概率为

$$
W_{k \to m} = \frac{|F_{mk}|^2}{\hbar^2} 2\pi t \delta(\omega_{mk} - \omega) = \frac{2\pi t}{\hbar^2} |F_{mk}|^2 \delta\left[\frac{1}{\hbar}(\varepsilon_m - \varepsilon_k) - \omega \right]
$$

即

$$W_{k \to m} = \frac{2\pi t}{\hbar} |F_{mk}|^2 \delta(\varepsilon_m - \varepsilon_k - \hbar\omega)$$

(ii) 同理, 当 $\omega \to -\omega_{mk}$ 时, 式(9.16)中第一项起主要作用, 可忽略第二项, 得

$$W_{k \to m} = \frac{2\pi t}{\hbar} |F_{mk}|^2 \delta(\varepsilon_m - \varepsilon_k + \hbar\omega)$$

所以, 上述跃迁是共振现象: 仅当 $\omega = \pm \omega_{mk} = \pm (\varepsilon_m - \varepsilon_k)/\hbar$ 或 $\varepsilon_m = \varepsilon_k \pm \hbar\omega$ 时, 出现明显跃迁, 即仅当外界微扰含有玻尔频率 ω_{mk} 时, 体系才从 ψ_k 态跃迁到 ψ_m 态, 此时体系吸收或发射的能量是 $\hbar\omega_{mk}$. 可将上述两种跃迁概率合写成

$$W_{k \to m} = \frac{2\pi t}{\hbar} |F_{mk}|^2 \delta(\varepsilon_m - \varepsilon_k \pm \hbar\omega) \tag{9.17}$$

跃迁速率写成

$$\omega_{k \to m} = \frac{W_{k \to m}}{t} = \frac{2\pi}{\hbar} |F_{mk}|^2 \delta(\varepsilon_m - \varepsilon_k \pm \hbar\omega)$$

或

$$\omega_{k \to m} = \frac{2\pi}{\hbar^2} |F_{mk}|^2 \delta(\omega_{mk} \pm \omega) \tag{9.18}$$

对于由式(9.18)所描述的跃迁概率, 可得如下结论:

(a) $\delta(\varepsilon_m - \varepsilon_k \pm \hbar\omega)$ 描写了能量守恒: $\varepsilon_m - \varepsilon_k \pm \hbar\omega = 0$.

(b) 对于电磁波微扰, 当 $\varepsilon_k > \varepsilon_m$ 时, 跃迁速率可写为

$$\omega_{k \to m} = \frac{2\pi}{\hbar} |F_{mk}|^2 \delta(\varepsilon_m - \varepsilon_k + \hbar\omega)$$

即仅当 $\varepsilon_m = \varepsilon_k - \hbar\omega$ 时跃迁概率才不为零, 此时发射能量为 $\hbar\omega$ 的光子; 同理, 当 $\varepsilon_k < \varepsilon_m$ 时, 跃迁速率为

$$\omega_{k \to m} = \frac{2\pi}{\hbar} |F_{mk}|^2 \delta(\varepsilon_m - \varepsilon_k - \hbar\omega)$$

此时的跃迁必须吸收能量为 $\hbar\omega$ 的光子.

(c) 将式(9.18)中角标 m, k 对调, 并利用算符 $\hat{F}$ 的厄米性, 即得体系由 m 态到 k 态的跃迁概率

$$\omega_{m \to k} = \frac{2\pi}{\hbar} |F_{km}|^2 \delta(\varepsilon_k - \varepsilon_m \pm \hbar\omega)$$

$$= \frac{2\pi}{\hbar} |F_{mk}|^2 \delta[-(\varepsilon_m - \varepsilon_k \mp \hbar\omega)]$$

$$= \frac{2\pi}{\hbar} |F_{mk}|^2 \delta(\varepsilon_m - \varepsilon_k \mp \hbar\omega) = \omega_{k \to m} \tag{9.19}$$

式(9.19)表明，体系由 $\psi_m \rightarrow \psi_k$ 的跃迁概率等于由 $\psi_k \rightarrow \psi_m$ 的跃迁概率.

4. 能量和时间不确定性关系

对于初态 ψ_k 是分立的，末态 ψ_m 是连续的情况($\varepsilon_m > \varepsilon_k$).

$$\hat{H}'(t) = \begin{cases} 0, & t < 0 \\ \hat{F}(e^{i\omega t} + e^{-i\omega t}), & 0 \leqslant t \leqslant t_1 \\ 0, & t > t_1 \end{cases}$$

参照常微扰中式(9.11)类似的推导方法，只需作如下代换：$H'_{mk} \rightarrow F_{mk}$，$\omega_{mk} \rightarrow \omega_{mk} - \omega$，$t_1$ 为有限值，则就可以直接引用上述常微扰结果. 在 $t \geqslant t_1$ 时，$\psi_k \rightarrow \psi_m$ 的跃迁概率为

$$W_{k \rightarrow m} = \frac{4\,|F_{mk}|^2 \sin^2\left[\dfrac{1}{2}(\omega_{mk} - \omega)t_1\right]}{\hbar^2(\omega_{mk} - \omega)^2}$$

上式如图9.1所示. 显然，跃迁概率的贡献主要来自主峰范围内，即在 $-2\pi/t_1 < (\omega_{mk} - \omega) < 2\pi/t_1$ 区间跃迁概率明显不为零，而此区间外概率很小.

此外，在跃迁过程中，$\varepsilon_m = \varepsilon_k + \omega\hbar$ 或 $\omega_{mk} = \omega$ 不严格成立，它们只是在图 9.1 中原点处严格成立，即能量守恒不严格成立！因为在区间 $[-2\pi/t_1, 2\pi/t_1]$，跃迁概率均不为零，此时，既可能 $\omega_{mk} = \omega$，也可能 $\omega - 2\pi/t_1 < \omega_{mk} < \omega + 2\pi/t_1$. 将此不等式两边相减，得到 ω_{mk} 的不确定范围为 $\Delta\omega_{mk} \sim (1/t_1)$. 由于 k 能级是分立的，ε_k 是确定的，注意到 $\omega_{mk} = (\varepsilon_m - \varepsilon_k)/\hbar$，所以 ω_{mk} 的不确定性来自末态能量 ε_m 的不确定性，即

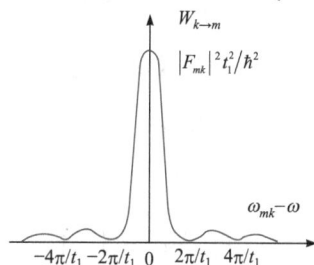

图 9.1　跃迁概率分布图

$$\Delta\omega_{mk} = \Delta\left(\frac{\varepsilon_m - \varepsilon_k}{\hbar}\right) = \frac{1}{\hbar}\Delta\varepsilon_m \approx \frac{1}{t_1}$$

于是得

$$t_1 \Delta\varepsilon_m \approx \hbar$$

若将微扰过程看成是测量末态能量 ε_m 的过程，t_1 是测量的时间间隔，那么上式表明，能量的不确定范围 $\Delta\varepsilon_m$ 与时间间隔 t_1 之积约等于 $\hbar$ 数量级. 事实上，上式具有普遍意义，一般情况下，当测量时间为 Δt，所测得的能量不确定范围为 ΔE 时，二者有如下关系：

$$\Delta E \cdot \Delta t \approx \hbar \tag{9.20}$$

式(9.20)称为能量和时间的不确定性关系. 由此可知，若要所测能量越准确(ΔE 小)，则用于测量的时间 Δt 就越长.

9.3　光的辐射与吸收

在光的照射下，原子可能吸收其中光子而从较低能级跃迁到较高能级；如果受外来光子的诱导，原子从高能级向低能级跃迁，就会放出光子. 这两个过程分别称为光的吸收和受激辐射. 若原子处于较高能级(激发态)，即使没有外界光照射，也有一定概率跃迁到较低能级而发射光子，这种现象称为自发辐射.

光的吸收与辐射现象涉及光子的产生与湮灭，严格求解需要采用量子电动力学方法，将电磁场量子化，光子即电磁场量子. 但对于光的吸收和受激辐射，可采用半经典方法处理，即对于原子体系，采用量子物理学处理；对于光，则采用经典理论处理，即把外来光看成是电磁波. 此种简化模型可解释光吸收和受激辐射，但不能用来解释自发辐射. 早在量子力学与量子电动力学建立之前的1917年，爱因斯坦基于热力学和统计物理学中的相关原理，回避了光子的产生与湮灭问题，巧妙地阐述了原子自发辐射现象.

1. 光的吸收与受激辐射

采用电磁波描述外来光波，其电场 E 和磁场 B 分别为

$$E = E_0 \exp[i(\omega t - k \cdot r)], \quad B = \frac{1}{\omega} k \times E$$

其中，E_0 是电矢量的振幅，ω 是角频率，k 是波矢. 由上式可知，就绝对值而言，真空中 $B = E/c$. 当光波照射时，电场和磁场对原子中电子的作用分别为

$$U_E = eE \cdot r \approx eEa_0$$

$$U_B = -\mu_l \cdot B = \frac{-e}{2\mu} L_z B = \frac{e}{2\mu c} m_l \hbar E$$

其中，μ_l 为轨道磁矩，$a_0 = 4\pi\varepsilon_0 \dfrac{\hbar^2}{\mu e^2}$ 是玻尔半径，μ 为电子的折合质量. 二者之比为

$$\frac{U_B}{U_E} \approx \frac{e}{2\mu c} m_l \hbar E / (eEa_0) = \frac{m_l}{2} \alpha \sim \alpha$$

其中，精细结构常数 $\alpha = \dfrac{1}{137}$. 所以，与光波中的电场相比，磁场的作用要小两个数量级，故可以略去，下面仅考虑电场对电子作用的贡献.

此外，设电场沿 z 轴方向传播，角频率为 ω，单色偏振光，其电场可表示为

$$\begin{cases} E_x = E_0 \cos\left(\dfrac{2\pi}{\lambda} z - \omega t\right) \\ E_y = E_z = 0 \end{cases}$$

电场对电子的作用仅存在于原子内，故 z 的变化范围约为原子尺度 $a_0 \sim 10^{-10}$m，而可见光的电场波长 $\lambda \approx 10^{-6}$m，相差 4 个数量级，所以在原子范围内，可以近似认为电场是均匀的，于是光波电场可改写为

$$E_x = E_0 \cos(\omega t)$$

(1) 电子在上述电场中的微扰哈密顿量为

$$\hat{H}' = exE_x = exE_0 \cos(\omega t)$$
$$= \frac{1}{2} exE_0 (e^{i\omega t} + e^{-i\omega t}) = \hat{F}(e^{i\omega t} + e^{-i\omega t})$$

其中，$\hat{F} = \frac{1}{2} exE_0$.

(2) 求跃迁速率 $\omega_{k \to m}$.

利用式(9.18)，对光的吸收情况，$\varepsilon_k < \varepsilon_m$. 单位时间由 ψ_k 态跃迁到 ψ_m 态的跃迁速率公式为

$$\omega_{k \to m} = \frac{2\pi}{\hbar} |F_{mk}|^2 \, \delta(\varepsilon_m - \varepsilon_k - \hbar\omega)$$
$$= \frac{2\pi}{\hbar} \left| \frac{1}{2} eE_0 x_{mk} \right|^2 \delta(\varepsilon_m - \varepsilon_k - \hbar\omega)$$
$$= \frac{\pi e^2 E_0^2}{2\hbar^2} |x_{mk}|^2 \, \delta(\omega_{mk} - \omega)$$

此外，在一个周期 T 内对 E_x^2 求平均，得

$$\overline{E_x^2} = \frac{1}{T} \int_0^T E_0^2 \cos^2(\omega t) \mathrm{d}t = \frac{1}{2} E_0^2$$

又根据电动力学，入射电磁波的光强度为

$$I = \frac{1}{2} \varepsilon_0 \overline{E^2} + \frac{1}{2\mu_0} \overline{B^2}$$
$$= \frac{1}{2} \varepsilon_0 \overline{E_x^2} + \frac{1}{2\mu_0} \cdot \frac{1}{c^2} \overline{E_x^2}$$
$$= \varepsilon_0 \overline{E_x^2} = \frac{1}{2} \varepsilon_0 E_0^2$$

其中，真空中光速 $c = 1/\sqrt{\mu_0 \varepsilon_0}$. 代入上述跃迁速率公式，得

$$\omega_{k \to m} = \frac{\pi e^2 E_0^2}{2\hbar^2} |x_{mk}|^2 \, \delta(\omega_{mk} - \omega)$$
$$= \frac{\pi e^2}{\varepsilon_0 \hbar^2} I \, |x_{mk}|^2 \, \delta(\omega_{mk} - \omega) \tag{9.21}$$

(3) 自然光情况.

式(9.21)适用条件为单色偏振光, 即一个频率, 一个方向(x 向电场). 对于非单色、非偏振的自然光, 需作如下两点改进.

首先考虑在某一频率范围连续分布的光, 光强度是 ω 的函数 $I(\omega)$. 在 $\omega \to \omega +$ $\mathrm{d}\omega$ 间隔内, 光的能量为 $I(\omega)\mathrm{d}\omega$, 所以

$$\mathrm{d}\omega_{k \to m} = \frac{\pi e^2}{\varepsilon_0 \hbar^2} I(\omega) \mid x_{mk} \mid^2 \delta(\omega_{mk} - \omega)\mathrm{d}\omega$$

所以需要在全频率范围内积分, 得到跃迁速率为

$$\omega_{k \to m} = \frac{\pi e^2}{\varepsilon_0 \hbar^2} \mid x_{mk} \mid^2 \int I(\omega)\delta(\omega_{mk} - \omega)\mathrm{d}\omega = \frac{\pi e^2}{\varepsilon_0 \hbar^2} \mid x_{mk} \mid^2 I(\omega_{mk})$$

此外, 对各向同性非偏振光, 原子体系在单位时间内由 $\psi_k \to \psi_m$ 态的跃迁概率应该是上式对所有偏振方向求平均, 即

$$\omega_{k \to m} = \frac{\pi e^2}{\varepsilon_0 \hbar^2} I(\omega_{mk})\frac{1}{3}\left(\mid x_{mk} \mid^2 + \mid y_{mk} \mid^2 + \mid z_{mk} \mid^2 \right)$$

$$= \frac{\pi e^2}{3\varepsilon_0 \hbar^2} I(\omega_{mk}) \mid r_{mk} \mid^2 = \frac{\pi}{3\varepsilon_0 \hbar^2} I(\omega_{mk}) \mid \boldsymbol{D}_{mk} \mid^2 \qquad (9.22)$$

其中, $\boldsymbol{D}_{mk} = -e r_{mk}$ 是电偶极矩. 因此, 此类跃迁称为偶极矩跃迁. 这是略去了光波中的磁场作用, 并将电场近似用 $E_x = E_0 \cos(\omega t)$ 表示后得到的结果, 称为偶极近似. 式(9.22)是吸收情况, 同理, 据式(9.19)可得受激辐射概率, 它们是相等的, 即

$$\omega_{m \to k} = \frac{\pi e^2}{3\varepsilon_0 \hbar^2} I(\omega_{mk}) \mid r_{km} \mid^2 \qquad (9.23)$$

2. 选择定则

1) 禁戒跃迁

由式(9.22)可知, 原子在光波作用下, 由 ψ_k 态迁至 ψ_m 态的概率为

$$\omega_{k \to m} \propto \mid r_{mk} \mid^2$$

当 $\mid r_{mk} \mid^2 = 0$ 时, 在电偶极近似下, 跃迁概率等于零, 即跃迁不能发生, 称之为禁戒跃迁. 显然, 若要实现 $\psi_k \to \psi_m$ 跃迁, 必须满足 $\mid r_{mk} \mid^2 \neq 0$, 也即 $\mid x_{mk} \mid$, $\mid y_{mk} \mid$, $\mid z_{mk} \mid$ 不能同时为零. 由此可导出光谱线的选择定则.

2) 选择定则

在原子中心力场中运动的电子波函数为

$$\psi_{nlm} = R_{nl}(r)\mathrm{Y}_{lm}(\theta,\varphi) = \mid nlm \rangle = \mid nl \rangle \mid lm \rangle$$

其中, R_{nl} 为径向波函数; Y_{lm} 为球谐函数. 在球坐标下计算矢量 r 矩阵元, 已知

$$
\begin{cases}
x = r\sin\theta\cos\varphi = \dfrac{r}{2}\sin\theta\left(e^{i\varphi} + e^{-i\varphi}\right) \\[2mm]
y = r\sin\theta\sin\varphi = \dfrac{r}{2i}\sin\theta\left(e^{i\varphi} - e^{-i\varphi}\right) \\[2mm]
z = r\cos\theta
\end{cases}
$$

于是

$$
\begin{cases}
x_{mk} = \left\langle n'l'm'\left|\dfrac{r}{2}\sin\theta\left(e^{i\varphi} + e^{-i\varphi}\right)\right|nlm\right\rangle \\[3mm]
y_{mk} = \left\langle n'l'm'\left|\dfrac{r}{2i}\sin\theta\left(e^{i\varphi} - e^{-i\varphi}\right)\right|nlm\right\rangle \\[3mm]
z_{mk} = \left\langle n'l'm'\left|r\cos\theta\right|nlm\right\rangle
\end{cases}
$$

可见矩阵元计算分为如下两类：

$$
\begin{cases}
\left\langle n'l'm'\left|r\sin\theta\, e^{\pm i\varphi}\right|nlm\right\rangle = \left\langle n'l'|r|nl\right\rangle\left\langle l'm'\left|\sin\theta\, e^{\pm i\varphi}\right|lm\right\rangle \\[2mm]
\left\langle n'l'|r|nl\right\rangle\left\langle l'm'|\cos\theta|lm\right\rangle
\end{cases}
$$

利用球谐函数的递推关系，即式(5.26)，可得

$$
\cos\theta|lm\rangle = \sqrt{\frac{(l+1)^2 - m^2}{(2l+1)(2l+3)}}\,|l+1,m\rangle + \sqrt{\frac{l^2 - m^2}{(2l-1)(2l+1)}}\,|l-1,m\rangle
$$

利用球谐函数的正交性，求积分

$$
\left\langle l'm'|\cos\theta|lm\right\rangle
$$

$$
= \sqrt{\frac{(l+1)^2 - m^2}{(2l+1)(2l+3)}}\,\langle l'm'|l+1,m\rangle + \sqrt{\frac{l^2 - m^2}{(2l-1)(2l+1)}}\,\langle l'm'|l-1,m\rangle
$$

$$
= \sqrt{\frac{(l+1)^2 - m^2}{(2l+1)(2l+3)}}\,\delta_{l',l+1}\,\delta_{m',m} + \sqrt{\frac{l^2 - m^2}{(2l-1)(2l+1)}}\,\delta_{l',l-1}\,\delta_{m',m}
$$

欲使矩阵元不为零，则要求

$$
\begin{cases}
l' = l \pm 1 \\
m' = m
\end{cases}
$$

或写成

$$
\begin{cases}
\Delta l = l' - l = \pm 1 \\
\Delta m = m' - m = 0
\end{cases}
\tag{9.24}
$$

类似地，利用球谐函数的递推关系式(5.26)，可得

$$\sin\theta\,\mathrm{e}^{\pm\mathrm{i}\varphi}\,|lm\rangle$$

$$=\mp\sqrt{\frac{(l\pm m+1)(l\pm m+2)}{(2l+1)(2l+3)}}\,|l+1,m\pm1\rangle\pm\sqrt{\frac{(l\mp m)(l\mp m-1)}{(2l-1)(2l+1)}}\,|l-1,m\pm1\rangle$$

利用球谐函数的正交性，求积分

$$\langle l'm'|\sin\theta\,\mathrm{e}^{\pm\mathrm{i}\varphi}|lm\rangle$$

$$=\mp\sqrt{\frac{(l\pm m+1)(l\pm m+2)}{(2l+1)(2l+3)}}\,\langle l'm'|l+1,m\pm1\rangle\;\pm\;\sqrt{\frac{(l\mp m)(l\mp m-1)}{(2l-1)(2l+1)}}\,\langle l'm'|l-1,m\pm1\rangle$$

$$=\mp\sqrt{\frac{(l\pm m+1)(l\pm m+2)}{(2l+1)(2l+3)}}\,\delta_{l',l+1}\,\delta_{m',m\pm1}\;\pm\;\sqrt{\frac{(l\mp m)(l\mp m-1)}{(2l-1)(2l+1)}}\,\delta_{l',l-1}\,\delta_{m',m\pm1}$$

所以，欲使矩阵元不为零，则要求

$$\begin{cases} l'=l\pm1 \\ m'=m\pm1 \end{cases}$$

或写成

$$\begin{cases} \Delta l=l'-l=\pm1 \\ \Delta m=m'-m=\pm1 \end{cases} \tag{9.25}$$

于是，若要实现 $\psi_k \rightarrow \psi_m$ 跃迁，必须使式(9.22)中的 $|r_{mk}|^2\neq0$，即三个矩阵元 $|x_{mk}|$，$|y_{mk}|$，$|z_{mk}|$ 不能同时为零. 所以，综合式(9.24)和式(9.25)，可得出光谱的偶极跃迁选择定则

$$\begin{cases} \Delta l=l'-l=\pm1 \\ \Delta m=m'-m=0,\ \pm1 \end{cases} \tag{9.26}$$

在量子物理学建立之前，选择定则是由光谱分析总结的经验规则. 上述理论求得的式(9.26)是电偶极辐射角量子数和磁量子数的选择定则，它与实验值完全相符合. 此外，由于径向积分 $\langle n'l'|r|nl\rangle$ 在 n、n' 取任何数值时均不为零，所以关于主量子数没有选择定则. 从式(9.23)可知，选择定则式(9.26)对于光的吸收与受激辐射情况均适用.

3) 严格禁戒跃迁

若偶极跃迁概率为零，则需要计算更高级近似. 在任何级近似下，跃迁概率均为零的跃迁称为严格禁戒跃迁.

3. 自发辐射与受激辐射

在 9.2 节，将光子产生与湮灭问题转化为电磁场中原子在不同能级之间的跃

迁问题，从而可采用非相对论量子力学进行研究. 然而，此简化物理图像不能自恰地解释自发辐射现象. 因为根据量子物理学基本原理，若初始时刻体系处于某一定态(例如某激发能级)，在没有外界作用时，原子的哈密顿量是守恒量，原子保持在该定态，不会跃迁到较低的能级上去.

1917 年，爱因斯坦预言了受激辐射现象. 他借助于物体与辐射场达到平衡时的热力学关系，建立了自发辐射与吸收以及受激辐射之间的关系，并建立了自发辐射和受激辐射理论[1].

1) 吸收系数

在强度为 $I(\omega)$ 的光照射下，原子从 ψ_k 态到 ψ_m 态 $(\varepsilon_m > \varepsilon_k)$ 的跃迁速率为

$$\omega_{k \to m} = B_{km} I(\omega_{mk})$$

与相应的式(9.22)相比较得吸收系数

$$B_{km} = \frac{\pi e^2}{3 \varepsilon_0 \hbar^2} | \boldsymbol{r}_{mk} |^2 \tag{9.27}$$

2) 受激辐射系数

对于从 ψ_m 态到 ψ_k 态 $(\varepsilon_m > \varepsilon_k)$ 的受激辐射跃迁速率，爱因斯坦类似给出

$$\omega_{m \to k} = B_{mk} I(\omega_{mk})$$

与相应的式(9.23)比较得受激辐射系数为

$$B_{mk} = \frac{\pi e^2}{3 \varepsilon_0 \hbar^2} | \boldsymbol{r}_{km} |^2 \tag{9.28}$$

由于 $\hat{\boldsymbol{r}}$ 是厄米算符，所以 $| \boldsymbol{r}_{km} |^2 = | \boldsymbol{r}_{mk} |^2$，因此

$$B_{km} = B_{mk} \tag{9.29}$$

即受激辐射系数等于吸收系数，它们与入射光的强度无关.

3) 自发辐射系数

定义自发辐射系数 A_{mk}：在没有外界光照射时，单位时间内原子从 ψ_m 态到 ψ_k 态 $(\varepsilon_m > \varepsilon_k)$ 的跃迁概率.

在光波作用下，单位时间内，体系从 ε_m 能级跃迁到 ε_k 能级的概率是

$$A_{mk} + B_{mk} I(\omega_{mk})$$

从 ε_k 能级跃迁到 ε_m 能级的概率是

$$B_{km} I(\omega_{mk})$$

当原子与电磁辐射在绝对温度 T 下处于平衡时，必须满足

---

① Einstein A. Physik Z, 1917, 18: 121; Pais A. Einstzein and the quantum theory. Reviews of Modern Physics, 1979, 51(4): 863.

$$N_m[A_{mk} + B_{mk}I(\omega_{mk})] = N_k B_{km} I(\omega_{mk}) \tag{9.30}$$

其中, N_m 和 N_k 分别为处于 ε_m 和 ε_k 能级上的原子的数目. 式(9.30)给出了三个系数 A_{mk}、B_{mk} 和 B_{km} 之间的关系. 由式(9.30)可得光强度表示式为

$$I(\omega_{mk}) = \frac{N_m A_{mk}}{N_k B_{km} - N_m B_{mk}} = \frac{A_{mk}}{B_{mk}\left(\dfrac{N_k}{N_m} - 1\right)}$$

根据麦克斯韦-玻尔兹曼分布规律, 可求得原子数 N_k 和 N_m 分别为

$$\begin{cases} N_k = C(T)\mathrm{e}^{-\varepsilon_k/(k_{\mathrm{B}}T)} \\ N_m = C(T)\mathrm{e}^{-\varepsilon_m/(k_{\mathrm{B}}T)} \end{cases}$$

即

$$\frac{N_k}{N_m} = \mathrm{e}^{(\varepsilon_m - \varepsilon_k)/(k_{\mathrm{B}}T)} = \mathrm{e}^{\hbar\omega_{mk}/(k_{\mathrm{B}}T)}$$

其中, k_{B} 为玻尔兹曼常量. 所以得光强度表示式为

$$I(\omega_{mk}) = \frac{A_{mk}}{B_{mk}}\left(\frac{1}{\mathrm{e}^{\hbar\omega_{mk}/(k_{\mathrm{B}}T)} - 1}\right)$$

于是, 在角频率间隔 $\omega \to \omega+\mathrm{d}\omega$ 内辐射光的能量为

$$I(\omega_{mk})\mathrm{d}\omega_{mk} = \frac{A_{mk}}{B_{mk}}\left(\frac{1}{\mathrm{e}^{\hbar\omega_{mk}/(k_{\mathrm{B}}T)} - 1}\right)\mathrm{d}\omega_{mk} \tag{9.31}$$

另外, 根据普朗克黑体辐射公式(1.5), 辐射光在频率间隔 $\nu \to \nu+\mathrm{d}\nu$ 内的能量为

$$u(\nu)\mathrm{d}\nu = \frac{8\pi h\nu^3}{c^3}\frac{1}{\mathrm{e}^{h\nu/(k_{\mathrm{B}}T)} - 1}\mathrm{d}\nu \tag{9.32}$$

因为 $u(\nu)\mathrm{d}\nu = I(\omega)\mathrm{d}\omega = 2\pi I(\omega)\mathrm{d}\nu$, 或 $u(\nu) = 2\pi I(\omega)$, 所以综合式(9.31)和式(9.32)得

$$\frac{8\pi h\nu_{mk}^3}{c^3}\frac{1}{\mathrm{e}^{h\nu_{mk}/(k_{\mathrm{B}}T)} - 1} = \frac{A_{mk}}{B_{mk}}\frac{2\pi}{\mathrm{e}^{\hbar\omega_{mk}/(k_{\mathrm{B}}T)} - 1} = \frac{A_{mk}}{B_{mk}}\frac{2\pi}{\mathrm{e}^{h\nu_{mk}/(k_{\mathrm{B}}T)} - 1}$$

比较两边, 得系数 A_{mk} 和 B_{mk} 之间的关系为

$$A_{mk} = \frac{4h\nu_{mk}^3}{c^3}B_{mk} = \frac{\hbar\omega_{mk}^3}{\pi^2 c^3}B_{mk}$$

其中, $\omega_{mk} = 2\pi\nu_{mk}$. 所以, 利用式(9.28), 自发辐射系数可表示为

$$A_{mk} = \frac{e^2\omega_{mk}^3}{3\pi\varepsilon_0\hbar c^3}|\boldsymbol{r}_{km}|^2 \tag{9.33}$$

由式(9.33)可知，自发辐射系数 $A_{mk} \propto |r_{mk}|^2$，所以自发辐射与受激辐射具有同样的选择定则.

4) 自发跃迁辐射强度

已知 A_{mk} 是单位时间内原子从 ψ_m 自发地跃迁到 ψ_k 的概率；与此同时，原子发射一个能量 ω_{mk} 的光子. 此外，N_m 代表处于 ψ_m 的原子数. 所以，$N_m A_{mk}$ 代表单位时间内发生自发跃迁原子数($\psi_m \to \psi_k$)，也是发射能量为 ω_{mk} 的光子数. 因此，利用式(9.33)，频率为 ω_{mk} 的自发跃迁总辐射强度为

$$J_{mk} = N_m A_{mk} \hbar \omega_{mk}$$

$$= N_m \frac{e^2 \omega_{mk}^3}{3\pi \varepsilon_0 \hbar c^3} |r_{km}|^2 \hbar \omega_{mk} = N_m \frac{e^2 \omega_{mk}^4}{3\pi \varepsilon_0 c^3} |r_{km}|^2$$

5) 原子处于激发态的寿命

处于激发态 ψ_m 的 N_m 个原子，在时间 dt 内自发跃迁到低能态 ψ_k 的数目是

$$dN_m = -A_{mk} N_m dt$$

式中的负号表示激发态原子数的减少. 对上式积分得 N_m 随时间变化的规律

$$N_m = N_m^{(0)} e^{-A_{mk}t} = N_m^{(0)} e^{-t/\tau_{mk}}$$

其中，$N_m^{(0)}$ 是 $t = 0$ 时的 N_m 值，τ_{mk} 为平均寿命，其定义为

$$\tau_{mk} \equiv \frac{1}{N_m^{(0)}} \int_{N_m^{(0)}}^{0} t(-dN_m) = A_{mk} \int_0^\infty t e^{-A_{mk}t} dt = \frac{1}{A_{mk}}$$

此外，如果在 ψ_m 态以下存在许多低能态 ψ_k ($k = 1, 2, \cdots, i$)，则单位时间内从 ψ_m 态自发跃迁的总概率为

$$A_m = \sum_{k=1}^{i} A_{mk}$$

原子处于 ψ_m 态的平均寿命为

$$\tau_m = \frac{1}{A_m} = \frac{1}{\sum_k A_{mk}}$$

9.4　微波量子放大器和激光原理

爱因斯坦率先指出了受激辐射的重要特征：出射光束中的光子与入射的诱导光子状态完全相同，如传播方向、频率、相位、偏振等. 可以想象，由此发出的光子群与一般自然光源和其他人工光源辐射的光是不一样的. 后来发现的微波量子放大器就是入射光子引起的受激辐射过程，而激光器则是自发辐射的光子引起受激辐射的连锁反应，从而使"相同状态光子数"迅速"放大"的过程. 因此，微波量子放大器和激光器是受激辐射理论的重要应用.

1. 受激辐射条件

受激辐射首先需要借助一个工作物质(如晶体、气体等)，原子体系处于激发态 ψ_m，受外来同频率[$\omega = (\varepsilon_m - \varepsilon_k)/\hbar$]光子的诱导，使其因受激辐射而发出光子，从而跃迁到低激发态 ψ_k，如图 9.2 所示.

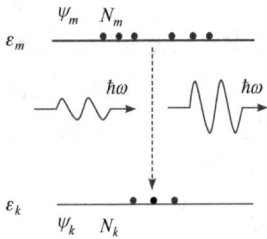

为了产生受激辐射，还必须具备如下两个条件.

(1) 粒子数反转：单位时间内，由 ψ_m 到 ψ_k 态的受激辐射应超过由 ψ_k 态吸收光子跃迁到 ψ_m 态. 为此要求处于高、低能态的原子数 N_m 和 N_k 满足

图 9.2　受激辐射示意图

$$N_m > N_k$$

但根据玻尔兹曼分布律，在热平衡条件下，原子数分布为

$$\frac{N_m}{N_k} = \mathrm{e}^{-\frac{1}{k_{\mathrm{B}}T}(\varepsilon_m - \varepsilon_k)}$$

即能级越高，原子数越少.

ψ_m 态与 ψ_k 态的能量差一般大于 1eV 数量级，与之相当的温度为 11605K，所以在常温(300K)热平衡下，原子几乎全部处于基态，故产生 $N_m > N_k$ 的现象称为粒子数反转. 这是受激辐射的关键，各种类型微波量子放大器和激光器就是要采用各种不同的方法来实现粒子数反转.

(2) 自发辐射远小于受激辐射.

根据式(9.31)，有

$$I(\omega_{mk}) = \frac{A_{mk}}{B_{mk}}\left(\frac{1}{\mathrm{e}^{\hbar\omega_{mk}/(k_{\mathrm{B}}T)} - 1}\right)$$

或改写成

$$\frac{A_{mk}}{B_{mk}I(\omega_{mk})} = \mathrm{e}^{\frac{\hbar\omega_{mk}}{k_{\mathrm{B}}T}} - 1$$

当 $\omega_{mk} = \dfrac{k_{\mathrm{B}}T}{\hbar}\ln 2 = \omega_0$ 时，有 $A_{mk} = B_{mk}I(\omega_{mk})$，此时自发辐射概率等于受激辐射概率.

以室温为例，$T = 300$K，则 $\omega_0 = 2.7 \times 10^{13}\mathrm{s}^{-1}$，对应光波长 $\lambda_0 = 0.000069$m～70μm. 所以，当 $\omega_{mk} > \omega_0$ 时，$A_{mk} > B_{mk}I(\omega_{mk})$；当 $\omega_{mk} < \omega_0$ 时，$A_{mk} < B_{mk}I(\omega_{mk})$.

对于微波，波长 λ_{mk} 约为 10^{-2}m 数量级，故 $\lambda_{mk} \gg 70$μm $= \lambda_0$，即 $\omega_{mk} \ll \omega_0$，此时，$A_{mk} < B_{mk}I(\omega_{mk})$，即自发辐射概率远小于受激辐射概率，产生受激辐射条件自然满足. 这就是微波量子放大器早于激光诞生的主要原因.

　　然而，对于可见光波，波长一般在 10^{-7}m，因此 $\lambda_{mk} \ll 70\mu m = \lambda_0$，即 $\omega_{mk} \gg \omega_0$，自发辐射概率远大于受激辐射概率，不满足产生受激辐射的条件. 为此，必须使用谐振腔增强辐射场，使辐射密度远大于热平衡时数值，以提高受激辐射概率.

　　2. 激光原理

　　由于可见光的波长比较短，若使其产生不断放大的受激辐射，需要满足三个必要条件.

　　(1) 首先要选择一种工作物质，它必须具有分裂的三能级(或四能级)系统，如图 9.3 所示.

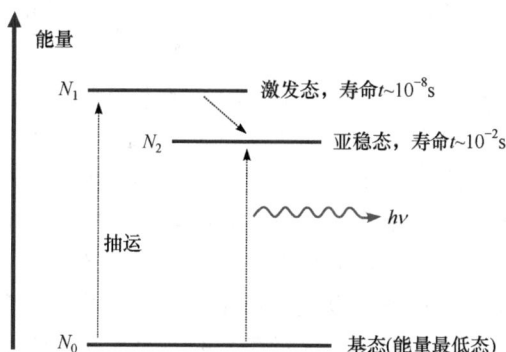

图 9.3　激光原理示意图

　　假设在能量最低的基态上有 N_0 个原子，在能量最高的激发态上有 N_1 个原子，在亚稳态上有 N_2 个原子. 在一般情况下，绝大部分原子均处在能量最低的基态，此时 $N_0 \gg N_1 + N_2$. 通常原子处在激发态的寿命极短，约 10^{-8}s 数量级，而处在亚稳态的寿命较长，可达 10^{-2}s 左右. 根据 9.3 节描述，原则上，工作物质中的原子只需要一个激发态 ψ_m 态和一个基态 ψ_k 态即可，亚稳态的作用是让原子处在其上的寿命有足够时间，从而使受激辐射效率提高.

　　原则上，任何光学透明的固体、气体和液体中的原子或分子都具有三个以上的能级，因此均可作为激光器的工作物质. 不过，如果所用材料的原子能级结构满足能量转换效率高、输出激光功率大等要求，就会使激光器获得更好的性能.

　　(2) 实现"粒子数反转".

　　根据玻尔量子理论，当原子从高能级往低能级跃迁(即电子从外轨道跃迁至内轨道)时，即发出光子. 在 9.3 节已讲过，有两种情形可以引起原子作这种跃迁：一种是由原子内部的运动状态变化引起的，称为自发辐射跃迁；另一种是在外来光子诱导下发生的，称为受激辐射跃迁.

　　受激辐射有两个非常显著的特点：①首先是在外部相同频率光子的诱导下，

处在高能级的原子向低能级跃迁而发射光子；②其次是所发射的光子在频率、位相、传播方向、偏振态等诸方面均与诱导光子一致.

显然，受激辐射特点使入射诱导光子得到"放大"，产生了一群"同样"的光子! 所以，产生激光的主要条件之一是处在激发态的发光原子数目比处在基态的原子数目多，即实现所谓粒子数反转: $N_0 \ll N_1 + N_2$. 此时，光源中发光原子的受激辐射跃迁占优势，发射出来的光的单色性、方向性和相干性等均与众不同的激光.

实现粒子数反转，需要向工作物质输入能量，把原子从基态抽运至激发态，此过程也称为泵浦或抽运. 目前常用的泵浦方法有:闪光法(如氙灯、氪灯闪光等)，气体放电(利用气体放电产生的电子碰撞气体原子，把它泵浦至高能级)，电流泵浦，电子束泵浦，以及化学反应(化学激光器就是利用化学反应的能量泵浦原子)等.

(3) 利用谐振腔实现光放大.

为了获得激光，还必须将受激辐射发出的光进行光放大，这就是谐振腔的功能，它是由放置在工作物质两端的两块反射镜组成的光学系统，其中一块反射镜的反射率接近 100%，另一块的反射率约在 95%，以便使激光从这块反射镜输出. 谐振腔主要有两个作用：一个是让工作物质产生的受激辐射来回多次地通过被重复泵浦的工作物质，增强受激辐射强度，最后达到激光振荡；另一个是有选择地只让沿工作物质光轴附近传播的以及波长在原子谱线中心附近的受激辐射不断地被工作物质放大，达到激光振荡，这对激光的方向性和单色性是十分关键的.

美国科学家汤斯(C. H. Townes)和肖洛(A. L. Schawlow)率先提出采用两块平行放置的高反射率反射镜组成开放式谐振腔的想法. 1960 年，美国休斯实验室的西奥多·梅曼(T. H. Maiman)采用在红宝石两端镀上银膜的简单方法，制成了实用的谐振腔，实现了光放大，获得了人类历史上的第一束激光[①].

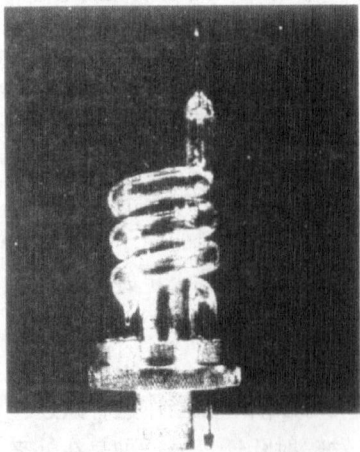

图 9.4 人类第一台激光器照片

图 9.4 是梅曼在 1960 年率先研制成功的激光器照片，其工作物质为红宝石晶体，基质是 Al_2O_3，晶体内掺有约 0.05%(重量比)的 Cr_2O_3. Cr^{3+} 密度约为 $1.58 \times 10^{19} cm^{-3}$，它在晶体中取代 Al^{3+} 位置而均匀分布在其中. 红宝石激光器所发出的激光是通过 Cr^{3+} 的受激发射过程而实现的，因而 Cr^{3+} 是红宝石中产生激光的"主体"，称为激活离子. 由此组成的激光器实现了 694.3nm 波长的激光输出,这是人类第一束激光.

---

① Maiman T H. Stimulated optical radiation in ruby. Nature, 1960, 187: 493-494.

将红宝石加工成棒状结构, 棒的直径约为 1cm, 棒长为 2cm, 棒的两端抛光后镀上银膜反光镜, 其中一端银膜为全反射镜, 另一端则有 10% 左右的透射率, 从而形成用于光放大的谐振腔. 红宝石棒外面是螺旋状的氙闪光灯管, 每一次闪光均具有足够的亮度将红宝石中的激活离子从基态抽运到激发态, 实现粒子数反转. 由氙闪光灯管脉冲式激发闪光, 将激活离子一次次地抽运到激发态, 粒子数反转后的受激辐射一次次地在谐振腔内得到选择性光放大, 最后激光从红宝石棒的一端(即镀有 10% 透射率的银膜的一端)射出. 此时, 氙闪光灯管的输入能量与激光的输出能量达到平衡.

应该指出, 采用两端反射镜作为谐振腔来实现光放大, 是当时制成激光器极其关键的一步, 也是梅曼实验设计极其巧妙之处. 事实上, 自从爱因斯坦 1917 年从理论上预言受激辐射现象的可能性之后, 用于光放大的谐振腔设计便是关键一环. 1951年, 珀塞尔(E M. Purcell)第一次在实验中实现了粒子数反转, 观察到了受激辐射. 但是, 此辐射太微弱, 如果不采用谐振腔对其进行光放大, 是无法直接加以利用的.

练 习 题

9-1　一维谐振子, 荷电 q. 设初始($t=-\infty$)时刻处于基态 $|0\rangle$, 微扰

$$\hat{H}' = -q\varepsilon\, x\, \mathrm{e}^{-t^2/\tau^2}$$

其中, ε 为外电场强度, τ 为参数. 当 $t=+\infty$ 时, 试求:

(1) 测得振子处于激发态 $|n\rangle$ 的概率表示式;

(2) 振子处于第一激发态的概率以及仍然停留在基态的概率.

提示: 利用递推关系 $x\psi_n = \dfrac{1}{\alpha}\left(\sqrt{\dfrac{n}{2}}\psi_{n-1} + \sqrt{\dfrac{n+1}{2}}\psi_{n+1}\right)$.

9-2　一个二能级体系的哈密顿量为 $H^{(0)}$, 能级和相应本征态分别为 E_1、E_2 和 ψ_1、ψ_2, 设 $E_1 < E_2$. 当 $t \leqslant 0$ 时, 体系处于状态 ψ_1; 当 $t \geqslant 0$ 时, 体系受微扰 $\hat{H}'$ 作用. 设 $H'_{11} = \alpha$, $H'_{22} = \beta$, $H'_{12} = H'_{21} = \gamma$. 求 $t > 0$ 时体系处于 ψ_2 态的概率.

9-3　氢原子处于基态, 受到脉冲电场 $\varepsilon(t) = \varepsilon_0 \delta(t)$ 的作用, 从而产生微扰 $\hat{H}' = e\varepsilon \cdot r = e\varepsilon_0 z \delta(t)$, 其中 ε_0 为常量. 试用微扰论计算电子跃迁到各激发态的概率以及停留在基态的概率.

9-4　量子体系的本征能量为 E_0, E_1, $\cdots$, E_n, $\cdots$, 相应本征态分别是 $|0\rangle$, $|1\rangle$, $\cdots$, $|n\rangle$, $\cdots$, 在 $t \leqslant 0$ 时处于基态. 在 $t=0$ 时刻加上微扰:

$$\hat{H}'(x,t) = \hat{F}(x)\mathrm{e}^{-t/\tau} \quad (\tau > 0)$$

试证: 经长时间后, 该体系处于另一能量本征态 $|1\rangle$ 的概率为

$$W_{0\to1} = \frac{\left|\langle 1|\hat{F}|0\rangle\right|^2}{(E_1 - E_0)^2 + (\hbar/\tau)^2}$$

并指出成立的条件.

9-5　计算氢原子第一激发态的自发辐射系数、寿命及能量不确定范围.

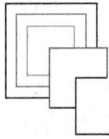

第10章 全同粒子体系

氢原子核中仅有一个质子，核外有一电子绕核运动. 第 5 章求得了氢原子的能级和电子分布等. 不过，这仅仅是一个特例，绝大多数元素的原子核外有数个或数十个电子，而且所有电子的属性均一样，它们以物质波的形式围绕原子核运动. 这种所有物理属性均相同的微观粒子称为全同粒子. 例如，氢原子核外就有两个全同粒子(电子)围绕原子核运动，其核中有两个质子和两个中子，它们分别也为全同粒子. 在量子体系中，由全同粒子组成的多粒子体系具有诸多特点. 首先，全同粒子不可分辨，这种不可分辨并不仅仅是它们 "很像" 而不可分辨，而是本征地不可分辨；其次，因为不可分辨，系统中任何两个全同粒子相互置换并不导致新的量子态. 这就对全同粒子体系量子态给以很强的限制.

10.1 全同粒子和全同性原理

自然界存在不同种类的微观粒子：电子、质子、中子、光子、π 介子等. 同一种微观粒子具有完全相同的内禀客观属性. 例如，对于所有电子，它们的静止质量、电荷、自旋、磁矩、寿命等客观属性均相等，因此称为 "全同粒子"，它们是不可分辨的.

1. 全同粒子不可分辨

在经典物理学中，固有性质完全相同的两个粒子，仍然可以区分. 例如，刚从工厂里同一个模子压制的两个篮球 1 和 2，形状、颜色等均相同，在球场上传递. 它们仍然是可以分辨的，因为篮球的运动有各自的轨道，任意时刻位置和速度均可确定，因此，只要我们聚焦其中一只篮球，就可以实时跟踪它.

然而在微观世界，全同粒子不可分辨的概念要深刻得多，是 "真" 的不可分辨. 例如氢原子中有两个电子，它们是全同粒子，所有客观属性均相等. 在旧量子论中，认为电子在原子中绕核转动是有轨道的，如图 10.1(a)所示，那么这两个电子还是可分辨的. 但根据量子物理学的物质波假说，如图 10.1(b)所示，两个电子是两片相互交叠的电子云，弥散在核的周围，它们没有运动轨道；我们只知道电子在空间某点出现的概率，即波函数模的平方 $|\psi|^2$，仅此而已. 此时我们根本无法区分哪个是 "A 电子"，哪个是 "B 电子". 所以， "全同粒子不可分辨" 是 "物质波" 假说的必

然结果，它与经典物理中的因"很像"而不可区分是完全不同的.

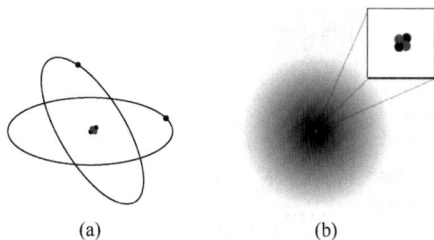

图 10.1　氦原子的两种描述

(a) 经典物理描述；(b) 量子物理描述

2. 全同性原理

因为不可分辨，在全同粒子所组成的体系中，任何两个全同粒子互相交换不引起体系物理状态的改变，一切测量结果也不会因此而有任何改变. 这就是全同性原理. 它是"物质波"假说的必然结果，是量子物理学的基本原理之一.

全同性原理要求哈密顿量在交换任何两个粒子时保持不变. 例如对氦原子，$Z = 2$，其哈密顿量为

$$\hat{H} = \frac{\hat{p}_1^2}{2m_e} + \frac{\hat{p}_2^2}{2m_e} - \frac{e^2}{4\pi\varepsilon_0}\left(\frac{2}{r_1} + \frac{2}{r_2} - \frac{1}{|r_1 - r_2|}\right)$$

当两电子交换时，即将"电子 1"和"电子 2"互换，哈密顿量显然是不变的，即全同粒子具有交换对称性!

10.2　全同粒子体系波函数的对称性质

1. 哈密顿算符的交换对称性

在全同粒子体系中，交换任意两个粒子，其哈密顿量保持不变 (当然，一般仍要求它是厄米算符). 设有 N 个全同粒子组成的体系，其哈密顿量可表示为

$$\hat{H}(q_1, q_2, \cdots, q_i, \cdots, q_j, \cdots, q_N, t) = \sum_{i=1}^{N}\left[-\frac{\hbar^2}{2\mu}\nabla_i^2 + U(q_i, t)\right] + \sum_{i<j}^{N} V(q_i, q_j) \quad (10.1)$$

其中 $q_i \equiv \{r_i, S_i\}$，为第 i 个粒子的坐标和自旋. 调换第 i 和第 j 粒子，体系哈密顿量不变，即

$$\hat{H}(q_1, q_2, \cdots, q_j, \cdots, q_i, \cdots, q_N, t) = \hat{H}(q_1, q_2, \cdots, q_i, \cdots, q_j, \cdots, q_N, t) \quad (10.2)$$

上式表明，由 N 个全同粒子组成体系的哈密顿量具有交换对称性，交换任意两个粒子坐标 (q_i, q_j) 后保持不变.

2. 对称和反对称波函数

考虑全同粒子体系的含时薛定谔方程

$$i\hbar\frac{\partial}{\partial t}\psi(q_1, q_2, \cdots, q_i, \cdots, q_j, \cdots, q_N, t)$$

$$= \hat{H}(q_1, q_2, \cdots, q_i, \cdots, q_j, \cdots, q_N, t)\,\psi(q_1, q_2, \cdots, q_i, \cdots, q_j, \cdots, q_N, t) \qquad (10.3)$$

将上述方程中的 (q_i, q_j) 调换并利用式(10.2)，得

$$i\hbar\frac{\partial}{\partial t}\psi(q_1, q_2, \cdots, q_j, \cdots, q_i, \cdots, q_N, t)$$

$$= \hat{H}(q_1, q_2, \cdots, q_j, \cdots, q_i, \cdots, q_N, t)\,\psi(q_1, q_2, \cdots, q_j, \cdots, q_i, \cdots, q_N, t)$$

$$= \hat{H}(q_1, q_2, \cdots, q_i, \cdots, q_j, \cdots, q_N, t)\,\psi(q_1, q_2, \cdots, q_j, \cdots, q_i, \cdots, q_N, t) \qquad (10.4)$$

式(10.3)和式(10.4)表明：(q_i, q_j) 调换前后的波函数都是薛定谔方程的解. 根据全同性原理，波函数 $\psi(q_1, q_2, \cdots, q_i, \cdots, q_j, \cdots, q_N, t)$ 与 $\psi(q_1, q_2, \cdots, q_j, \cdots, q_i, \cdots, q_N, t)$ 描写同一状态，二者最多相差一常数因子，即

$$\psi(q_1, q_2, \cdots, q_j, \cdots, q_i, \cdots, q_N, t) = \lambda\psi(q_1, q_2, \cdots, q_i, \cdots, q_j, \cdots, q_N, t)$$

若再做一次 (q_i, q_j) 调换，又回到原先状态，即

$$\psi(q_1, q_2, \cdots, q_i, \cdots, q_j, \cdots, q_N, t)$$

$$= \lambda\,\psi(q_1, q_2, \cdots, q_j, \cdots, q_i, \cdots, q_N, t)$$

$$= \lambda^2\psi(q_1, q_2, \cdots, q_i, \cdots, q_j, \cdots, q_N, t)$$

所以，$\lambda^2 = 1$ ，即 $\lambda = \pm 1$.

当 $\lambda = 1$ 时，两粒子互换后波函数不变，即

$$\psi(q_1, q_2, \cdots, q_i, \cdots, q_j, \cdots, q_N, t) = \psi(q_1, q_2, \cdots, q_j, \cdots, q_i, \cdots, q_N, t)$$

称之为对称波函数. 当 $\lambda = -1$ 时，两粒子互换后波函数变号，即

$$\psi(q_1, q_2, \cdots, q_i, \cdots, q_j, \cdots, q_N, t) = -\psi(q_1, q_2, \cdots, q_j, \cdots, q_i, \cdots, q_N, t)$$

称之为反对称波函数.

3. 波函数的交换对称性不随时间变化

全同粒子体系波函数的交换对称性(对称或反对称)不随时间变化.

引入粒子坐标交换算符 $\hat{P}_{ij}$

$$\hat{P}_{ij}\psi(i, j) = \psi(j, i) = \lambda\psi(i, j)$$

$$\hat{P}_{ij}^2\psi(i, j) = \hat{P}_{ij}\hat{P}_{ij}\psi(i, j) = \lambda\hat{P}_{ij}\psi(i, j) = \lambda^2\psi(i, j)$$

所以，$\lambda = \pm 1$．其中，对称波函数是算符 $\hat{P}_{ij}$ 本征值 $\lambda = 1$ 的本征态；反对称波函数是算符 $\hat{P}_{ij}$ 本征值 $\lambda = -1$ 的本征态.

因为全同粒子体系哈密顿量具有交换对称性，即 $[\hat{P}_{ij}, \hat{H}\,] = 0$，所以 $\hat{P}_{ij}$ 是守恒量，即交换对称性不随时间而改变.

描写孤立的全同粒子体系状态，交换任意两粒子，其波函数只能是对称或反对称，其对称性不随时间改变. 如果体系在某一时刻处于对称(或反对称)态，则它将永远处于对称(或反对称)态.

4. 费米子(fermion)和玻色子(boson)

实验表明：对于每一种全同粒子，多粒子波函数的交换对称性是完全确定的，而且该对称性与粒子的自旋有确定的联系.

(1) 玻色子：凡自旋为 $\hbar$ 整数倍($s = 0$，1，2，$\cdots$) 的粒子，其多粒子波函数对于交换其中任意两个粒子总是对称的，遵从玻色(Bose)统计，故称为玻色子，如 γ 光子($s = 1$)，π 介子($s = 0$)等.

(2) 费米子：凡自旋为 $\hbar$ 半奇数倍($s = 1/2$，3/2，$\cdots$) 的粒子，其多粒子波函数对于交换其中任意两个粒子总是反对称的，遵从费米(Fermi)统计，故称为费米子，如电子、质子、中子($s = 1/2$)等.

(3) 由"基本粒子"组成的复杂粒子：例如 α 粒子(氦核)或其他原子核，如果在所讨论的过程中，内部状态保持不变，即内部自由度完全被冻结，则全同粒子概念仍然适用，可以作为一类全同粒子来处理. 一般而言，偶数个费米子组成玻色子. 如氘核($^{2}_{1}\mathrm{H}_{1}$)中有一个质子和一个中子，α 粒子($^{4}_{2}\mathrm{He}_{2}$)中有两个质子和两个中子，它们均是玻色子. 而奇数个费米子组成费米子. 如氚核($^{3}_{1}\mathrm{H}_{1}$)中有一个质子和两个中子，氦三($^{3}_{2}\mathrm{He}_{1}$)中有两个质子和一个中子，它们均是费米子.

因此，对于玻色子量子体系，其波函数应满足粒子交换对称性；对于费米子量子体系，其波函数应满足粒子交换反对称性.

10.3　全同粒子体系波函数的构成

1. 两个全同粒子波函数

由两个全同粒子构成的体系，粒子间无互作用，不显含时间的哈密顿量为

$$\hat{H} = -\frac{\hbar^2}{2\mu}\nabla_1^2 - \frac{\hbar^2}{2\mu}\nabla_2^2 + V(q_1) + V(q_2) = \hat{H}_0(q_1) + \hat{H}_0(q_2)$$

式中的 $\hat{H}_0$ 是单粒子哈密顿量，单粒子波函数 ψ_i 和 ψ_j 是正交归一的，同样不显含时间，且满足

$$\begin{cases} \hat{H}_0(q_1)\psi_i(q_1) = \varepsilon_i\,\psi_i(q_1) \\ \hat{H}_0(q_2)\psi_j(q_2) = \varepsilon_j\,\psi_j(q_2) \end{cases}$$

即粒子 1 处在 i 态，粒子 2 处在 j 态. 容易验证：该体系的能量和波函数分别为

$$\begin{cases} E = \varepsilon_i + \varepsilon_j \\ \psi(q_1, q_2) = \psi_i(q_1)\psi_j(q_2) \end{cases}$$

若粒子 2 在 i 态，粒子 1 在 j 态，容易验证：该体系的能量和波函数分别为

$$\begin{cases} E = \varepsilon_i + \varepsilon_j \\ \psi(q_2, q_1) = \psi_i(q_2)\psi_j(q_1) \end{cases}$$

显然，通过粒子互换，所得的两个态 $\psi(q_1, q_2)$ 与 $\psi(q_2, q_1)$ 的能量是简并的，故称为交换简并.

然而，全同粒子体系要满足交换对称性条件，而 $\psi(q_1, q_2)$ 与 $\psi(q_2, q_1)$ 仅当 $i = j$，即两态相同时，才是一个对称波函数；当 $i \neq j$，即两态不同时，$\psi(q_1, q_2)$ 与 $\psi(q_2, q_1)$ 既不是对称波函数，也不是反对称波函数. 因此，它们不能用来描写全同粒子体系.

为了构造具有交换对称性的波函数，设

$$\psi_S(q_1, q_2) = C\,[\psi(q_1,q_2) + \psi(q_2,q_1)]$$
$$\psi_A(q_1, q_2) = C\,[\psi(q_1,q_2) - \psi(q_2,q_1)]$$

式中，C 为归一化常数. 显然，对称波函数 $\psi_S(q_1, q_2)$ 和反对称波函数 $\psi_A(q_1, q_2)$ 均是 $\hat{H}$ 的本征函数，本征值均为 $E = \varepsilon_i + \varepsilon_j$. 此外，若单粒子波函数 ψ_i 正交归一，则 $\psi(q_1, q_2)$ 与 $\psi(q_2, q_1)$ 也正交归一. 证明如下：

$$\iint \psi^*(q_1,q_2)\psi(q_1,q_2)\mathrm{d}q_1\mathrm{d}q_2$$
$$= \iint \psi_i^*(q_1)\psi_j^*(q_2)\psi_i(q_1)\psi_j(q_2)\mathrm{d}q_1\mathrm{d}q_2$$
$$= \int \psi_i^*(q_1)\psi_i(q_1)\mathrm{d}q_1 \int \psi_j^*(q_2)\psi_j(q_2)\mathrm{d}q_2 = 1$$

同理

$$\iint \psi^*(q_2,q_1)\psi(q_2,q_1)\mathrm{d}q_1\mathrm{d}q_2 = 1$$

而

$$\iint \psi^*(q_2,q_1)\psi(q_1,q_2)\mathrm{d}q_1\mathrm{d}q_2$$

$$= \iint \psi_i^*(q_2)\psi_j^*(q_1)\psi_i(q_1)\psi_j(q_2)\mathrm{d}q_1\mathrm{d}q_2$$

$$= \int \psi_j^*(q_1)\psi_i(q_1)\mathrm{d}q_1 \int \psi_i^*(q_2)\psi_j(q_2)\mathrm{d}q_2 = 0$$

同理

$$\iint \psi^*(q_1,q_2)\psi(q_2,q_1)\mathrm{d}q_1\mathrm{d}q_2 = 0$$

另外，要求 ψ_S 和 ψ_A 也是归一化的，例如

$$\iint \psi_S^*\psi_S \mathrm{d}q_1\mathrm{d}q_2$$

$$= C^2 \iint [\psi^*(q_1,q_2)+\psi^*(q_2,q_1)][\psi(q_1,q_2)+\psi(q_2,q_1)]\mathrm{d}q_1\mathrm{d}q_2$$

$$= C^2 \iint [\psi^*(q_1,q_2)\psi(q_1,q_2)+\psi^*(q_2,q_1)\psi(q_1,q_2)$$

$$+\psi^*(q_1,q_2)\psi(q_2,q_1)+\psi^*(q_2,q_1)\psi(q_2,q_1)]\,\mathrm{d}q_1\mathrm{d}q_2$$

$$= C^2(1+0+0+1)$$

$$= 2C^2 = 1$$

于是得归一化常数 $C = \dfrac{1}{\sqrt{2}}$. 归一化的 ψ_S 和 ψ_A 如下：

$$\psi_S(q_1,q_2) = \frac{1}{\sqrt{2}}[\psi(q_1,q_2)+\psi(q_2,q_1)]$$

$$\psi_A(q_1,q_2) = \frac{1}{\sqrt{2}}[\psi(q_1,q_2)-\psi(q_2,q_1)]$$

上述讨论适用于两粒子间无相互作用的情况. 当粒子间有互作用时，一般不能分离变量，即

$$\begin{cases} \psi(q_1,q_2) \neq \psi_i(q_1)\psi_j(q_2) \\ \psi(q_2,q_1) \neq \psi_i(q_2)\psi_j(q_1) \end{cases}$$

但是下式仍然成立：

$$\begin{cases} \hat{H}(q_1,q_2)\,\psi(q_1,q_2) = E\,\psi(q_1,q_2) \\ \hat{H}(q_1,q_2)\,\psi(q_2,q_1) = E\,\psi(q_2,q_1) \end{cases}$$

即 $\psi(q_1,q_2)$ 与 $\psi(q_2,q_1)$ 满足同样的方程，归一化的 ψ_S 和 ψ_A 仍然是

$$\psi_{\substack{S\\A}}(q_1,\,q_2) = \frac{1}{\sqrt{2}}[\psi(q_1,q_2)\pm\psi(q_2,\,q_1)] \tag{10.5}$$

2. N 个全同粒子体系波函数

将由两个全同粒子组成的对称和反对称波函数推广至 N 个全同粒子体系.

设粒子间无互作用，波函数可分离变量，单粒子 $\hat{H}_0$ 不显含时间，则体系

$$\hat{H} = \hat{H}_0(q_1) + \hat{H}_0(q_2) + \cdots + \hat{H}_0(q_N) = \sum_{n=1}^{N} \hat{H}_0(q_n) \tag{10.6}$$

单粒子本征方程分别为

$$\hat{H}_0(q_1)\psi_i(q_1) = \varepsilon_i\psi_i(q_1)$$
$$\hat{H}_0(q_2)\psi_j(q_2) = \varepsilon_j\psi_j(q_2)$$
$$\cdots\cdots$$
$$\hat{H}_0(q_N)\psi_k(q_N) = \varepsilon_k\psi_k(q_N)$$

共有 k 个态. 体系的薛定谔方程为 $\hat{H}\psi = E\psi$ ，其解为

$$E = \varepsilon_i + \varepsilon_j + \cdots + \varepsilon_k$$
$$\psi(q_1, q_2, \cdots, q_N) = \psi_i(q_1)\psi_j(q_2)\cdots\psi_k(q_N) \tag{10.7}$$

如果能级有简并，则 $k < N$ ；如果能级没有简并，则 $k = N$. 显然，上式既不是对称波函数，也不是反对称波函数，不符合全同粒子体系波函数的对称性要求.

1) 玻色子体系和波函数对称化

对于两个玻色子体系，对称波函数 ψ_S 如式(10.5)所示. 对于 N 个玻色子体系，其对称波函数可类推为

$$\psi_S(q_1, q_2, \cdots, q_N) = C\sum_p p[\psi_i(q_1)\psi_j(q_2)\cdots\psi_k(q_N)] \tag{10.8}$$

其中，上式方括弧中是由 N 个粒子在 $i, j, \cdots, k$ 态中的一种排列，求和号是对各种可能排列 p 求和，归一化系数 C 等于排列数，即

$$C = \sqrt{\frac{\prod\limits_{k=1} n_k!}{N!}} \tag{10.9}$$

n_k 是单粒子态 ψ_k 上的粒子数. 显然，求和号中每一项均是单粒子波函数乘积形式，因而 ψ_S 是本征方程 $\hat{H}\psi_S = E\psi_S$ 的解. N 个粒子的各种排列总数目为 $N!$. 但对于 N 个玻色子体系，有些态上可能有多个粒子，例如有 n_k 个粒子处于态 ψ_k . 根据全同粒子不可分辨原理，这 n_k 个粒子是不可分辨的，它们在态 ψ_k 上的不同排列也是没有意义的，因为不形成新的态. 因此，应将这 n_k 个粒子的排列数 $n_k!$ 扣除，这就是归一化系数 C 中出现分子和分母项的原因.

式(10.8)中的求和是所有排列，如有 $[\cdots \psi_i(q_l) \cdots \psi_j(q_m) \cdots]$ 项，就必定有 $[\cdots \psi_i(q_m) \cdots \psi_j(q_l) \cdots]$ 项，因此式(10.8)的确具有任何两个粒子交换时的对称性.

若 $N = 2$，则简化为式(10.5).

　　2) 费米子体系和波函数反对称化

对于两个费米子体系，反对称波函数 ψ_A 如式(10.5)表述，即

$$\psi_A(q_1, q_2) = \frac{1}{\sqrt{2}}[\psi_i(q_1)\psi_j(q_2) - \psi_i(q_2)\psi_j(q_1)]$$

$$= \frac{1}{\sqrt{2}}\begin{vmatrix} \psi_i(q_1) & \psi_i(q_2) \\ \psi_j(q_1) & \psi_j(q_2) \end{vmatrix}$$

推广到 N 个费米子体系，其反对称波函数为

$$\psi_A(q_1, q_2, \cdots, q_N) = \frac{1}{\sqrt{N!}}\begin{vmatrix} \psi_i(q_1) & \psi_i(q_2) & \cdots & \psi_i(q_N) \\ \psi_j(q_1) & \psi_j(q_2) & \cdots & \psi_j(q_N) \\ \vdots & \vdots & & \vdots \\ \psi_k(q_1) & \psi_k(q_2) & \cdots & \psi_k(q_N) \end{vmatrix} \tag{10.10}$$

　　对上述行列式展开后，每一项均是单粒子波函数的乘积形式，因而 ψ_A 是本征方程 $\hat{H}\psi_A = E\psi_A$ 的解. 交换任意两个粒子，等价于行列式中相应两列对调，由行列式性质可知，行列式要变号，故是反对称波函数. 此行列式称为 Slater 行列式. 若 $N = 2$，则式(10.10)便简化为式(10.5).

　　3. 泡利原理

　　对于由 N 个费米子组成的体系，其反对称波函数由式(10.10)描述. 如果 N 个单粒子态 $\psi_i, \psi_j, \cdots, \psi_k$ 中有两个相同，则行列式中有两行相同，于是行列式为 0. 这表明在 N 个费米子体系中不能有两个或两个以上费米子处于同一状态，这一结论即为泡利不相容原理. 波函数的反对称性保证了全同费米子体系的这一重要性质.

　　在无自旋-轨道相互作用的情况下，或该作用很弱，从而可忽略时，体系总波函数可分离变量，写成空间波函数与自旋波函数乘积形式，即

$$\psi_{\text{total}}(r_1, S_1; r_2, S_2; \cdots; r_N, S_N) = \psi(r_1, r_2, \cdots, r_N)\chi(S_1, S_2, \cdots, S_N) \tag{10.11}$$

若是费米子体系，则 ψ_{total} 应是反对称的. 可分别由乘积 $\psi \cdot \chi$ 的对称性保证，即若 ψ 对称，则必有 χ 反对称；反之，若 ψ 反对称，则必有 χ 对称.

10.4　两电子自旋波函数构成

1. 自旋波函数的构成

当体系哈密顿量不包含两个电子(用"1"和"2"标记)自旋相互作用项时，

自旋波函数可分离变量为两个单电子自旋波函数的乘积，即

$$\chi(S_{1z}, S_{2z}) = \chi_{\alpha 1}(S_{1z})\chi_{\alpha 2}(S_{2z}), \quad \alpha_1, \alpha_2 = \pm\frac{1}{2}$$

可构成 4 种相互独立的二电子自旋波函数

$$\chi_{\frac{1}{2}}(S_{1z})\chi_{\frac{1}{2}}(S_{2z}) ; \quad \chi_{\frac{1}{2}}(S_{1z})\chi_{-\frac{1}{2}}(S_{2z})$$

$$\chi_{-\frac{1}{2}}(S_{1z})\chi_{\frac{1}{2}}(S_{2z}) ; \quad \chi_{-\frac{1}{2}}(S_{1z})\chi_{-\frac{1}{2}}(S_{2z})$$

根据式(10.5)，由上述 4 个波函数可构成 3 个对称波函数和 1 个反对称自旋波函数

$$\chi_S^{\mathrm{I}} = \chi_{\frac{1}{2}}(S_{1z})\chi_{\frac{1}{2}}(S_{2z})$$

$$\chi_S^{\mathrm{II}} = \chi_{-\frac{1}{2}}(S_{1z})\chi_{-\frac{1}{2}}(S_{2z})$$

$$\chi_S^{\mathrm{III}} = \frac{1}{\sqrt{2}}[\chi_{\frac{1}{2}}(S_{1z})\chi_{-\frac{1}{2}}(S_{2z}) + \chi_{\frac{1}{2}}(S_{2z})\chi_{-\frac{1}{2}}(S_{1z})] \tag{10.12}$$

$$\chi_A = \frac{1}{\sqrt{2}}[\chi_{\frac{1}{2}}(S_{1z})\chi_{-\frac{1}{2}}(S_{2z}) - \chi_{\frac{1}{2}}(S_{2z})\chi_{-\frac{1}{2}}(S_{1z})]$$

根据式(6.7)、式(6.12)，定义 $\alpha = \chi_{\frac{1}{2}} = |\uparrow\rangle = \begin{pmatrix} 1 \\ 0 \end{pmatrix}$，$\beta = \chi_{-\frac{1}{2}} = |\downarrow\rangle = \begin{pmatrix} 0 \\ 1 \end{pmatrix}$，一个电子自旋算符为 $\boldsymbol{S}^2 = \frac{3}{4}\hbar^2$，$\boldsymbol{S} = \frac{\hbar}{2}\boldsymbol{\sigma}$，$\sigma^2 = 3$，$S_z = \frac{\hbar}{2}\sigma_z$，如果采用 σ_z 表象，则 $\boldsymbol{\sigma}$ 的三个矩阵即为泡利矩阵式(6.21)．上述四个波函数可表述为

$$\chi_S^{\mathrm{I}} = |1, 1\rangle = |\uparrow\uparrow\rangle_{12}$$

$$\chi_S^{\mathrm{II}} = |1, -1\rangle = |\downarrow\downarrow\rangle_{12}$$

$$\chi_S^{\mathrm{III}} = |1, 0\rangle = \frac{1}{\sqrt{2}}\left(|\uparrow\downarrow\rangle_{12} + |\downarrow\uparrow\rangle_{12}\right) \tag{10.13}$$

$$\chi_A = |0, 0\rangle = \frac{1}{\sqrt{2}}\left(|\uparrow\downarrow\rangle_{12} - |\downarrow\uparrow\rangle_{12}\right)$$

其中对称波函数是三重态，总自旋量子数 $s = 1$，$m_s = 1, 0, -1$；反对称波函数是单重态，$s = 0$，$m_s = 0$．

2. 总自旋 S^2，S_z 算符的本征函数

设 $\boldsymbol{S} = \boldsymbol{S}_1 + \boldsymbol{S}_2$，$S_z = S_{1z} + S_{2z}$，则

$$S^2 = (\boldsymbol{S}_1 + \boldsymbol{S}_2)^2 = S_1^2 + S_2^2 + 2(\boldsymbol{S}_1 \cdot \boldsymbol{S}_2)$$

其中 $\boldsymbol{S}_1 \cdot \boldsymbol{S}_2 = S_{1x}S_{2x} + S_{1y}S_{2y} + S_{1z}S_{2z}$，所以

$$S^2 = \frac{3}{4}\hbar^2 + \frac{3}{4}\hbar^2 + 2\,(S_{1x}S_{2x} + S_{1y}S_{2y} + S_{1z}S_{2z})$$
$$= \frac{3}{2}\hbar^2 + \frac{1}{2}\hbar^2(\sigma_{1x}\sigma_{2x} + \sigma_{1y}\sigma_{2y} + \sigma_{1z}\sigma_{2z}) \tag{10.14}$$

式中，算符 $\boldsymbol{S}_1$ 和 $\boldsymbol{S}_2$、σ_1 和 σ_2 分别属于粒子 1 和 2，它们相互对易.

容易证明：χ_S 和 χ_A 均是 S^2、S_z 的共同本征函数，本征值如表 10.1 所示，表中右侧的 $^1\chi_0$，以及 $^3\chi_1$，$^3\chi_0$，$^3\chi_{-1}$ 分别是一个单重态(反对称)和三个三重态(对称)波函数的常用符号.

表 10.1　三重态、单重态情况下 S^2、S_z 的本征值

	S^2	s	S_z	m_S	$^{2s+1}\chi_{m_s}$	
χ_S^{I}	$2\hbar^2$	1	$\hbar$	1	$^3\chi_1$	
χ_S^{II}	$2\hbar^2$	1	$-\hbar$	-1	$^3\chi_{-1}$	三重态
χ_S^{III}	$2\hbar^2$	1	0	0	$^3\chi_0$	
χ_A	0	0	0	0	$^1\chi_0$	单重态

例 10.1　根据式(10.13)和式(10.14)，证明表 10.1 中的本征值.

证　此类证明有一个原则，即第 i 个粒子的算符只作用于第 i 个粒子的态矢. 于是对三重态，有

$$\sigma_{1x}\sigma_{2x}\,|\uparrow\uparrow\rangle_{12} = \begin{pmatrix} 0 & 1 \\ 1 & 0 \end{pmatrix}_1 \begin{pmatrix} 1 \\ 0 \end{pmatrix}_1 \begin{pmatrix} 0 & 1 \\ 1 & 0 \end{pmatrix}_2 \begin{pmatrix} 1 \\ 0 \end{pmatrix}_2 = \begin{pmatrix} 0 \\ 1 \end{pmatrix}_1 \begin{pmatrix} 0 \\ 1 \end{pmatrix}_2$$

$$\sigma_{1y}\sigma_{2y}\,|\uparrow\uparrow\rangle_{12} = \begin{pmatrix} 0 & -\mathrm{i} \\ \mathrm{i} & 0 \end{pmatrix}_1 \begin{pmatrix} 1 \\ 0 \end{pmatrix}_1 \begin{pmatrix} 0 & -\mathrm{i} \\ \mathrm{i} & 0 \end{pmatrix}_2 \begin{pmatrix} 1 \\ 0 \end{pmatrix}_2 = -\begin{pmatrix} 0 \\ 1 \end{pmatrix}_1 \begin{pmatrix} 0 \\ 1 \end{pmatrix}_2$$

$$\sigma_{1z}\sigma_{2z}\,|\uparrow\uparrow\rangle_{12} = \begin{pmatrix} 1 & 0 \\ 0 & -1 \end{pmatrix}_1 \begin{pmatrix} 1 \\ 0 \end{pmatrix}_1 \begin{pmatrix} 1 & 0 \\ 0 & -1 \end{pmatrix}_2 \begin{pmatrix} 1 \\ 0 \end{pmatrix}_2 = \begin{pmatrix} 1 \\ 0 \end{pmatrix}_1 \begin{pmatrix} 1 \\ 0 \end{pmatrix}_2$$

于是

$$S^2\chi_S^{\mathrm{I}} = \left(\frac{3}{2}\hbar^2 + \frac{1}{2}\hbar^2\right)\chi_S^{\mathrm{I}} = 2\hbar^2\chi_S^{\mathrm{I}}$$

又证

$$\sigma_{1x}\sigma_{2x}\chi_S^{\text{III}}$$

$$= \frac{1}{\sqrt{2}}\left[\begin{pmatrix}0&1\\1&0\end{pmatrix}_1\begin{pmatrix}1\\0\end{pmatrix}_1\begin{pmatrix}0&1\\1&0\end{pmatrix}_2\begin{pmatrix}0\\1\end{pmatrix}_2 + \begin{pmatrix}0&1\\1&0\end{pmatrix}_1\begin{pmatrix}0\\1\end{pmatrix}_1\begin{pmatrix}0&1\\1&0\end{pmatrix}_2\begin{pmatrix}1\\0\end{pmatrix}_2\right]$$

$$= \frac{1}{\sqrt{2}}\left[\begin{pmatrix}0\\1\end{pmatrix}_1\begin{pmatrix}1\\0\end{pmatrix}_2 + \begin{pmatrix}1\\0\end{pmatrix}_1\begin{pmatrix}0\\1\end{pmatrix}_2\right]$$

$$= \frac{1}{\sqrt{2}}\left(|\downarrow\uparrow\rangle_{12} + |\uparrow\downarrow\rangle_{12}\right)$$

$$= \chi_S^{\text{III}}$$

同理，$\sigma_{1y}\sigma_{2y}\chi_S^{\text{III}} = \chi_S^{\text{III}}$，$\sigma_{1z}\sigma_{2z}\chi_S^{\text{III}} = -\chi_S^{\text{III}}$．所以

$$S^2\chi_S^{\text{III}} = \left[\frac{3}{2}\hbar^2 + \frac{1}{2}\hbar^2(1+1-1)\right]\chi_S^{\text{III}} = 2\hbar^2\chi_S^{\text{III}}$$

此外，对于单重态，有

$$\sigma_{1x}\sigma_{2x}\chi_A$$

$$= \frac{1}{\sqrt{2}}\left[\begin{pmatrix}0&1\\1&0\end{pmatrix}_1\begin{pmatrix}1\\0\end{pmatrix}_1\begin{pmatrix}0&1\\1&0\end{pmatrix}_2\begin{pmatrix}0\\1\end{pmatrix}_2 - \begin{pmatrix}0&1\\1&0\end{pmatrix}_1\begin{pmatrix}0\\1\end{pmatrix}_1\begin{pmatrix}0&1\\1&0\end{pmatrix}_2\begin{pmatrix}1\\0\end{pmatrix}_2\right]$$

$$= \frac{1}{\sqrt{2}}\left[\begin{pmatrix}0\\1\end{pmatrix}_1\begin{pmatrix}1\\0\end{pmatrix}_2 - \begin{pmatrix}1\\0\end{pmatrix}_1\begin{pmatrix}0\\1\end{pmatrix}_2\right]$$

$$= \frac{1}{\sqrt{2}}\left(|\downarrow\uparrow\rangle_{12} - |\uparrow\downarrow\rangle_{12}\right)$$

$$= -\chi_A$$

同理，$\sigma_{1y}\sigma_{2y}\chi_A = -\chi_A$，$\sigma_{1z}\sigma_{2z}\chi_A = -\chi_A$．所以

$$S^2\chi_A = \left[\frac{3}{2}\hbar^2 + \frac{1}{2}\hbar^2(-1-1-1)\right]\chi_A = 0$$

表 10.1 中的其他本征值均可类似证明．

例 10.2 用微扰法求解氦原子问题．

解 尽管氦原子核外仅有两个电子，其结构的简单程度仅次于氢原子，但对氦原子能级的解释，玻尔理论遇到了严重的困难．其根本原因是核外两个电子为全同粒子，必须考虑电子的自旋、反对称波函数和泡利不相容原理．

氦原子哈密顿量为

$$\hat{H} = -\frac{\hbar^2}{2\mu}\nabla_1^2 - \frac{\hbar^2}{2\mu}\nabla_2^2 - \frac{e^2}{4\pi\varepsilon_0}\left(\frac{2}{r_1} + \frac{2}{r_2} - \frac{1}{r_{12}}\right)$$

其中，$r_{12} = |\boldsymbol{r}_1 - \boldsymbol{r}_2|$ 为两个电子的距离，显然此哈密顿量满足两电子交换不变性．由

于 $\hat{H}$ 中不含自旋变量, 根据式(10.11), 氦原子的定态波函数可写成空间坐标波函数 ψ 和自旋波函数 χ 的直积形式, 即

$$\psi_{\text{total}}(\boldsymbol{r}_1, \boldsymbol{r}_2, S_{1z}, S_{2z}) = \psi(\boldsymbol{r}_1, \boldsymbol{r}_2)\chi(S_{1z}, S_{2z})$$

其中自旋波函数 χ 即式(10.13), 有对称(三重态)和反对称(单重态)两种情况. 两个电子为费米子, 故 ψ_{total} 应该满足交换反对称性. 其中, 空间坐标波函数满足定态薛定谔方程

$$\hat{H}\psi(\boldsymbol{r}_1, \boldsymbol{r}_2) = E\psi(\boldsymbol{r}_1, \boldsymbol{r}_2)$$

1) 系统哈密顿量为

$$\hat{H} = \hat{H}^{(0)} + \hat{H}'$$

其中, 哈密顿量中的微扰项为

$$\hat{H}' = \frac{e^2}{4\pi\varepsilon_0 r_{12}}$$

未受微扰哈密顿量为 $\hat{H}^{(0)}$, 可写成两个类氢离子($Z=2$)哈密顿量之和, 即

$$\hat{H}^{(0)} = -\frac{\hbar^2}{2\mu}\nabla_1^2 - \frac{\hbar^2}{2\mu}\nabla_2^2 - \frac{2e^2}{4\pi\varepsilon_0 r_1} - \frac{2e^2}{4\pi\varepsilon_0 r_2} = \hat{H}_1^{(0)} + \hat{H}_2^{(0)}$$

本征方程为

$$\left(-\frac{\hbar^2}{2\mu}\nabla_\alpha^2 - \frac{2e^2}{4\pi\varepsilon_0 r_\alpha}\right)\psi_n(\boldsymbol{r}_\alpha) = \varepsilon_n\,\psi_n(\boldsymbol{r}_\alpha), \quad \alpha = 1, 2$$

其解为

$$\varepsilon_n = -\frac{1}{(4\pi\varepsilon_0)^2}\frac{2\mu e^4}{\hbar^2 n^2}$$

$$\psi_n(\boldsymbol{r}_\alpha) = \psi_{nlm}(\boldsymbol{r}_\alpha) = R_{nl}(r_\alpha)Y_{lm}(\theta, \varphi)_\alpha, \quad n = 1, 2, 3, \cdots$$

2) 对称和反对称的零级本征函数

对称本征函数为

$$\psi_S^{(0)}(\boldsymbol{r}_1, \boldsymbol{r}_2) = \psi_n(\boldsymbol{r}_1)\psi_n(\boldsymbol{r}_2)$$

$$\psi_S^{(0)}(\boldsymbol{r}_1, \boldsymbol{r}_2) = \frac{1}{\sqrt{2}}[\psi_n(\boldsymbol{r}_1)\psi_m(\boldsymbol{r}_2) + \psi_n(\boldsymbol{r}_2)\psi_m(\boldsymbol{r}_1)], \quad m \neq n$$

反对称本征函数为

$$\psi_A^{(0)}(\boldsymbol{r}_1, \boldsymbol{r}_2) = \frac{1}{\sqrt{2}}[\psi_n(\boldsymbol{r}_1)\psi_m(\boldsymbol{r}_2) - \psi_n(\boldsymbol{r}_2)\psi_m(\boldsymbol{r}_1)], \quad m \neq n$$

3) 基态能量修正

零级近似能量为 $E_{nm}^{(0)} = \varepsilon_n + \varepsilon_m$, 故基态零级近似能量为

$$E_{11}^{(0)} = \varepsilon_1 + \varepsilon_1 = -\frac{4\mu e^4}{(4\pi\varepsilon_0)^2 \hbar^2}$$

基态零级近似(对称)波函数(此时自旋波函数必须反对称)

$$\psi_S^{(0)}(r_1, r_2) = \psi_{100}(r_1)\psi_{100}(r_2) = \frac{8}{\pi a_0^3} e^{-2(r_1+r_2)/a_0}$$

其中, 玻尔半径 $a_0 = 4\pi\varepsilon_0 \dfrac{\hbar^2}{\mu e^2}$. 于是, 根据微扰公式, 基态能量一级修正为

$$E_{11}^{(1)} = \iint \psi_S^{(0)*}(r_1, r_2) \frac{e^2}{4\pi\varepsilon_0 r_{12}} \psi_S^{(0)}(r_1, r_2) \mathrm{d}\tau_1 \mathrm{d}\tau_2$$

$$= \frac{5\mu e^4}{(4\pi\varepsilon_0)^2 4\hbar^2}$$

上式具体求解积分需要利用积分公式[①].

于是, 氦原子基态能量为

$$E_0 \approx E_{11}^{(0)} + E_{11}^{(1)} = \varepsilon_1 + \varepsilon_1 + E_{11}^{(1)}$$

$$= -\frac{4\mu e^4}{(4\pi\varepsilon_0)^2 \hbar^2} + \frac{5\mu e^4}{(4\pi\varepsilon_0)^2 4\hbar^2} = -\frac{11\mu e^4}{(4\pi\varepsilon_0)^2 4\hbar^2}$$

$$= -74.83\mathrm{eV}$$

实验值 $E_{0实} = -78.98\mathrm{eV}$, 误差为 5.3%, 计算误差的原因是微扰项与其他势相比并不算小.

4) 激发态能量一级修正

对激发态, 设两电子处于不同能级 $(m \neq n)$, 体系的空间波函数可能对称或反对称, 矩阵元为

$$E_{nm}^{(1)} = \iint \psi_S^{(0)*}(r_1, r_2) \frac{e^2}{4\pi\varepsilon_0 r_{12}} \psi_S^{(0)}(r_1, r_2) \mathrm{d}\tau_1 \mathrm{d}\tau_2$$

$$= \frac{1}{2} \iint [\psi_n^*(r_1)\psi_m^*(r_2) \pm \psi_n^*(r_2)\psi_m^*(r_1)] \frac{e^2}{4\pi\varepsilon_0 r_{12}} [\psi_n(r_1)\psi_m(r_2) \pm \psi_n(r_2)\psi_m(r_1)] \mathrm{d}\tau_1 \mathrm{d}\tau_2$$

$$= \frac{e^2}{8\pi\varepsilon_0} \left[\iint \frac{1}{r_{12}} |\psi_n(r_1)|^2 |\psi_m(r_2)|^2 \mathrm{d}\tau_1 \mathrm{d}\tau_2 + \iint \frac{1}{r_{12}} |\psi_n(r_2)|^2 |\psi_m(r_1)|^2 \mathrm{d}\tau_1 \mathrm{d}\tau_2 \right.$$

$$\left. \pm \iint \frac{1}{r_{12}} \psi_n^*(r_1)\psi_m^*(r_2)\psi_n(r_2)\psi_m(r_1) \mathrm{d}\tau_1 \mathrm{d}\tau_2 \pm \iint \frac{1}{r_{12}} \psi_n^*(r_2)\psi_m^*(r_1)\psi_n(r_1)\psi_m(r_2) \mathrm{d}\tau_1 \mathrm{d}\tau_2 \right]$$

$$= K \pm J$$

---

① 参阅: 曾谨言. 量子力学(卷 I). 5 版. 北京: 科学出版社, 2013.

上式第三个等号后共有四项, 前两项之和为 K, 后两项之和为 J. 所以, 近似到一级修正, 本征能量为

$$\begin{cases} E_S = \varepsilon_n + \varepsilon_m + K + J \\ E_A = \varepsilon_n + \varepsilon_m + K - J \end{cases} \quad (m \neq n)$$

为了理解 K、J 的物理意义, 定义第一和第二个电子的电荷密度分别为

$$\begin{cases} \rho_{nn}(\boldsymbol{r}_1) = -e\psi_n^*(\boldsymbol{r}_1)\psi_n(\boldsymbol{r}_1) \\ \rho_{mm}(\boldsymbol{r}_2) = -e\psi_m^*(\boldsymbol{r}_2)\psi_m(\boldsymbol{r}_2) \end{cases}$$

考虑到全同粒子, 得直接能

$$K = \iint \frac{1}{4\pi\varepsilon_0 r_{12}} \rho_{nn}(\boldsymbol{r}_1)\rho_{mm}(\boldsymbol{r}_2)\mathrm{d}\tau_1\mathrm{d}\tau_2$$

式中, K 称为直接能. 定义交换电荷密度为

$$\begin{cases} \rho_{mn}(\boldsymbol{r}_1) = -e\psi_m^*(\boldsymbol{r}_1)\psi_n(\boldsymbol{r}_1) \\ \rho_{mn}^*(\boldsymbol{r}_2) = -e\psi_m(\boldsymbol{r}_2)\psi_n^*(\boldsymbol{r}_2) \end{cases}$$

得交换能(交换势)为

$$J = \iint \frac{1}{4\pi\varepsilon_0 r_{12}} \rho_{mn}(\boldsymbol{r}_1)\rho_{mn}^*(\boldsymbol{r}_2)\mathrm{d}\tau_1\mathrm{d}\tau_2$$

应该指出, 交换能是量子物理学效应. 微扰能分为两部分, 交换能 J 的出现, 本质上讲是由于描写全同粒子体系的波函数必须具有某种对称性. 正是波函数的对称化和反对称化产生了交换能, 所以交换能的出现是量子物理学中特有的结果.

此外, 交换能 J 与交换密度 ρ_{mn} 有关, 交换势的大小取决于 m 态和 n 态波函数 ψ_m、ψ_n 的重叠程度. 如果 $|\psi_m|^2$、$|\psi_n|^2$ 分别集中在空间不同区域, 则交换势就很小, 交换效应就不明显.

5) 氦原子波函数

电子是费米子, 氦原子总波函数必为反对称波函数, 由式(10.11)得

$$\psi_I = \psi_S^{(0)}(\boldsymbol{r}_1, \boldsymbol{r}_2)\chi_A(S_{1z}, S_{2z}) = \psi_S^{(0)\,1}\chi_0,$$

$$\psi_{II} = \psi_A^{(0)}(\boldsymbol{r}_1, \boldsymbol{r}_2)\chi_S(S_{1z}, S_{2z}) = \psi_A^{(0)\,3}\chi_{m_s}, \quad m_s = 0,\ \pm 1$$

历史上, ψ_I 是单重态, 称为仲氦, 是氦原子的基态; ψ_{II} 是三重态, 称为正氦.

在上述问题中, 哈密顿 $\hat{H}$ 与自旋无关, 总自旋 S 是守恒量. 即使氦原子受到扰动, 哈密顿量有所改变, 但是只要没有显著的自旋-轨道耦合作用, 总自旋 S 就是守恒量. 因此, 虽然正氦基态(2s)能量比仲氦基态(氦原子真正基态 1s)高得多

(见图 7.1)，但是正氦放出能量跃迁到仲氦基态上去的概率却很小，即单重态和三重态之间的跃迁概率很小，这种状态称为亚稳态，此跃迁选择定则与自旋体系的角动量守恒有关．因此，早先还误认为正、仲二氦是两种不同的气体．

　　全同性原理要求两电子波函数具有交换反对称性，这就决定了氦的特殊性质．尽管在忽略自旋-轨道相互作用时，氦原子哈密顿量 $\hat{H}$ 与自旋无关，然而氦原子的性质却与自旋有很大关系．例如，总自旋不同的正、仲氦性质上的明显差异就是电子的全同性引起的，全同性原理要求电子波函数具有反对称性，这就导致它们的自旋波函数与空间波函数关联起来，自旋通过这种关联影响空间波函数从而影响氦的性质．例如，在氦原子基态时，具有对称的空间波函数，此时，自旋波函数必为反对称的．

　　6) 简并微扰论

　　当 $m \neq n$ 时，氦激发态 4 度简并，应该使用简并微扰论．

$$\psi_{\mathrm{I}} = \psi_{\mathrm{S}}^{(0)}(\boldsymbol{r}_1, \boldsymbol{r}_2)\chi_{\mathrm{A}}(S_{1z}, S_{2z}) = \psi_{\mathrm{S}}^{(0)\,1}\chi_0$$

$$\psi_{\mathrm{II}} = \psi_{\mathrm{A}}^{(0)}(\boldsymbol{r}_1, \boldsymbol{r}_2)\chi_{\mathrm{S}}(S_{1z}, S_{2z}) = \psi_{\mathrm{A}}^{(0)\,3}\chi_{m_s}, \quad m_s = 0, \pm 1$$

其中，空间波函数为

$$\begin{cases} \psi_{\mathrm{S}}^{(0)}(\boldsymbol{r}_1, \boldsymbol{r}_2) = \dfrac{1}{\sqrt{2}}[\psi_n(\boldsymbol{r}_1)\psi_m(\boldsymbol{r}_2) + \psi_n(\boldsymbol{r}_2)\psi_m(\boldsymbol{r}_1)] \\[2mm] \psi_{\mathrm{A}}^{(0)}(\boldsymbol{r}_1, \boldsymbol{r}_2) = \dfrac{1}{\sqrt{2}}[\psi_n(\boldsymbol{r}_1)\psi_m(\boldsymbol{r}_2) - \psi_n(\boldsymbol{r}_2)\psi_m(\boldsymbol{r}_1)] \end{cases} \quad (m \neq n)$$

由于总自旋波函数 $^1\chi_0, {}^3\chi_1, {}^3\chi_0, {}^3\chi_{-1}$ 是彼此正交归一化波函数，所以，非对角矩阵元 $H_{ij}' = 0$，而三重态的对角矩阵元相等，即 $H_{22}' = H_{33}' = H_{44}'$，因此解久期方程可得如下两个根：

$$\begin{cases} E_1^{(1)} = H_{11}' = K + J \\ E_2^{(1)} = H_{22}' = H_{33}' = H_{44}' = K - J \end{cases}$$

10.5　纠缠态　贝尔基

　　当一个量子系统有多个自由度时，其量子态往往是各自由度波函数或态矢的乘积，或称直积，用"$\otimes$"表示．一般而言，矩阵直积的定义如下：

　　设矩阵 $A = (a_{ij})_{m \times n}$，$B = (b_{ij})_{p \times q}$，则它们的直积是一个 $mp \times nq$ 的矩阵：

$$A \otimes B = \begin{pmatrix} a_{11}B & a_{12}B & \cdots & a_{1n}B \\ \vdots & \vdots & & \vdots \\ a_{m1}B & a_{m2}B & \cdots & a_{mn}B \end{pmatrix} = \cdots\cdots$$

例如，氢原子中的电子在三维空间中运动，其轨道波函数为

$$\psi_{nlm}(r,\theta,\varphi) = R_{nl}(r)\mathrm{Y}_{lm}(\theta,\varphi)$$

此外，电子还有内禀自由度自旋，完整量子态是轨道和自旋态的直积，称为可分离态. 例如，电子的 1s 态($n=1, l=0, m=0$)，自旋向上，其完整量子态为

$$|1\mathrm{s}\uparrow\rangle = |\psi_{1\mathrm{s}}(\boldsymbol{r})\rangle \otimes |\uparrow\rangle = \begin{pmatrix} \psi_{1\mathrm{s}}(\boldsymbol{r}) \\ 0 \end{pmatrix} = \begin{pmatrix} R_{10}(r)\mathrm{Y}_{00}(\theta,\varphi) \\ 0 \end{pmatrix}$$

对于氦原子，有两个电子，它们的轨道量子态均为 1s 态，只有唯一组合方式，即直积

$$|\psi_{1\mathrm{s}}(\boldsymbol{r_1})\rangle \otimes |\psi_{1\mathrm{s}}(\boldsymbol{r_2})\rangle = |1\mathrm{s}(1)1\mathrm{s}(2)\rangle$$

上式是交换对称的. 两个电子是全同费米子，波函数必须反对称. 利用式(10.11)和式(10.13)，符合反对称要求的自旋波函数为

$$\chi_{\mathrm{A}} = \frac{1}{\sqrt{2}}\left(|\uparrow\downarrow\rangle_{12} - |\downarrow\uparrow\rangle_{12}\right) = \frac{1}{\sqrt{2}}\left(|\uparrow\rangle_1 \otimes |\downarrow\rangle_2 - |\downarrow\rangle_1 \otimes |\uparrow\rangle_2\right) \tag{10.15}$$

显然，在式(10.15)中交换 1 和 2 自旋后波函数要变号，这是氦原子基态正确的自旋态矢，即占据同一轨道量子态的两个电子，自旋必须相反.

值得注意的是：式(10.15)是两个直积态的相干叠加，而不能表述为两个因子的直积. 这种不能写成量子系统中各子系统或各自由度态矢直积的状态(可分离态)，是一种量子关联，称为纠缠态(entangled state).

在微观多粒子系统中，均可发生粒子之间的量子关联现象，即量子纠缠，所形成的态即为纠缠态. 一个量子态是否纠缠态，与所选用的表象无关！有关量子纠缠和纠缠态，有许多奇异物理特性和现象，如超距作用等；还有许多诱人的应用前景，如量子计算、量子通信等，将在第 11、12 章中介绍.

多粒子体系的量子态，需要用一组彼此对易的力学量(可观测量)的共同本征态来完全确定. 考虑自旋二体算符构成的共同本征态，可以证明

$$\begin{aligned}
(\sigma_{1x}\sigma_{2x})(\sigma_{1y}\sigma_{2y})(\sigma_{1z}\sigma_{2z}) &= -1 \\
(\sigma_{1x}\sigma_{2y})(\sigma_{1y}\sigma_{2z})(\sigma_{1z}\sigma_{2x}) &= -1 \\
(\sigma_{1x}\sigma_{2z})(\sigma_{1z}\sigma_{2y})(\sigma_{1y}\sigma_{2x}) &= -1
\end{aligned} \tag{10.16}$$

例如，利用公式 $\sigma_\alpha\sigma_\beta = \mathrm{i}\sum_\gamma \varepsilon_{\alpha\beta\gamma}\sigma_\gamma + \delta_{\alpha\beta}$，式(10.16)第一式为

$$\begin{aligned}
(\sigma_{1x}\sigma_{2x})(\sigma_{1y}\sigma_{2y})(\sigma_{1z}\sigma_{2z}) &= \sigma_{1x}\sigma_{1y}\sigma_{2x}\sigma_{2y}(\sigma_{1z}\sigma_{2z}) \\
&= \mathrm{i}\sigma_{1z}\mathrm{i}\sigma_{2z}\sigma_{1z}\sigma_{2z} = -(\sigma_{1z})^2(\sigma_{2z})^2 \\
&= -1
\end{aligned}$$

上述证明利用了不同粒子的算符相互对易的属性. 其余类似可证.

此外，还可以证明：式(10.16)中任何一式左侧 3 个二体自旋算符中的任何两个均构成两电子体系的一组彼此对易的力学量完备集，采用$(\sigma_{1z},\sigma_{2z})$表象，它们共同的本征函数为

$$|\psi^{\pm}\rangle_{12}=\frac{1}{\sqrt{2}}(\ |\uparrow\downarrow\rangle_{12}\pm|\downarrow\uparrow\rangle_{12})=\frac{1}{\sqrt{2}}(\ |\uparrow\rangle_1\otimes|\downarrow\rangle_2\pm|\downarrow\rangle_1\otimes|\uparrow\rangle_2)$$

$$|\varphi^{\pm}\rangle_{12}=\frac{1}{\sqrt{2}}(\ |\uparrow\uparrow\rangle_{12}\pm|\downarrow\downarrow\rangle_{12})=\frac{1}{\sqrt{2}}(\ |\uparrow\rangle_1\otimes|\uparrow\rangle_2\pm|\downarrow\rangle_1\otimes|\downarrow\rangle_2)$$

(10.17)

式(10.17)就是著名的贝尔(Bell)基，它们彼此正交归一，且两粒子交换对称或反对称；每一式给出的态均为两个直积态的相干叠加，是纠缠态．四个贝尔基均为二体自旋算符$\sigma_{1x}\sigma_{2x}$ 和 $\sigma_{1y}\sigma_{2y}$ 的共同本征态；因为采用了$\sigma_{1z}\sigma_{2z}$ 表象，故贝尔基也是$\sigma_{1z}\sigma_{2z}$ 的本征态，各算符的本征值如表 10.2 所示．

表 10.2　二体自旋算符作用贝尔基的本征值

	$\sigma_{1x}\sigma_{2x}$	$\sigma_{1y}\sigma_{2y}$	$\sigma_{1z}\sigma_{2z}$
$|\psi^-\rangle_{12}$	-1	-1	-1
$|\psi^+\rangle_{12}$	$+1$	$+1$	-1
$|\varphi^-\rangle_{12}$	-1	$+1$	$+1$
$|\varphi^+\rangle_{12}$	$+1$	-1	$+1$

例如

$$\sigma_{1x}\sigma_{2x}|\psi^-\rangle_{12}=\sigma_{1x}\sigma_{2x}\frac{1}{\sqrt{2}}(|\uparrow\downarrow\rangle_{12}-|\downarrow\uparrow\rangle_{12})$$

$$=\frac{1}{\sqrt{2}}\left[\begin{pmatrix}0&1\\1&0\end{pmatrix}_1\begin{pmatrix}1\\0\end{pmatrix}_1\begin{pmatrix}0&1\\1&0\end{pmatrix}_2\begin{pmatrix}0\\1\end{pmatrix}_2-\begin{pmatrix}0&1\\1&0\end{pmatrix}_1\begin{pmatrix}0\\1\end{pmatrix}_1\begin{pmatrix}0&1\\1&0\end{pmatrix}_2\begin{pmatrix}1\\0\end{pmatrix}_2\right]$$

$$=\frac{1}{\sqrt{2}}\left[\begin{pmatrix}0\\1\end{pmatrix}_1\begin{pmatrix}1\\0\end{pmatrix}_2-\begin{pmatrix}1\\0\end{pmatrix}_1\begin{pmatrix}0\\1\end{pmatrix}_2\right]$$

$$=-\frac{1}{\sqrt{2}}\left[\begin{pmatrix}1\\0\end{pmatrix}_1\begin{pmatrix}0\\1\end{pmatrix}_2-\begin{pmatrix}0\\1\end{pmatrix}_1\begin{pmatrix}1\\0\end{pmatrix}_2\right]$$

$$=-\frac{1}{\sqrt{2}}(|\uparrow\downarrow\rangle_{12}-|\downarrow\uparrow\rangle_{12})=-|\psi^-\rangle_{12}$$

上式的本征值为-1．又如

$$\sigma_{1y}\sigma_{2y}\,|\,\varphi^{-}\rangle_{12}=\frac{1}{\sqrt{2}}\sigma_{1y}\sigma_{2y}\big(|\uparrow\uparrow\rangle_{12}-|\downarrow\downarrow\rangle_{12}\big)$$

$$=\frac{1}{\sqrt{2}}\left[\begin{pmatrix}0&-i\\i&0\end{pmatrix}_{1}\begin{pmatrix}1\\0\end{pmatrix}_{1}\begin{pmatrix}0&-i\\i&0\end{pmatrix}_{2}\begin{pmatrix}1\\0\end{pmatrix}_{2}-\begin{pmatrix}0&-i\\i&0\end{pmatrix}_{1}\begin{pmatrix}0\\1\end{pmatrix}_{1}\begin{pmatrix}0&-i\\i&0\end{pmatrix}_{2}\begin{pmatrix}0\\1\end{pmatrix}_{2}\right]$$

$$=\frac{1}{\sqrt{2}}\left[\begin{pmatrix}0\\i\end{pmatrix}_{1}\begin{pmatrix}0\\i\end{pmatrix}_{2}-\begin{pmatrix}-i\\0\end{pmatrix}_{1}\begin{pmatrix}-i\\0\end{pmatrix}_{2}\right]$$

$$=\frac{1}{\sqrt{2}}\left[-\begin{pmatrix}0\\1\end{pmatrix}_{1}\begin{pmatrix}0\\1\end{pmatrix}_{2}+\begin{pmatrix}1\\0\end{pmatrix}_{1}\begin{pmatrix}1\\0\end{pmatrix}_{2}\right]$$

$$=\frac{1}{\sqrt{2}}\big(\,|\uparrow\uparrow\rangle_{12}-|\downarrow\downarrow\rangle_{12}\big)=|\,\varphi^{-}\rangle_{12}$$

上式的本征值为+1. 余类似可证.

*10.6　粒子数表象

由上面几节的讨论可知, 在坐标表象中, 对于 N 个玻色子体系, 其对称波函数由式(10.8)描述; 对于 N 个费米子体系, 其反对称波函数由式(10.10)描述. 对于二电子系统, 讨论还比较简单. 然而, 对于具有 N 个全同粒子的体系, 此种表述全同粒子系统的方法是相当烦琐的. 其原因是全同粒子不可分辨, 对它们编号本来就没有意义. 事实上, 只要把处于每一个单粒子态上的粒子数讲清, 全同粒子的量子态就完全确定了.

因此, 在量子物理学中, 通常引进粒子占有数表象(occupation particle number representation), 简称粒子数表象: 全同玻色子体系的量子态(波函数)表示为 $|n_1 n_2 \cdots n_N\rangle$, 其中有 n_i 个粒子处于态 ψ_i 上; 全同费米子体系的量子态受泡利原理限制, $n_i=1,0$, 故表示为 $|\alpha\beta\gamma\cdots\rangle$, 此式中只标出被粒子占据的单粒子态.

1. 全同玻色子体系在粒子数表象中的表述

在第 4 章(4.6 节)中, 根据一维线性谐振子的求解结果, 提出了占有数表象, 其中引入了产生算符 a^{+}、湮灭算符 a 和粒子数算符 $\hat{N}=a^{+}a$(a^{+} 和 a 算符上面的小箭头省略了, 下同), 它们满足对易关系

$$[a,a^{+}]=1,$$

$$[a^{+},a^{+}]=[a,a]=0$$

基态为 $|0\rangle$, 也称真空态; $|n\rangle$ 代表有 n 个声子的激发态, $n=1,2,3,\cdots$, 每个声子的能量为 $\hbar\omega$. 由式(4.64)得

$$a^+ | n\rangle = \sqrt{n+1} | n+1\rangle$$
$$a | n\rangle = \sqrt{n} | n-1\rangle$$

它们的共轭式为

$$\langle n | a = \sqrt{n+1} \langle n+1 |$$
$$\langle n | a^+ = \sqrt{n} \langle n-1 |$$

一维谐振子的归一化本征矢为

$$|n\rangle = \frac{1}{\sqrt{n!}} (a^+)^n |0\rangle, \quad n = 0, 1, 2, \cdots$$

能量本征值为 $E_n = (n + \frac{1}{2}) \hbar \omega$.

将其推广到 N 维谐振子，对于第 i 和第 j 个独立谐振子，有对易关系：

$$[a_i, a_j^+] = \delta_{ij}$$
$$[a_i, a_j] = [a_i^+, a_j^+] = 0, \quad i, j = 1, 2, 3, \cdots, N \tag{10.18}$$

N 维谐振子的归一化能量本征态为

$$|n_1 n_2 \cdots\rangle = \frac{1}{\sqrt{n_1! n_2! \cdots}} (a_1^+)^{n_1} (a_2^+)^{n_2} \cdots |0\rangle$$

能量本征值为

$$E_{n_1 n_2 \cdots} = \sum_{i=1}^{N} (n_i + \frac{1}{2}) \hbar \omega_i$$

类似地，全同玻色子多粒子体系在粒子数表象中的基矢为

$$|n_1 n_2 \cdots\rangle = \frac{1}{\sqrt{\prod_i n_i!}} (a_1^+)^{n_1} (a_2^+)^{n_2} \cdots |0\rangle \tag{10.19}$$

其中，a_i^+, a_i 分别是单粒子态 ψ_i 上的粒子数产生算符和湮灭算符，它们的对易关系即式(10.18)；总粒子数算符 $\hat{N}_{\text{total}} = \sum_{i=1}^{N} \hat{n}_i$，本征值 $N_{\text{total}} = \sum_{i=1}^{N} n_i$．由式(10.18)可知，式(10.19)对任意两个玻色子交换对称. 此外,将产生算符和湮灭算符作用于波函数，利用式(4.64)得

$$a_\alpha^+ |n_1 n_2 \cdots n_\alpha \cdots\rangle = \sqrt{n_\alpha + 1} |n_1 n_2 \cdots (n_\alpha + 1) \cdots\rangle$$
$$a_\alpha |n_1 n_2 \cdots n_\alpha \cdots\rangle = \sqrt{n_\alpha} |n_1 n_2 \cdots (n_\alpha - 1) \cdots\rangle \tag{10.20}$$

其共轭式为

$$\langle\cdots n_\alpha\cdots n_2 n_1|a_\alpha=\sqrt{n_\alpha+1}\langle\cdots(n_\alpha+1)\cdots n_2 n_1|$$
$$\langle\cdots n_\alpha\cdots n_2 n_1|a_\alpha^+=\sqrt{n_\alpha}\langle\cdots(n_\alpha-1)\cdots n_2 n_1|$$
(10.21)

2. 全同费米子体系在粒子数表象中的表述

全同费米子体系的波函数交换反对称，且服从泡利原理. 利用产生算符的体系基矢:

$$|\alpha\beta\gamma\cdots\rangle=a_\alpha^+ a_\beta^+ a_\gamma^+\cdots|0\rangle$$
(10.22)

式中, a_α^+, a_β^+,…分别代表在单粒子态 $\psi_\alpha,\psi_\beta,\cdots$ 上的粒子产生算符. 交换反对称要求波函数满足

$$|\alpha\beta\gamma\cdots\rangle=-|\beta\alpha\gamma\cdots\rangle$$

即

$$a_\alpha^+ a_\beta^+ a_\gamma^+\cdots|0\rangle=-a_\beta^+ a_\alpha^+ a_\gamma^+\cdots|0\rangle$$
$$(a_\alpha^+ a_\beta^+ + a_\beta^+ a_\alpha^+)|\gamma\cdots\rangle=0$$

所以

$$a_\alpha^+ a_\beta^+ + a_\beta^+ a_\alpha^+ \equiv [a_\alpha^+, a_\beta^+]_+ = 0$$
(10.23)

式(10.23)为反对易式, 它对 $\alpha=\beta$ 也适用, 即对于任意 α, 有 $a_\alpha^+ a_\alpha^+ = 0$, 因为一个态上最多容纳一个费米子, 产生两次一定为零. 取式(10.22)的共轭式:

$$\langle\cdots\gamma\ \beta\alpha|=\langle 0|\cdots a_\gamma a_\beta a_\alpha$$
(10.24)

根据交换反对称性可得

$$[a_\alpha, a_\beta]_+ = 0$$
(10.25)

式(10.25)对 $\alpha=\beta$ 也适用, 即对于任意 α, 有 $a_\alpha a_\alpha = 0$, 因为一个态上最多有一个费米子, 湮灭两次一定为零. 此外, 对于单粒子态归一性, 有

$$\langle\alpha|\alpha\rangle=1 \quad 或 \quad \langle 0|a_\alpha a_\alpha^+|0\rangle=1$$

此外, 真空态 $|0\rangle$ 为

$$a_\alpha a_\alpha^+|0\rangle=a_\alpha|\alpha\rangle=|0\rangle$$
$$a_\alpha|0\rangle=0$$
(10.26)

一般地

$$a_\alpha|\beta\gamma\cdots\rangle=0, \quad \alpha\neq\beta\neq\gamma\neq\cdots$$
(10.27)

此外，作态

$$a_\beta a_\alpha^+ a_\beta^+ a_\gamma^+ \cdots |0\rangle = - a_\beta a_\beta^+ a_\alpha^+ a_\gamma^+ \cdots |0\rangle$$
$$= - a_\alpha^+ a_\gamma^+ \cdots |0\rangle$$
$$= - a_\alpha^+ a_\beta a_\beta^+ a_\gamma^+ \cdots |0\rangle$$

上式推导利用了式(10.26). 所以

$$(a_\beta a_\alpha^+ + a_\alpha^+ a_\beta) \, |\beta\gamma\cdots\rangle = 0$$

若 β 是真空态，即 $|\gamma\delta\cdots\rangle$，也有 $(a_\beta a_\alpha^+ + a_\alpha^+ a_\beta) \, |\gamma\delta\cdots\rangle = 0$. 所以

$$[a_\alpha^+, a_\beta]_+ = 0, \quad \alpha \neq \beta \tag{10.28}$$

利用式(10.22)，有

$$a_\alpha a_\alpha^+ \, |\alpha\beta\gamma\cdots\rangle = a_\alpha a_\alpha^+ a_\alpha^+ a_\beta^+ a_\gamma^+ \cdots |0\rangle = 0$$
$$a_\alpha^+ a_\alpha \, |\alpha\beta\gamma\cdots\rangle = a_\alpha^+ a_\beta^+ a_\gamma^+ \cdots |0\rangle = |\alpha\beta\gamma\cdots\rangle$$

所以

$$(a_\alpha a_\alpha^+ + a_\alpha^+ a_\alpha) \, |\alpha\beta\gamma\cdots\rangle = |\alpha\beta\gamma\cdots\rangle$$

若 $|\beta\gamma\cdots\rangle$ 是 α 真空态，则 $a_\alpha^+ a_\alpha \, |\beta\gamma\cdots\rangle = 0$，且 $a_\alpha a_\alpha^+ \, |\beta\gamma\cdots\rangle = a_\alpha \, |\alpha\beta\gamma\cdots\rangle = |\beta\gamma\cdots\rangle$，故上式也成立，即

$$(a_\alpha a_\alpha^+ + a_\alpha^+ a_\alpha) \, |\beta\gamma\cdots\rangle = |\beta\gamma\cdots\rangle$$

所以均有

$$[a_\alpha, a_\alpha^+]_+ = 1 \tag{10.29}$$

总之，全同费米子体系的对易关系为

$$|\alpha\beta\gamma\cdots\rangle = a_\alpha^+ a_\beta^+ a_\gamma^+ \cdots |0\rangle$$
$$[a_\alpha, a_\beta^+]_+ = \delta_{\alpha\beta} \tag{10.30}$$
$$[a_\alpha, a_\beta]_+ = [a_\alpha^+, a_\beta^+]_+ = 0$$

式(10.30)概括了费米子产生算符和湮灭算符的全部代数性质，与玻色子相应的对易关系式(10.18)相比，差别只是将对易式换成了反对易式，这是波函数交换对称和反对称的反映.

上述表象称为"粒子数表象"，也即所谓"二次量子化"，用于处理多粒子体系问题.

3. 玻色子的单体和二体算符表示式

在量子物理学中，一般采用算符代替相应的力学量. 在粒子数表象中，算符

表示比较简单. 诸如角动量、动能、动量、粒子数、磁矩等算符, 它们均为单体算符, 可统一表述为

$$\hat{F} = \sum_{\alpha=1}^{N} \hat{f}(\alpha) \tag{10.31}$$

是 N 个单粒子算符 $\hat{f}(\alpha)$　$(\alpha = 1, 2, \cdots, N)$ 之和.

在 q 表象中, 根据式(10.8), 具有交换对称性的 N 个玻色子波函数为

$$\psi_{n_1 \cdots n_N}(q_1, q_2, \cdots, q_N) = \sqrt{\frac{\prod n_k!}{N!}} \sum_p p[\psi_1(q_1) \cdots \psi_k(q_k) \cdots]$$

其中在态 $\psi_1(q_1)$ 上有 n_1 个粒子, 在态 $\psi_k(q_k)$ 上有 n_k 个粒子, 等等.

算符 $\hat{F}$ 矩阵元为

$$(\psi_{n_1'n_2'\cdots}, \ \hat{F} \ \psi_{n_1 n_2 \cdots}) = \sum_{\alpha} (\psi_{n_1'n_2'\cdots}, \ \hat{f}(\alpha) \ \psi_{n_1 n_2 \cdots})$$

$$= N(\psi_{n_1'n_2'\cdots}, \hat{f}(1) \ \psi_{n_1 n_2 \cdots})$$

式中, 因为 $\hat{F}$ 对于任何粒子交换完全对称, 各粒子的地位完全相同, 即可用任意粒子[如 $\hat{f}(1)$]计算矩阵元, 然后乘以粒子数 N.

算符 $\hat{F}$ 的平均值计算如下:

$$\bar{F} = (\psi_{n_1 n_2 \cdots}, \ \hat{F} \ \psi_{n_1 n_2 \cdots}) = N(\psi_{n_1 n_2 \cdots}, \hat{f}(1) \ \psi_{n_1 n_2 \cdots})$$

设 "粒子 1" 处于任意态 ψ_k, $f(1)$ 的平均值为

$$f_{kk} = (\psi_k(q_1), \hat{f}(1)\psi_k(q_1)) = (\psi_k, \hat{f} \ \psi_k)$$

此时, 其余$(N-1)$个粒子分布为 $(n_1, n_2, \cdots, n_{k-1}, \cdots)$, $f(1)$ 与其余粒子的坐标无关, 各单粒子波函数正交归一, 积分后的贡献项数为

$$\frac{(N-1)!}{n_1! n_2! \cdots (n_k - 1)! \cdots}$$

因为假设 "粒子 1" 处于任意态 ψ_k, 故还需对 k 求和, 所以得

$$\bar{F} = N \frac{\prod n_i!}{N!} \sum_k \frac{(N-1)!}{n_1! n_2! \cdots (n_k - 1)! \cdots} f_{kk} = \sum_k n_k f_{kk} \tag{10.32}$$

算符 $\hat{F}$ 的非对角矩阵元计算如下:

在式(10.32)中, 由于体系初态和末态只能差一个单粒子态, 故有

$$(\hat{F})_{ik} = \left(\psi_{\cdots (n_i+1)\cdots(n_k-1)\cdots}, \ \hat{F} \ \psi_{\cdots n_i \cdots n_k \cdots} \right)$$

$$= N\left(\psi_{\cdots(n_i+1)\cdots(n_k-1)\cdots}, \ \hat{f}(1) \ \psi_{\cdots n_i \cdots n_k \cdots} \right)$$

式中，只有当"粒子 1"初态处于 ψ_k，末态处于 ψ_i 时，才对矩阵元有贡献，此贡献共有项数

$$\frac{(N-1)!}{\cdots n_i! \cdots (n_k-1)! \cdots}$$

所以，上式矩阵元为

$$(\hat{F})_{ik} = N \frac{\cdots n_i! \cdots (n_k-1)! \cdots}{N!} \sqrt{(n_i+1)n_k} \frac{(N-1)!}{\cdots n_i! \cdots (n_k-1)! \cdots} f_{ik}$$

$$= \sqrt{(n_i+1)n_k}\, f_{ik} \tag{10.33}$$

其中，f_{ik} 是单粒子算符 $\hat{f}(1)$ 的矩阵元，$f_{ik} = (\psi_i, \hat{f}(1)\psi_k)$.

在粒子数表象中，玻色子体系的基矢为

$$|n_1 n_2 \cdots\rangle = \frac{1}{\sqrt{\prod_i n_i!}} (a_1^+)^{n_1} (a_2^+)^{n_2} \cdots |0\rangle$$

对易关系为

$$[a_i, a_j^+] = \delta_{ij}$$

$$[a_i, a_j] = [a_i^+, a_j^+] = 0, \quad i, j = 1,2,3,\cdots,N$$

在粒子数表象中，单体算符式(10.31)可表示成

$$\hat{F} = \sum_{\alpha\beta} f_{\alpha\beta} a_\alpha^+ a_\beta \tag{10.34}$$

其中，$f_{\alpha\beta} = (\psi_\alpha, \hat{f}(1)\,\psi_\beta)$ 是单粒子算符 $\hat{f}(1)$ 在单粒子态 ψ_α 和 ψ_β 之间的矩阵元.

算符 $\hat{F}$ 的平均值：

$$\bar{F} = \langle \cdots n_k \cdots n_i \cdots | \hat{F} | \cdots n_i \cdots n_k \cdots \rangle = \sum_\alpha f_{\alpha\alpha} \langle \cdots n_k \cdots n_i \cdots | a_\alpha^+ a_\alpha | \cdots n_i \cdots n_k \cdots \rangle$$

$$= \sum_\alpha f_{\alpha\alpha} \langle \cdots n_k \cdots n_i \cdots | n_\alpha | \cdots n_i \cdots n_k \cdots \rangle$$

$$= \sum_\alpha f_{\alpha\alpha}\, n_\alpha$$

上式结果与式(10.32)一致.

算符 $\hat{F}$ 的矩阵元

$$(\hat{F})_{ik} = \langle \cdots (n_k-1) \cdots (n_i+1) \cdots | \hat{F} | \cdots n_i \cdots n_k \cdots \rangle$$

$$= \sum_{\alpha\beta} f_{\alpha\beta} \langle \cdots (n_k-1) \cdots (n_i+1) \cdots | a_\alpha^+ a_\beta | \cdots n_i \cdots n_k \cdots \rangle$$

$$= \sum_{\alpha\beta} f_{\alpha\beta} \sqrt{n_i+1}\, \delta_{\alpha i} \langle \cdots (n_k-1) \cdots (n_i+1) \cdots | \cdots (n_i+1) \cdots (n_k-1) \cdots \rangle \sqrt{n_k}\, \delta_{\beta k}$$

$$= \sqrt{(n_i+1)\, n_k}\, f_{ik}$$

上式推导中利用了式(10.20). 上述结果与式(10.33)一致. 显然, 在粒子数表中的上述推导要简单得多.

对于二体算符也比较常见, 例如两电子之间的库仑势 $\dfrac{e^2}{4\pi\varepsilon_0|\boldsymbol{r}_i - \boldsymbol{r}_j|}$ 等. 设

$$\hat{G} = \sum_{a<b}^{N} \hat{g}(a,b) \tag{10.35}$$

它是各二体算符 $\hat{g}(a,b) = \hat{g}(b,a)$ 之和. 可以证明: 在粒子数表象中, $\hat{G}$ 可表示为

$$\hat{G} = \frac{1}{2} \sum_{\alpha'\beta'\alpha\beta} g_{\alpha'\beta',\beta\alpha} a_{\alpha'}^+ a_{\beta'}^+ a_\beta a_\alpha \tag{10.36}$$

其中, $g_{\alpha'\beta',\beta\alpha} \equiv (\psi_{\alpha'}(q_1)\,\psi_{\beta'}(q_2),\,\hat{g}(1,2)\,\psi_\beta(q_2)\,\psi_\alpha(q_1)) = \langle\alpha'\beta'|\,\hat{g}\,|\beta\alpha\rangle$.

4. 费米子的单体和二体算符表示式

设有 N 个全同费米子组成的体系, 在单粒子态 $\psi_\alpha, \psi_\beta, \psi_\gamma, \cdots$ 上分别有一个粒子. 描述费米子体系的是反对称波函数

$$|\alpha\beta\gamma\cdots\rangle = a_\alpha^+ a_\beta^+ a_\gamma^+ \cdots |0\rangle$$

和反对易关系

$$[a_\alpha,\ a_\beta^+]_+ = \delta_{\alpha\beta}$$

$$[a_\alpha,\ a_\beta]_+ = [a_\alpha^+,\ a_\beta^+]_+ = 0$$

可以证明: 在粒子数表中, 费米子体系的单体算符式(10.31)可表示为

$$\hat{F} = \sum_{\alpha\beta} f_{\alpha\beta} a_\alpha^+ a_\beta \tag{10.37}$$

其中, $f_{\alpha\beta} = (\psi_\alpha, \hat{f}\,\psi_\beta)$.

此外, 二体算符式(10.35)可表示为

$$\hat{G} = \frac{1}{2} \sum_{\alpha'\beta'\alpha\beta} g_{\alpha'\beta',\beta\alpha} a_{\alpha'}^+ a_{\beta'}^+ a_\beta a_\alpha \tag{10.38}$$

其中, $g_{\alpha'\beta',\beta\alpha} \equiv (\psi_{\alpha'}(q_1)\,\psi_{\beta'}(q_2),\,\hat{g}(1,2)\,\psi_\beta(q_2)\,\psi_\alpha(q_1)) = \langle\alpha'\beta'|\,\hat{g}\,|\beta\alpha\rangle$. 因此, 费米子体系的单体和二体算符表示式与玻色子体系的相应表示式在形式上完全一样. 不过, 在费米子体系中, 产生算符和湮灭算符满足反对易关系式, 这一点与玻色子体系截然不同.

例 10.3　设全同费米子体系在轴对称势场中运动. 单粒子能级 ε_ν 为二重简并, 其两个简并态分别用 $\nu, \bar\nu$ 标记. 令

$$S_\nu^+ = a_\nu^+ a_{\bar\nu}^+, \quad S_\nu = (S_\nu^+)^+ = a_{\bar\nu} a_\nu, \quad \hat{n}_\nu = a_\nu^+ a_\nu + a_{\bar\nu}^+ a_{\bar\nu}$$

设一对粒子之间有对力(pairing force)作用, 哈密顿量为

$$\hat{H} = \sum_{\nu} \varepsilon_{\nu} \hat{n}_{\nu} - G \sum_{\mu,\nu} S_{\mu}^{+} S_{\nu}$$

G 为对力强度. 求其能量本征值.

    解　(1) 如果两粒子不配对, 分别处于不同能级 ε_{μ}、ε_{ν} $(\mu \neq \nu)$, 体系状态的一般形式为

$$|\mu, \nu\rangle = a_{\mu}^{+} a_{\nu}^{+} |0\rangle, \quad \mu \neq \nu$$

设真空态 $|0\rangle$ 的能量为 0, 此时显然有

$$S_{\mu}^{+} S_{\nu} |\mu, \nu\rangle = a_{\mu}^{+} a_{\bar{\mu}}^{+} a_{\bar{\nu}} a_{\nu} |\mu, \nu\rangle = 0$$

在这种情况下, 对力不起作用, 体系能级为

$$E = \sum_{\nu} \varepsilon_{\nu} \hat{n} |\mu, \nu\rangle = \varepsilon_{\mu} + \varepsilon_{\nu}$$

    (2) 如果两粒子配对, 例如

$$|\nu, \bar{\nu}\rangle = a_{\nu}^{+} a_{\bar{\nu}}^{+} |0\rangle$$

则有

$$a_{\mu}^{+} a_{\bar{\mu}}^{+} a_{\bar{\nu}} a_{\nu} |\nu, \bar{\nu}\rangle = |\mu, \bar{\mu}\rangle$$

所以, $\hat{H}$ 本征态的一般形式可写为

$$\sum_{\lambda} C_{\lambda} |\lambda, \bar{\lambda}\rangle = \sum_{\lambda} C_{\lambda} a_{\lambda}^{+} a_{\bar{\lambda}}^{+} |0\rangle = \sum_{\lambda} C_{\lambda} S_{\lambda}^{+} |0\rangle \equiv A^{+} |0\rangle \tag{10.39}$$

能量本征方程为

$$\hat{H} A^{+} |0\rangle = E A^{+} |0\rangle$$

其中, C_{λ} 为待定系数(即粒子数表象中的波函数). 因为

$$\begin{aligned}
[S_{\nu}, S_{\nu}^{+}] &= [a_{\bar{\nu}} a_{\nu}, a_{\nu}^{+} a_{\bar{\nu}}^{+}] = a_{\bar{\nu}}^{+}[a_{\bar{\nu}} a_{\nu}, a_{\bar{\nu}}^{+}] + [a_{\bar{\nu}} a_{\nu}, a_{\nu}^{+}] a_{\bar{\nu}}^{+} \\
&= a_{\bar{\nu}}[a_{\nu}, a_{\nu}^{+}]_{+} a_{\bar{\nu}}^{+} - a_{\nu}^{+}[a_{\bar{\nu}}, a_{\bar{\nu}}^{+}]_{+} a_{\nu} \\
&= a_{\bar{\nu}} a_{\bar{\nu}}^{+} - a_{\nu}^{+} a_{\nu} \\
&= 1 - a_{\bar{\nu}}^{+} a_{\bar{\nu}} - a_{\nu}^{+} a_{\nu} \\
&= 1 - \hat{n}_{\nu}
\end{aligned} \tag{10.40}$$

上式推导时, 利用了费米子对易关系(10.30)、$[AB, C] = A[B, C]_{+} - [A, C]_{+} B$ 和 $[A, BC] = [A, B]C + B[A, C]$ (见附录一). 又因为

$$\begin{aligned}
[\hat{n}_{\nu}, S_{\nu}^{+}] &= [a_{\nu}^{+} a_{\nu}, a_{\nu}^{+} a_{\bar{\nu}}^{+}] + [a_{\bar{\nu}}^{+} a_{\bar{\nu}}, a_{\nu}^{+} a_{\bar{\nu}}^{+}] \\
&= [a_{\nu}^{+} a_{\nu}, a_{\nu}^{+}] a_{\bar{\nu}}^{+} + a_{\nu}^{+}[a_{\bar{\nu}}^{+} a_{\bar{\nu}}, a_{\bar{\nu}}^{+}] \\
&= a_{\nu}^{+}[a_{\nu}, a_{\nu}^{+}]_{+} a_{\bar{\nu}}^{+} + a_{\nu}^{+} a_{\bar{\nu}}^{+}[a_{\bar{\nu}}, a_{\bar{\nu}}^{+}]_{+} \\
&= 2 a_{\nu}^{+} a_{\bar{\nu}}^{+} = 2 S_{\nu}^{+}
\end{aligned} \tag{10.41}$$

利用式(10.40)和式(10.41)的结果，可得

$$[\hat{H}, A^+] = \sum_{\nu,\lambda} \varepsilon_\nu C_\lambda [\hat{n}_\nu, S_\lambda^+] - G \sum_{\mu,\nu,\lambda} C_\lambda [S_\mu^+ S_\nu, S_\lambda^+]$$

$$= 2 \sum_\nu \varepsilon_\nu C_\nu S_\nu^+ - G \sum_{\mu,\nu} C_\nu S_\mu^+ (1 - \hat{n}_\nu)$$

由式(10.39)，因为 $\hat{H}|0\rangle = 0$ ，$\hat{n}_\nu|0\rangle = 0$(真空态能量取为 0)，故有

$$\hat{H} \sum_\lambda C_\lambda |\lambda, \bar{\lambda}\rangle = \hat{H} A^+ |0\rangle = [\hat{H}, A^+]|0\rangle$$

$$= 2 \sum_\nu \varepsilon_\nu C_\nu S_\nu^+ |0\rangle - G \sum_{\mu,\nu} C_\nu S_\mu^+ (1 - \hat{n}_\nu)|0\rangle$$

$$= 2 \sum_\nu \varepsilon_\nu C_\nu |\nu, \bar{\nu}\rangle - G \sum_{\mu,\nu} C_\nu |\mu, \bar{\mu}\rangle$$

$$= E \sum_\nu C_\nu |\nu, \bar{\nu}\rangle$$

由于两粒子配对，将上式两边左乘 $\langle\lambda, \bar{\lambda}|$ 取内积得

$$(E - 2\varepsilon_\lambda)C_\lambda + G \sum_\nu C_\nu = 0, \quad \lambda = 1, 2, \cdots$$

或

$$\sum_\nu [G + (E - 2\varepsilon_\nu)\delta_{\nu\lambda}]C_\nu = 0, \quad \lambda = 1, 2, \cdots \tag{10.42}$$

即得确定能级和波函数 $\{C_\nu\}$ 的线性方程组，存在波函数非零解的条件是

$$\det |G + (E - 2\varepsilon_\nu)\,\delta_{\nu\lambda}| = 0$$

由此可解出体系能级 E_i, $i = 1, 2, 3, \cdots$. 将每个 E_i 代入式(10.42)，再利用归一化条件

$$\sum_\lambda |C_{i\lambda}|^2 = 1, \quad i = 1, 2, 3, \cdots$$

即可求出波函数 $\{C_{i\lambda}\}$.

5. 坐标表象与二次量子化

设在体积 V 内，单粒子的动量 $\boldsymbol{p}$，自旋 $s = 1/2$ 的全同费米粒子组成的体系，$a_{\boldsymbol{p}s_z}^+$, $a_{\boldsymbol{p}s_z}$ 分别表示相应粒子的产生算符和湮灭算符. 作傅里叶变换

$$\psi^+(\boldsymbol{r}, S_z) = \frac{1}{\sqrt{V}} \sum_{\boldsymbol{p}} a_{\boldsymbol{p}s_z}^+ \exp(-\mathrm{i}\boldsymbol{p} \cdot \boldsymbol{r}/\hbar)$$

$$\psi(\boldsymbol{r}, S_z) = \frac{1}{\sqrt{V}} \sum_{\boldsymbol{p}} a_{\boldsymbol{p}s_z} \exp(\mathrm{i}\boldsymbol{p} \cdot \boldsymbol{r}/\hbar) \tag{10.43}$$

逆变换为

$$a_{ps_z}^+ = \frac{1}{\sqrt{V}} \int d\tau \ \psi^+(r, S_z) \exp(ip \cdot r / \hbar)$$

$$a_{ps_z} = \frac{1}{\sqrt{V}} \int d\tau \ \psi(r, S_z) \exp(-ip \cdot r / \hbar)$$

(10.44)

式中，$\psi^+(r, S_z)$、$\psi(r, S_z)$ 分别表示在空间 r 处产生或湮灭自旋 z 分量为 S_z 的粒子算符，证明如下：

试将 $\psi^+(r, S_z)$ 作用于真空态 $|0\rangle$，并投影在坐标表象基矢上，则

$$\langle r', S_z' | \ \psi^+(r, S_z) | 0 \rangle$$

$$= \langle r', S_z' | \ \frac{1}{\sqrt{V}} \sum_p a_{ps_z}^+ \exp(-ip \cdot r / \hbar) | 0 \rangle$$

$$= \frac{1}{\sqrt{V}} \sum_p \exp(-ip \cdot r / \hbar) \ \langle r', S_z' | p, S_z \rangle$$

$$= \frac{1}{V} \sum_p \exp[-ip \cdot (r - r') / \hbar] \delta_{s_z s_z'}$$

$$= \delta(r - r') \delta_{s_z s_z'}$$

即 $\psi^+(r, S_z)$ 为产生一个粒子的算符.

同理，可证 $\psi(r, S_z)$ 为湮灭一个粒子的算符. 试将 $\psi(r, S_z)$ 作用于态 $|r', S_z'\rangle$，并作内积

$$\langle 0 | \ \psi(r, S_z) \ | r', S_z' \rangle = \langle 0 | \frac{1}{\sqrt{V}} \sum_p a_{ps_z} \exp(ip \cdot r / \hbar) \ | r', S_z' \rangle$$

$$= \frac{1}{\sqrt{V}} \sum_p \exp(ip \cdot r / \hbar) \langle p, S_z | r', S_z' \rangle$$

$$= \frac{1}{V} \sum_p \exp[ip \cdot (r - r') / \hbar] \delta_{s_z s_z'}$$

$$= \delta(r - r') \delta_{s_z s_z'}$$

此外，对于自旋为零的玻色子，有

$$\psi^+(r) = \frac{1}{\sqrt{V}} \sum_p a_p^+ \exp(-ip \cdot r / \hbar)$$

$$\psi(r) = \frac{1}{\sqrt{V}} \sum_p a_p \exp(ip \cdot r / \hbar)$$

(10.45)

逆变换为

$$a_p^+ = \frac{1}{\sqrt{V}} \int d\tau \ \psi^+(r) \exp(ip \cdot r / \hbar)$$

$$a_p = \frac{1}{\sqrt{V}} \int d\tau \ \psi(r) \exp(-ip \cdot r / \hbar)$$

(10.46)

于是

$$[\psi(\boldsymbol{r}),\ \psi^+(\boldsymbol{r}')] = \frac{1}{V}\sum_{pp'}\exp[\mathrm{i}(\boldsymbol{p}\cdot\boldsymbol{r}-\boldsymbol{p}'\boldsymbol{r}')/\hbar][a_p, a_{p'}^+]$$

$$= \frac{1}{V}\sum_{p}\exp[\mathrm{i}\boldsymbol{p}\cdot(\boldsymbol{r}-\boldsymbol{r}')/\hbar] = \delta(\boldsymbol{r}-\boldsymbol{r}') \tag{10.47}$$

上述推导利用了玻色子体系的对易关系 $[a_p,\ a_{p'}^+] = \delta_{pp'}$. 同理，对于费米子体系，利用反对易关系 $[a_{ps_z}, a_{p's_z'}^+]_+ = \delta_{pp'}\delta_{s_z s_z'}$，有

$$[\psi(\boldsymbol{r}, S_z), \psi^+(\boldsymbol{r}', S_z')]_+ = \delta(\boldsymbol{r}-\boldsymbol{r}')\delta_{s_z s_z'} \tag{10.48}$$

例 10.4　试求动能算符的二次量子化表达式.

解　对于单粒子动量为 $\boldsymbol{p}$，自旋 $s = 1/2$ 的全同粒子体系，根据式(10.37)和式(10.44)，有 $f_{pp} = T_{pp} = \left(\psi_p, \frac{\hat{p}^2}{2m}\psi_p\right) = \frac{\boldsymbol{p}^2}{2m}$，且

$$T = \sum_{ps_z} T_{pp} a_{ps_z}^+ a_{ps_z}$$

$$= \sum_{ps_z} \frac{\boldsymbol{p}^2}{2m} a_{ps_z}^+ a_{ps_z}$$

$$= \frac{1}{2mV}\sum_{ps_z}\boldsymbol{p}^2\int\mathrm{d}\tau\int\mathrm{d}\tau'\cdot\exp(\mathrm{i}\boldsymbol{p}\cdot\boldsymbol{r}/\hbar-\mathrm{i}\boldsymbol{p}\cdot\boldsymbol{r}'/\hbar)\,\psi^+(\boldsymbol{r}, S_z)\psi\,(\boldsymbol{r}', S_z)$$

$$= \frac{\hbar^2}{2mV}\int\mathrm{d}\tau\int\mathrm{d}\tau'\sum_{ps_z}\nabla\exp(\mathrm{i}\boldsymbol{p}\cdot\boldsymbol{r}/\hbar)\cdot\nabla'\exp(-\mathrm{i}\boldsymbol{p}\cdot\boldsymbol{r}'/\hbar)\,\psi^+(\boldsymbol{r}, S_z)\,\psi(\boldsymbol{r}', S_z)$$

分部积分得

$$T = \frac{\hbar^2}{2mV}\int\mathrm{d}\tau\int\mathrm{d}\tau'\sum_{ps_z}\exp[\mathrm{i}\boldsymbol{p}\cdot(\boldsymbol{r}-\boldsymbol{r}')/\hbar]\cdot\nabla\psi^+(\boldsymbol{r}, S_z)\cdot\nabla'\psi(\boldsymbol{r}', S_z)$$

$$= \frac{\hbar^2}{2m}\int\mathrm{d}\tau\int\mathrm{d}\tau'\sum_{s_z}\delta(\boldsymbol{r}-\boldsymbol{r}')\cdot\nabla\psi^+(\boldsymbol{r}, S_z)\cdot\nabla'\psi(\boldsymbol{r}', S_z)$$

$$= \frac{\hbar^2}{2m}\sum_{s_z}\int\mathrm{d}\tau\nabla\psi^+(\boldsymbol{r}, S_z)\cdot\nabla\psi(\boldsymbol{r}, S_z)$$

对于无自旋粒子

$$T = \frac{\hbar^2}{2m}\int\mathrm{d}\tau\nabla\psi^+(\boldsymbol{r})\cdot\nabla\psi(\boldsymbol{r})$$

在坐标表象中，无自旋粒子的波函数为 $\psi(\boldsymbol{r})$，动能平均值为

$$\bar{T} = \int\psi^*(\boldsymbol{r})\frac{\boldsymbol{p}^2}{2m}\psi(\boldsymbol{r})\mathrm{d}\tau = \frac{\hbar^2}{2m}\int\nabla\psi^*(\boldsymbol{r})\cdot\nabla\psi(\boldsymbol{r})\mathrm{d}\tau$$

上两式形式相似，但实质不同：前者在粒子数表象中，ψ^+、ψ 分别是产生算符和湮灭算符；后者在坐标表象中，ψ^*、ψ 分别是共轭波函数与波函数.

例 10.5 试求粒子数算符的二次量子化表达式.

解 对于单粒子动量为 p，自旋 $s = 1/2$ 的全同费米粒子体系，根据式(10.37)和式(10.44)，$f_{pp} = (\psi_p, \psi_p) = 1$，且

$$
\begin{aligned}
\hat{N} &= \sum_{ps_z} a^+_{ps_z} a_{ps_z} \\
&= \frac{1}{V} \sum_{ps_z} \int d\tau \int d\tau' \exp[i p \cdot (r - r') / \hbar] \, \psi^+(r, S_z) \psi(r', S_z) \\
&= \sum_{s_z} \int d\tau \int d\tau' \delta(r - r') \, \psi^+(r, S_z) \, \psi(r', S_z) \\
&= \sum_{s_z} \int d\tau \, \psi^+(r, S_z) \psi(r, S_z) = \int d\tau \rho(r)
\end{aligned}
$$

其中，$\rho(r) = \sum_{s_z} \psi^+(r, S_z) \psi(r, S_z)$.

练 习 题

10-1 以 a^+ 和 a 表示费米子体系某个单粒子态的产生算符和湮灭算符，满足基本对易式 $[a, a^+]_+ \equiv aa^+ + a^+a = 1$，$a^2 = (a^+)^2 = 0$. 以 $\hat{n} = a^+a$ 表示该单粒子态上的粒子数算符，求 $\hat{n}$ 的本征值，并计算对易式 $[\hat{n}, a^+]$ 和 $[\hat{n}, a]$.

10-2 a^+ 和 a 分别表示玻色子体系的某个单粒子态的产生算符和湮灭算符，满足 $[a, a^+] = 1$；$\hat{n} = a^+a$ 为该单粒子态上的粒子数算符. 计算 $[\hat{n}, (a^+)^k]$ 和 $[\hat{n}, a^k]$，$k = 1, 2, 3, \cdots$.

10-3 对于两个自旋 $1/2$ 粒子组成的体系，以 P_{12} 表示两粒子间的"自旋交换算符"，即定义 $P_{12} \chi(S_{1z}, S_{2z}) = \chi(S_{2z}, S_{1z})$，取 $\hbar = 1$. 试证明：$P_{12} = \frac{1}{2}(1 + \sigma_1 \cdot \sigma_2) = S^2 - 1$.

10-4 对于两个自旋 $1/2$ 粒子组成的体系，以 S_1、σ_1 和 S_2、σ_2 分别表示粒子 1 和 2 的自旋角动量及泡利算符，$S_1 = \frac{1}{2} \sigma_1$，$S_2 = \frac{1}{2} \sigma_2$，取 $\hbar = 1$. 试求 $\sigma_1 \cdot \sigma_2$ 满足的最简代数方程，并用以确定 $\sigma_1 \cdot \sigma_2$ 的本征值，进而确定总自旋 S^2 的本征值.

10-5 试证明如下四个贝尔基均为算符 $\sigma_{1x} \sigma_{2x}$ 的本征函数，并求本征值；但它们不是算符 $\sigma_{1x} \sigma_{2y}$ 的本征态. [提示：采用 $(\sigma_{1z}, \sigma_{2z})$ 表象.]

$$
|\psi^\pm\rangle_{12} = \frac{1}{\sqrt{2}} \left[|\uparrow\downarrow\rangle_{12} \pm |\downarrow\uparrow\rangle_{12} \right]
$$

$$
|\varphi^\pm\rangle_{12} = \frac{1}{\sqrt{2}} \left[|\uparrow\uparrow\rangle_{12} \pm |\downarrow\downarrow\rangle_{12} \right]
$$

10-6　已知 $|\psi\rangle = \dfrac{1}{\sqrt{2}}\Big[|\uparrow\downarrow\rangle_{12} - |\downarrow\uparrow\rangle_{12}\Big]$，$\boldsymbol{a}$、$\boldsymbol{b}$ 为常矢量，试推导：

(1) $(\boldsymbol{\sigma}_2 \cdot \boldsymbol{b})\,|\psi\rangle$；

(2) $(\boldsymbol{\sigma}_1 \cdot \boldsymbol{a})\,(\boldsymbol{\sigma}_2 \cdot \boldsymbol{b})\,|\psi\rangle$；

(3) $\langle\psi|\,(\boldsymbol{\sigma}_1 \cdot \boldsymbol{a})\,(\boldsymbol{\sigma}_2 \cdot \boldsymbol{b})\,|\psi\rangle$.

10-7　某体系由两个自旋为 1/2 的非全同粒子组成. 已知粒子 1 处于 $S_{1z}=1/2$ 的本征态，粒子 2 处于 $S_{2x}=1/2$ 的本征态. 求体系总自旋 S^2 的可能测量值及相应概率. (取 $\hbar=1$)

10-8　由两个自旋 1/2 粒子组成的体系，置于均匀磁场中，如以磁场方向作为 z 轴方向，与自旋有关的体系哈密顿量为 $\hat{H} = a\sigma_{1z} + b\sigma_{2z} + c_0\boldsymbol{\sigma}_1 \cdot \boldsymbol{\sigma}_2$，其中 a、b 项来自磁场与粒子内禀磁矩的作用，c_0 项来自两粒子的相互作用，a、b、c_0 均为实常数. 试求体系的能级.

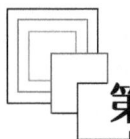

第11章 应用举例

经过几十年的发展，量子物理学理论体系逐渐完善，成为研究物质世界低速微观粒子运动规律及现象的新一代基础科学，它与相对论一起构成现代物理学的理论基础，并已成为现代化学、化工、光电、信息、材料、生命科学等高科技领域的重要基础之一. 前面几章先后介绍了量子物理学在原子结构、元素周期律、原子分子光谱、晶体能带结构与物质导电性、激光原理等领域的应用. 本章将再列举量子物理学在其他领域的数个重要应用，展示在这些领域量子理论替代经典理论的必然性，这既是实际应用的成果示范，也是实际应用的思路与方法介绍.

11.1 化 学 键

物质世界是由原子组成的，在一定条件下，如果原子与原子之间可以成键，将形成分子. 化学成键是材料、化学化工、生物等领域的重要问题. 量子物理学理论对此类现象作了圆满解释.

氢分子 H_2 是最简单的中性分子，由两个氢原子成键而成，电离其中一个电子，即为氢分子离子 (H_2^+)，如图 11.1(a)所示：两个核 a 和 b 之间的距离为 R，电子到两个核之间的距离分别 r_a 和 r_b.

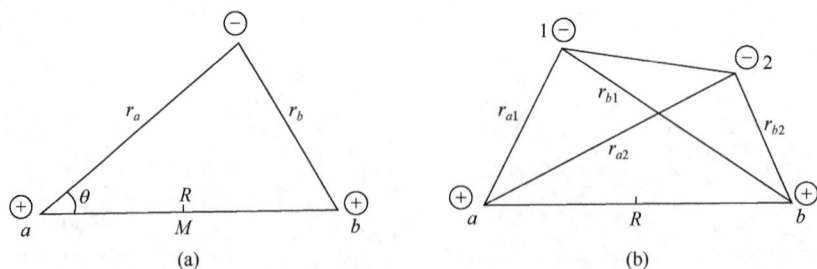

图 11.1 (a) 氢分子离子结构示意图；(b) 氢分子结构示意图

氢分子离子是两个质子共享一个电子，氢分子则是两个质子共享两个电子，如图 11.1(b)所示，电子 1、2 到核 a 和 b 之间的距离分别为 r_{a1}、r_{b1} 和 r_{a2}、r_{b2}. 然而，如此简单的系统，若要精确求解薛定谔方程还是极其困难. 因此，近似计算成为重要方法.

1. 玻恩–奥本海默(Born-Oppenheimer)近似

研究分子运动将涉及诸多方面，包括电子运动、原子核之间的相对微振动、各原子核的相对平衡位置及分子空间构型演化、分子转动等. 由于电子的质量远远小于原子核的质量，即 $m_e / M \sim 10^{-3}$，所以分子中电子运动的速度远远大于原子核的微振动速度. 因此，在研究分子中的电子运动时，作为一种近似，可以忽略原子核微振动，将核与核之间的距离看成固定参量，然后近似求解薛定谔方程[①].

为简单起见，在下面的讨论中使用高斯制和原子单位，即设 $e = \hbar = m_e = 1$，待求得最后结果后，再根据量纲恢复国际单位制.

1) 氢分子离子(H_2^+)

不计电子自旋，根据图 11.1(a)，H_2^+仅有一个电子，其哈密顿量为

$$\hat{H} = \hat{H}_e + \frac{1}{R}, \quad \hat{H}_e = -\frac{1}{2}\nabla^2 - \frac{1}{r_a} - \frac{1}{r_b} \tag{11.1}$$

假设两个核的相对距离 R 是一个不变的参量. 于是，能量本征值方程为

$$\hat{H}_e \psi = \left(-\frac{1}{2}\nabla^2 - \frac{1}{r_a} - \frac{1}{r_b}\right)\psi = \left(E - \frac{1}{R}\right)\psi \tag{11.2}$$

采用变分法求解，设基态波函数为

$$\psi = c_a \psi_a + c_b \psi_b \tag{11.3}$$

其中

$$\psi_a = \frac{\lambda^{3/2}}{\sqrt{\pi}} e^{-\lambda r_a}, \quad \psi_b = \frac{\lambda^{3/2}}{\sqrt{\pi}} e^{-\lambda r_b} \tag{11.4}$$

是归一化的氢原子基态波函数(见第 5 章). 变分参量 λ 依赖于 R.

对于两个氢原子，a 与 b 两原子交换对称，因此，波函数可对称：$c_a = c_b$；或反对称：$c_a = -c_b$. 于是试探波函数为 $\psi_\pm = c_\pm(\psi_a \pm \psi_b)$，不妨取 $c_\pm$ 为实数，则归一化条件为全空间积分 $\int_V \psi_\pm^* \psi_\pm dV = 1$，即得

$$c_\pm^2(2 \pm 2\tau) = 1, \quad c_\pm = (2 \pm 2\tau)^{-1/2}$$

其中，重叠积分 $\tau = \langle \psi_a | \psi_b \rangle = \langle \psi_b | \psi_a \rangle$，$R \to \infty, \tau = 0; R \to 0, \tau = 1$.

利用公式 $\langle a | \hat{H}_e | a \rangle = \langle b | \hat{H}_e | b \rangle$，$\langle a | \hat{H}_e | b \rangle = \langle b | \hat{H}_e | a \rangle$，能量平均值分别为

---

① Born M, Oppenheimer R. Ann. Physik, 1930, 84: 457.

$$E_\pm - \frac{1}{R} = \langle \psi_\pm | \hat{H}_e | \psi_\pm \rangle = c_\pm^2 \langle \psi_a + \psi_b | \hat{H}_e | \psi_a + \psi_b \rangle$$

$$= \frac{\langle a | \hat{H}_e | a \rangle \pm \langle b | \hat{H}_e | a \rangle}{1 \pm \tau} \tag{11.5}$$

积分后得 $E_\pm$. 变分参量 $\lambda = \lambda(R)$ 由下式确定:

$$\frac{\partial E_\pm}{\partial \lambda} = 0 \tag{11.6}$$

得 $E_\pm = E_\pm(R)$,其曲线如图 11.2 所示.

当 $R \gg 1$ 时,$\lambda \to 1$,$\tau \to 0$,$E_\pm \to \langle a | \hat{H}_e | a \rangle \to -\frac{1}{2}$.

由图 11.2 可见,对于交换反对称波函数 $\psi_- \propto (\psi_a - \psi_b)$,$E_-(R)$ 随 R 单调下降,无极小值,因此无法形成束缚态分子;但对于 a 与 b 两原子波函数交换对称时,$\psi_+ \propto (\psi_a + \psi_b)$,能量 E_+ 在 R_0 处有极小值,因此可以形成束缚态 H_2^+. 此结果可作如下物理解释:波函数 ψ_+ 对于两个原子核的交换 $(a \leftrightarrow b)$ 对称,电子在两个原子核连线中点附近出现的概率较大,所形成的负电子云对两个带正电的原子核均有吸引作用,从而使两个原子核相对稳定地束缚在一起.

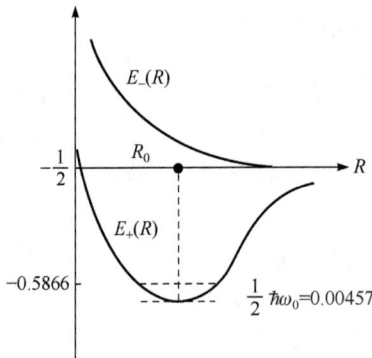

图 11.2　氢分子离子能量随 R 的变化曲线

计算得 $R = R_0 = 0.13$nm,即 H_2^+ 键长,实验值为 0.106nm. 因此,理论与实验值符合得很好. 此外,将 E_+ 在 R_0 附近展开,计算求得在 $R = R_0$ 附近有

$$E_+ \approx -0.5866 + 0.0380(R - 2.4)^2$$

上式近似为两个质子的谐振子能量. 根据谐振子能量公式得(见第 3 章)

$$\frac{1}{2} \mu \omega_0^2 = 0.0382$$

其中,折合质量 $\mu = \frac{1}{2} m_p = \frac{1840}{2} = 920$ (在原子单位中,$m_e = 1$,故 $m_p = 1840$),从而可得零点能为 $\frac{1}{2} \hbar \omega_0 = \frac{1}{2} \omega_0 = 0.00457$ 原子单位 $= 0.124$eV. 于是得 H_2^+ 的离解能为

$$D = 0.5866 - \frac{1}{2} \hbar \omega_0 - \frac{1}{2} = 0.082$$ 原子单位 $= 2.24$eV

实验值为 2.65eV. 由此可见,所求得的能量结果与实验值基本符合.

2) 氢分子 H_2

根据氢分子结构示意图，即图 11.1(b)，氢分子的哈密顿量可表示为

$$\hat{H} = \hat{H}_e + \frac{1}{R}$$

$$\hat{H}_e = -\frac{1}{2}(\nabla_1^2 + \nabla_2^2) + \frac{1}{r_{12}} - \left(\frac{1}{r_{a1}} + \frac{1}{r_{a2}} + \frac{1}{r_{b1}} + \frac{1}{r_{b2}}\right) \tag{11.7}$$

单电子波函数可取为

$$\psi(r_{xn}) = \frac{\lambda^{3/2}}{\sqrt{\pi}} e^{-\lambda r_{xn}} \tag{11.8}$$

式中，$x = a, b; n = 1, 2$；λ 为变分参量. 对于氢原子，$\lambda = 1$，对于氢分子，$1 < \lambda < 2$，相当于电子受到的有效电荷作用.

计及两电子空间和自旋波函数的交换对称性，设试探波函数如下：

$$\Psi_+(1, 2) = \psi_0(1, 2)\chi_A(S_{1z}, S_{2z})$$

$$\Psi_-(1, 2) = \psi_1(1, 2)\chi_S(S_{1z}, S_{2z})$$

$$\psi_0(1, 2) = [\psi(r_{a1})\psi(r_{b2}) + \psi(r_{a2})\psi(r_{b1})]/\sqrt{2} \tag{11.9}$$

$$\psi_1(1, 2) = [\psi(r_{a1})\psi(r_{b2}) - \psi(r_{a2})\psi(r_{b1})]/\sqrt{2}$$

其中，χ_A、χ_S 分别是两电子的自旋单重态($s = 0$)和三重态($s = 1$). 于是氢分子的能量为

$$E_\pm(\lambda) = \frac{1}{R} + \langle \Psi_\pm | \hat{H}_e | \Psi_\pm \rangle \tag{11.10}$$

参数 λ 由 $\dfrac{\partial E_\pm}{\partial \lambda} = 0$ 确定，得 $E_\pm = E_\pm(R)$，如图 11.3 所示，图中 E_- 代表两电子自旋平行，没有极小值；E_+ 代表两电子自旋反平行，可形成氢分子.

计算结果表明：在 $\lambda = 1.166$，$R = R_0 = 0.077\text{nm}$ 处，$E_+(R_0) = -1.139$ 原子单位. 氢分子键长的实验值为 0.0742nm. 因此，氢分子波函数的空间部分对称，自旋部分反对称($s = 0$)，两个电子形成共价键.

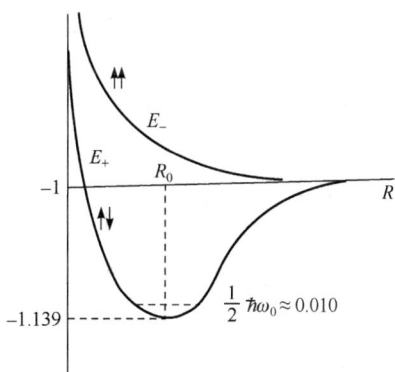

图 11.3　氢分子能量随 R 的变化曲线

与上述 H_2^+ 的做法类似，将 H_2 的 E_+ 在 R_0 附近展开，计算得 H_2 的离解能为

$$D = 0.139 - \frac{1}{2}\hbar\omega_0$$

其中振动零点能 $\frac{1}{2}\hbar\omega_0 \approx 0.010$ 原子单位 $= 0.27\text{eV}$. 此结果与氢分子振动谱的实验值(0.27eV)相符合. 由此，可计算出 $D \approx 0.129$ 原子单位 $= 3.54\text{eV}$，与实验值(4.45eV)基本符合. 如果采用具有更多更适合拟合参数的试探波函数，则计算结果将会更加符合实验值.

2. 化学键的量子物理学描述

量子物理学对分子结构给予了正确诠释，并且原则上可定量计算.

1) 离子键

以氯化钠为例. 钠(Na)原子金属性很强，易失去外层价电子(3s^1)，形成正离子Na^+；氯(Cl)原子非金属性很强，易得到一个电子$(3\text{s}^2 3\text{p}^5)$，形成负离子$\text{Cl}^-$. 两个正负离子均壳层填满，很稳定，故 Na^+ 和 Cl^- 之间依靠库仑力吸引在一起. 但当它们靠近，电子云重叠时，呈排斥力. 按照费米气体模型，费米气体平均能量 $\propto$(电子云密度)$^{2/3}$. 所以，当库仑吸引力与电子云重叠排斥力平衡时，两离子之间的距离即为离子键的键长，即形成离子键.

2) 共价键

以氢分子(H_2)为例. 在上文中已证明，H_2 的确存在稳定束缚态，如图 11.1(b)所示. H_2 由两个中性氢原子组成，每个氢原子各有一个电子，该两个电子由两个原子公有，没有电荷转移. 两个电子波函数的自旋部分反对称$(s = 0$，反平行$)$，空间部分对称. 所以，两个电子在原子之间彼此靠近，形成较大密度电子云. 电子云对两个原子核有较强吸引力，从而使两原子结合在一起. 所以，两个原子共有自旋反平行配对的电子结构，即形成共价键.

上述共价键形成的机制，也说明了自然界不存在所谓的"氦分子"的原因：因为氦原子第一个轨道已被两个配对的电子占满，两个氦原子不可能因共享电子而形成共价键，且满壳层原子的量子数 $s = l = j = 0$，原子电矩、磁矩均为零，两个氦原子之间不可能有电荷转移，所以无法形成分子.

3) 轨道杂化

当原子化合成分子时，在周围原子影响下，根据成键需求，将原来正交归一的原子轨道波函数进行线性组合，形成新的正交归一波函数轨道杂化，常见有 sp，sp^2，sp^3，dsp^2，$\cdots$ 轨道杂化. 此类轨道杂化可导致具有方向性的共价键，从而使分子具有独特的立体空间构型.

例 11.1 试解析 $n\text{s}$ 与 $n\text{p}$ 轨道波函数的杂化现象.

解 由一个 $n\text{s}$ 轨道波函数与一个 $n\text{p}$ 轨道波函数(如 ψ_{p_z})杂化，它们的能量相近，可形成两个等价的 sp 杂化轨道，其正交归一波函数如下：

$$\psi_1 = \frac{1}{\sqrt{2}}(\psi_s + \psi_{p_z})$$

$$\psi_2 = \frac{1}{\sqrt{2}}(\psi_s - \psi_{p_z})$$

(11.11)

式(11.11)所描述的 sp 杂化轨道波函数的概率幅角分布如图 11.4 所示，每个 sp 杂化轨道含 1/2 的 ns 轨道成分和 1/2 的 np 轨道成分，轨道呈一头大、一头小，两 sp 杂化轨道之间的夹角为 180°，可形成直线型的分子结构.

气态 $BeCl_2$ 分子的形成就是一个例子. 处于基态的 Be 原子的外层电子构型为 $2s^2$，无未成对电子. 当 Be 的一个 2s

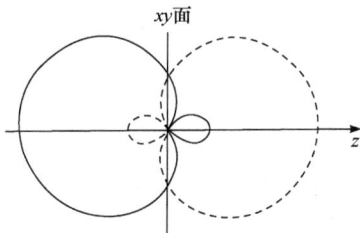

图 11.4　sp 杂化轨道波函数的概率幅角分布

电子被激发进入 2p 轨道时，取 sp 杂化形成两个等价的 sp 杂化轨道，分别与 Cl 的 3p 轨道沿键轴方向重叠，因此 $BeCl_2$ 分子呈直线型.

例 11.2　试解析 sp^2 轨道波函数的杂化现象.

解　能量相近的一个 ns 轨道波函数和两个 np 轨道波函数(如 ψ_{p_x}，ψ_{p_y} 等)杂化，可形成三个等价的 sp^2 杂化轨道，其正交归一波函数如下：

$$\psi_1 = \frac{1}{\sqrt{3}}\psi_s + \frac{\sqrt{2}}{\sqrt{3}}\psi_{p_x}$$

$$\psi_2 = \frac{1}{\sqrt{3}}\psi_s - \frac{1}{\sqrt{6}}\psi_{p_x} + \frac{1}{\sqrt{2}}\psi_{p_y}$$

(11.12)

$$\psi_3 = \frac{1}{\sqrt{3}}\psi_s - \frac{1}{\sqrt{6}}\psi_{p_x} - \frac{1}{\sqrt{2}}\psi_{p_y}$$

式(11.12)所描述的 sp^2 杂化轨道的波函数概率幅角分布如图 11.5 所示，其中每个 sp^2 杂化轨道含有 1/3 的 ns 轨道成分和 2/3 的 np 轨道成分，轨道呈一头大、一头小. 在 xy 平面，各 sp^2 杂化轨道极大方向之间的夹角为 120°. 此种轨道杂化可形成平面型分子结构.

石墨烯就是该典型结构，它由碳原子以 sp^2 杂化轨道组成六角形、蜂巢晶格的二维晶相结构. 除石墨烯外，其他气态分子，如 BF_3、BCl_3 等也是 sp^2 杂化成键的.

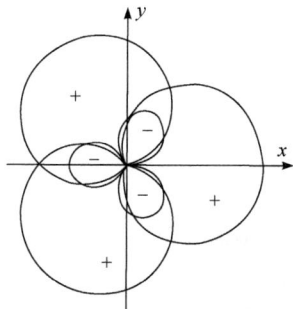

图 11.5　sp^2 杂化轨道的波函数概率幅角分布

例 11.3　试解析 sp^3 轨道波函数的杂化现象.

解　能量相近的一个 ns 轨道波函数与三个 np

轨道波函数(ψ_{p_x}, ψ_{p_y} 和 ψ_{p_z})杂化,可形成四个等价的 sp³ 杂化轨道波函数如下:

$$\psi_1 = \frac{1}{2}(\psi_s + \psi_{p_x} + \psi_{p_y} + \psi_{p_z})$$

$$\psi_2 = \frac{1}{2}(\psi_s + \psi_{p_x} - \psi_{p_y} - \psi_{p_z})$$

$$\psi_3 = \frac{1}{2}(\psi_s - \psi_{p_x} + \psi_{p_y} - \psi_{p_z})$$ (11.13)

$$\psi_4 = \frac{1}{2}(\psi_s - \psi_{p_x} - \psi_{p_y} + \psi_{p_z})$$

在式(11.13)中,每个 sp³ 杂化轨道含 1/4 的 ns 轨道成分和 3/4 的 np 轨道成分,轨道呈一头大、一头小,分别指向正四面体的四个顶点,各 sp³ 杂化轨道之间的夹角为 109.5°,分子呈四面体构型. 在自然界中,采取 sp³ 杂化方式成键的分子和离子颇多,常见有 CH_4、CCl_4、$CHCl_3$、CF_4、SiH_4、$SiCl_4$、$GeCl_4$、ClO_4^- 等.

在上述三种 sp 杂化方式中,参与杂化的原子轨道均含有未成对电子. 在每一种杂化方式中,杂化轨道的能量、成分都相同,导致其成键能力相等. 此类杂化轨道被称为等性杂化轨道. 但若原子中有不参与成键的孤对电子占有的原子轨道参与了杂化,则可形成能量不等、轨道成分不全相同的新杂化轨道,此类杂化轨道被称为不等性杂化轨道. 诸如 NH_3、H_2O 分子等就属于这一类.

H_2O 分子中的 O 原子属于 sp³ 不等性杂化,氧原子的基态电子组态为$(2s)^2(2p_x)^2$$2p_y2p_z$;若有一个 2s 电子跃迁至 2p 态,则电子组态为 $2s(2p_x)^2(2p_y)^22p_z$,故总有两个 sp³ 杂化轨道分别为孤对电子(原子最外电子层中未用于形成共价键的非键合电子)所占有,它们对其余两个与氢原子成键电子对所占有的 sp³ 杂化轨道具有更大的排斥作用,从而使键角被压缩到 104.5°,故水分子的空间构型呈 V 形,如图 11.6 所示.

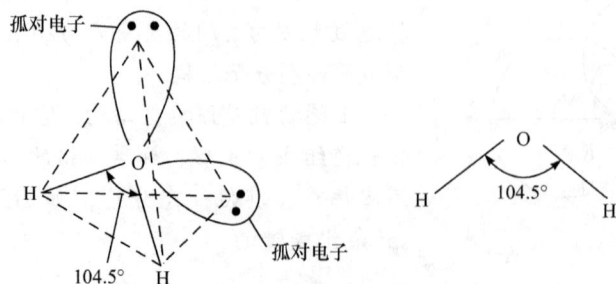

图 11.6 水分子的三维空间结构示意图

11.2 固体磁性

磁学是一个具有悠久研究历史的领域. 早在战国时期中国人就已发现了磁体的指极性, 并利用这一原理制成了早期的指南针, 当时称之为"司南". 在公元前 3 世纪战国末年的《韩非子·有度》中即有记载: "故先王立司南, 以端朝夕." 公元 1088 年前后, 中国人发现了地磁偏角现象. 在北宋科学家沈括所著的《梦溪笔谈》中记载道: "方家以磁石磨针锋, 则能指南, 然常微偏东, 不全南也."

除此之外, 中国古代还有许多有关物质磁性的发现、发明和应用, 均居世界首位, 可以说中国是磁学的故乡.

一般磁性固体是由具有磁性的原子或离子构成的, 在第 6 章中, 已介绍了原子中的电子具有自旋磁矩和轨道磁矩, 从而耦合出原子总磁矩. 然而某原子具有磁性, 由它组成的固体不一定有磁性, 原因是单个原子和固体(如晶体)中的同种原子的价电子运动是很不相同的. 经典物理学对固体磁性的研究已取得许多成果, 得出了一些固体磁性的经典公式, 如固体磁化率公式、顺磁表达式等. 但从本质上讲, 固体磁性是量子效应. 除此之外, 原子还可受外加磁场感生而产生磁矩. 前者是固体产生顺磁性的根源, 后者是固体产生抗磁性的根源.

1. 轨道磁矩、自旋磁矩和原子总磁矩

根据第 6 章的描述, 对于单电子原子, 电子轨道磁矩为

$$\boldsymbol{\mu}_l = g_l\left(-\frac{e}{2m_e}\right)\boldsymbol{L}, \quad g_l = 1$$

电子自旋磁矩为

$$\boldsymbol{\mu}_s = g_s\left(-\frac{e}{2m_e}\right)\boldsymbol{S}, \quad g_s = 2$$

其中, 常数 g_l、g_s 分别称为轨道和自旋磁矩的朗德因子. 对于多电子原子, 需先进行角动量耦合

$$\boldsymbol{L} = \sum_i \boldsymbol{L}_i, \quad \boldsymbol{S} = \sum_i \boldsymbol{S}_i$$

以上两式是对原子中每个电子 i 求和; 然后矢量相加得总角动量 $\boldsymbol{J} = \boldsymbol{L} + \boldsymbol{S}$. 此时

$$J^2 = j(j+1)\hbar^2, \quad L^2 = l(l+1)\hbar^2, \quad S^2 = s(s+1)\hbar^2 \tag{11.14}$$

原子总磁矩为

$$\boldsymbol{\mu}_j = g_j \left(-\frac{e}{2m_e} \right) \boldsymbol{J}, \quad g_j = 1 + \frac{j(j+1) - l(l+1) + s(s+1)}{2j(j+1)}$$

$$|\boldsymbol{\mu}_j| = g_j \left(\frac{e\hbar}{2m_e} \right) \sqrt{j(j+1)} = \sqrt{j(j+1)}\, g_j \mu_B \tag{11.15}$$

$$\mu_{j_z} = -m_j g_j \mu_B, \quad m_j = j, j-1, \cdots, -(j-1), -j$$

其中,常数 g_j 是总角动量磁矩的朗德因子, $\mu_B = \dfrac{e\hbar}{2m_e}$ 为玻尔磁子(见第 6 章). 若 $s = 0$, 则 $j = l$, 原子磁矩全由电子轨道磁矩贡献, $g_j = 1$; 若 $l = 0$, 则 $j = s$, 原子磁矩全由电子自旋磁矩贡献, $g_j = 2$.

2. 洪德定则

对于满壳层(或支壳层)的原子或离子, 各种取向的 $\boldsymbol{L}_i$、$\boldsymbol{S}_i$ 均被占据, 故 $\boldsymbol{L} = \boldsymbol{S} = \boldsymbol{J} = 0$, 无磁矩, 属于非磁性原子.

在一般情况下, 对于多电子原子, 有洪德定则(见第 7 章)如下:

(1) 在不违反泡利原理的前提下, s 值最大的态能量最低;

(2) 在满足定则(1)情况下, l 值最大的原子态能量最低;

(3) 对于电子填充数等于或小于半满壳层, $j = |l - s|$; 对于电子填充数超过半满壳层, $j = l + s$.

例 11.4　求 Cr^{3+} 基态的磁矩.

解　已知 $_{24}Cr$ 原子的电子组态为 $3d^5 4s^1$, 其三价离子的电子组态为 $3d^3$, 即在 3d 壳层中, 只有三个电子, 不到半满. 于是在基态时, 根据洪德定则

$$s = \frac{1}{2} + \frac{1}{2} + \frac{1}{2} = \frac{3}{2}, \quad l = 2 + 1 + 0 = 3, \quad j = |l - s| = \frac{3}{2}$$

故基态为 $^4F_{3/2}$. 此外, 根据式(11.15), 得 $g_j = \dfrac{2}{5}$, 该离子磁矩为

$$|\boldsymbol{\mu}_j| = g_j \sqrt{j(j+1)} \mu_B = 0.77 \mu_B$$

3. 原子的外磁场响应

在外磁场 $\boldsymbol{B}$ 中, 多电子原子的哈密顿量为

$$\hat{H} = \sum_i \frac{1}{2m_e} [\boldsymbol{p}_i + e\boldsymbol{A}(\boldsymbol{r}_i)]^2 + V(\boldsymbol{r}_1, \boldsymbol{r}_2, \cdots) \tag{11.16}$$

其中, 对多电子求和, $V(\boldsymbol{r}_1, \boldsymbol{r}_2, \cdots)$ 是原子内部势函数, 包括核势场以及电子与电子相互作用等; $\boldsymbol{A}$ 为磁场的矢势, $\boldsymbol{B} = \nabla \times \boldsymbol{A}$.

设 $\boldsymbol{B}$ 沿 z 轴方向，即 $\boldsymbol{B}=(0,0,B_z)$，B_z 是常数，即均匀场. 于是

$$A=\frac{1}{2}(-B_z y, B_z x, 0) \tag{11.17}$$

所以，利用 $(\hat{\boldsymbol{p}}\cdot A)=0$，原子哈密顿量式(11.16)可表示为

$$
\begin{aligned}
\hat{H} &= \sum_i\left[-\frac{\hbar^2}{2m_e}\nabla_i^2+\frac{e\hbar}{m_e \mathrm{i}}A(r_i)\cdot\nabla_i+\frac{e^2}{2m_e}A(r_i)\cdot A(r_i)\right]+V \\
&= \sum_i\left\{-\frac{\hbar^2}{2m_e}\nabla_i^2+\frac{eB_z}{2m_e}\left[\frac{\hbar}{\mathrm{i}}\left(x_i\frac{\partial}{\partial y_i}-y_i\frac{\partial}{\partial x_i}\right)\right]+\frac{e^2 B_z^2}{8m_e}(x_i^2+y_i^2)\right\}+V \\
&= \hat{H}_0+\frac{eB_z}{2m_e}\hat{L}_z+\frac{e^2 B_z^2}{8m_e}\sum_i(x_i^2+y_i^2) \\
&= \hat{H}_0+\hat{H}' \tag{11.18}
\end{aligned}
$$

上式推导利用了 $\sum_i(\hat{L}_z)_i=\hat{L}_z$；$\hat{H}_0=\sum_i-\frac{\hbar^2}{2m_e}\nabla_i^2+V$ 是无外场下的哈密顿量.

将式(11.18)含 B_z 的各项作为小量 $\hat{H}'$，并假设 $\hat{H}_0$ 近似为中心力场哈密顿，则微扰后得基态一级能量为

$$\Delta E=\frac{eB_z}{2m_e}\langle l,m_l|\hat{L}_z|l,m_l\rangle+\frac{e^2 B_z^2}{8m_e}\langle l,m_l|\sum_i(x_i^2+y_i^2)|l,m_l\rangle \tag{11.19}$$

根据热力学公式，在外场下，原子磁矩为 $\mu_{B外}=-\frac{\partial}{\partial B_z}(\Delta E)$，代入上式得

第一项：$\Delta E_1=\frac{eB_z}{2m_e}m_l\hbar=m_l\mu_B B_z$，即

$$\mu_z^{(1)}=-m_l\mu_B$$

说明原子固有轨道磁矩，与外场无关.

第二项：$\Delta E_2=\frac{e^2 B_z^2}{8m_e}\langle l,m_l|\sum_i(x_i^2+y_i^2)|l,m_l\rangle$，是正能量，总使系统能量增加. 所以

$$\mu_z^{(2)}=-\frac{\partial\Delta E_2}{\partial B_z}=-\frac{e^2}{4m_e}\langle l,m_l|\sum_i(x_i^2+y_i^2)|l,m_l\rangle B_z$$

上式正比于外磁场，是感生磁场；负号表示感生磁场与外场相反，导致抗磁性现象.

1) 抗磁性

具有饱和电子结构的原子或离子构成的固体(如惰性气体原子组成的晶体、具有惰性气体电子结构的离子晶体、靠电子配对结合成的共价键晶体等)，没有固有磁矩. 无固有磁矩原子可在外磁场中产生如下感生磁矩：

$$\boldsymbol{\mu}_j = -\frac{e^2}{4m_e}\left\langle l,m_l\left|\sum_i(x_i^2+y_i^2)\right|l,m_l\right\rangle\boldsymbol{B}$$

式中，j 代表构成晶体的原子或离子种类；i 代表第 j 种原子或离子中的电子数. 根据中心力场对称性，有

$$\sum_i x_i^2 = \sum_i y_i^2 = \sum_i z_i^2 = \frac{1}{3}\sum_i r_i^2$$

$$\boldsymbol{\mu}_j = -\frac{e^2}{6m_e}\sum_i\left\langle r_i^2\right\rangle\boldsymbol{B} = -\frac{e^2}{6m_e}Z_j\left\langle r_i^2\right\rangle\boldsymbol{B}$$

其中，Z_j、$\left\langle r_i^2\right\rangle$ 分别为第 j 种原子或离子的电子数和平均平方半径. 磁化率为

$$\chi_j = \frac{\mu_0\mu_j}{B} = -\frac{\mu_0 e^2}{6m_e}Z_j\left\langle r_i^2\right\rangle$$

晶体磁化率为

$$\chi = \sum_j n_j\chi_j$$

其中，n_j 为单位体积中第 j 种原子或离子数目. 摩尔磁化率为

$$\chi_M = N_A\sum_j\chi_j$$

其中，N_A 为阿伏伽德罗常量.

2) 顺磁性

第 6 章讲述了单个原子磁矩的求解方法，原则上可求得所有原子基态的磁矩(如银原子磁矩等). 但是当原子组成晶体时，每个原子的外层价电子可以像电子气体那样在晶体中自由流动，离子之间也可共享一个或多个电子，离子周围的电子还可相互作用等. 因此，当原子组成晶体时，其磁矩要发生变化. 但是对于内壳层没有被电子填满的原子或离子(如具有部分填充 d 壳层的过渡金属或具有部分填充 f 壳层的稀土元素等)，它们便具有永久磁矩. 在含有此类元素的物质中，若它们之间的相互作用很弱而可以被忽略，则在外磁场中，各原子或离子磁矩独立运动，磁化强度方向与外磁场方向相同，表现为顺磁性.

在自由空间中

$$\boldsymbol{\mu}_j = -g_j\left(\frac{e}{2m_e}\right)\boldsymbol{J}, \quad |\boldsymbol{\mu}_j| = \sqrt{j(j+1)}g_j\mu_B$$

在外磁场 $\boldsymbol{B}$ 中能级发生塞曼分裂，则有

$$U = -\boldsymbol{\mu}_j\cdot\boldsymbol{B} = g_j\mu_B m_j B, \quad m_j = j, j-1, j-2, \cdots, -j$$

在温度为 T 时，原子磁矩统计平均值为

$$\overline{\mu} = \frac{\sum_{m_j=-j}^{j} -g_j\mu_B m_j \mathrm{e}^{-g_j\mu_B m_j B/(k_\mathrm{B}T)}}{\sum_{m_j=-j}^{j} \mathrm{e}^{-g_j\mu_B m_j B/(k_\mathrm{B}T)}} \tag{11.20}$$

令

$$x = jg_j\mu_\mathrm{B} B/(k_\mathrm{B}T) \tag{11.21}$$

则

$$\overline{\mu} = \frac{jg_j\mu_\mathrm{B}\left(\sum_{m_j=-j}^{j} \dfrac{-m_j}{j} \mathrm{e}^{-m_j x/j}\right)}{\sum_{m_j=-j}^{j} \mathrm{e}^{-m_j x/j}}$$

$$= jg_j\mu_\mathrm{B}\frac{\partial}{\partial x}\left(\ln \sum_{m_j=-j}^{j} \mathrm{e}^{-m_j x/j}\right)$$

令

$$Z = \sum_{m_j=-j}^{j} \mathrm{e}^{-m_j x/j} = \frac{\sinh\left(\dfrac{2j+1}{2j}x\right)}{\sinh\left(\dfrac{1}{2j}x\right)} \tag{11.22}$$

称之为配分函数，则

$$\overline{\mu} = jg_j\mu_\mathrm{B}\frac{\partial}{\partial x}\ln Z = jg_j\mu_\mathrm{B} B_j(x) \tag{11.23}$$

其中，$B_j(x)$ 为布里渊函数，其形式如下：

$$B_j(x) = \frac{\partial}{\partial x}\ln \frac{\sinh\left(\dfrac{2j+1}{2j}x\right)}{\sinh\left(\dfrac{1}{2j}x\right)} = \frac{2j+1}{2j}\coth\left(\frac{2j+1}{2j}x\right) - \frac{1}{2j}\coth\left(\frac{1}{2j}x\right)$$

所以，在温度为 T 时，外磁场 B 引起的摩尔磁化强度为

$$M = N_\mathrm{A} jg_j\mu_\mathrm{B} B_j(x) \tag{11.24}$$

其中，N_A 为阿伏伽德罗常量.

两种极限情况：

(a) 高温、弱磁场，即 $x \ll 1$.

$$\coth(x) = \frac{1}{x}\left(1 + \frac{x^2}{3} - \frac{x^4}{45} + \cdots\right)$$

此时

$$B_j(x) \approx \frac{j+1}{j}\frac{x}{3} \tag{11.25}$$

于是，根据式(11.24)，得摩尔磁化强度为

$$M = \frac{N_A j(j+1)}{3k_B T}(g_j \mu_B)^2 B$$

摩尔磁化率为

$$\chi = \frac{\mu_0 M}{B} = \frac{\mu_0 N_A j(j+1)(g_j \mu_B)^2}{3k_B T} \propto \frac{1}{T} \tag{11.26}$$

式(11.26)即为居里定律.

(b) 低温、强磁场，即 $x \gg 1$.

此时，可取 $B_j(x) \approx 1$，由式(11.24)得饱和磁化强度为

$$M_{饱和} = N_A j g_j \mu_B \tag{11.27}$$

即当外磁场足够强、温度足够低时，顺磁物质中所有永久磁矩均有序排列，趋于饱和. 然而，由于空间量子化

$$j g_j \mu_B < [j(j+1)]^{1/2} g_j \mu_B$$

即原子的饱和磁矩永远小于原子固有磁矩，j 越小，此差别相对越大. 这是量子效应. 由式(11.15)可知，原子磁矩永远不可能完全沿外磁场方向排列.

3) 铁磁性

在自然界中，Fe、Co、Ni 等为铁磁材料，此类过渡元素具有金属性，原子最外层(s 支壳层)电子参与导电，游离在原子之间；它们的共同特点是内壳层(3d 支壳层)均未填满，成为磁性离子，具有永久磁矩. 大多数稀土元素也具有铁磁性，它们是内壳层(4f 支壳层)未填满. 铁磁材料的特征是自发磁化：原子具有永久磁矩，且相互作用很强，当温度 $T < T_c$ 时，即使外场为零，铁磁体的磁化强度 **M** 仍不为零，原子磁矩可部分或全体有序排列，T_c 称为铁磁居里温度. 当 $T > T_c$ 时，无自发磁化，在外场中表现为顺磁性，磁化率实验结果为

$$\chi = \frac{C}{T-\theta} \tag{11.28}$$

其中，C 是居里常数，θ 为顺磁居里温度，略高于 T_c. 式(11.28)被称为居里-外斯定律.

A. 分子场理论

外斯(P. Weiss)假设：磁性离子之间的相互作用可用一个平均分子场 $\boldsymbol{B}_m$ 描述，

它正比于磁化强度 M，即 $B_m = \gamma M$，其中 γ 是一个与温度无关的常数. 所以，每个磁性离子感受到的是外磁场 B 和分子场之和，即

$$B_e = B + \gamma M \tag{11.29}$$

假定摩尔体积中有 N_A 个角动量量子数为 j 的磁性离子，根据式(11.21)和式(11.24)，有

$$M(T, B) = N_A \overline{\mu} = N_A j g_j \mu_B B_j(x)$$

$$x = \frac{j g_j \mu_B}{k_B T}(B + \gamma M) \tag{11.30}$$

由于分子场的引进，上式已包含磁性离子间的相互作用，因此该理论也被称为平均场理论.

当外场 $B = 0$ 时，即自发磁化. 此时，根据式(11.30)，磁化强度为

$$M(T) = N_A j g_j \mu_B B_j(x) = M(0)B_j(x)$$

$$M(T) = \frac{k_B T}{\gamma j g_j \mu_B} x \tag{11.31}$$

其中，$M(0) = M_{饱和} = N_A j g_j \mu_B$，即饱和磁化强度式(11.27).

在式(11.31)中，第一个方程是关于 x 的曲线，第二个方程是关于 x 的直线，$M(T)$ 由它们的交点确定；曲线和直线相切，$T_1 < T_c < T_2$，自发磁化消失，如图 11.7 所示.

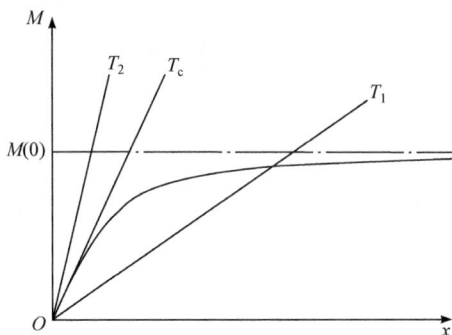

图 11.7 磁化强度 M 与参数 x 的关系

用图解法求解方程组(11.31)，如图 11.8 所示，自发磁化与温度密切相关. 当温度趋于零时，M 趋于饱和；当温度趋于 T_c 时，自发磁化消失.

在图 11.7 中，由曲线和直线相切处，可确定居里温度 T_c. 当 $T = T_c$ 时，利用高温、弱外磁场下的近似式(11.25)，得

$$M(T) = M(0)B_j(x) \approx M(0)\frac{j+1}{3j}x$$

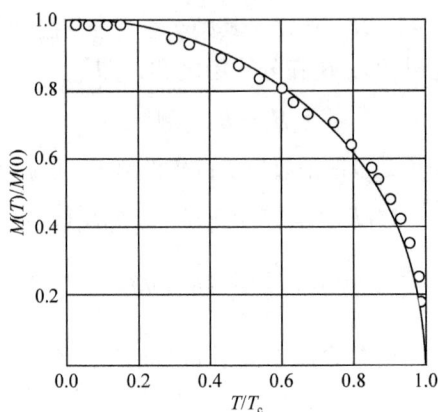

图 11.8　自发磁化强度 M 与温度 T 的关系

实线：分子场理论曲线（$s = 1/2$）；小圆圈：金属镍实验结果

利用式(11.31)和上式的斜率相等，得

$$\frac{j+1}{3j}M(0) = \frac{k_B T_c}{\gamma j g_j \mu_B}$$

即

$$T_c = \frac{1}{3k_B}\gamma N_A j(j+1)(g_j \mu_B)^2 = \frac{\gamma N_A \mu_j^2}{3k_B}$$

$$\gamma = \frac{3k_B T_c}{N_A j(j+1)(g_j \mu_B)^2}$$

(11.32)

上式推导利用了式(11.27)和 $\mu_j = \sqrt{j(j+1)}\, g_j \mu_B$. 由上式可知，居里温度依赖于分子场系数 γ.

当 $T > T_c$, $B \neq 0$ 时，利用式(11.25)、式(11.30)，得

$$M = M(T, B) = M(0)B_j(x) \approx \frac{1}{3}N_A(j+1)g_j\mu_B x$$

$$x = \frac{jg_j\mu_B}{k_B T}(B + \gamma M)$$

解此方程组，将 x 代入上式，并利用式(11.32)中的 T_c 表达式，得

$$M = \frac{1}{3k_B T}N_A j(j+1)(g_j\mu_B)^2(B + \gamma M)$$

$$= \frac{N_A \mu_j^2}{3k_B T}(B + \gamma M) = \frac{N_A \mu_j^2}{3k_B T}B + \frac{T_c}{T}M$$

上式左右相等并移项，得

$$M(T, B) = \frac{N_A \mu_j^2 / (3k_B)}{T - T_c} B$$

磁化率为

$$\chi = \frac{\mu_0 N_A \mu_j^2 / (3k_B)}{T - T_c} = \frac{C}{T - T_c} \tag{11.33}$$

式(11.33)即居里-外斯定律，理论值与实验结果的比较如图 11.9 所示. 从图中可知，顺磁居里温度 θ 略高于 T_c，是因为分子场理论没有考虑磁涨落因素.

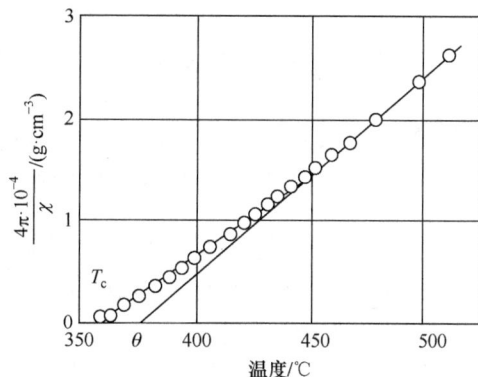

图 11.9 $T > T_c$ 时，镍的磁化率与温度的关系

B. 自发磁化的局域电子模型

1928 年海森伯提出，局域在磁性原子附近的电子可在磁性离子之间产生直接交换作用，这就是著名的海森伯模型[1].

设有两个局域电子，自旋为 1/2；它们相互作用的哈密顿量为

$$\hat{H}_{ex} = -2J_e \boldsymbol{S}_i \cdot \boldsymbol{S}_j = \begin{cases} \dfrac{1}{2} J_e \hbar^2, & \uparrow\downarrow \\[2mm] -\dfrac{1}{2} J_e \hbar^2, & \uparrow\uparrow \end{cases} \tag{11.34}$$

其中，上式为两自旋反平行，下式为两自旋平行；J_e 是交换积分.

例如，两个基态氢原子结合成氢分子，$J_e < 0$，两个电子反平行的单重态能量最低，是成键氢分子的基态，也是共价结合的起因.

又如，若有两格点离子上各有一个自旋未配对的 d 电子，则它们在坐标表象中的交换积分为

$$E_{ex} = \pm J_{12} = \pm \int \psi_1^*(\boldsymbol{r}_1)\psi_2^*(\boldsymbol{r}_2) V(\boldsymbol{r}_{12}) \psi_1(\boldsymbol{r}_2)\psi_2(\boldsymbol{r}_1) \mathrm{d}\tau_1 \mathrm{d}\tau_2 \tag{11.35}$$

① Heisenberg W. Phys Z, 1928, 49: 619.

其中，$V(r_{12})$ 为二格点系统的库仑作用势；正号对应于两 d 电子自旋取向相反状态(↑↓)；负号对应于两 d 电子自旋取向一致状态(↑↑)，即

$$E_{ex} = \begin{cases} +J_{12}, & s = 0(↑↓, \text{单重态}) \\ -J_{12}, & s = 1(↑↑, \text{三重态}) \end{cases} \tag{11.36}$$

海森伯提出：如果两个磁性离子之间的交换积分 $J_{12} = J_e > 0$，则自旋平行的三重态是能量较低状态，从而导致铁磁体基态形成.

对于磁性离子自旋未配对的 d 电子数大于 1 的情况，两格点上磁性离子的交换作用能可近似为

$$U_{12} = -2J_e \sum_{ij} \boldsymbol{S}_{1i} \cdot \boldsymbol{S}_{2j} = -2J_e \sum_i \boldsymbol{S}_{1i} \cdot \sum_j \boldsymbol{S}_{2j} = -2J_e \boldsymbol{S}_1 \cdot \boldsymbol{S}_2 \tag{11.37}$$

式中，下标 1，2 分别代表第 1 和第 2 个离子；i、j 分别代表每个离子中的局域电子；$\boldsymbol{S}_1 = \sum_i \boldsymbol{S}_{1i}$，$\boldsymbol{S}_2 = \sum_j \boldsymbol{S}_{2j}$ 分别为两格点上的离子总自旋.

上述讨论已假定：①同一离子内电子之间的交换作用满足洪德定则；②两离子所有局域电子之间具有相同的交换积分 J_e. 因为 $J_e > 0$，故在铁磁晶体中，离子自旋(磁矩)相互平行，即出现自发磁化现象.

对于铁磁晶体，只考虑最近邻相互作用，某离子的总交换作用能应对配位数 z 求和，即

$$U_{ex} = -2J_e \boldsymbol{S}_0 \cdot \sum_{i=1}^z \boldsymbol{S}_i = -\left(\frac{2J_e \hbar^2}{g_s^2 \mu_B^2} \sum_{i=1}^z \boldsymbol{\mu}_i \right) \cdot \boldsymbol{\mu}_0 \tag{11.38}$$

式中，$\boldsymbol{S}_0$ 为所考虑离子的自旋；$\boldsymbol{S}_i$ 为近邻第 i 个离子的自旋；且

$$\boldsymbol{\mu}_0 = g_s \left(-\frac{e}{2m_e} \right) \boldsymbol{S}_0, \quad \boldsymbol{\mu}_i = g_s \left(-\frac{e}{2m_e} \right) \boldsymbol{S}_i$$

如此，交换能相当于一个内场

$$\frac{2J_e \hbar^2}{g_s^2 \mu_B^2} \sum_{i=1}^z \boldsymbol{\mu}_i = \frac{2J_e \hbar^2}{g_s^2 \mu_B^2} z \boldsymbol{\mu} = \gamma M$$

其中，$\boldsymbol{\mu}$ 是平均磁矩，$M = N_A \boldsymbol{\mu}$. 故分子场系数为

$$\gamma = \frac{2z J_e \hbar^2}{N_A g_s^2 \mu_B^2}$$

利用式(11.32)，并取 $j = s$，$g_j = g_s = 2$，得

$$k_B T_c = \frac{2z}{3} s(s+1) J_e \hbar^2$$

所以，分子场来源于原子(离子)间的交互作用 J_e.

*11.3 金属电子论

金属的物理性质主要取决于导带电子，在单电子近似下，它们可以被看作是一个近似独立的粒子系，其中电子具有一系列确定的本征态. 系统的宏观状态可以用电子在这些本征态上的分布描述. 其平衡统计分布函数即费米(Fermi)分布函数为

$$f(E) = \frac{1}{e^{(E-E_F)/(k_B T)} + 1} \tag{11.39}$$

即能量为 E 的量子态被电子占据的概率，其中 E_F 称为费米能.

根据泡利原理，一个量子态只能容纳一个电子，故费米分布函数实际上给出了一个量子态的平均粒子占据数. 如果系统中有 N 个电子，则

$$\sum_{\text{量子态}} f(E) = N$$

若能量状态可视为准连续分布，则

$$\int_0^\infty f(E) N(E) \mathrm{d}E = N$$

其中，$N(E)$ 是能态密度函数.

假设金属中的导电电子可以看成限制在金属导体内部自由运动的电子气，设金属导体为边长为 L，体积为 $V = L^3$ 的立方块，即电子被束缚在三维无限深方势阱中运动，根据第 3 章的结果，电子能级可表示为

$$E = \frac{\pi^2 \hbar^2 n^2}{2m_e L^2} = \frac{\pi^2 \hbar^2}{2m_e L^2}(n_x^2 + n_y^2 + n_z^2) = \frac{\hbar^2}{2m_e}(k_x^2 + k_y^2 + k_z^2) = \frac{\hbar^2 k^2}{2m_e}$$

其中，$k_x = \dfrac{\pi n_x}{L}, k_y = \dfrac{\pi n_y}{L}, k_z = \dfrac{\pi n_z}{L}$，$n_x, n_y, n_z = 1, 2, 3, \cdots$. 以 (n_x, n_y, n_z) 为坐标的三维空间，每一组正整数 (n_x, n_y, n_z) 均对应于该空间第一象限中的一个点. 从原点引向 (n_x, n_y, n_z) 点的距离为 n，且 $n^2 = n_x^2 + n_y^2 + n_z^2$.

由于金属中的电子数目 N 很大，可近似看成连续，于是可以原点为球心，半径在 $(n, n + \mathrm{d}n)$ 之间第一象限的球壳体积为

$$\frac{1}{8} 4\pi n^2 \mathrm{d}n = \frac{\pi}{2} n^2 \mathrm{d}n$$

单位体积中一个格点(用一组正整数 n_x, n_y, n_z 表示)，对应两个量子态(考虑电子自旋)，于是在 $(n, n + \mathrm{d}n)$ 范围中的量子态数即为可容纳电子数

$$dN = \pi n^2 dn$$

电子能级 $E = \dfrac{\pi^2 \hbar^2 n^2}{2 m_e L^2}$ 也可被视为连续变化，即

$$dE = \frac{\pi^2 \hbar^2}{m_e L^2} n \, dn$$

所以

$$dN = \pi n^2 dn = \pi n^2 \frac{m_e L^2}{\pi^2 \hbar^2 n} dE = \frac{m_e L^2 n}{\pi \hbar^2} dE \equiv N(E) dE$$

所以，能态密度函数 $N(E)$ 可表示为

$$N(E) = \frac{V}{2\pi^2} \left(\frac{2 m_e}{\hbar^2} \right)^{3/2} E^{1/2} \tag{11.40}$$

1. 基态 $(T = 0\mathrm{K})$ 情况

当温度 $T = 0\mathrm{K}$ 时，分布函数式 (11.39) 化为阶跃函数

$$f_0(E) = \begin{cases} 1, & E \leqslant E_F^0 \\ 0, & E > E_F^0 \end{cases} \tag{11.41}$$

可见在基态下，$E \leqslant E_F^0$ 的所有态均被占满，$E > E_F^0$ 的所有态均空着，E_F^0 是价电子的最高能量，即费米能，如图 11.10 中实线所示. 显然

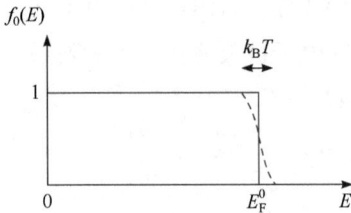

$$-\frac{\partial f_0}{\partial E} = \delta(E_F^0 - E) \tag{11.42}$$

对于金属中的自由电子气，其动能为 $E(k) = \dfrac{\hbar^2 k^2}{2 m_e}$，可看成连续函数. 于是，利用式 (11.40)，得

图 11.10　$T = 0\mathrm{K}$(实线)和 $T \neq 0\mathrm{K}$(虚线)时的费米分布函数

$$N = \int_0^\infty f_0(E) N(E) dE = \frac{V}{2\pi^2} \left(\frac{2 m_e}{\hbar^2} \right)^{3/2} \int_0^{E_F^0} E^{1/2} dE$$

上式积分后得

$$E_F^0 = \frac{\hbar^2}{2 m_e} \left(\frac{3\pi^2 N}{V} \right)^{2/3} = \frac{\hbar^2}{2 m_e} (3\pi^2 \bar{n})^{2/3} \tag{11.43}$$

其中，V 为体积，$\bar{n} = N/V$ 为电子浓度. 可见，$T = 0\mathrm{K}$ 时，费米能 E_F^0 仅仅依赖于

电子浓度. 系统基态能为

$$U_0 = \int_0^{E_F^0} E\, N(E)\mathrm{d}E = \frac{V}{5\pi^2}\left(\frac{2m_e}{\hbar^2}\right)^{3/2}(E_F^0)^{5/2} = \frac{3}{5}NE_F^0 \tag{11.44}$$

每个电子的平均能量为

$$\bar{\varepsilon}_0 = \frac{U_0}{N} = \frac{3}{5}E_F^0 \tag{11.45}$$

电子的平均速度为

$$\bar{v}_0 = \left(\frac{2\bar{\varepsilon}_0}{m_e}\right)^{1/2} \tag{11.46}$$

此外，据热力学公式，$T = 0\mathrm{K}$，$F_0 = U_0 - TS = U_0$，得电子气零温压强为

$$p_0 = -\left(\frac{\partial F_0}{\partial V}\right)_T = -\frac{\partial U_0}{\partial V} = \frac{2}{3}\frac{U_0}{V} = \frac{2}{5}\bar{n}E_F^0 \tag{11.47}$$

上式推导利用了式(11.43)和式(11.44).

对于一般金属，可取电子浓度 $\bar{n} \approx 10^{22} \sim 10^{23}\mathrm{cm}^{-3}$，$m_e \approx 10^{-27}\mathrm{g}$，得到 $E_F^0 \approx$ 1.5～7eV，$\bar{v}_0 \approx 10^8\mathrm{cm/s}$，$p_0 \approx 10^{10}\mathrm{Pa}$. 所以，当 $T = 0\mathrm{K}$ 时，价电子的最高能量、零温能量和压强均非常大.

2. 激发态($T \neq 0\mathrm{K}$)情况

基态费米能很大，令 $T_F = E_F^0 / k_B$ 为费米温度，其值约为 50000K. 在室温 T 附近，$T / T_F \approx 1\%$，分布函数与基态情况相比差别极小，仅在 E_F^0 附近 $k_B T$ 范围内的电子被激发到 E_F^0 以上的态，E_F 和 E_F^0 的差别极小，如图 11.10 中虚线所示. 所以，系统电子能量分布变化不大，低于 E_F 的所有能级几乎被填满，室温时的 $k_B T$ 几乎不能改变系统电子的能量分布，即

$$f(E) = \frac{1}{\mathrm{e}^{(E-E_F)/(k_B T)}+1} \approx \begin{cases} 1, & E - E_F < -k_B T \\ 1/2, & E = E_F \\ 0, & E - E_F > k_B T \end{cases} \tag{11.48}$$

由于 $k_B T$ 很小，故可认为式(11.42)仍然近似成立，即

$$-\frac{\partial f}{\partial E} = \frac{1}{k_B T}\frac{\mathrm{e}^{(E-E_F)/(k_B T)}}{\left[\mathrm{e}^{(E-E_F)/(k_B T)}+1\right]^2} \approx \delta(E_F - E) \tag{11.49}$$

由此，可近似求得 $T \neq 0\mathrm{K}$ 时的费米能 E_F.

根据能态密度函数 $N(E)$ 的定义，有

$$N = \int_0^\infty f(E)N(E)\mathrm{d}E \tag{11.50}$$

令

$$Q(E) = \int_0^E N(E)\mathrm{d}E, \quad Q'(E) = N(E) \tag{11.51}$$

对式(11.50)分部积分, 有

$$N = \int_0^\infty f(E)N(E)\mathrm{d}E = \int_0^\infty f(E)Q'(E)\mathrm{d}E$$

$$= Q(E)f(E)\Big|_0^\infty + \int_0^\infty Q(E)\left(-\frac{\partial f}{\partial E}\right)\mathrm{d}E$$

据式(11.51), $E = 0$ 时, $Q(E) = 0$; $E = \infty$时, $f(E) = 0$, 故上式中第一项为零. 将第二项中的 $Q(E)$ 在 E_F附近展开, 考虑到式(11.49), 可将积分延续到负无穷大, 得

$$N = \int_{-\infty}^\infty \left[Q(E_\mathrm{F}) + Q'(E_\mathrm{F})(E - E_\mathrm{F}) + \frac{1}{2}Q''(E_\mathrm{F})(E - E_\mathrm{F})^2 + \cdots \right]\left(-\frac{\partial f}{\partial E}\right)\mathrm{d}E$$

上式中第二项为奇函数, 积分后等于零; 利用式(11.39)、式(11.49), 于是

$$N \approx Q(E_\mathrm{F}) + 0 + \frac{1}{2}Q''(E_\mathrm{F})\int_{-\infty}^\infty (E - E_\mathrm{F})^2\left(-\frac{\partial f}{\partial E}\right)\mathrm{d}E$$

$$\approx Q(E_\mathrm{F}) + \frac{1}{2}Q''(E_\mathrm{F})(k_\mathrm{B}T)^2 \int_{-\infty}^\infty \frac{\xi^2 e^\xi \mathrm{d}\xi}{(e^\xi + 1)^2}$$

$$\approx Q(E_\mathrm{F}) + \frac{1}{2}Q''(E_\mathrm{F})(k_\mathrm{B}T)^2 \int_{-\infty}^\infty \frac{\xi^2 \mathrm{d}\xi}{(e^\xi + 1)(e^{-\xi} + 1)}, \quad \xi = \frac{E - E_\mathrm{F}}{k_\mathrm{B}T}$$

利用积分公式

$$\int_{-\infty}^\infty \frac{\xi^2 \mathrm{d}\xi}{(e^\xi + 1)(e^{-\xi} + 1)} = \frac{\pi^2}{3} \tag{11.52}$$

得

$$N = Q(E_\mathrm{F}) + \frac{\pi^2}{6}Q''(E_\mathrm{F})(k_\mathrm{B}T)^2$$

因为 E_F 非常接近 E_F^0, 将 $Q(E_\mathrm{F})$ 展开, 精确至二级小量 $(k_\mathrm{B}T)^2$ 得

$$N = Q(E_\mathrm{F}^0) + (E_\mathrm{F} - E_\mathrm{F}^0)Q'(E_\mathrm{F}^0) + \frac{\pi^2}{6}Q''(E_\mathrm{F}^0)(k_\mathrm{B}T)^2$$

根据式(11.51), $Q(E_\mathrm{F}^0) = \int_0^{E_\mathrm{F}^0} N(E)\mathrm{d}E = N$, 于是

$$E_F = E_F^0 - \frac{\pi^2}{6} \frac{Q''(E_F^0)}{Q'(E_F^0)}(k_B T)^2$$

$$= E_F^0 - \frac{\pi^2}{6} \frac{N'(E_F^0)}{N(E_F^0)}(k_B T)^2$$

根据式(11.40)，$N(E) \propto E^{1/2}$，于是

$$E_F = E_F^0 \left[1 - \frac{\pi^2}{12} \left(\frac{k_B T}{E_F^0} \right)^2 \right] \tag{11.53}$$

式(11.53)说明：①温度升高，费米能略有下降. 例如 $E_F^0 = 5\text{eV}$，在温度 T 为 $0 \sim 300\text{K}$ 时，E_F 的相对下降仅约 10^{-4}. ②泡利原理使电子气具有很大的零温能和零温压强，对于一般温度 T，$E_F(T) \approx E_F^0 \gg k_B T$，零温和室温电子气的统计性质变化不大.

3. 自由电子气的热容量

在温度 T 时，电子气体的总能量为

$$U(T) = \int_0^\infty E\, N(E) f(E)\, dE \tag{11.54}$$

令

$$R(E) = \int_0^E E\, N(E)\, dE, \quad R'(E) = E\, N(E) \tag{11.55}$$

类似上述推导，得

$$U(T) = \int_0^\infty f(E) R'(E)\, dE$$

$$= R(E) f(E) \Big|_0^\infty + \int_0^\infty R(E) \left(-\frac{\partial f}{\partial E} \right) dE$$

上式中第一项为零. 将第二项中的 $R(E)$ 在 E_F 附近展开，并将积分延续到负无穷大，得

$$U(T) = \int_{-\infty}^\infty \left[R(E_F) + R'(E_F)(E - E_F) + \frac{1}{2} R''(E_F)(E - E_F)^2 \cdots \right] \left(-\frac{\partial f}{\partial E} \right) dE$$

$$\approx R(E_F) + \frac{1}{2} R''(E_F) \int_{-\infty}^\infty (E - E_F)^2 \left(-\frac{\partial f}{\partial E} \right) dE$$

上式推导中，利用了积分中的第二项为奇函数，并利用了式(11.49). 上式第二项的积分，利用式(11.52)，得

$$U(T) = R(E_F) + \frac{\pi^2}{6} R''(E_F)(k_B T)^2$$

因为 E_F 非常接近 E_F^0，将 $R(E_F)$ 在 E_F^0 展开，精确至二级小量 $(k_B T)^2$ 得

$$U(T) = R(E_F^0) + (E_F - E_F^0)R'(E_F^0) + \frac{\pi^2}{6} R''(E_F^0)(k_B T)^2 \tag{11.56}$$

其中，基态能 $U_0 = R(E_F^0)$. 利用式(11.53)、式(11.55)得

$$E_F - E_F^0 = -\frac{\pi^2}{12 E_F^0}(k_B T)^2, \quad R'(E_F^0) = E_F^0 N(E_F^0)$$

$$R''(E_F^0) = N(E_F^0) + E_F^0 N'(E_F^0), \quad N(E) \propto E^{1/2}$$

代入式(11.56)，得

$$U(T) = U_0 + \frac{\pi^2}{6} N(E_F^0)(k_B T)^2 \tag{11.57}$$

式(11.57)的第二项为电子气的热激发能，不过仅有 E_F^0 附近 $k_B T$ 范围内的电子被热激发. 自由电子气的热容量为

$$C_V = \left(\frac{\partial U}{\partial T}\right)_V = \frac{\pi^2}{3} N(E_F^0) k_B^2 T$$

利用式(11.40)和式(11.43)，得

$$N(E_F^0) = \frac{V}{2\pi^2}\left(\frac{2m_e}{\hbar^2}\right)^{3/2}\sqrt{E_F^0} = \frac{3N}{2E_F^0}$$

于是上式化为

$$C_V = \left(\frac{\partial U}{\partial T}\right)_V = \frac{\pi^2}{2} N k_B \frac{T}{T_F} \tag{11.58}$$

　　与经典气体不同，式(11.58)说明电子气体的热容量与温度成正比. 在室温附近，它只是经典比热的 $T/T_F \approx 1\%$，电子对热容量的贡献很小. 原因是受泡利原理的限制，大多数低于费米能的电子不参与热激发，只有费米能附近的少数电子对热容量有贡献.

　　对于金属而言，其总热容量应包括晶格热容量和电子热容量. 式(11.58)是采用自由电子模型求得的电子热容量；晶格热容量可由德拜模型在低温极限 $T \ll \theta_D$ 下求出，它与温度 T^3 成正比. 于是金属总热容量可表示为

$$C_V = C_V^{电子} + C_V^{晶格} = \gamma T + b T^3 \tag{11.59}$$

其中，根据式(11.58)，可求得系数 $\gamma = \frac{\pi^2}{2}\frac{Nk_B}{T_F}$；系数 $b = \frac{12}{5}\pi^4\frac{Nk_B}{\theta_D^3}$，$\theta_D$ 是德拜

温度. 由式(11.59)可知, 当 $T \to 0\,\mathrm{K}$ 时, 电子对热容量的贡献才凸显出来.

*11.4 量子信息导论

量子物理学中的量子态叠加原理、量子纠缠等奇特规律为量子计算和量子信息传输提供了可能.

1. 量子计算基础

1) 量子比特

经典计算机操控的对象是经典比特(bit), 它有两个状态, 即 0 和 1. 在量子计算和量子信息理论中, 操控的是量子比特(quantum bit, 简写为 qubit). 量子比特可处在的可能状态是 $|0\rangle$ 和 $|1\rangle$, 还可以处在它们的叠加态

$$|\psi\rangle = a\,|0\rangle + b\,|1\rangle \tag{11.60}$$

其中 a、b 一般是复数, 且满足

$$|a|^2 + |b|^2 = 1 \tag{11.61}$$

式(11.61)称为量子比特的状态归一化, 其长度为 1. 因此, 量子比特的状态是二维复向量空间的单位向量, 特殊的本征态 $|0\rangle$ 和 $|1\rangle$ 被称为计算基矢态, 它们组成二维 Hilbert 空间的一组正交基. 量子比特的另一种几何表示为

$$|\psi\rangle = \cos\frac{\theta}{2}|0\rangle + \mathrm{e}^{\mathrm{i}\varphi}\sin\frac{\theta}{2}|1\rangle \tag{11.62}$$

显然, 上式满足归一化公式(11.61), 且 θ 和 φ 均为实数, 它们定义了单位三维布洛赫球上的一个点, 如图 11.11 所示.

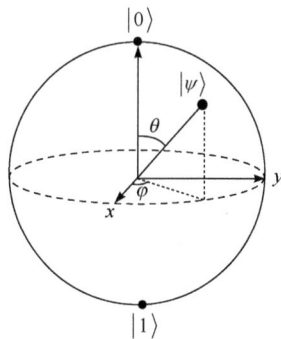

图 11.11 量子比特的布洛赫球面表示

量子比特处在叠加态的性质与经典比特有本质不同. 经典比特就像扔硬币, 要么正面, 要么反面. 而量子比特可以处在 $|0\rangle$ 和 $|1\rangle$ 之间的连续状态中, 直到对其进行测量后叠加态立即坍缩, 测量得到本征态 $|0\rangle$ 的概率为 $|a|^2$, 得到本征态 $|1\rangle$ 的概率为 $|b|^2$.

布洛赫球面上有无穷多个点, 因此原则上可以用 θ, φ 的连续变化获得无限二进制信息存储. 但实际上, 量子比特的测量只会给出 0 或 1, 而且测量会改变量子比特的状态, 将其中 0 和 1 的叠加态坍缩为与测量结果一致的特定本征态, 即单次测量只能得到关于量子比特状态的一比特信息. 事实证明: 只有在测量了无

数多个完全相同的量子比特后，才能确定式(11.60)中的 a 和 b 值.

在实验上，实现量子比特的方法较多，如光子的 x 方向或 y 方向两种可能的偏振态，在均匀电磁场中核自旋的取向，电子沿某一方向(如外磁场 B 方向)朝上 ↑ 或朝下 ↓ 两个可能取向自旋态，超导环中电流的两种可能取向等.

假设有两个经典比特，则有 4 种状态：00, 01, 10, 11. 然而，对于两个量子比特，有 4 个基本状态，即基矢 $|00\rangle_{12}$, $|01\rangle_{12}$, $|10\rangle_{12}$, $|11\rangle_{12}$；此外，量子比特还可以处在由这 4 个基矢的任意叠加态，即

$$|\psi\rangle = a_{00}|00\rangle_{12} + a_{01}|01\rangle_{12} + a_{10}|10\rangle_{12} + a_{11}|11\rangle_{12} \tag{11.63}$$

其中，测量得到 $x (= 00, 01, 10, 11)$ 的概率为 $|a_x|^2$，归一化条件为 $\sum_x |a_x|^2 = 1$. 一旦测量，量子比特立即坍缩成 $|x\rangle$.

两个量子比特组成的量子纠缠态可用四维 Hilbert 空间的一个矢量描述，该空间中最常用的正交完备基称为"贝尔基"

$$|\psi\rangle = \frac{1}{\sqrt{2}}\left(|00\rangle_{12} \pm |11\rangle_{12}\right), \quad \frac{1}{\sqrt{2}}\left(|01\rangle_{12} \pm |10\rangle_{12}\right)$$

或采用两个电子体系的自旋纠缠态(自旋朝上和朝下分别表示 0 和 1 态)表示贝尔基：

$$
\begin{aligned}
|\psi^\pm\rangle &= \frac{1}{\sqrt{2}}\left(|\uparrow\downarrow\rangle_{12} \pm |\downarrow\uparrow\rangle_{12}\right) = \frac{1}{\sqrt{2}}\left(|\uparrow\rangle_1 \otimes |\downarrow\rangle_2 \pm |\downarrow\rangle_1 \otimes |\uparrow\rangle_2\right) \\
|\varphi^\pm\rangle &= \frac{1}{\sqrt{2}}\left(|\uparrow\uparrow\rangle_{12} \pm |\downarrow\downarrow\rangle_{12}\right) = \frac{1}{\sqrt{2}}\left(|\uparrow\rangle_1 \otimes |\uparrow\rangle_2 \pm |\downarrow\rangle_1 \otimes |\downarrow\rangle_2\right)
\end{aligned}
\tag{11.64}
$$

依次类推，对于由 N 个量子比特组成的系统，其量子态用 2^N 维 Hilbert 空间的一个矢量描述，即

$$|\psi\rangle = \sum_{s_1, s_2, \cdots, s_N} a_{s_1, s_2, \cdots, s_N} |S_1 S_2 \cdots S_N\rangle$$

其中每个 S_i 可取 0 或 1，$S_i = 0, 1 (i = 1, 2, \cdots, N)$，$|S_1 S_2 \cdots S_N\rangle$ 表示在 2^N 维 Hilbert 空间中的一组正交归一基矢，系数满足归一化条件

$$\sum_{S_1, S_2, \cdots, S_N} \left| a_{s_1, s_2, \cdots, s_N} \right|^2 = 1$$

所以，N 个经典比特只能存储从 0 到 $(2^N - 1)$ 之间的整数描述的信息，而 N 个量子比特可用于存储 $(2^N - 1)$ 个不受限制的复数描述的信息.

2) 量子比特门

经典计算机电路由逻辑门和线路组成，逻辑门操控信息，把信息由一种状态换成另一种状态. 例如，非门的操作为将 0 态和 1 态交换，这也是唯一的非平庸

单比特非门. 类似地, 可定义量子比特逻辑门. 例如, 定义单量子比特非门, 可以把状态

$$a\,|0\rangle + b\,|1\rangle = \begin{pmatrix} a \\ b \end{pmatrix}$$

变为

$$a\,|1\rangle + b\,|0\rangle = \begin{pmatrix} b \\ a \end{pmatrix}$$

这是一个线性变换, 也是量子物理学的一般性质和要求. 因此, 可定义量子非门为 2×2 矩阵 X 表示, 即

$$X \equiv \begin{pmatrix} 0 & 1 \\ 1 & 0 \end{pmatrix} \tag{11.65}$$

显然, 此量子非门的输出为

$$X \begin{pmatrix} a \\ b \end{pmatrix} = \begin{pmatrix} b \\ a \end{pmatrix}$$

对于量子状态式(11.60), 作用量子门前后, 归一化条件式(11.61)均应该成立, 于是要求

$$\left[X \begin{pmatrix} a \\ b \end{pmatrix} \right]^{+} \left[X \begin{pmatrix} a \\ b \end{pmatrix} \right] = \begin{pmatrix} a^* & b^* \end{pmatrix} X^+ X \begin{pmatrix} a \\ b \end{pmatrix} = |a|^2 + |b|^2 = 1$$

上式要求所有代表量子门的矩阵具有幺正性, 即 $U^+ U = I$ (单位矩阵). 容易验证: $X^+ X = I$.

类似非平庸的单量子比特门很多, 例如 Z 门

$$Z \equiv \begin{pmatrix} 1 & 0 \\ 0 & -1 \end{pmatrix} \tag{11.66}$$

其变换是保持 $|0\rangle$ 不变, 翻转 $|1\rangle$ 的符号使其变为 $-|1\rangle$. 此外, 阿达玛(Hadamard)门的定义为

$$H \equiv \frac{1}{\sqrt{2}} \begin{pmatrix} 1 & 1 \\ 1 & -1 \end{pmatrix} \tag{11.67}$$

它把 $|0\rangle$ 变到 $|0\rangle$ 和 $|1\rangle$ 的中间态 $\dfrac{|0\rangle + |1\rangle}{\sqrt{2}}$, 而把 $|1\rangle$ 变到 $|0\rangle$ 和 $|1\rangle$ 的中间态 $\dfrac{|0\rangle - |1\rangle}{\sqrt{2}}$.

上述三个门是常用的单量子比特门, 它们的功能总结如图 11.12 所示.

$$a|0\rangle + b|1\rangle \longrightarrow \boxed{X} \longrightarrow b|0\rangle + a|1\rangle$$

$$a|0\rangle + b|1\rangle \longrightarrow \boxed{Z} \longrightarrow a|0\rangle - b|1\rangle$$

$$a|0\rangle + b|1\rangle \longrightarrow \boxed{H} \longrightarrow a\frac{|0\rangle + |1\rangle}{\sqrt{2}} + b\frac{|0\rangle - |1\rangle}{\sqrt{2}}$$

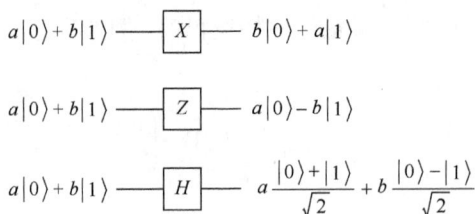

图 11.12 单量子比特量子门

此外，还可以组合操作，例如 Y 门：$Y = ZX = \begin{pmatrix} 1 & 0 \\ 0 & -1 \end{pmatrix} \begin{pmatrix} 0 & 1 \\ 1 & 0 \end{pmatrix} = \begin{pmatrix} 0 & 1 \\ -1 & 0 \end{pmatrix}$.

上述量子门可以用第 6 章定义的 2×2 泡利矩阵式(6.21)表示，即 $X = \sigma_x, Y = \mathrm{i}\sigma_y, Z = \sigma_z, H = \frac{1}{\sqrt{2}}(\sigma_x + \sigma_z)$，显然它们均为幺正矩阵.

拓展到多量子比特，可组成多个与经典逻辑门对应的量子门，如与(AND)、或(OR)、异或(XOR)、与非(NAND)、或非(NOR)等逻辑门.

以受控非(controlled-NOT，简写为 CNOT)门为例，它有两个输入量子比特，分别是控制量子比特和目标量子比特，如图 11.13 所示，描述如下：上方线表示控制量子比特，下方线表示目标量子比特. 如果将控制量子比特置为 0，那么目标量子比特不变；如果将控制量子比特置为 1，则目标量子比特翻转.

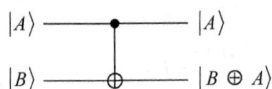

$$|A\rangle \longrightarrow \bullet \longrightarrow |A\rangle$$
$$|B\rangle \longrightarrow \oplus \longrightarrow |B \oplus A\rangle$$

图 11.13 受控非(CNOT)门的电路

受控非门的公式可表示为

$$|00\rangle \to |00\rangle; \quad |01\rangle \to |01\rangle; \quad |10\rangle \to |11\rangle; \quad |11\rangle \to |10\rangle$$

另一种描述受控非门的方式是将其看作经典异或门的拓展，即看作 $|A, B\rangle \to |A, B \oplus A\rangle$，其中 A、B 表示 0 或 1，$B \oplus A$ 表示模 2 加法，即 $0 + 0 = 0$，$1 + 0 = 0 + 1 = 1$，$1 + 1 = 0$. 这正是异或门的作用结果，如图 11.13 所示.

两个量子比特(两个量子位)的态矢空间基矢可由一个量子比特(一个量子位)基矢的直积构造，即

$$|00\rangle = \begin{pmatrix} 1 \\ 0 \\ 0 \\ 0 \end{pmatrix}, \quad |01\rangle = \begin{pmatrix} 0 \\ 1 \\ 0 \\ 0 \end{pmatrix}, \quad |10\rangle = \begin{pmatrix} 0 \\ 0 \\ 1 \\ 0 \end{pmatrix}, \quad |11\rangle = \begin{pmatrix} 0 \\ 0 \\ 0 \\ 1 \end{pmatrix}$$

在此组基矢下，受控非门的作用可用矩阵表示为

$$U_{\mathrm{CN}} = \begin{pmatrix} 1 & 0 & 0 & 0 \\ 0 & 1 & 0 & 0 \\ 0 & 0 & 0 & 1 \\ 0 & 0 & 1 & 0 \end{pmatrix}$$

显然，矩阵的第一列描述了对 $|00\rangle$ 的变换，依次是对其他基矢态 $|01\rangle$、$|10\rangle$ 和 $|11\rangle$ 的变换，且上述矩阵是幺正矩阵，即 $U_{\mathrm{CN}}^{+}U_{\mathrm{CN}} = 1$.

2. 量子态不可克隆定理

所谓的"量子态克隆"是指原来的量子态不改变，而在另一个系统中复制产生一个完全相同的量子态；而量子态传输是指量子态从原来的系统中消失，在另一个系统中出现，两者是不同的.

根据量子物理学原理，单次测量不能完全获得一个任意态. 例如

$$|\psi\rangle = a\,|\uparrow\rangle + b\,|\downarrow\rangle$$

单次测量，可获得其本征值 0 或 1，但不可能获得全部本征态，也无法获得每个本征态的概率幅 a 和 b 值；测量后，量子态已经坍缩，无法对它进行重复测量. 若要确定 a 和 b 值，唯一的办法是测量无数多个完全相同的量子比特. 假如能将某个量子态复制出许多个样本，那么 a 和 b 值便可确定.

设 A 和 B 是两个量子系统，分别处于 $|\varphi_A\rangle$ 和 $|0_B\rangle$，其中 $|0_B\rangle$ 是系统 B 在拷贝前所处的某一态.

假设存在某物理操作 $\hat{U}$ (幺正算符)，能够把系统 A 中的任意未知量子态 φ 拷贝到 B 系统上，即

$$\hat{U}\big(|\varphi_A\rangle \otimes |0_B\rangle\big) = |\varphi_A\rangle \otimes |\varphi_B\rangle \qquad (11.68)$$

当然也可将另一未知量子态 ψ 从 A 拷贝到 B 上(因为上式中的 φ 是任意的)

$$\hat{U}\big(|\psi_A\rangle \otimes |0_B\rangle\big) = |\psi_A\rangle \otimes |\psi_B\rangle$$

于是可取叠加态

$$|\Psi\rangle = |\varphi\rangle + |\psi\rangle$$

根据拷贝规则式(11.68)和量子态线性叠加原理，有

$$\hat{U}\big(|\Psi_A\rangle \otimes |0_B\rangle\big) = \hat{U}\big(\big[|\varphi_A\rangle + |\psi_A\rangle\big] \otimes |0_B\rangle\big)$$

$$= \hat{U}\big(|\varphi_A\rangle \otimes |0_B\rangle\big) + \hat{U}\big(|\psi_A\rangle \otimes |0_B\rangle\big) = |\varphi_A\rangle \otimes |\varphi_B\rangle + |\psi_A\rangle \otimes |\psi_B\rangle$$

另外

$$\hat{U}\big(|\Psi_A\rangle \otimes |0_B\rangle\big) = |\Psi_A\rangle \otimes |\Psi_B\rangle$$

$$= |\varphi_A\rangle \otimes |\varphi_B\rangle + |\psi_A\rangle \otimes |\psi_B\rangle + |\varphi_A\rangle \otimes |\psi_B\rangle + |\psi_A\rangle \otimes |\varphi_B\rangle$$

上述两式结果并不相等. 可见, 物理操作 $\hat{U}$ 是不存在的, 量子态的线性叠加原理排斥了克隆任意未知量子态的可能性, 即所谓的量子态不可克隆定理. 它是"量子密钥"的基础, 也是"量子纠错"时必须克服的障碍.

量子态不可克隆定理否定了精确复制未知量子态的可能性. 之后 A. K. Patti 等证明: 任意未知量子态拷贝的完全删除也是不可能的[1]. 这些结果反映出量子信息与经典信息的本质区别.

因此, 在未来的星际旅行中, 即使可以十分精确、完整地描述记录旅行者, 并发报到另一星球, 当地人可用当地材料(原子、分子、电子等)将旅行者完整、精确地复制出来, 也不可能获得有关该旅行者的各种量子态及相互纠缠的全部信息, 如意识、思想、情感等.

3. 量子隐形传态[2]

根据量子物理学原理, 单次测量不能完全获得一个任意态. 而且, 单次测量后, 量子态已经坍缩至某个本征态, 无法对它进行重复测量.

设想有一个自旋为 1/2 的粒子1(或光子1)的量子态 $|\varphi\rangle_1$, 即

$$|\varphi\rangle_1 = a |\uparrow\rangle_1 + b |\downarrow\rangle_1 = \begin{pmatrix} a \\ b \end{pmatrix}_1$$

它包含了所要传递的信息. 传递者 A(Alice)欲将此信息传给远方的接收者 B(Bob), 如图 11.14 所示.

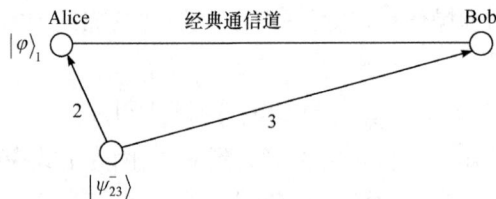

图 11.14　量子隐形传态方案示意图

事先准备好一 EPR 粒子对(相互纠缠的两粒子系统, 见第 12 章)2 和 3, 使它们自旋方向相反, 处于下列贝尔基纠缠态:

$$|\psi_{23}^-\rangle = \frac{1}{\sqrt{2}}\left(|\uparrow\rangle_2 \otimes |\downarrow\rangle_3 - |\downarrow\rangle_2 \otimes |\uparrow\rangle_3\right)$$

粒子 2 在 A 手中, 并将粒子 3 发送到 B. A 使用可以识别 4 个贝尔基的技术, 对粒子 1 和 EPR 粒子对 2、3 的联合系统进行测量, 得量子态

① Pati A K, et al. Impossibility of deleting an unknown quantum state. Nature, 2000, 404: 164.

② Bennet C H, et al. Phys. Rev. Lett., 1993, 70: 1895.

$$|\Psi_{123}\rangle = |\varphi\rangle_1 \otimes |\psi_{23}^-\rangle$$

$$= \frac{a}{\sqrt{2}}\left(|\uparrow\rangle_1 \otimes |\uparrow\rangle_2 \otimes |\downarrow\rangle_3 - |\uparrow\rangle_1 \otimes |\downarrow\rangle_2 \otimes |\uparrow\rangle_3\right)$$

$$+ \frac{b}{\sqrt{2}}\left(|\downarrow\rangle_1 \otimes |\uparrow\rangle_2 \otimes |\downarrow\rangle_3 - |\downarrow\rangle_1 \otimes |\downarrow\rangle_2 \otimes |\uparrow\rangle_3\right)$$

在 A 处的是粒子 1 和 2，她做测量是判断粒子 1 和 2 处于哪个贝尔基纠缠态.
为此将上述波函数按粒子 1 和 2 的贝尔基[即式(11.64)]展开为

$$|\Psi_{123}\rangle = |I_3\rangle \otimes |\psi_{12}^-\rangle + |II_3\rangle \otimes |\psi_{12}^+\rangle + |III_3\rangle \otimes |\varphi_{12}^-\rangle + |IV_3\rangle \otimes |\varphi_{12}^+\rangle$$

其中利用式(11.64)，即

$$|\psi^{\pm}\rangle_{12} = \frac{1}{\sqrt{2}}\left(|\uparrow\rangle_1 \otimes |\downarrow\rangle_2 \pm |\downarrow\rangle_1 \otimes |\uparrow\rangle_2\right)$$

$$|\varphi^{\pm}\rangle_{12} = \frac{1}{\sqrt{2}}\left(|\uparrow\rangle_1 \otimes |\uparrow\rangle_2 \pm |\downarrow\rangle_1 \otimes |\downarrow\rangle_2\right)$$

是粒子 1 和 2 的贝尔基. 利用贝尔基的正交归一性，可得上式中的各系数.
例如

$$|I_3\rangle = \langle \psi_{12}^- | \Psi_{123}\rangle$$

$$= \frac{1}{\sqrt{2}}\left(\langle\uparrow|_1 \otimes \langle\downarrow|_2 - \langle\downarrow|_1 \otimes \langle\uparrow|_2\right) \cdot \left[\frac{a}{\sqrt{2}}\left(|\uparrow\rangle_1 \otimes |\uparrow\rangle_2 \otimes |\downarrow\rangle_3 - |\uparrow\rangle_1 \otimes |\downarrow\rangle_2 \otimes |\uparrow\rangle_3\right)\right.$$

$$\left. + \frac{b}{\sqrt{2}}\left(|\downarrow\rangle_1 \otimes |\uparrow\rangle_2 \otimes |\downarrow\rangle_3 - |\downarrow\rangle_1 \otimes |\downarrow\rangle_2 \otimes |\uparrow\rangle_3\right)\right]$$

$$= -\frac{1}{2}\left(a\,|\uparrow\rangle_3 + b\,|\downarrow\rangle_3\right)$$

又如

$$|IV_3\rangle = \langle \varphi_{12}^+ | \Psi_{123}\rangle$$

$$= \frac{1}{\sqrt{2}}\left(\langle\uparrow|_1 \otimes \langle\uparrow|_2 + \langle\downarrow|_1 \otimes \langle\downarrow|_2\right) \cdot \left[\frac{a}{\sqrt{2}}\left(|\uparrow\rangle_1 \otimes |\uparrow\rangle_2 \otimes |\downarrow\rangle_3 - |\uparrow\rangle_1 \otimes |\downarrow\rangle_2 \otimes |\uparrow\rangle_3\right)\right.$$

$$\left. + \frac{b}{\sqrt{2}}\left(|\downarrow\rangle_1 \otimes |\uparrow\rangle_2 \otimes |\downarrow\rangle_3 - |\downarrow\rangle_1 \otimes |\downarrow\rangle_2 \otimes |\uparrow\rangle_3\right)\right]$$

$$= \frac{1}{2}\left(a\,|\downarrow\rangle_3 - b\,|\uparrow\rangle_3\right)$$

推导上述两式时，需利用如下关系：

$$\langle\uparrow(i)|\uparrow(j)\rangle = \langle\downarrow(i)|\downarrow(j)\rangle = \delta_{ij}$$

$$\langle\uparrow(i)|\downarrow(j)\rangle = \langle\downarrow(i)|\uparrow(j)\rangle = 0, \quad i, j = 1, 2, 3$$

同理，可求得其他所有系数，故有

$$|I_3\rangle = \langle \psi_{12}^- | \Psi_{123}\rangle = -\frac{1}{2}\left(a\,|\uparrow\rangle_3 + b|\downarrow\rangle_3\right)$$

$$|II_3\rangle = \langle \psi_{12}^+ | \Psi_{123}\rangle = -\frac{1}{2}\left(a\,|\uparrow\rangle_3 - b|\downarrow\rangle_3\right)$$

$$|III_3\rangle = \langle \varphi_{12}^- | \Psi_{123}\rangle = \frac{1}{2}\left(a|\downarrow\rangle_3 + b|\uparrow\rangle_3\right)$$

$$|IV_3\rangle = \langle \varphi_{12}^+ | \Psi_{123}\rangle = \frac{1}{2}\left(a|\downarrow\rangle_3 - b|\uparrow\rangle_3\right)$$

若简写成矩阵形式，则有

$$|I_3\rangle = -\begin{pmatrix} a \\ b \end{pmatrix}_3 = -\begin{pmatrix} 1 & 0 \\ 0 & 1 \end{pmatrix}\begin{pmatrix} a \\ b \end{pmatrix}_3 = U_1\,|\varphi\rangle_3$$

$$|II_3\rangle = \begin{pmatrix} -a \\ b \end{pmatrix}_3 = \begin{pmatrix} -1 & 0 \\ 0 & 1 \end{pmatrix}\begin{pmatrix} a \\ b \end{pmatrix}_3 = U_2\,|\varphi\rangle_3$$

$$|III_3\rangle = \begin{pmatrix} b \\ a \end{pmatrix}_3 = \begin{pmatrix} 0 & 1 \\ 1 & 0 \end{pmatrix}\begin{pmatrix} a \\ b \end{pmatrix}_3 = U_3\,|\varphi\rangle_3$$

$$|IV_3\rangle = \begin{pmatrix} -b \\ a \end{pmatrix}_3 = \begin{pmatrix} 0 & -1 \\ 1 & 0 \end{pmatrix}\begin{pmatrix} a \\ b \end{pmatrix}_3 = U_4\,|\varphi\rangle_3$$

其中，幺正矩阵

$$U_1 = -\begin{pmatrix} 1 & 0 \\ 0 & 1 \end{pmatrix}, \quad U_2 = \begin{pmatrix} -1 & 0 \\ 0 & 1 \end{pmatrix}, \quad U_3 = \begin{pmatrix} 0 & 1 \\ 1 & 0 \end{pmatrix}, \quad U_4 = \begin{pmatrix} 0 & -1 \\ 1 & 0 \end{pmatrix}$$

说明 $|I_3\rangle$、$|II_3\rangle$、$|III_3\rangle$ 和 $|IV_3\rangle$ 均是 $|\varphi\rangle_3 = \begin{pmatrix} a \\ b \end{pmatrix}$ 经过某幺正变换得到的量子态.

当 A 对于 $|\Psi_{123}\rangle$ 进行 1、2 粒子贝尔态基分析时，整个波函数以一定概率随机地坍缩到某个贝尔基上. 假如坍缩到 $|\varphi_{12}^+\rangle$ 上，则此时 B 手中的粒子 3 立即坍缩到与之对应的 $|IV_3\rangle$ 上，这意味着粒子 1 和 2 相互纠缠，不需要传递时间，而粒子 2 和 3 的纠缠解除，称之为纠缠交换.

但此时 B 仍不知道 A 要传给他的量子态 $|\varphi\rangle_3$ 是什么，除非他知道 A 测得的是 1 和 2 粒子的哪个贝尔态. 这时 A 通过经典方法(如电话等)告诉 B 她的测量结果，例如 $|\varphi_{12}^+\rangle$，B 就知道采用矩阵 $U_4 = \begin{pmatrix} 0 & -1 \\ 1 & 0 \end{pmatrix}$ 的逆变换 U_4^{-1}，将其作用(左乘)在粒子 3 的量子态 $|IV_3\rangle = U_4\,|\varphi\rangle_3$ 上，使其变回 $|\varphi\rangle_3$，于是 B 便得到 A 原来想要传递给

他的量子态 $|\varphi\rangle_1$ 的一个副本,只不过用粒子 3 替换了粒子 1 而已.

实现量子隐形传态步骤:

(1) 首先让发送方 A 和接收方 B 拥有一对共享 EPR 对;

(2) A 使用可以识别 4 个 Bell 基的技术,对她所拥有的一半 EPR 对和所要发送信息所在的粒子进行联合测量,此时 B 方所有的另一半 EPR 对将瞬间坍缩成另一状态,具体坍缩为哪一状态取决于 A 方不同测量结果;

(3) A 方通过经典信道将测量结果传送给 B 方;

(4) B 方根据这条信息对自己所拥有的另一半 EPR 做相应的幺正变换的逆变换,即可恢复原本信息,构造出原量子态的全貌 $|\varphi\rangle_3$,它是量子态 $|\varphi\rangle_1$ 的一个副本.

上述量子隐形传态原理有如下特点:首先,因果律不会遭到破坏. 非经典信息(量子态)是通过 EPR 粒子对的纠缠态即时传递,但由于 A、B 之间仍使用了经典方法传递信息,故该信息传递速度不会超过光速;此外,保密性极好. 在传递过程中,不可能被"偷听",A 也不知道被传递的量子态 $|\varphi\rangle_1$ 是什么,若被测量,量子态 $|\varphi\rangle_1$ 立即坍缩.

除上述量子隐形传态外,诸如量子计算、量子密码等,均需依据量子物理学的基本原理:任何对量子系统的测量均会对系统产生干扰,瞬间导致态坍缩,且不可恢复,故需要借助量子系统中粒子之间可相互纠缠的方法.

例如,量子计算机与周围环境不可避免地存在相互作用,可引起量子计算机内编码的量子态(逻辑态或数据态)与不可控的环境态相互纠缠,破坏其内编码的相干叠加态,从而破坏量子计算机中存储的量子信息. 此外,当执行计算任务时(通过对计算机内的量子态执行一系列幺正变换等),也可在计算每一步时产生错误和误差,许多步的计算还可导致误差叠加放大,从而使计算失败.

经典计算机的纠错方法依赖于对经典比特的直接测量而获得出错信息,然后根据事先拷贝好的备份(即所谓的"冗余"),对这些信息进行纠正错误. 但在量子计算中,这种直接对量子态[如式(11.60)]的测量是禁止的,因为它将导致量子态坍缩,引起编码量子信息的丢失,且完全丧失再恢复的可能. 因此,量子计算中一般做法如下:将携带信息的量子比特与一些附加量子比特纠缠起来,从而把量子信息编码保存在诸多量子比特的纠缠态中,而这些附加量子比特是可控的,有可能将散布在其中的信息提取出来,重新恢复编码的量子信息. 上述操作类似于经典纠错中引进冗余来加强信息抗干扰的方法,但不是通过态的拷贝,而是利用量子纠缠,也就是人们常说的以"纠缠"战胜"纠缠出错".

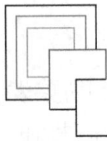

*第12章 相关热点问题介绍

量子物理学诞生以后，其整个理论体系不断完善，它与相对论并列成为现代高科技的两大基础之一. 然而，迄今量子物理学仍然在不断发展之中，仍有诸多问题有待进一步深入探讨，例如量子纠缠的非局域关联机制，量子纠缠与不确定性原理的内在联系，量子论与相对论的统一问题等. 本章介绍几个现代量子物理学发展的热点及最新进展.

12.1 "幽灵"般的量子纠缠

在微观多粒子系统中，可发生量子关联现象，即量子纠缠(quantum entanglement)，其独特的规律和现象(如超距作用、隐变量等)令人耳目一新和费解.

1. 量子纠缠的定义

以氦原子为例，其核外有两个电子 1 和 2，它们均处于能量最低的同一轨道的 1s 态，所以基态空间轨道波函数为

$$|\psi_{1s}(r_1)\rangle \otimes |\psi_{1s}(r_2)\rangle = |\psi_{1s}(r_1)\psi_{1s}(r_2)\rangle \tag{12.1}$$

显然，交换电子 1 和 2 的空间波函数具有对称性. 此外，两个电子自旋各自可朝上 $|\uparrow\rangle$ 或朝下 $|\downarrow\rangle$，共有四种可能组合

$$|\uparrow\uparrow\rangle_{12} = |\uparrow\rangle_1 \otimes |\uparrow\rangle_2 = \begin{pmatrix} 1 \\ 0 \end{pmatrix} \otimes \begin{pmatrix} 1 \\ 0 \end{pmatrix} = \begin{pmatrix} 1 \times \begin{pmatrix} 1 \\ 0 \end{pmatrix} \\ 0 \times \begin{pmatrix} 1 \\ 0 \end{pmatrix} \end{pmatrix} = \begin{pmatrix} 1 \\ 0 \\ 0 \\ 0 \end{pmatrix}$$

$$|\uparrow\downarrow\rangle_{12} = |\uparrow\rangle_1 \otimes |\downarrow\rangle_2 = \begin{pmatrix} 1 \\ 0 \end{pmatrix} \otimes \begin{pmatrix} 0 \\ 1 \end{pmatrix} = \begin{pmatrix} 1 \times \begin{pmatrix} 0 \\ 1 \end{pmatrix} \\ 0 \times \begin{pmatrix} 0 \\ 1 \end{pmatrix} \end{pmatrix} = \begin{pmatrix} 0 \\ 1 \\ 0 \\ 0 \end{pmatrix}$$

$$|\downarrow\uparrow\rangle_{12} = \begin{pmatrix} 0 \\ 0 \\ 1 \\ 0 \end{pmatrix}; \quad |\downarrow\downarrow\rangle_{12} = \begin{pmatrix} 0 \\ 0 \\ 0 \\ 1 \end{pmatrix}$$

全同费米子应具有交换反对称波函数，上述四式均不符合. 符合要求的反对称波函数如下：

$$\chi = \frac{1}{\sqrt{2}}\left(|\uparrow\downarrow\rangle_{12} - |\downarrow\uparrow\rangle_{12}\right) = \frac{1}{\sqrt{2}}\left(|\uparrow\rangle_1 \otimes |\downarrow\rangle_2 - |\downarrow\rangle_1 \otimes |\uparrow\rangle_2\right) \tag{12.2}$$

显然，在式(12.2)中交换电子 1 和 2，该波函数前面要增加一负号，具有反对称性，因此，式(12.2)才是氦原子基态的正确自旋波函数. 由此可知，氦原子基态是两电子占据同一轨道量子态，它们的自旋必须反平行，一上一下，形成单态. 值得注意的是，式(12.2)无法表达为两个因子的直积形式.

定义量子纠缠：在多粒子体系中，若系统波函数不能被表达成各子系统或各自由度波函数(或态矢)的直积形式，则称为纠缠态，这种现象称为量子纠缠. 式(12.2)所描述的态即为纠缠态. 由此可见，量子纠缠是全同粒子交换对称性的必然结果.

2. 量子纠缠-非局域量子关联

量子纠缠涉及不同自由度的至少两个可对易的可观测量，这两个可观测量既可以属于同一个粒子，也可以属于两个粒子. 可对易的两个可观测量 A 和 B 的纠缠纯态有如下特点：

(a) 测量之前，A 和 B 均不具有确定值(即不是 A 和 B 的共同本征态).

(b) A 和 B 同时测量结果之间有确切的联系.

玻姆采用简化的测量自旋实验，对量子纠缠现象进行了说明[1]：考虑一个 2 粒子体系的自旋耦合，它们的自旋均为 1/2 ，是全同费米子体系. 两个粒子纠缠在一起形成总自旋为零的单态，即 $s = 0$，此时的体系波函数具有交换反对称性，是两个直积态的叠加态，即纠缠态式(12.2)，其中，"1" 和 "2" 分别代表两个粒子，"↑" 和 "↓" 分别代表粒子自旋向上或向下. 若单独测量某个粒子的自旋，则自旋向上(或向下)的可能概率均为 1/2. 但若已测得粒子 1 自旋向上(或向下)，那么粒子 2 不管测量与否，自旋必然向下(或向上)!

玻尔学派认为：粒子 1 和 2 之间存在确切的量子关联，称为量子纠缠，不管它们在空间上分开多远，对其中一个粒子进行测量，必然同时导致另一个粒子状

---

① Bohm D. Quantum Theory. New York, Prentice-Hall, 1951.

态瞬间改变(超距作用)，这是一种非局域量子关联！在此种超距作用下，纠缠态瞬间坍缩成某个本征态. 而在测量之前，两个粒子处于叠加态，此时我们无法知道粒子 1 和 2 的自旋究竟朝向哪里，但我们的确知道它们各自朝上的概率是 50%，朝下的概率也是 50%.

然而，爱因斯坦学派则认为："上帝不会掷骰子！"假想把一双手套分开放置于两只箱子中，然后一只箱子由你自己保管，另一只箱子则远离你到达地球的另一端. 如果你打开身边这只箱子，发现其装着左手套，则地球另一端的那只箱子必然装着右手套，此结果在当初分装时就已决定了. 爱因斯坦相信，所谓的量子纠缠态不过如此而已，粒子的一切状态在它们彼此分离的时候就已经决定了，所谓的"非局域的量子关联"是不存在的. 爱因斯坦认为"幽灵般的超距作用"是不可能的，因为没有瞬间传递信息的粒子，相对论已经证实：真空中光速是宇宙中的极限速度.

有关上述问题的正确答案，迄今为止的所有实验均证明玻尔学派是正确的. 不过，诸如"超距作用"如何传递等问题，还将继续争论下去.

量子纠缠的"超距作用"听起来很玄乎，但物理实验已充分证明：不管是微观还是宏观世界，纠缠态均客观存在[1]. 迄今为止，纠缠量子态的关联属性已经在数十公里的光纤发送的光子之间，以及卫星和地面站点之间得到了证明[2].

"超距作用"的诱人之处还在于它可能被用作解释诸多宇宙之谜，例如"银河系为什么是稳定的"和"宇宙为什么不是脱缰的野马而无限膨胀"等问题.

量子纠缠及"超距作用"还可能被玄学家们用来解释诸多玄乎话题：意识是否也可能产生"纠缠"？人的第六感觉、特异功能是否可能存在？"神灵"是否也可以存在？当然，这些均不属于科学范畴.

3. 量子纠缠的脆弱性

量子纠缠的现象很神奇，但量子纠缠态很难制备、维护和操纵. 因为微观粒子与外部环境的最轻微相互作用，就有可能破坏其纠缠态. 此外，量子系统不可避免地受到测量的影响，测量将导致叠加态瞬间坍缩. 量子纠缠实验一般需要超低温(减少热噪声扰动)和精密地操作.

此外，还要考虑量子体系与周围环境的纠缠和退相干问题[3].

对于微观体系，体系的哈密顿量 $\hat{H}$ 往往不计及它与周围环境的相互作用，例如在第 5 章中求解氢原子薛定谔方程就是如此. 但对于一个宏观体系，它们不可避

---

① 例如 Friedman J R, et al. Nature, 2000, 406: 43; Van der Wal C H, et al. Science, 2000, 290: 773.

② Yong Yu, et al. Nature, 2020, 578: 240.

③ Zurek W H. Rev. Mod. Phys., 2003, 75: 715; Schlosshauer M. Decoherence and the Quantum - to - Classical Transition. Heidelberg / Berlin: Springer, 2007.

免地与环境有相互作用. 因此, 一个宏观体系的行为应该由它与环境的共同纠缠波函数来支配, 所以必须考虑体系与相邻环境的纠缠问题, 这个过程即为退相干. 一般而言, 一个较大的体系(如大分子等)与相邻环境的相互作用十分明显, 退相干过程几乎瞬间发生, 此时体系的量子相干性立即丧失, 量子行为退化为经典行为. 当然, 退相干理论的进一步完善及实验的精确证实仍在进行之中.

12.2 贝尔不等式

1952 年, 玻姆认为, 量子物理学仅仅给出微观粒子的统计描述是不完备的, 有必要引入某种"隐变量", 将处于不同空间的微观粒子关联起来, 也就无所谓超距作用了. 那么, 这种隐变量究竟是什么? 隐变量是如何关联微观粒子的? 唯象理解可类比点电荷周围的电场: 微观粒子向四周发出一种量子势场(quantum potential), 这种势场弥漫在整个宇宙中, 使之可以感知周围的环境. 若对此势场进行测量, 场即被扰动, 瞬间带来微观粒子状态变化.

在局域隐变量理论的基础上, 贝尔(J. Bell)在 1964 年推导出一个不等式, 即贝尔不等式[1]. 该不等式证明: 如果存在隐变量, 大量测量结果之间的相关性将永远不会超过某个值. 于是验证贝尔不等式成为一块"试金石", 用以判断量子纠缠的真伪和来源, 判断量子物理学是否正确.

按照局域隐变量的观念, 纠缠粒子出生伊始, 就已携带相同的基因, 即隐变量. 这个隐变量使它们互相关联, 如同母子之间"心灵感应", 因为它们有血缘关系. 贝尔不等式本意是以数学的方式证实这个隐变量的存在, 也间接地证明经典解释是正确的, 量子物理学的诠释是不完备的. 然而, 事实正好相反.

假设一 EPR 粒子对(见 12.4 节), 两个粒子反向运动(一个沿 x 轴正方向, 一个沿 x 轴负方向), 粒子自旋均为 1/2, 并处在自旋相反的纠缠态, 如下所示:

$$|\psi\rangle = \frac{1}{\sqrt{2}}\left(|\uparrow\rangle_1 \otimes |\downarrow\rangle_2 - |\downarrow\rangle_1 \otimes |\uparrow\rangle_2\right) \tag{12.3}$$

在两侧足够远处, 各放置一个类似施特恩-格拉赫实验的自旋分析器 a 和 b, 所设置的自旋检测取向单位矢量分别为 $\boldsymbol{a}$ 和 $\boldsymbol{b}$, 如图 12.1 所示.

图 12.1 EPR 粒子对实验示意图

---

[1] Bell J. Physics, 1964, 1: 195.

局域隐变量理论认为：每次测量并不是随机的，而是由某个未知的隐变量 λ 决定. 用 $\rho(\lambda)$ 代表隐变量 λ 的概率分布，并满足归一化条件

$$\int \rho(\lambda)\mathrm{d}\lambda = 1 \tag{12.4}$$

设 $A(\boldsymbol{a}, \lambda)$ 和 $B(\boldsymbol{b}, \lambda)$ 分别为图 12.1 两侧所测得的自旋分量值(以 $\hbar/2$ 为单位)如下：

$$A(\boldsymbol{a}, \lambda) = \begin{cases} +1, & \text{若测得粒子1的自旋相对于} \boldsymbol{a} \text{取向为} \uparrow \\ -1, & \text{若测得粒子1的自旋相对于} \boldsymbol{a} \text{取向为} \downarrow \\ 0, & \text{若粒子1丢失} \end{cases} \tag{12.5}$$

$$B(\boldsymbol{b}, \lambda) = \begin{cases} +1, & \text{若测得粒子2的自旋相对于} \boldsymbol{b} \text{取向为} \uparrow \\ -1, & \text{若测得粒子2的自旋相对于} \boldsymbol{b} \text{取向为} \downarrow \\ 0, & \text{若粒子2丢失} \end{cases} \tag{12.6}$$

根据上述定义，显然有

$$|A(\boldsymbol{a}, \lambda)| \leqslant 1, \quad |B(\boldsymbol{b}, \lambda)| \leqslant 1 \tag{12.7}$$

实验上观测到的关联项 $E(\boldsymbol{a}, \boldsymbol{b})$ 为 $A(\boldsymbol{a}, \lambda)B(\boldsymbol{b}, \lambda)$ 的期望值，即

$$E(\boldsymbol{a}, \boldsymbol{b}) = \int A(\boldsymbol{a}, \lambda)B(\boldsymbol{b}, \lambda)\rho(\lambda)\mathrm{d}\lambda \tag{12.8}$$

其中 $\rho(\lambda)$ 与 $\boldsymbol{a}$、$\boldsymbol{b}$ 无关.

令 $\boldsymbol{a}'$、$\boldsymbol{b}'$ 分别代表对粒子 1、2 自旋测量的另外取向，则

$$E(\boldsymbol{a}, \boldsymbol{b}) - E(\boldsymbol{a}, \boldsymbol{b}')$$
$$= \int A(\boldsymbol{a}, \lambda)B(\boldsymbol{b}, \lambda)\rho(\lambda)\mathrm{d}\lambda - \int A(\boldsymbol{a}, \lambda)B(\boldsymbol{b}', \lambda)\rho(\lambda)\mathrm{d}\lambda$$
$$= \int A(\boldsymbol{a}, \lambda)B(\boldsymbol{b}, \lambda)[1 \pm A(\boldsymbol{a}', \lambda)B(\boldsymbol{b}', \lambda)]\rho(\lambda)\mathrm{d}\lambda$$
$$- \int A(\boldsymbol{a}, \lambda)B(\boldsymbol{b}', \lambda)[1 \pm A(\boldsymbol{a}', \lambda)B(\boldsymbol{b}, \lambda)]\rho(\lambda)\mathrm{d}\lambda$$

上式被积函数中插入的两个方括弧均 $\geqslant 0$，故有

$$|E(\boldsymbol{a}, \boldsymbol{b}) - E(\boldsymbol{a}, \boldsymbol{b}')|$$
$$\leqslant \int |A(\boldsymbol{a}, \lambda)B(\boldsymbol{b}, \lambda)| \, [1 \pm A(\boldsymbol{a}', \lambda)B(\boldsymbol{b}', \lambda)]\rho(\lambda)\mathrm{d}\lambda$$
$$+ \int |A(\boldsymbol{a}, \lambda)B(\boldsymbol{b}', \lambda)| \, [1 \pm A(\boldsymbol{a}', \lambda)B(\boldsymbol{b}, \lambda)]\rho(\lambda)\mathrm{d}\lambda$$
$$\leqslant \int [1 \pm A(\boldsymbol{a}', \lambda)B(\boldsymbol{b}', \lambda)]\rho(\lambda)\mathrm{d}\lambda + \int [1 \pm A(\boldsymbol{a}', \lambda)B(\boldsymbol{b}, \lambda)]\rho(\lambda)\mathrm{d}\lambda$$
$$= 2 \pm [E(\boldsymbol{a}', \boldsymbol{b}') + E(\boldsymbol{a}', \boldsymbol{b})]$$

上述推导利用了式(12.7)和式(12.8). 所以

$$|E(\boldsymbol{a}, \boldsymbol{b}) - E(\boldsymbol{a}, \boldsymbol{b}')| + |E(\boldsymbol{a}', \boldsymbol{b}') + E(\boldsymbol{a}', \boldsymbol{b})| \leqslant 2$$
$$|E(\boldsymbol{a}, \boldsymbol{b}) - E(\boldsymbol{a}, \boldsymbol{b}') + E(\boldsymbol{a}', \boldsymbol{b}') + E(\boldsymbol{a}', \boldsymbol{b})| \leqslant 2 \tag{12.9}$$

式(12.9)即为著名的贝尔不等式(Bell inequality)，不等号左侧被称为贝尔信号(Bell's signal)S，即要求贝尔信号 S 小于等于 2，且对任意取向的 $\boldsymbol{a}$、$\boldsymbol{b}$、$\boldsymbol{a}'$、$\boldsymbol{b}'$ 值均成立，这是从局域隐变量理论导出的结果，它与量子物理学的结果是不相容的.

设 $A(\boldsymbol{a}, \lambda)$ 和 $B(\boldsymbol{b}, \lambda)$ 分别对应量子物理学中的如下算符：

$$\boldsymbol{\sigma} \cdot \boldsymbol{a} = \sigma_x a_x + \sigma_y a_y + \sigma_z a_z$$
$$\boldsymbol{\sigma} \cdot \boldsymbol{b} = \sigma_x b_x + \sigma_y b_y + \sigma_z b_z \tag{12.10}$$

其中 σ_x、σ_y、σ_z 即为三个泡利矩阵[见第 6 章式(6.21)]

$$\sigma_x = \begin{pmatrix} 0 & 1 \\ 1 & 0 \end{pmatrix}, \quad \sigma_y = \begin{pmatrix} 0 & -\mathrm{i} \\ \mathrm{i} & 0 \end{pmatrix}, \quad \sigma_z = \begin{pmatrix} 1 & 0 \\ 0 & -1 \end{pmatrix}$$

于是得

$$\boldsymbol{\sigma} \cdot \boldsymbol{a} = \begin{pmatrix} a_z & a_x - \mathrm{i}a_y \\ a_x + \mathrm{i}a_y & -a_z \end{pmatrix}$$
$$\boldsymbol{\sigma} \cdot \boldsymbol{b} = \begin{pmatrix} b_z & b_x - \mathrm{i}b_y \\ b_x + \mathrm{i}b_y & -b_z \end{pmatrix} \tag{12.11}$$

根据直积定义，它们的直积应该是 4×4 的矩阵

$$(\boldsymbol{\sigma} \cdot \boldsymbol{a}) \otimes (\boldsymbol{\sigma} \cdot \boldsymbol{b})$$
$$= \begin{pmatrix} a_z \boldsymbol{\sigma} \cdot \boldsymbol{b} & (a_x - \mathrm{i}a_y) \boldsymbol{\sigma} \cdot \boldsymbol{b} \\ (a_x + \mathrm{i}a_y) \boldsymbol{\sigma} \cdot \boldsymbol{b} & -a_z \boldsymbol{\sigma} \cdot \boldsymbol{b} \end{pmatrix} = \cdots\cdots$$

另外，纠缠态波函数式(12.3)可表示为列矩阵

$$|\psi\rangle = \frac{1}{\sqrt{2}} \left(|\uparrow\rangle_1 \otimes |\downarrow\rangle_2 - |\downarrow\rangle_1 \otimes |\uparrow\rangle_2 \right)$$
$$= \frac{1}{\sqrt{2}} \left[\begin{pmatrix} 1 \times \begin{pmatrix} 0 \\ 1 \end{pmatrix} \\ 0 \times \begin{pmatrix} 0 \\ 1 \end{pmatrix} \end{pmatrix} - \begin{pmatrix} 0 \times \begin{pmatrix} 1 \\ 0 \end{pmatrix} \\ 1 \times \begin{pmatrix} 1 \\ 0 \end{pmatrix} \end{pmatrix} \right]$$
$$= \frac{1}{\sqrt{2}} \begin{pmatrix} 0 \\ 1 \\ -1 \\ 0 \end{pmatrix} \tag{12.12}$$

于是，直积 $E(\boldsymbol{a}, \boldsymbol{b}) = (\boldsymbol{\sigma} \cdot \boldsymbol{a}) \otimes (\boldsymbol{\sigma} \cdot \boldsymbol{b})$ 的平均值为

$$\langle E(\pmb{a}, \pmb{b})\rangle_\psi = \langle \psi | (\pmb{\sigma}\cdot\pmb{a})\otimes(\pmb{\sigma}\cdot\pmb{b})|\psi\rangle$$

经过计算，不难得到上式结果为

$$\langle E(\pmb{a}, \pmb{b})\rangle_\psi = -\,\pmb{a}\cdot\pmb{b} = -\cos(\pmb{a}\cdot\pmb{b}) \qquad (12.13)$$

适当选择 $\pmb{a}$、$\pmb{b}$、$\pmb{a}'$、$\pmb{b}'$ 四个单位矢量的方向，如图 12.2 所示.

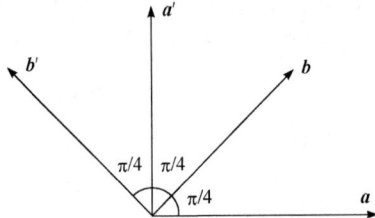

图 12.2　$\pmb{a}$、$\pmb{b}$、$\pmb{a}'$、$\pmb{b}'$ 四个单位矢量的取向示意图

根据量子物理学基本原理，实验上测量得到的是力学量的平均值，于是对应于式(12.9)，有

$$\langle E(\pmb{a}, \pmb{b})\rangle_\psi - \langle E(\pmb{a}, \pmb{b}')\rangle_\psi + \langle E(\pmb{a}', \pmb{b})\rangle_\psi + \langle E(\pmb{a}', \pmb{b}')\rangle_\psi$$

$$= -\cos\frac{\pi}{4} + \cos\frac{3\pi}{4} - \cos\frac{\pi}{4} - \cos\frac{\pi}{4} \qquad (12.14)$$

$$= -2\sqrt{2}$$

对上式取绝对值，得贝尔信号 $S = 2\sqrt{2}$，明显与贝尔不等式(12.9)矛盾，局域隐变量与量子力学理论的分歧明显. 其实，对 $\pmb{a}$、$\pmb{b}$、$\pmb{a}'$、$\pmb{b}'$ 四个单位向量的方向选择还有其他，图 12.2 只是其中一种，它们均可导致与贝尔不等式不一致的结果.

那么它们之中究竟哪个理论对呢？于是许多小组通过实验开始证明. 最著名的应该是 1982 年的阿兰·阿斯佩(A. Aspect)小组的实验[①]. 该实验采用的光源是钙原子 $4p^2\,^1S_0 \rightarrow 4s4p\,^1P_1 \rightarrow 4s^2\,^1S_0$ 级联辐射衰变到基态，由两束偏振同向的激光抽运，同时发射出一对纠缠光子沿不同路径传播. 实验极其巧妙地极快任意改变光子后继路径，使测定光子的极化方向是在光子传输过程中才决定；这样，即使用光速传递信号，也不可能在两个光子之间通过实际信号建立联系，使一个光子对另一个光子的测量结果产生响应. 对两个光子的偏振态实施的测量证实：两个光子的相关程度确实超过了贝尔不等式允许范围！实验测得的平均值为 $S_{\text{实验}} = 2.697 \pm 0.015$，按量子物理学理论计算为 $S_{\text{理论}} = 2.70 \pm 0.05$，两者符合得很好，超出了贝尔不等式 $S_{\text{Bell}} \leqslant 2$ 的限制.

又如，罗乌(M. A. Rowe)等使用了处于纠缠态的 $^9\text{Be}^+$，实验测得贝尔信号 $S = 2.25 \pm 0.03$[②]等等. 可以说，迄今为止的所有实验测量结果均证明：局域隐变

① Aspect A, et al. Experimental test of Bell's inequalities using time-varying analyzers. Phys. Rev. Lett., 1982, 49: 91.

② Rowe M A, et al. Nature, 2001, 409: 791.

量是不存在的，自然界中的确存在量子纠缠所展示的非局域关联.

2022 年诺贝尔物理学奖被授予阿兰·阿斯佩(A. Aspect)、约翰·弗朗西斯·克劳泽(J. F. Clauser)和安东·塞林格(A. Zeilinger)，以表彰他们"用纠缠光子进行实验，证伪贝尔不等式，开创量子信息科学". 他们利用绝妙的实验证明：发生在纠缠对中的一个粒子上的事情会决定发生在另一个粒子上的事情，即使它们的距离远到无法彼此相互作用. 这一成果为量子技术的新时代奠定了基础.

12.3　"薛定谔猫态"在哪里?

"薛定谔猫"是薛定谔于 1935 年提出的有关猫的生和死叠加态的著名思想实验，试图将微观领域量子行为与宏观世界的事实相联系.

1. 薛定谔猫的思想实验

在一个封闭箱子里，有一只活猫、放射性物质及一毒药瓶，瓶子开关用一个放射性原子控制.

当原子核处于激发态$|\uparrow\rangle$时，毒药瓶未被打开，猫必然是活的；当原子核有一定概率跃迁至基态$|\downarrow\rangle$时，将发射 γ 光子，从而开启毒药瓶，毒药释放，必将猫毒死. 这就相当于本章 12.1 节中的式(12.2)：由两个电子组成的纠缠态，当发现一个电子朝上，叠加态瞬间坍缩，另一个电子必然朝下；反之亦然. 于是，薛定谔用如下波函数描述此种纠缠态：

$$|\psi\rangle = a|\uparrow\rangle|活猫\rangle + b|\downarrow\rangle|死猫\rangle, \quad |a|^2 + |b|^2 = 1 \tag{12.15}$$

式(12.15)即所谓的薛定谔猫态，它是"猫"与"核态矢"的纠缠态. 按照量子态的统计诠释，$|a|^2$ 代表原子核处于激发态而猫是活着的概率；$|b|^2$ 代表原子处于基态而猫是死的概率.

根据量子理论原理：当猫被关在箱子里的时候，人们并不知道它是活着还是死了，因为此时它处于"活和死的叠加态"，即式(12.15). 显然，这种"亦死亦活"的叠加态与宏观事实相违背!

根据量子理论：如果没有揭开箱盖观察，我们无法知道猫是死是活，它将处于半死不活的叠加态! 不过，一旦打开箱盖观察后，叠加态立即坍缩成为粒子的本征态，猫的状态也随之确定，即死猫或活猫，必为其中之一.

上述实验使得微观不确定原理演变成了宏观不确定原理. 然而，在宏观世界，自然实在和演化规律是客观的，不以人的意志为转移，也不以是否被观测为转移，猫既活又死违背了宏观世界的自然逻辑思维!

迄今为止，对上述问题还有诸多不同解释或争议. 例如，量子物理学原理对宏观世界究竟是否适用？量子世界规律如何过渡到经典力学规律？经典装置是否可测量量子问题？是否需要考虑量子体系与周围环境的纠缠以及退相干问题？微观与宏观纠缠和两个电子之间的纠缠有何不同？等等. 这些观点争议和实验证明仍然在进行之中. 不过，目前各种各样的薛定谔猫态已在介观尺度($10^0 \sim 10^2$nm)上实现了[①].

　　2. "箱中之猫"与"山中之花"

　　中国明代著名思想家王阳明创立了心学思想，其精神内涵包括"心外无物，心即理"等. 传说有一天，王阳明与朋友们在山中游玩，一友指岩中花树问曰："天下无心外之物，如此花树，在深山中自开自落，于我心亦何相关？"先生曰："你未看此花时，此花与汝心同归于寂. 你来看此花时，则此花颜色一时明白起来，便知此花不在你的心外. "(王阳明《传习录》)

　　从物理学角度看，"此花"呈现出不同颜色，其实是它反射了不同波段的电磁波(光波)而已，而"颜色"实质上是不同频率的光波照射在人眼视网膜上后，大脑对光波的一种反应. 换而言之，"此花"并不存在"颜色"这种本质. "此花"具有何种"颜色"，与观察者如何观察密切相关.

　　当然，上面所提"看花"与微观世界的"观测"是完全不同的. 微观世界的"观测"，至少需要发射一个"光子"或"电子"等，而这必将对被观测的粒子量子态产生扰动. 所以，薛定谔的"箱中之猫"与王阳明的"山中之花"应该不是一回事，但是在"客观存在与观察相关联"方面两者是一致的，有异曲同工之妙.

12.4　量子论的完备性问题

1. EPR 佯谬

　　为了对量子纠缠提出质疑，爱因斯坦(A. Einstein)、波多尔斯基(B. Podolsky)和罗森(N. Rosen)三人发表了一篇论文[②]，提出了著名的 EPR 佯谬.

　　由两个粒子组成的系统，它们相距 a，它们之中每个粒子的位置算符 x_i 和动量 p_i 均不对易($i = 1, 2$)，但 $x_1 - x_2$ 和 $p_1 + p_2$ 对易，它们有共同的本征函数. 一维两自由粒子(无自旋)的纠缠态如下：

$$\delta(x_1 - x_2 - a) = \frac{1}{\sqrt{2\pi\hbar}} \int_{-\infty}^{+\infty} dp \exp\left[ip\,(x_1 - x_2 - a)/\hbar\right]$$

$$= \int_{-\infty}^{+\infty} dp\; \psi_p(x_2)\, u_p(x_1) \tag{12.16}$$

① 例如, Myatt C J, et al. Nature, 2000, 403: 269; Monroe C, et al. Science, 1996, 272: 1131.

② Einstein A, Podolsky B, Rosen N. Phys. Rev., 1935, 47: 777.

其中，$u_p(x_1) = e^{ipx_1/\hbar}$ 是粒子 1 的动量本征态，本征值为 p；$\psi_p(x_2) = e^{-ip(x_2+a)/\hbar}$ 是粒子 2 的动量本征态，本征值为 $-p$. 对式(12.16)有如下两种不同理解：

(1) 可视为函数 $\delta(x-a)$ 的展开式，其中 $x = x_1 - x_2$.

(2) 也可视为两粒子的动量 (p_1, p_2) 共同本征态的相干叠加态，其中 $p_1 = p, p_2 = -p$.

若测得粒子 1 的动量为 p，则测得粒子 2 的动量一定是 $-p$，两者之间有确切的关联，这就是纠缠态所展示的非局域性. 那么，设想两粒子相距 a 很大，例如在中国和欧洲各有一粒子，对粒子 1 操作，是否还会立即对粒子 2 产生影响呢？

爱因斯坦：当两粒子相距 a 很大时，对粒子 1 的测量结果不会影响对粒子 2 的同时测量结果，否则就是"离奇的超距作用"，违反了相对论的原理.

例如，测得粒子 1 的坐标为 x_1，就意味着测得粒子 2 的坐标为 $x_1 - a$；测得粒子 1 的动量为 p，就意味着测得粒子 2 的动量为 $-p$. 即对粒子 1 的位置或动量测量，相当于对粒子 2 同一物理量测量！

根据海森伯不确定性原理：x_1 和 $\hat{p}_1$ 是不能被同时精确测量的！这就意味着在测量 x_1 的同时，$\hat{p}_2$ 也不能同时被精确测量了. 但是 x_1 与 $\hat{p}_2$ 属于不同自由度，相互对易，具有共同本征函数，可以同时具有确定值.

对于上述佯谬，回答有两种：①x_1 和 $\hat{p}_2$ 的确同时具有精确值，只是量子物理学描述不完备；②的确存在不需要时间的超距作用，使得 $\hat{p}_1$ 的不确定性可瞬间传递给 $\hat{p}_2$，从而使它们具有同样的不确定性. 即测量 x_1 的同时，测量 $\hat{p}_2$ 是不可能的，因为 $\hat{p}_1$ 的不确定性瞬间导致 $\hat{p}_2$ 不确定性. 很明确，现代量子物理学选择后者.

EPR 论文认为：量子物理学对于物理实在的描述并不完备，波函数不能对于物理实在给出完备性描述，而在将来这种完备性理论可能被揭示.

EPR 论文坚持"局域性"，即一个粒子的属性只局域在这个粒子上，而它对另一个粒子的作用必须经过在空间中的传播后才能产生影响，传播速度的极限是真空中的光速. 量子纠缠理论显然突破了这个"局域性"的假说，被爱因斯坦称为"幽灵般的超距作用".

2. 量子纠缠与海森伯不确定性原理的关联

根据不确定性原理，两个不对易的可观测量不能同时具有确定值，不能具有共同本征态. 如果两个客观测得的力学量属于不同自由度，则彼此一定是对易的，因而原则上可以同时确定. 从上述 EPR 的实验结果看，若要说明量子物理学是完备的，海森伯不确定性原理是正确的，则量子纠缠的"超距作用"必须存在.

假如量子纠缠机制不存在，如上面 EPR 详谬所述，则可借助守恒定律同时测量 x_1 和 $\hat{p}_2$，因为它们相互对易，于是得两个粒子各自位置与动量的精确值，但任何一个粒子的位置和动量是不对易的, 这就违反了不确定性原理. 由此可见, 由于量子纠缠机制, 当测量其中一个粒子的动量或坐标时, 纠缠态粒子瞬间坍缩成某本征态, 两粒子的状态立即通过 "超距作用" 改变, 上述想借助守恒定律同时预测两个粒子各自坐标与动量的精确值是不可能的.

　　量子纠缠是涉及不同自由度的两个或多个彼此对易的可观测量的共同测量结果之间的关联. 这些可观测量既可以属于多个粒子, 也可以属于同一个粒子. 例如实物粒子内部自由度的量子态(如电子的激发态和基态等)与其质心运动的相干叠加纠缠态[①].

　　由此可以看出, 不确定性关系与量子纠缠之间应该存在内在联系. 不过, 目前对此种关联机制尚不清晰.

12.5　量子论与相对论两种法则

　　相对论和量子论是现代科技的两大基础支柱. 相对论学说几乎由爱因斯坦 "孤军奋战" 而创立, 而量子理论的创立是一大批伟大科学家的功劳, 其中包括了爱因斯坦. 在量子物理学的诞生过程中, 爱因斯坦同样花费了不少心血, 做出重大贡献. 从量子理论创立初期的光电效应, 到后来的 "爱因斯坦-玻尔世纪论战", 无不体现出他超常的智慧与才华. 爱因斯坦对量子物理学完备性所提出的种种质疑, 大大加速了量子大厦的完备进程, 同时, 也体现出爱因斯坦独特的思维方式, 因为量子理论与广义相对论对客观世界的描述及研究方法是天差地别的.

　　1. 量子理论的特征

　　量子论是描述微观世界的科学体系, 它成功地解释了微观世界的客观规律以及由大量微观粒子所组成的宏观体系的规律, 是概率论描述.

　　量子论采用概率论描述微观粒子, 即微观粒子在空间是以某一概率出现的, 波函数模的平方 $|\psi(r, t)|^2$ 代表粒子在某空间 r 和时间 t 出现的概率; 我们可以求得微观粒子在某时空出现的概率, 但无法知道它究竟在哪里, 也不知道它如何运动, 因为它的运动没有轨道, 这就是所谓的 "物质波"; 另外, 量子体系波函数 $\psi(r, t)$ 一般是连续、有限、归一的, 满足叠加原理; 波函数满足薛定谔方程, 求解该偏微分方程是决定论的描述方法.

　　量子论的基础之一是微观粒子具有波粒二象性, 由此可导出海森伯不确定性原理: 两个不对易的可观测力学量不能同时具有确定值, 不能具有共同本征态. 如果两个力学量属于不同自由度, 则彼此一定对易, 可以同时被确定.

　　量子纠缠是一种量子关联, 它涉及不同自由度的两个或多个彼此对易的可观

---

① Monroe C, et al. Science, 1996, 272: 1131.

测量的共同测量结果之间的关联. 量子纠缠是根本的, 是非局域关联, 空间距离无关紧要, 具有"离奇的超距作用".

2. 广义相对论的特征

广义相对论是一种引力理论, 它是关于宇宙间引力本质的科学体系, 成功地解释了宇宙学中的诸多问题, 如时空弯曲、引力红移、引力波等, 是决定论描述.

广义相对论认为空间和时间均是相对的, 四维时空与物质分布密切关联, 是连续光滑弯曲的, 时空曲率与能量动量的对应关系由爱因斯坦场方程描述, 这是一种决定论描述方法.

时空是基本的, 不可能存在非局域关联, 不存在"超距作用". 引力的传播速度即真空中的光速, 是宇宙中的极限速度.

可以看出, 量子论与相对论均非常成功, 但相互之间是不相容的. 一般而言, 物理学家相信宇宙的规律是统一的, 宇宙不可能拥有两种法则. 那么如何解决这一冲突? 解决此冲突时是否会诞生更高层次的物理规律和理论? 等等, 这些均是当今物理学领域的前沿课题. 例如, 从量子引力观点看, 将引力量子化时, 引力子是必定出现的, 从而引力能量可以是一份一份的, 由引力子作为载体将引力能量传递到无限远处. 在量子物理学中, 引力子被定义为一个自旋为 2、质量为零的玻色子. 不过, 迄今人类尚未直接证实引力子的存在. 将来, 如果能直接探测到引力子, 并掌握其各种物理属性, 那么毫无疑问, 未来物理学将会在此发生天翻地覆的变化, 并在各种应用技术领域(如引力通信等)开辟崭新的局面.

12.6　科学探索与学术争鸣同行

经历了百年的爱因斯坦与玻尔两大学派对有关量子纠缠等诸多问题的争论, 迄今稍趋平静. 通过学术争鸣, 两大学派对量子纠缠本质的认识不断深入, 推动了该学科的迅速发展, 使得整个量子物理学框架体系逐渐形成, 并不断趋于完善.

回顾人类科学发展的历史, 科学探索往往伴随着学术争鸣一路前行. 例如, 早期天文学中的"地心说"与"日心说"之争, 热力学中关于"热质说"、"热动说"和"热寂说"之争; 光学中关于"粒子说"、"波动说"、"以太之谜"和"物质波"的学术之争; 还有本书中介绍的爱因斯坦与玻尔两大学派之间关于"上帝是否掷骰子"、非局域量子关联、量子物理学完备性等问题的学术争鸣, 等等.

人类自然科学的历史告知我们, 科学进步必然伴随学术争鸣, 因为每位学者的知识结构不同, 学术经历不同, 思维方式不同, 对某问题就有不同见解. 重要的是通过学术争鸣, 可以实现科学家之间的取长补短, 协作创新, 相互激励, 相互启发，实现"1+1＞2"的效果.

当今科学，"某某佯谬"、"相互矛盾"和"理论与实验不符"等时有发生，许多学术问题仍在激烈争鸣之中，例如宇宙的演化、暗物质暗能量、引力子是否存在、高温超导机制、四种相互作用力之间的大统一理论等，还有太多好奇、不解和畏惧，太多不同看法. 可以期待，这些重大问题必将在学术争鸣中不断突破，逐渐形成越来越完备的科学理论体系.

由此，在自然科学领域，得到如下启示：①鼓励原始创新,自由学术争鸣十分重要，必须营造"百家争鸣"的学术氛围；②要遵循创新、严谨、踏实和实证的科学精神，客观、精确定量、任意可重复的实验结果是检验自然科学理论的唯一标准；③科学无国界，但科学家有祖国. 要弘扬科学家精神，科学工作者要有家国情怀，要服务祖国，为祖国的强盛做出贡献；同时，科学研究需要开展广泛的国际合作与争鸣，共同为人类科学事业和美好未来服务. 当前，我国正努力加强基础学科建设，鼓励原始创新，加快实现中华民族伟大复兴，毫无疑问，量子物理学发展历史中的许多国际学术合作及争鸣故事，值得我们学习和借鉴.

思 考 题

12-1　如何寻找"薛定谔猫态"？王阳明的"山中之花"与薛定谔的"箱中之猫"有何相通之处？

12-2　"上帝不会掷骰子"？"玻尔和爱因斯坦世纪论战"的核心问题及重大意义是什么？

12-3　"量子纠缠"神奇在哪里？如何理解"幽灵般的超距作用"？

12-4　为什么说"不确定性原理"与"量子纠缠"有内在联系？

12-5　何谓量子物理学的完备性问题？

12-6　从思维方式、描述方法、研究过程等方面看，经典物理学与量子物理学有哪些异同点？

12-7　科学有无国界？

12-8　何谓"科学家精神"？在实现中华民族伟大复兴的征程上，如何弘扬科学家精神？

数 学 附 录

　　量子物理学是研究物质世界微观粒子运动规律及现象的基础理论，其中常用的数学工具较多，如算符运算、傅里叶级数、傅里叶积分、δ 函数、偏微分方程求解等. 此外，作为理工科大学生"量子物理学"课程的教材，需要解决选修同学数学基础不一的问题. 为了方便学习，在此对本课程中常用的重要数学工具进行逐一介绍，希望有助于大家查阅和理解.

附录一　算符及运算规则

1. 算符的定义

　　算符是运算符号，代表对函数进行某种运算或变换. 算符单独存在没有意义，仅当它作用于函数上，对函数做相应运算才有意义. 一般将英文字母上方加一小箭头，代表算符. 例如，某算符 $\hat{O}$ 使得 $\hat{O}\psi = \varphi$，表示 $\hat{O}$ 把函数 ψ 变成 φ，$\hat{O}$ 就是这种变换的算符.

　　算符类型很多，如 $\mathrm{d}/\mathrm{d}x$、$\mathrm{d}/\mathrm{d}t$、$\partial/\partial x$、$\int$、$\oint$、矩阵等. 例如，在量子物理学中，动量算符和能量算符分别定义为

$$\hat{\boldsymbol{p}} = -\mathrm{i}\hbar\nabla = -\mathrm{i}\hbar\left(\boldsymbol{i}\frac{\partial}{\partial x} + \boldsymbol{j}\frac{\partial}{\partial y} + \boldsymbol{k}\frac{\partial}{\partial z}\right) \equiv \boldsymbol{i}\hat{p}_x + \boldsymbol{j}\hat{p}_y + \boldsymbol{k}\hat{p}_z$$

$$\hat{E} = \mathrm{i}\hbar\frac{\partial}{\partial t}$$

(1)

其中，$\hat{p}_x = -\mathrm{i}\hbar\dfrac{\partial}{\partial x}$，$\hat{p}_y = -\mathrm{i}\hbar\dfrac{\partial}{\partial y}$，$\hat{p}_z = -\mathrm{i}\hbar\dfrac{\partial}{\partial z}$，$\hbar = \dfrac{h}{2\pi}$，$h$ 为普朗克常量.

2. 算符的一般特性

1) 线性算符

　　若算符 $\hat{O}$ 满足下列运算规则

$$\hat{O}(c_1\psi_1 + c_2\psi_2) = c_1\hat{O}\psi_1 + c_2\hat{O}\psi_2$$

(2)

其中，c_1、c_2 是任意复常数，ψ_1、ψ_2 是任意两个函数，则算符 $\hat{O}$ 称为线性算符.

例如，上述式(1)所定义的动量算符、能量算符等均为线性算符，而开方、取复共轭算符等不是线性算符.

2) 单位算符 $\hat{I}$

可保持任意函数 ψ 不改变的运算算符称为单位算符 $\hat{I}$，即

$$\hat{I}\psi = \psi$$

显然，单位算符左乘或右乘任意其他算符 $\hat{O}$，算符 $\hat{O}$ 保持不变，即

$$\hat{I}\hat{O} = \hat{O}\hat{I} = \hat{O}$$

3) 算符相等

若两算符 $\hat{O}$、$\hat{U}$ 对任意函数 ψ 的运算结果均相同，即 $\hat{O}\psi = \hat{U}\psi$，则 $\hat{O}$ 和 $\hat{U}$ 相等，记为 $\hat{O} = \hat{U}$.

4) 算符之和

若两个算符 $\hat{O}$、$\hat{U}$ 对任意函数 ψ 有

$$\left(\hat{O}+\hat{U}\right)\psi = \hat{O}\psi + \hat{U}\psi = \hat{E}\psi$$

则称 $\hat{O} + \hat{U} = \hat{E}$ 为算符之和.

算符运算没有相减，因为 $\hat{O}-\hat{U} = \hat{O} +(-\hat{U})$.

显然，线性算符之和仍为线性算符，且算符求和满足交换率和结合率

$$\hat{A}+\hat{B}=\hat{B}+\hat{A}, \quad \hat{A}+(\hat{B}+\hat{C})=(\hat{A}+\hat{B})+\hat{C}$$

5) 算符之积

若 $\hat{O}\left(\hat{U}\psi\right) = \left(\hat{O}\hat{U}\right)\psi = \hat{E}\psi$，则 $\hat{O}\hat{U} = \hat{E}$，其中 ψ 是任意函数. 一般而言，算符之积不满足交换律，即

$$\hat{O}\hat{U} \neq \hat{U}\hat{O} \tag{3}$$

这是算符与通常函数运算规则的关键不同之处.

6) 对易关系

若 $\hat{O}\hat{U} = \hat{U}\hat{O}$，则称 $\hat{O}$ 与 $\hat{U}$ 对易；否则称之为不对易. 若 $\hat{O}\hat{U} = -\hat{U}\hat{O}$，则称 $\hat{O}$ 和 $\hat{U}$ 反对易.

例如，根据式(1)，算符 $\hat{p}_x$ 实质上是一个微分，坐标算符 x 与动量算符 $\hat{p}_x$ 是不对易的，可利用微分法则证明如下：

$$(x\hat{p}_x - \hat{p}_x x)\,\psi = x\hat{p}_x\psi - (\hat{p}_x x)\psi - x\hat{p}_x\psi = i\hbar\psi$$

因为 ψ 是任意函数，所以有

$$x\hat{p}_x - \hat{p}_x x = i\hbar \tag{4}$$

从上述式(4)证明过程可见，有关算符之间对易性的运算及证明，其后有一任

意函数跟随，因为算符只有作用在函数上才有意义，单独一个算符(或运算)没有意义；但是如果在运算过程中，算符作用于某个量之后将不再作用后面的量或函数，则必须将其纳入括弧之中. 如果没有括弧，该算符将对后面所有物理量和函数进行作用.

对易关系无传递性：当 $\hat{O}$ 与 $\hat{U}$ 对易时，$\hat{U}$ 与 $\hat{E}$ 对易，不能推知 $\hat{O}$ 与 $\hat{E}$ 对易与否. 例如，$\hat{p}_x$ 与 $\hat{p}_y$ 对易，$\hat{p}_y$ 与 x 对易，但是 $\hat{p}_x$ 与 x 不对易。

7) 对易括号

为了表述简洁和运算便利，通常定义对易和反对易括号，分别为

$$[\hat{O}, \hat{U}] \equiv \hat{O}\hat{U} - \hat{U}\hat{O}, \quad [\hat{O}, \hat{U}]_+ \equiv \hat{O}\hat{U} + \hat{U}\hat{O} \tag{5}$$

例如，上述式(4)可表述为

$$[x, \hat{p}_x] = i\hbar \tag{6}$$

不难证明如下对易关系(雅可比恒等式)：

$$\begin{aligned}
& [\hat{O}, \hat{U}] = -[\hat{U}, \hat{O}] \\
& [\hat{O}, \hat{U} + \hat{E}] = [\hat{O}, \hat{U}] + [\hat{O}, \hat{E}] \\
& [\hat{O}, \hat{U}\hat{E}] = [\hat{O}, \hat{U}]\hat{E} + \hat{U}[\hat{O}, \hat{E}] \\
& [\hat{U}\hat{E}, \hat{O}] = \hat{U}[\hat{E}, \hat{O}] + [\hat{U}, \hat{O}]\hat{E} \\
& [\hat{O},[\hat{U}, \hat{E}]] + [\hat{U},[\hat{E}, \hat{O}]] + [\hat{E},[\hat{O}, \hat{U}]] = 0 \\
& [\hat{O}\hat{U}, \hat{E}] = \hat{O}[\hat{U}, \hat{E}]_+ - [\hat{O}, \hat{E}]_+\hat{U}
\end{aligned} \tag{7}$$

8) 逆算符

设 $\hat{O}\psi = \varphi$，能唯一解出 ψ，则可定义算符 $\hat{O}$ 之逆 $\hat{O}^{-1}$ 为 $\hat{O}^{-1}\varphi = \psi$.

性质Ⅰ 若算符 $\hat{O}$ 之逆 $\hat{O}^{-1}$ 存在，则

$$\hat{O}\hat{O}^{-1} = \hat{O}^{-1}\hat{O} = \hat{I}, \quad [\hat{O},\hat{O}^{-1}] = 0$$

证

$$\psi = \hat{O}^{-1}\varphi = \hat{O}^{-1}(\hat{O}\psi) = \hat{O}^{-1}\hat{O}\psi$$

因为 ψ 是任意函数，故 $\hat{O}^{-1}\hat{O} = \hat{I}$ 成立. 同理，$\hat{O}\hat{O}^{-1} = \hat{I}$ 亦成立.

性质Ⅱ 若 $\hat{O}$，$\hat{U}$ 均存在逆算符，则

$$\left(\hat{O}\hat{U}\right)^{-1} = \hat{U}^{-1}\hat{O}^{-1}$$

证

$$(\hat{U}^{-1}\hat{O}^{-1})(\hat{O}\hat{U}) = \hat{U}^{-1}(\hat{O}^{-1}\hat{O})\hat{U} = \hat{U}^{-1}\hat{U} = \hat{I}$$

所以，$\hat{U}^{-1}\hat{O}^{-1} = (\hat{O}\hat{U})^{-1}$. 由此还可以类推

$$(\hat{O}\hat{U}\hat{E}\cdots)^{-1} = \cdots \hat{E}^{-1}\hat{U}^{-1}\hat{O}^{-1} \tag{8}$$

在实际应用中，有些算符不存在逆算符，例如投影算符等.

9) 算符函数

设函数 $F(x)$ 各阶导数均存在，其幂级数展开收敛

$$F(x) = \sum_{n=0}^{\infty} \frac{F^{(n)}(0)}{n!} x^n$$

其中 $F^{(n)}(0)$ 是 $F(x)$ 的第 n 阶导数在 $x = 0$ 时的值. 则可定义算符 $(\hat{U})$ 的算符函数 $F(\hat{U})$ 为

$$F(\hat{U}) = \sum_{n=0}^{\infty} \frac{F^{(n)}(0)}{n!} \hat{U}^n \tag{9}$$

例如，对于量子物理学中的能量哈密顿算符 $\hat{H}$，可定义函数

$$e^{-\frac{i}{\hbar}\hat{H}t} = \sum_{n=0}^{\infty} \frac{1}{n!}\left(-\frac{i}{\hbar}\hat{H}t\right)^n$$

10) 复共轭算符

将算符 $\hat{U}$ 的复共轭算符记为 $\hat{U}^*$，就是把 $\hat{U}$ 表达式中的所有量换成复共轭. 例如，动量算符为

$$\hat{p}^* = (-i\hbar\nabla)^* = i\hbar\nabla = -\hat{p} \tag{10}$$

附录二   傅里叶级数

为了类比，先从三维实空间开始，定义相互垂直的三个基矢（i, j, k），满足

(1) 正交归一性：两基矢之间的矢量"点积"满足

$$i \cdot j = j \cdot k = k \cdot i = 0$$
$$i \cdot i = j \cdot j = k \cdot k = 1$$

(2) 完备性：该空间中任一矢量 A 均可表示为三个基矢量的线性组合，即

$$A = a_1 i + a_2 j + a_3 k$$

其中，a_1、a_2、a_3 为常数.

1. 周期函数的傅里叶展开

在上述例子中，三维空间的任一矢量均可表示为三个相互垂直基矢量的线性组合. 类似地，设函数 $f(x)$ 以 $2l$ 为周期，即 $f(x+2l) = f(x)$. 取基函数族如下：

$$1, \cos\left(\frac{\pi}{l}x\right), \cos\left(\frac{2\pi}{l}x\right), \cdots, \cos\left(\frac{k\pi}{l}x\right), \cdots$$

$$\sin\left(\frac{\pi}{l}x\right), \sin\left(\frac{2\pi}{l}x\right), \cdots, \sin\left(\frac{k\pi}{l}x\right), \cdots \tag{11}$$

显然，基函数族式(11)具有"内积"正交性，即其中任意两个基函数的乘积在一个周期中的积分等于零

$$\int_{-l}^{l} 1 \cdot \cos\left(\frac{k\pi}{l}x\right)dx = 0, \quad k \neq 0$$

$$\int_{-l}^{l} 1 \cdot \sin\left(\frac{k\pi}{l}x\right)dx = 0$$

$$\int_{-l}^{l} \cos\left(\frac{k\pi}{l}x\right) \cdot \cos\left(\frac{n\pi}{l}x\right)dx = 0, \quad k \neq n \tag{12a}$$

$$\int_{-l}^{l} \sin\left(\frac{k\pi}{l}x\right) \cdot \sin\left(\frac{n\pi}{l}x\right)dx = 0, \quad k \neq n$$

$$\int_{-l}^{l} \cos\left(\frac{k\pi}{l}x\right) \cdot \sin\left(\frac{n\pi}{l}x\right)dx = 0$$

此外，当 $k = 0$ 或 $k = n$ 时，式(12a)中的积分为

$$\int_{-l}^{l} 1 \cdot dx = 2l$$

$$\int_{-l}^{l} \cos^2\left(\frac{n\pi}{l}x\right)dx = \int_{-l}^{l} \frac{1}{2}\left[1 + \cos\left(\frac{2n\pi}{l}x\right)\right]dx = l \tag{12b}$$

$$\int_{-l}^{l} \sin^2\left(\frac{n\pi}{l}x\right)dx = \int_{-l}^{l} \frac{1}{2}\left[1 - \cos\left(\frac{2n\pi}{l}x\right)\right]dx = l$$

于是，可将函数 $f(x)$ 傅里叶级数展开

$$f(x) = a_0 + \sum_{k=1}^{\infty}\left[a_k \cos\left(\frac{k\pi}{l}x\right) + b_k \sin\left(\frac{k\pi}{l}x\right)\right] \tag{13}$$

为了求出式(13)中的所有常数，用函数 $\cos\left(\frac{k'\pi}{l}x\right)$ 和 $\sin\left(\frac{k'\pi}{l}x\right)$ 分别乘式(13)两边，并对 x 在区间$[-l, l]$积分，得

$$\int_{-l}^{l} \cos\frac{k'\pi x}{l} f(x)dx$$

$$= \int_{-l}^{l} \cos\left(\frac{k'\pi}{l}x\right)\left\{a_0 + \sum_{k=1}^{\infty}\left[a_k \cos\left(\frac{k\pi}{l}x\right) + b_k \sin\left(\frac{k\pi}{l}x\right)\right]\right\}dx$$

$$\int_{-l}^{l} \sin\left(\frac{k'\pi}{l}x\right) \cdot f(x)dx$$

$$= \int_{-l}^{l} \sin\left(\frac{k'\pi}{l}x\right)\left\{a_0 + \sum_{k=1}^{\infty}\left[a_k \cos\left(\frac{k\pi}{l}x\right) + b_k \sin\left(\frac{k\pi}{l}x\right)\right]\right\}dx$$

根据基函数之间的正交性式(12a)和式(12b)，得傅里叶展开系数

$$a_k = \frac{1}{\delta_k l} \int_{-l}^{l} f(\xi) \cos\left(\frac{k\pi}{l}\xi\right) \mathrm{d}\xi$$

$$b_k = \frac{1}{l} \int_{-l}^{l} f(\xi) \sin\left(\frac{k\pi}{l}\xi\right) \mathrm{d}\xi$$

(14)

其中 $\delta_k = \begin{cases} 2, & k = 0 \\ 1, & k \neq 0 \end{cases}$．此外，为了有别于式(13)中的变量 x，上式积分变量改为 ξ．

可以证明：基函数族式(11)具有完备性，即傅里叶级数式(13)平均收敛于 $f(x)$．

特例：若 $f(x)$ 是奇函数，则式(14)中的 $a_k = 0$，于是式(13)简化为

$$f(x) = \sum_{k=1}^{\infty} b_k \sin\left(\frac{k\pi}{l}x\right)$$

$$b_k = \frac{2}{l} \int_{0}^{l} f(\xi) \sin\left(\frac{k\pi}{l}\xi\right) \mathrm{d}\xi$$

(15)

若 $f(x)$ 是偶函数，则式(14)中的 $b_k = 0$，于是式(13)简化为

$$f(x) = a_0 + \sum_{k=1}^{\infty} a_k \cos\left(\frac{k\pi}{l}x\right)$$

$$a_k = \frac{2}{\delta_k l} \int_{0}^{l} f(\xi) \cos\left(\frac{k\pi}{l}\xi\right) \mathrm{d}\xi$$

(16)

2. 定义在有限区间上的 $f(x)$ 的傅里叶展开

若函数 $f(x)$ 定义在区间 $(0, l)$ 上，可采取延拓方法，使其成为某种周期函数 $g(x)$，在 $(0, l)$ 内，$g(x) \equiv f(x)$，如图 1 所示．对周期函数 $g(x)$ 作傅里叶展开，其级数和在 $(0, l)$ 内表示 $f(x)$．

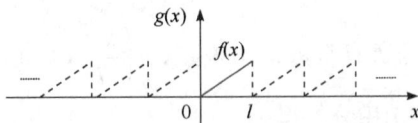

图 1 将区间 $(0, l)$ 的函数 $f(x)$ 周期性延伸至全空间

3. 复数形式的傅里叶级数

著名的欧拉公式 $\mathrm{e}^{\mathrm{i}\omega x} = \cos(\omega x) + \mathrm{i}\sin(\omega x)$ 将三角函数与虚指数巧妙地联系起来．因此，可采用虚指数代替上文中的三角函数基函数，从而展开周期函数，结果更加简单方便．取一组基函数

$$\cdots, \mathrm{e}^{-\mathrm{i}\frac{k\pi}{l}x}, \cdots, \mathrm{e}^{-\mathrm{i}\frac{2\pi x}{l}}, \mathrm{e}^{-\mathrm{i}\frac{\pi x}{l}}, 1, \mathrm{e}^{\mathrm{i}\frac{\pi x}{l}}, \mathrm{e}^{\mathrm{i}\frac{2\pi x}{l}}, \cdots, \mathrm{e}^{\mathrm{i}\frac{k\pi}{l}x}, \cdots$$

(17)

上述函数族具有"内积"正交性，即其中任意一个函数与另一个函数复共轭的乘积在一个周期上的积分等于零；任意一个函数与该函数复共轭的乘积在一个周期上的积分等于常数

$$\int_{-l}^{l} e^{i\frac{k\pi}{l}x} \left(e^{i\frac{n\pi}{l}x} \right)^{*} dx = 0, \quad k \neq n$$

$$\int_{-l}^{l} 1 \cdot dx = 2l, \quad n = k \tag{18}$$

或合并写为

$$\int_{-l}^{l} e^{i\frac{k\pi}{l}x} \left(e^{i\frac{n\pi}{l}x} \right)^{*} dx = 2l \cdot \delta_{kn} \tag{19}$$

其中，定义克罗内克尔 δ 函数 $\delta_{kn} = \begin{cases} 0, & k \neq n, \\ 1, & k = n. \end{cases}$

周期函数 $f(x)$ 可用此完备正交基函数展开

$$f(x) = \sum_{k=-\infty}^{\infty} c_{k} e^{i\frac{k\pi}{l}x} \tag{20}$$

为求出系数 c_{k} 值，对上式两边乘 $\left(e^{i\frac{n\pi}{l}x} \right)^{*}$，在一个周期区间 $[-l, l]$ 内积分得

$$\int_{-l}^{l} f(x) \left(e^{i\frac{n\pi}{l}x} \right)^{*} dx = \sum_{k=-\infty}^{\infty} c_{k} \int_{-l}^{l} e^{i\frac{k\pi}{l}x} \left(e^{i\frac{n\pi}{l}x} \right)^{*} dx$$

利用式(19)，傅里叶系数 c_{k} 等于

$$c_{k} = \frac{1}{2l} \int_{-l}^{l} f(\xi) \left(e^{\frac{ik\pi}{l}\xi} \right)^{*} d\xi \tag{21}$$

显然

$$c_{-k} = c_{k}^{*} \tag{22}$$

容易证明

$$\int_{-l}^{l} [f(x)]^{2} dx = 2l \sum_{k=-\infty}^{\infty} |c_{k}|^{2} \tag{23}$$

式(23)称为完备性方程.

附录三　非周期函数的傅里叶积分与傅里叶变换

1. 非周期函数的傅里叶积分

若在区间 $(-\infty, +\infty)$，$f(x)$ 为非周期函数，不能展开为傅里叶级数. 通常采用如下方法展开：将 $f(x)$ 视为某周期函数 $g(x)$ 当周期 $2l \to \infty$ 时的极限形式. 设

$$g(x) = a_0 + \sum_{k=1}^{\infty}\left[a_k \cos\left(\frac{k\pi}{l}x\right) + b_k \sin\left(\frac{k\pi}{l}x\right)\right] \tag{24}$$

当 $l \to \infty$ 时的极限形式即为 $f(x)$ 的傅里叶展开.

引入 $\omega_k = \dfrac{k\pi}{l}$，$k = 0, 1, 2, \cdots$，$\Delta\omega_k = \omega_k - \omega_{k-1} = \dfrac{\pi}{l}$，则式(24)变为

$$g(x) = a_0 + \sum_{k=1}^{\infty}[a_k \cos(\omega_k x) + b_k \sin(\omega_k x)] \tag{25}$$

与式(14)类似，傅里叶系数为

$$a_k = \frac{1}{\delta_k l}\int_{-l}^{l} f(\xi)\cos(\omega_k \xi)\mathrm{d}\xi$$

$$b_k = \frac{1}{l}\int_{-l}^{l} f(\xi)\sin(\omega_k \xi)\mathrm{d}\xi$$

设积分 $\displaystyle\int_{-\infty}^{\infty} f(\xi)\,\mathrm{d}\xi$ 有限，则当取极限 $l \to \infty$ 时，得

$$\lim_{l\to\infty} a_0 = \lim_{l\to\infty}\frac{1}{2l}\int_{-l}^{l} f(\xi)\,\mathrm{d}\xi = 0$$

于是，式(25)中的余弦部分为

$$\lim_{l\to\infty}\sum_{k=1}^{\infty}\left[\frac{1}{l}\int_{-l}^{l} f(\xi)\cos(\omega_k \xi)\mathrm{d}\xi\right]\cos(\omega_k x)$$

$$= \lim_{l\to\infty}\sum_{k=1}^{\infty}\left[\frac{1}{\pi}\int_{-l}^{l} f(\xi)\cos(\omega_k \xi)\mathrm{d}\xi\right]\cos(\omega_k x)\cdot\Delta\omega_k$$

当 $l \to \infty$ 时，$\Delta\omega_k = \dfrac{\pi}{l} \to \mathrm{d}\omega$，上式为

$$\int_{0}^{\infty}\left[\frac{1}{\pi}\int_{-\infty}^{\infty} f(\xi)\cos(\omega\xi)\mathrm{d}\xi\right]\cos(\omega x)\mathrm{d}\omega$$

同理，式(25)中的正弦部分为

$$\lim_{l \to \infty} \sum_{k=1}^{\infty} \left[\frac{1}{l} \int_{-l}^{l} f(\xi) \sin(\omega_k \xi) \mathrm{d}\xi \right] \sin(\omega_k x) = \int_0^{\infty} \left[\frac{1}{\pi} \int_{-\infty}^{\infty} f(\xi) \sin(\omega \xi) \mathrm{d}\xi \right] \sin(\omega x) \mathrm{d}\omega$$

于是式(25)为

$$f(x) = \int_0^{\infty} A(\omega) \cos(\omega x) \mathrm{d}\omega + \int_0^{\infty} B(\omega) \sin(\omega x) \mathrm{d}\omega \tag{26}$$

式(26)称为函数 $f(x)$ 的傅里叶积分，其中的傅里叶系数为

$$A(\omega) = \frac{1}{\pi} \int_{-\infty}^{\infty} f(\xi) \cos(\omega \xi) \mathrm{d}\xi$$
$$B(\omega) = \frac{1}{\pi} \int_{-\infty}^{\infty} f(\xi) \sin(\omega \xi) \mathrm{d}\xi \tag{27}$$

式(27)也称为 $f(x)$ 的傅里叶变换.

若 $f(x)$ 为奇函数，则式(26)和式(27)中的 $A(\omega) = 0$，于是得

$$f(x) = \int_0^{\infty} B(\omega) \sin(\omega x) \mathrm{d}\omega$$
$$B(\omega) = \frac{2}{\pi} \int_0^{\infty} f(\xi) \sin(\omega \xi) \mathrm{d}\xi \tag{28}$$

若 $f(x)$ 为偶函数，则式(26)和式(27)中的 $B(\omega) = 0$，于是得

$$f(x) = \int_0^{\infty} A(\omega) \cos(\omega x) \mathrm{d}\omega$$
$$A(\omega) = \frac{2}{\pi} \int_0^{\infty} f(\xi) \cos(\omega \xi) \mathrm{d}\xi \tag{29}$$

其中，式(28)和式(29)中的 $A(\omega)$、$B(\omega)$ 的积分限已改为从 0 至∞，并乘以 2，因为是对称的；此外，也可将式(28)和式(29)写成对称形式，即将等号右边的系数均写成 $\sqrt{\dfrac{2}{\pi}}$.

例1 矩形函数为

$$\mathrm{rect}(x) = \begin{cases} h, & |x| \leqslant \dfrac{1}{2} \\[2mm] 0, & |x| > \dfrac{1}{2} \end{cases} \tag{30}$$

设偶函数 $f(t) = h \cdot \mathrm{rect}\left(\dfrac{t}{2T}\right)$，令 $2T = 1$，如图 2 所示. 试将偶函数矩形脉冲 $f(t)$ 展为傅里叶积分.

解 根据式(29)，有

$$f(t) = \int_0^\infty A(\omega)\cos(\omega t)\mathrm{d}\omega$$

其傅里叶变换为

$$A(\omega) = \frac{2}{\pi}\int_0^\infty f(\xi)\cos(\omega\xi)\mathrm{d}\xi$$

$$= \frac{2}{\pi}\int_0^T h\cos(\omega\xi)\mathrm{d}\xi$$

$$= \frac{2h}{\pi}\frac{\sin(\omega T)}{\omega}$$

$A(\omega)$ 随 ω 的变化如图 3 所示.

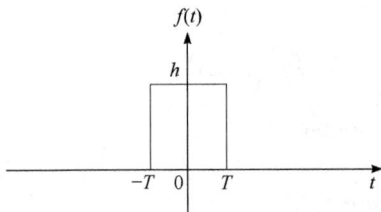

图 2 矩形函数

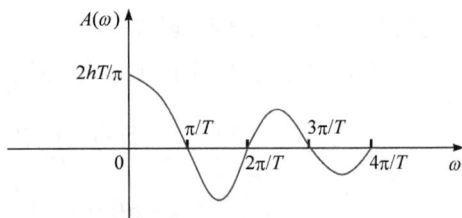

图 3 傅里叶变换 $A(\omega)$ 随 ω 的变化

2. 复数形式的傅里叶积分

由欧拉公式 $\mathrm{e}^{\mathrm{i}\omega x} = \cos(\omega x) + \mathrm{i}\sin(\omega x)$ ，得到

$$\cos(\omega x) = \frac{1}{2}\left(\mathrm{e}^{\mathrm{i}\omega x} + \mathrm{e}^{-\mathrm{i}\omega x}\right)$$

$$\sin(\omega x) = \frac{1}{2\mathrm{i}}\left(\mathrm{e}^{\mathrm{i}\omega x} - \mathrm{e}^{-\mathrm{i}\omega x}\right)$$

所以式(26)化为

$$f(x) = \int_0^\infty A(\omega)\cos(\omega x)\mathrm{d}\omega + \int_0^\infty B(\omega)\sin(\omega x)\mathrm{d}\omega$$

$$= \int_0^\infty \frac{1}{2}\left(\mathrm{e}^{\mathrm{i}\omega x} + \mathrm{e}^{-\mathrm{i}\omega x}\right)A(\omega)\mathrm{d}\omega + \int_0^\infty \frac{1}{2\mathrm{i}}\left(\mathrm{e}^{\mathrm{i}\omega x} - \mathrm{e}^{-\mathrm{i}\omega x}\right)B(\omega)\mathrm{d}\omega$$

于是

$$f(x) = \int_0^\infty \frac{1}{2}[A(\omega) - \mathrm{i}B(\omega)]\,\mathrm{e}^{\mathrm{i}\omega x}\mathrm{d}\omega + \int_0^\infty \frac{1}{2}[A(\omega) + \mathrm{i}B(\omega)]\mathrm{e}^{-\mathrm{i}\omega x}\mathrm{d}\omega$$

$$= \int_0^\infty \frac{1}{2}[A(\omega) - \mathrm{i}B(\omega)]\mathrm{e}^{\mathrm{i}\omega x}\mathrm{d}\omega + \int_{-\infty}^0 \frac{1}{2}\left[A(|\omega|) + \mathrm{i}B(|\omega|)\right]\mathrm{e}^{\mathrm{i}\omega x}\mathrm{d}\omega$$

上式可合并为

$$f(x) = \int_{-\infty}^{\infty} F(\omega) e^{i\omega x} d\omega$$

其中

$$F(\omega) = \begin{cases} \dfrac{1}{2}[A(\omega) - iB(\omega)], & \omega \geqslant 0 \\[3mm] \dfrac{1}{2}\big[A(|\omega|) + iB(|\omega|)\big], & \omega < 0 \end{cases}$$

将式(27)代入上式，可以看出，不管是 $\omega \geqslant 0$，还是 $\omega < 0$，均有 $A(|\omega|) = A(\omega)$；对于 $\omega < 0$，$B(|\omega|) = -B(\omega)$. 所以，对于 $\omega \geqslant 0$ 和 $\omega < 0$，上述定义的 $F(\omega)$ 在形式上是一样的，合之有

$$F(\omega) = \frac{1}{2\pi} \int_{-\infty}^{\infty} f(x) \left(e^{i\omega x}\right)^* dx$$

一般将上述公式写成对称形式，即

$$f(x) = \frac{1}{\sqrt{2\pi}} \int_{-\infty}^{\infty} F(\omega) e^{i\omega x} d\omega$$

$$F(\omega) = \frac{1}{\sqrt{2\pi}} \int_{-\infty}^{\infty} f(x) \left(e^{i\omega x}\right)^* dx \tag{31}$$

$f(x)$ 和 $F(\omega)$ 分别称为傅里叶变换的原函数和像函数.

例 2 根据矩形函数式(30)，求矩形脉冲 $f(t) = h \cdot \text{rect}\left(\dfrac{t}{2T}\right)$ 的复数形式傅里叶变换.

解

$$F(\omega) = \frac{1}{2\pi} \int_{-\infty}^{\infty} h \cdot \text{rect}\left(\frac{t}{2T}\right) e^{-i\omega t} dt$$

$$= \frac{h}{2\pi} \int_{-T}^{T} e^{-i\omega t} dt = \frac{\sin(\omega T)}{\pi \omega} h$$

3. 多重傅里叶积分

在多维空间，如三维实空间 (x, y, z)，将非周期函数 $f(x, y, z)$ 展开为傅里叶积分

$$f(x, y, z) = \iiint_{\infty} F(k_1, k_2, k_3) e^{i(k_1 x + k_2 y + k_3 z)} dk_1 dk_2 dk_3$$

傅里叶变换为

$$F(k_1, k_2, k_3) = \frac{1}{(2\pi)^3} \iiint_\infty f(x, y, z) e^{-i(k_1 x + k_2 y + k_3 z)} dx dy dz$$

引入矢量

$$\boldsymbol{r} = x\boldsymbol{i}_1 + y\boldsymbol{i}_2 + z\boldsymbol{i}_3, \quad \boldsymbol{k} = k_1\boldsymbol{i}_1 + k_2\boldsymbol{i}_2 + k_3\boldsymbol{i}_3$$

则上式简化为对称形式

$$f(\boldsymbol{r}) = \frac{1}{(2\pi)^{3/2}} \iiint_\infty F(\boldsymbol{k}) e^{i(\boldsymbol{k} \cdot \boldsymbol{r})} d\boldsymbol{k}$$

$$F(\boldsymbol{k}) = \frac{1}{(2\pi)^{3/2}} \iiint_\infty f(\boldsymbol{r}) e^{-i(\boldsymbol{k} \cdot \boldsymbol{r})} d\boldsymbol{r}$$

$$(32)$$

附录四　δ 函数

为了描述一些特殊的物理模型，如质点、点电荷、原子核、电子、脉冲等，需要引入一特殊函数，称为(狄拉克)δ 函数.

1. 定义 $\delta(x)$ 函数

$$\delta(x) = \begin{cases} 0, & x \neq 0 \\ \infty, & x = 0 \end{cases}$$

满足积分

$$\int_a^b \delta(x) dx = \begin{cases} 0, & a、b均 < 0, 或均 > 0 \\ 1, & a < 0 < b \end{cases} \tag{33}$$

对于更具普遍的情况，可定义 $\delta(x - x_0)$ 函数，其中的 x_0 是一个常数，当 $x_0 = 0$ 时，即式(33). 可作图，见图 4.

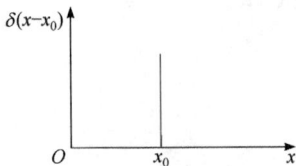

图 4　$\delta(x - x_0)$ 函数

2. δ 函数的性质

(1) δ 函数是偶函数，其导数为奇函数，即

$$\delta(-x) = \delta(x), \quad \delta'(-x) = -\delta'(x) \tag{34}$$

证 根据式(33)，令 $y = -x$，则有

$$\int_{-\varepsilon}^{+\varepsilon} \delta(x) dx = \int_{+\varepsilon}^{-\varepsilon} \delta(-y) d(-y) = \int_{-\varepsilon}^{+\varepsilon} \delta(-y) dy = \int_{-\varepsilon}^{+\varepsilon} \delta(-x) dx$$

所以

$$\int_{-\varepsilon}^{+\varepsilon} [\delta(-x) - \delta(x)] dx = 0$$

又因为 $\delta(x)$ 和 $\delta(-x)$ 在除 $x = 0$ 点外均为 0，故可令上述积分中 $\varepsilon \to 0$，所以得 $\delta(x) = \delta(-x)$. 此外，既然是偶函数，必有

$$\int_0^\infty \delta(x)\mathrm{d}x = \int_{-\infty}^0 \delta(x)\mathrm{d}x = \frac{1}{2} \tag{35}$$

又证：对于任意连续函数 $f(x)$，则有

$$\int_{-\infty}^\infty \delta'(-x)f(x)\mathrm{d}x = \int_{-\infty}^\infty f(x)\frac{\mathrm{d}}{\mathrm{d}(-x)}\delta(-x)\mathrm{d}x = -\int_{-\infty}^\infty f(x)\frac{\mathrm{d}}{\mathrm{d}x}\delta(-x)\mathrm{d}x$$

$$= -\delta(-x)f(x)\Big|_{-\infty}^\infty + \int_{-\infty}^\infty \delta(-x)f'(x)\mathrm{d}x = \int_{-\infty}^\infty \delta(-x)f'(x)\mathrm{d}x$$

$$= \int_{-\infty}^\infty \delta(x)f'(x)\mathrm{d}x = \delta(x)f(x)\Big|_{-\infty}^\infty - \int_{-\infty}^\infty \frac{\mathrm{d}\delta(x)}{\mathrm{d}x}f(x)\mathrm{d}x$$

$$= -\int_{-\infty}^\infty \delta'(x)f(x)\mathrm{d}x$$

所以得 $\delta'(-x) = -\delta'(x)$. 此结果是不难理解的，因为偶函数的导数一定是基函数，反之亦然.

(2) 阶跃函数的定义为

$$H(x) = \begin{cases} 0, & x < 0 \\ 1, & x \geqslant 0 \end{cases} \tag{36}$$

如图 5 所示.

对阶跃函数求导数

$$H'(x) = \begin{cases} 0, & x \neq 0 \\ \infty, & x = 0 \end{cases}$$

又求积分

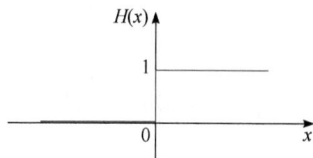

图 5 阶跃函数

$$\int_{-\infty}^\infty H'(x)\mathrm{d}x = \lim_{\varepsilon \to 0^+} \int_{-\varepsilon}^\varepsilon H'(x)\mathrm{d}x = H(0^+) - H(0^-) = 1$$

所以得

$$\delta(x) = \frac{\mathrm{d}H(x)}{\mathrm{d}x} \tag{37}$$

(3) δ 函数具有选择性.

任一定义在区间 $(-\infty, \infty)$ 上的连续函数 $f(x)$，有

$$\int_{-\infty}^\infty f(x)\delta(x-x_0)\mathrm{d}x = f(x_0) \tag{38}$$

式(38)即为 δ 函数的选择性，证明如下：

$$\int_{-\infty}^\infty f(x)\delta(x-x_0)\mathrm{d}x = \lim_{\varepsilon \to 0^+} \int_{x_0-\varepsilon}^{x_0+\varepsilon} f(x)\delta(x-x_0)\mathrm{d}x$$

$$= \lim_{\varepsilon \to 0^+} f(\xi)\int_{x_0-\varepsilon}^{x_0+\varepsilon} \delta(x-x_0)\mathrm{d}x$$

上式推导利用了中值定理，其中 $x_0 - \varepsilon \leqslant \xi \leqslant x_0 + \varepsilon$，所以由上式得

$$\int_{-\infty}^{\infty} f(x)\delta(x - x_0)\mathrm{d}x = \lim_{\varepsilon \to 0^+} f(\xi) = f(x_0)$$

证毕.

(4) 设函数 $f(x)$ 连续(或分段连续), 则

$$\int_{-\infty}^{\infty}\left[\frac{\mathrm{d}}{\mathrm{d}x'}\delta(x' - x)\right]f(x')\mathrm{d}x' = -f'(x) \tag{39}$$

证

$$\int_{-\infty}^{\infty}\left[\frac{\mathrm{d}}{\mathrm{d}x'}\delta(x' - x)\right]f(x')\mathrm{d}x'$$

$$= f(x')\delta(x' - x)\Big|_{-\infty}^{\infty} - \int_{-\infty}^{\infty}\delta(x' - x)\frac{\mathrm{d}f}{\mathrm{d}x'}\mathrm{d}x' = -\frac{\mathrm{d}f(x)}{\mathrm{d}x}$$

同理可证: 若 $\dfrac{\mathrm{d}^n}{\mathrm{d}x^n}f(x)$ 连续, 则

$$\int_{-\infty}^{\infty}\left[\frac{\mathrm{d}^n}{\mathrm{d}x'^n}\delta(x' - x)\right]f(x')\mathrm{d}x' = (-1)^n\frac{\mathrm{d}^n}{\mathrm{d}x^n}f(x) \tag{40}$$

(5) 若 $\varphi(x) = 0$ 的实根 x_k ($k = 1, 2, 3, \cdots$)全是单根, 则

$$\delta[\varphi(x)] = \sum_k \frac{\delta(x - x_k)}{|\varphi'(x_k)|} \tag{41}$$

证 在第 n 个实根 x_n 附近的很小区域 $[x_n - \varepsilon,\ x_n + \varepsilon]$, 对上式两边求积分,

$$左 = \int_{x_n-\varepsilon}^{x_n+\varepsilon}\delta[\varphi(x)]\ \mathrm{d}x = \int_{x_n-\varepsilon}^{x_n+\varepsilon}\delta[\varphi(x)]\frac{\mathrm{d}\varphi}{\varphi'(x)} = \frac{1}{|\varphi'(x_n)|}$$

根据 δ 函数的性质, 上述积分一定是大于零的, 因此需要取绝对值. 此外

$$右 = \sum_k C_k\int_{x_n-\varepsilon}^{x_n+\varepsilon}\delta(x - x_k)\mathrm{d}x = C_n$$

令左右相等, 所以 $C_n = \dfrac{1}{|\varphi'(x_n)|}$.

例 3 试简化函数 $\delta(ax)$.

解 因为 $\varphi = ax = 0$ 的根是 $x = 0$, $\varphi' = a$, 因此根据式(41), 有

$$\delta(ax) = \frac{\delta(x)}{|a|}$$

例 4 试简化函数 $\delta(x^2 - a^2)$.

解 因为 $\varphi = x^2 - a^2 = 0$ 的根为 $x = \pm a$, $\varphi' = \pm 2a$, 因此根据式(41), 故有

$$\delta(x^2 - a^2) = \frac{\delta(x+a) + \delta(x-a)}{2|a|}$$

例 5 证明概率积分 $I = \dfrac{1}{a\sqrt{\pi}} \displaystyle\int_{-\infty}^{\infty} \mathrm{e}^{-x^2/a^2} \mathrm{d}x = 1$.

证 令 $y = x/a$ ，则

$$I = \frac{1}{a\sqrt{\pi}} \int_{-\infty}^{\infty} \mathrm{e}^{-x^2/a^2} \mathrm{d}x = \frac{2}{\sqrt{\pi}} \int_{0}^{\infty} \mathrm{e}^{-y^2} \mathrm{d}y$$

$$I^2 = \frac{2}{\sqrt{\pi}} \int_{0}^{\infty} \mathrm{e}^{-x^2} \mathrm{d}x \cdot \frac{2}{\sqrt{\pi}} \int_{0}^{\infty} \mathrm{e}^{-y^2} \mathrm{d}y$$

$$= \frac{4}{\pi} \int_{0}^{\infty} \mathrm{e}^{-(x^2+y^2)} \mathrm{d}x\mathrm{d}y$$

$$= \frac{4}{\pi} \int_{0}^{\infty} \mathrm{e}^{-\rho^2} \rho \mathrm{d}\rho \int_{0}^{\pi/2} \mathrm{d}\theta$$

$$= 2 \int_{0}^{\infty} \mathrm{e}^{-\rho^2} \rho \mathrm{d}\rho$$

$$= \int_{0}^{\infty} \mathrm{e}^{-t} \mathrm{d}t = 1$$

按照定义，积分 I 大于零，故有 $I = 1$.

例 6 证明 $\displaystyle\lim_{a \to 0} \frac{1}{a\sqrt{\pi}} \mathrm{e}^{-x^2/a^2} = \delta(x)$.

证 如果是 $\delta(x)$ 函数，对任意在 $-\infty < x < \infty$ 内处处可导的函数 $f(x)$ 应满足

$$\lim_{a \to 0} \frac{1}{a\sqrt{\pi}} \int_{-\infty}^{\infty} \mathrm{e}^{-x^2/a^2} f(x)\mathrm{d}x = f(0)$$

根据例 5，有 $\dfrac{1}{a\sqrt{\pi}} \displaystyle\int_{-\infty}^{\infty} \mathrm{e}^{-x^2/a^2} f(0)\mathrm{d}x = f(0)$ ，因此

$$\left| \frac{1}{a\sqrt{\pi}} \int_{-\infty}^{\infty} \mathrm{e}^{-x^2/a^2} [f(x) - f(0)]\mathrm{d}x \right|$$

$$\leqslant \frac{1}{a\sqrt{\pi}} \int_{-\infty}^{\infty} \mathrm{e}^{-x^2/a^2} |f(x) - f(0)| \, |\mathrm{d}x| = \frac{1}{a\sqrt{\pi}} \int_{-\infty}^{\infty} \mathrm{e}^{-x^2/a^2} \left| \frac{f(x) - f(0)}{x} \right| |x| \, |\mathrm{d}x|$$

$$\leqslant \frac{1}{a\sqrt{\pi}} \max \left[|f'(x)| \right] \int_{-\infty}^{\infty} \mathrm{e}^{-x^2/a^2} |x| \, |\mathrm{d}x| = \frac{a}{\sqrt{\pi}} \max \left[|f'(x)| \right] \int_{0}^{\infty} \mathrm{e}^{-t} \mathrm{d}t \to 0 \quad (因为 a \to 0)$$

上式推导利用了公式

$$\int_{-\infty}^{\infty} \mathrm{e}^{-x^2/a^2} |x| \, |\mathrm{d}x| = a^2 \int_{0}^{\infty} \mathrm{e}^{-x^2/a^2} \mathrm{d}\left(\frac{x}{a} \right)^2 = a^2 \int_{0}^{\infty} \mathrm{e}^{-t} \mathrm{d}t = a^2$$

所以，$\lim\limits_{a\to 0}\dfrac{1}{a\sqrt{\pi}}\displaystyle\int_{-\infty}^{\infty}\mathrm{e}^{-x^2/a^2}f(x)\mathrm{d}x=f(0)$.

此外，当 $x\ne 0$ 时

$$\lim_{a\to 0}\frac{1}{a\sqrt{\pi}}\mathrm{e}^{-x^2/a^2}=0$$

所以，上述推导结果验证了

$$\lim_{a\to 0}\frac{1}{a\sqrt{\pi}}\mathrm{e}^{-x^2/a^2}=\delta(x)$$

证毕.

例 7　证明 $\lim\limits_{a\to\infty}\dfrac{\sin^2(\alpha x)}{\pi\alpha x^2}=\delta(x)$.

证　当 $x\ne 0$ 时，上式左边等于零. 对上式左边全空间积

$$\int_{-\infty}^{\infty}\frac{\sin^2(\alpha x)}{\pi\alpha x^2}\mathrm{d}x=\frac{1}{\pi}\int_{-\infty}^{\infty}\frac{\sin^2(\alpha x)}{(\alpha x)^2}\mathrm{d}(\alpha x)$$

$$=\frac{1}{\pi}\int_{-\infty}^{\infty}\frac{\sin^2 y}{y^2}\mathrm{d}y,\quad y=\alpha x$$

$$=\frac{-1}{\pi}\int_{-\infty}^{\infty}\sin^2 y\,\mathrm{d}\left(\frac{1}{y}\right)=\frac{-1}{\pi}\left(\frac{1}{y}\sin^2 y\,\Big|_{-\infty}^{\infty}-\int_{-\infty}^{\infty}\frac{1}{y}2\sin y\cos y\mathrm{d}y\right)$$

$$=\frac{2}{\pi}\int_{-\infty}^{\infty}\frac{1}{y}\frac{1}{2\mathrm{i}}(\mathrm{e}^{\mathrm{i}y}-\mathrm{e}^{-\mathrm{i}y})\frac{1}{2}(\mathrm{e}^{\mathrm{i}y}+\mathrm{e}^{-\mathrm{i}y})\mathrm{d}y=\frac{1}{2\mathrm{i}\pi}\int_{-\infty}^{\infty}\frac{1}{2y}(\mathrm{e}^{\mathrm{i}2y}-\mathrm{e}^{-\mathrm{i}2y})\,\mathrm{d}(2y)$$

$$=\frac{1}{2\mathrm{i}\pi}\left(\int_{-\infty}^{\infty}\frac{1}{y'}\mathrm{e}^{\mathrm{i}y'}\mathrm{d}y'+\int_{-\infty}^{\infty}\frac{-1}{y'}\mathrm{e}^{-\mathrm{i}y'}\mathrm{d}y'\right),\quad y'=2y$$

显然，上式括弧中的两项是相等的，只要将后一项再作变换 $y'=-y''$ 就可看出. 所以得

$$\int_{-\infty}^{\infty}\frac{\sin^2(\alpha x)}{\pi\alpha x^2}\mathrm{d}x=\frac{1}{\mathrm{i}\pi}\int_{-\infty}^{\infty}\frac{1}{y'}\mathrm{e}^{\mathrm{i}y'}\mathrm{d}y'=1$$

上式推导利用了公式 $\displaystyle\int_{-\infty}^{\infty}\frac{\mathrm{e}^{\mathrm{i}x}}{x}\mathrm{d}x=\mathrm{i}\pi$，它是采用复变函数中的留数定理求得的.

3. δ 函数的傅里叶变换

$$\delta(x)=\int_{-\infty}^{\infty}C(\omega)\mathrm{e}^{\mathrm{i}\omega x}\mathrm{d}\omega$$

根据傅里叶变换式(31)，得

$$C(\omega)=\frac{1}{2\pi}\int_{-\infty}^{\infty}\delta(x)\mathrm{e}^{-\mathrm{i}\omega x}\mathrm{d}x=\frac{1}{2\pi}$$

所以，δ 函数的傅里叶积分

$$\delta(x) = \frac{1}{2\pi} \int_{-\infty}^{\infty} e^{i\omega x} d\omega$$

上式应理解为 δ 函数的极限表达式.

4. 多维 δ 函数

$$\delta(\boldsymbol{r}) = \begin{cases} 0, & \boldsymbol{r} \neq 0 \\ \infty, & \boldsymbol{r} = 0 \end{cases}$$

根据定义，要求

$$\iiint_{\infty} \delta(\boldsymbol{r}) d\boldsymbol{r} = 1$$

可以分离变量，所以有

$$\delta(\boldsymbol{r}) = \delta(x)\delta(y)\delta(z)$$

例 8 计算 $\dfrac{1}{r}\delta(r-c)$ 的三重傅里叶变换，其中 r 是球坐标矢径，c 是正实数.

解 根据式(32)，得

$$\begin{aligned}
F\left[\frac{1}{r}\delta(r-c)\right] &= \frac{1}{(2\pi)^3} \iiint_{\infty} \frac{1}{r}\delta(r-c)e^{-i\boldsymbol{k}\cdot\boldsymbol{r}} dxdydz \\
&= \frac{1}{(2\pi)^3} \iiint_{\infty} \frac{1}{r}\delta(r-c)e^{-i\boldsymbol{k}\cdot\boldsymbol{r}} r^2 \sin\theta dr d\theta d\varphi \\
&= \frac{1}{(2\pi)^2} \int_{r=0}^{\infty} \int_{\theta=0}^{\pi} \delta(r-c)e^{-ikr\cos\theta} rd(-\cos\theta) dr \\
&= \frac{1}{(2\pi)^2} \int_{r=0}^{\infty} \delta(r-c)\frac{1}{ik}(e^{ikr} - e^{-ikr}) dr \\
&= \frac{1}{(2\pi)^2} \frac{1}{ik}(e^{ikc} - e^{-ikc}) \\
&= \frac{1}{(2\pi)^2} \frac{2\sin(kc)}{k}
\end{aligned}$$

附录五　偏微分方程求解——分离变量法

在物理学中，许多物理规律均由偏微分方程描述. 例如，量子物理学中的薛定谔方程，它是描述低速微观粒子运动规律的偏微分方程，因此对其求解十分重要. 一般求解偏微分方程有多种方法，下面通过几个特殊例子，介绍其中最常用

的一种方法，即分离变量法.

1. 两端固定均匀弦的自由振动——齐次方程定解问题

$$\frac{\partial^2}{\partial t^2}u(x,t) - a^2\frac{\partial^2}{\partial x^2}u(x,t) = 0 \tag{42}$$

其中，一维弦沿自变量 x 方向延伸，$0 < x < l$，t 是时间，a 是常量，$u(x,t)$ 是在 t 时刻、x 处弦的位移. 因为弦的两端是固定的，故有边界条件

$$\begin{cases} u(x,t)\big|_{x=0} = 0 \\ u(x,t)\big|_{x=l} = 0 \end{cases} \tag{43}$$

假设初始条件为

$$\begin{cases} u(x,t)\big|_{t=0} = \varphi(x) \\ \dfrac{\partial u(x,t)}{\partial t}\bigg|_{t=0} = \psi(x) \end{cases} \tag{44}$$

采用分离变量法解此定解问题：令 $u(x,t)$ 是仅与 x 有关的函数 $X(x)$ 和仅与 t 有关的函数 $T(t)$ 的乘积，即令 $u(x,t) = X(x)T(t)$，代入式(42)，得

$$XT'' - a^2 X''T = 0$$

或

$$\frac{T''}{a^2 T} = \frac{X''}{X}$$

注意到上式左边是时间 t 的函数，与坐标 x 无关；右边是坐标 x 的函数，与时间 t 无关. 上式要求两边相等，唯一的可能是两边实际上等于一个常数，令其等于 $-\lambda$，于是

$$\frac{T''}{a^2 T} = \frac{X''}{X} = -\lambda$$

另外，根据边界条件式(43)，要求

$$\begin{cases} X(0)T(t) = 0 \\ X(l)T(t) = 0 \end{cases}, \quad 即 \quad \begin{cases} X(0) = 0 \\ X(l) = 0 \end{cases} \tag{45}$$

于是，得到如下两个常微分方程：

$$\begin{aligned} X'' + \lambda X = 0 \\ X(x=0) = X(x=l) = 0 \end{aligned} \tag{46}$$

$$T'' + a^2 \lambda T = 0 \tag{47}$$

先解式(46)，分三种情况：

(1) 若 $\lambda < 0$，式(46)的解为

$$X(x) = c_1 e^{\sqrt{-\lambda}x} + c_2 e^{-\sqrt{-\lambda}x}$$

代入边界条件式(45)得

$$c_1 + c_2 = 0$$
$$c_1 e^{\sqrt{-\lambda}l} + c_2 e^{-\sqrt{-\lambda}l} = 0$$

得解 $c_1 = c_2 = 0$ ，此解无意义.

(2) 若 $\lambda = 0$ ，式(46)的解为

$$X(x) = c_1 x + c_2$$

代入边界条件式(45)，得解

$$c_1 l + c_2 = 0$$
$$c_2 = 0$$

同样得无意义解 $c_1 = c_2 = 0$.

(3) 若 $\lambda > 0$ ，式(46)的解为

$$X(x) = c_1 \cos(\sqrt{\lambda}x) + c_2 \sin(\sqrt{\lambda}x)$$

代入边界条件式(45)，得

$$c_1 = 0$$
$$c_2 \sin(\sqrt{\lambda}l) = 0$$

若 $\sin(\sqrt{\lambda}l) \neq 0$, 则 $c_1 = c_2 = 0$ ，此解无意义. 所以，必有

$$\sin(\sqrt{\lambda}l) = 0$$

即要求

$$\lambda = \frac{n^2 \pi^2}{l^2}, \quad n = 1,\ 2,\ 3, \cdots \tag{48}$$

其中，n 是正整数. 于是得解

$$X(x) = c_2 \sin\left(\frac{n\pi}{l}x\right) \tag{49}$$

其中，c_2 是任意常数.

此外，根据式(48)，常微分方程(47)的解为

$$T(t) = A_n \cos\left(\frac{na\pi}{l}t\right) + B_n \sin\left(\frac{na\pi}{l}t\right) \tag{50}$$

其中，A_n、B_n 为常数，它们与 n 有关. 最后得解

$$u_n(x,t) = \left[A_n \cos\left(\frac{na\pi}{l}t\right) + B_n \sin\left(\frac{na\pi}{l}t\right)\right] \sin\left(\frac{n\pi}{l}x\right), \quad n = 1,\ 2,\ 3, \cdots \tag{51}$$

上式为两端固定弦上可能的驻波解，每一个 n 对应一个驻波，称之为本征振动. 在

$x = \dfrac{kl}{n}$, $k = 0, 1, 2, \cdots, n$, 共 $n+1$ 个点, 此时, $\sin\left(\dfrac{n\pi}{l}x\right) = \sin(k\pi) = 0$, 即 $u_n(x,t) = 0$, 是驻波节点. 两节点间隔为 $\dfrac{l}{n}$, 即半波长, 波长为 $\dfrac{2l}{n}$.

此外, 本征振动角频率为 $\omega = \dfrac{na\pi}{l}$, 频率为 $f = \dfrac{\omega}{2\pi} = \dfrac{na}{2l}$. 当 $n = 1$ 时, 除驻波两端 $x = 0$, $x = l$ 外, 别无节点, 得最低频率 $\dfrac{a}{2l}$, 称之为基波. 当 $n > 1$ 时, 称为 n 次谐波.

最后, 本征振动的线性叠加

$$u(x,t) = \sum_{n=1}^{\infty}\left[A_n \cos\left(\frac{na\pi}{l}t\right) + B_n \sin\left(\frac{na\pi}{l}t\right)\right]\sin\left(\frac{n\pi}{l}x\right) \tag{52}$$

仍然是方程(42)的解, 称为一般解, 其中 A_n、B_n 是与 n 有关的常数, 由初始条件式(44)确定. 此外, 方程(42)还有指数形式的解, 即

$$u(x,t) = A\mathrm{e}^{\mathrm{i}(kx - \omega t)} \tag{53}$$

此类波动称为平面波, 其中 $a = \lambda\nu$ 是波速, ν 是频率, $\omega = 2\pi\nu$ 是角频率, $k = 2\pi/\lambda$ 是波数. 在量子物理学中, 我们经常用到此类平面波.

2. 拉普拉斯方程

拉普拉斯方程的形式为

$$\nabla^2 u(x, y, z) = 0 \tag{54}$$

在直角坐标系中, 拉普拉斯算符 ∇^2 及方程可表示如下:

$$\nabla^2 = \frac{\partial^2}{\partial x^2} + \frac{\partial^2}{\partial y^2} + \frac{\partial^2}{\partial z^2}$$
$$\left(\frac{\partial^2}{\partial x^2} + \frac{\partial^2}{\partial y^2} + \frac{\partial^2}{\partial z^2}\right)u(x, y, z) = 0 \tag{55}$$

可将 u 分离变量, 令 $u(x, y, z) = X(x)Y(y)Z(z)$, 代入式(55), 便可分离变量求解.

此外, 为方便求解, 除直角坐标系 (x, y, z) 外, 还常常采用其他合适的坐标系, 如柱坐标系 (r, φ, z)、球坐标系 (r, θ, φ) 等. 在球坐标系中, 坐标、梯度算符和拉普拉斯算符可表示如下:

$$\begin{cases} x = r\sin\theta\cos\varphi \\ y = r\sin\theta\sin\varphi \\ z = r\cos\theta \end{cases}$$

$$\begin{cases} r^2 = x^2 + y^2 + z^2 \\ \tan^2\theta = \dfrac{x^2 + y^2}{z^2} \\ \tan\varphi = \dfrac{y}{x} \end{cases}$$

$$\nabla = \boldsymbol{r}^0 \frac{\partial}{\partial r} + \boldsymbol{\theta}^0 \frac{1}{r}\frac{\partial}{\partial\theta} + \boldsymbol{\varphi}^0 \frac{1}{r\sin\theta}\frac{\partial}{\partial\varphi}$$

$$\nabla^2 = \frac{1}{r^2}\left[\frac{\partial}{\partial r}\left(r^2\frac{\partial}{\partial r}\right) + \frac{1}{\sin\theta}\frac{\partial}{\partial\theta}\left(\sin\theta\frac{\partial}{\partial\theta}\right) + \frac{1}{\sin^2\theta}\frac{\partial^2}{\partial\varphi^2}\right] \tag{56}$$

其中，$\boldsymbol{r}^0$、$\boldsymbol{\theta}^0$ 和 $\boldsymbol{\varphi}^0$ 是三个相互垂直的单位矢量. 在数学上证明式(56)有多种方法，比较烦琐，可从有关微积分教科书中获得，这里不再赘述.

于是得拉普拉斯方程形式为

$$\frac{1}{r^2}\frac{\partial}{\partial r}\left(r^2\frac{\partial u}{\partial r}\right) + \frac{1}{r^2\sin\theta}\frac{\partial}{\partial\theta}\left(\sin\theta\frac{\partial u}{\partial\theta}\right) + \frac{1}{r^2\sin^2\theta}\frac{\partial^2 u}{\partial\varphi^2} = 0 \tag{57}$$

求解此偏微分方程，需要分离变量.

首先，将矢径 r 与角度 θ、φ 分离变量，令 $u(r,\theta,\varphi) = R(r)Y(\theta,\varphi)$，代入式(57)得

$$\frac{Y}{r^2}\frac{\partial}{\partial r}\left(r^2\frac{\partial R}{\partial r}\right) + \frac{R}{r^2\sin\theta}\frac{\partial}{\partial\theta}\left(\sin\theta\frac{\partial Y}{\partial\theta}\right) + \frac{R}{r^2\sin^2\theta}\frac{\partial^2 Y}{\partial\varphi^2} = 0$$

将上式两边遍乘 $\dfrac{r^2}{RY}$，并移项得

$$\frac{1}{R}\frac{\partial}{\partial r}\left(r^2\frac{\partial R}{\partial r}\right) = -\frac{1}{Y\sin\theta}\frac{\partial}{\partial\theta}\left(\sin\theta\frac{\partial Y}{\partial\theta}\right) - \frac{1}{Y\sin^2\theta}\frac{\partial^2 Y}{\partial\varphi^2}$$

上式左边是 r 的函数，与 θ、φ 无关；上式右边是 θ、φ 的函数，与 r 无关. 要使上式成立，唯有两边实际上是一常数，可令该常数等于 $l(l+1)$，则得两个方程

$$\frac{\mathrm{d}}{\mathrm{d}r}\left(r^2\frac{\mathrm{d}R}{\mathrm{d}r}\right) - l(l+1)R = 0 \tag{58}$$

$$\frac{1}{\sin\theta}\frac{\partial}{\partial\theta}\left(\sin\theta\frac{\partial Y}{\partial\theta}\right) + \frac{1}{\sin^2\theta}\frac{\partial^2 Y}{\partial\varphi^2} + l(l+1)Y = 0 \tag{59}$$

其中，式(58)称为径向方程，是欧拉型常微分方程，其解为

$$R(r) = Cr^l + D\frac{1}{r^{l+1}}$$

式中，径向函数 $R(r) = R_l(r)$，与 l 有关；C 和 D 为常数.

式(59)称为球函数方程，需要进一步分离变量，令 $Y(\theta,\varphi)=\Theta(\theta)\Phi(\varphi)$ ，代入式(59)得

$$\frac{\sin\theta}{\Theta}\frac{\mathrm{d}}{\mathrm{d}\theta}\left(\sin\theta\frac{\mathrm{d}\Theta}{\mathrm{d}\theta}\right)+l(l+1)\sin^2\theta=-\frac{1}{\Phi}\frac{\mathrm{d}^2\Phi}{\mathrm{d}\varphi^2}$$

上式左边仅与 θ 有关，右边仅与 φ 有关，若要上式成立，左右实际上为一常数，记为 m^2 ，则得两个常微分方程

$$\frac{\mathrm{d}^2\Phi}{\mathrm{d}\varphi^2}+m^2\Phi=0 \tag{60}$$

$$\sin\theta\frac{\mathrm{d}}{\mathrm{d}\theta}\left(\sin\theta\frac{\mathrm{d}\Theta}{\mathrm{d}\theta}\right)+[l(l+1)\sin^2\theta-m^2]\Theta=0 \tag{61}$$

根据周期性条件 $\Phi(\varphi+2\pi)=\Phi(\varphi)$ ，方程(60)的解为

$$\Phi(\varphi)=A\cos(m\varphi)+B\sin(m\varphi)$$

其中，A、B 为常数，正整数 $m=0,1,2,3,\cdots$. 或者更常用的是指数形式解

$$\Phi(\varphi)=C\mathrm{e}^{\mathrm{i}m\varphi},\quad m=0,\pm1,\pm2,\cdots \tag{62}$$

其中 C 为常数.

此外，式(61)可改写为

$$\frac{1}{\sin\theta}\frac{\mathrm{d}}{\mathrm{d}\theta}\left(\sin\theta\frac{\mathrm{d}\Theta}{\mathrm{d}\theta}\right)+\left[l(l+1)-\frac{m^2}{\sin^2\theta}\right]\Theta=0$$

令 $x=\cos\theta$ ，则

$$\frac{\mathrm{d}x}{\mathrm{d}\theta}=-\sin\theta$$

$$\frac{\mathrm{d}\Theta}{\mathrm{d}\theta}=\frac{\mathrm{d}\Theta}{\mathrm{d}x}\frac{\mathrm{d}x}{\mathrm{d}\theta}=-\sin\theta\frac{\mathrm{d}\Theta}{\mathrm{d}x}$$

$$\frac{1}{\sin\theta}\frac{\mathrm{d}}{\mathrm{d}\theta}\left(\sin\theta\frac{\mathrm{d}\Theta}{\mathrm{d}\theta}\right)=\frac{1}{\sin\theta}\frac{\mathrm{d}x}{\mathrm{d}\theta}\frac{\mathrm{d}}{\mathrm{d}x}\left(-\sin^2\theta\frac{\mathrm{d}\Theta}{\mathrm{d}x}\right)=\frac{\mathrm{d}}{\mathrm{d}x}\left[(1-x^2)\frac{\mathrm{d}\Theta}{\mathrm{d}x}\right]$$

于是，式(61)化为

$$\frac{\mathrm{d}}{\mathrm{d}x}\left[(1-x^2)\frac{\mathrm{d}\Theta}{\mathrm{d}x}\right]+\left[l(l+1)-\frac{m^2}{1-x^2}\right]\Theta=0$$

或改写为

$$(1-x^2)\frac{\mathrm{d}^2\Theta}{\mathrm{d}x^2}-2x\frac{\mathrm{d}\Theta}{\mathrm{d}x}+\left[l(l+1)-\frac{m^2}{1-x^2}\right]\Theta=0 \tag{63}$$

上述方程(63)称为 l 阶连带勒让德方程；若 $m=0$ ，式(63)称为 l 阶勒让德方程. 一

般采用级数展开方法求解式(63)，为了使级数解收敛，要求 l 为正整数(包括零)，式(62)中的 m 必须限制在一定范围，于是得球函数方程(59)收敛的级数解为

$$Y_{lm}(\theta,\varphi) = \Theta_{lm}(\theta)\Phi_m(\varphi),$$
$$l = 0, 1, 2, \cdots;\quad m = 0, \pm 1, \pm 2, \cdots, \pm l \tag{64}$$

其中，$Y_{lm}(\theta,\varphi)$ 称为球谐函数，它与常数 l 和 m 有关. 最后得

$$u(r, \theta,\ \varphi) = R_l(r)Y_{lm}(\theta,\varphi) \tag{65}$$

详细级数求解式(63)以及球谐函数 $Y_{lm}(\theta,\varphi)$ 的各种性质，请参阅《量子力学》(卷 I)[①].

3. 氢原子薛定谔方程

与拉普拉斯方程不同，氢原子(类氢离子)定态薛定谔方程为

$$\hat{H}\psi = E\psi,\quad \hat{H} = -\frac{\hbar^2}{2\mu}\nabla^2 + V(r) \tag{66}$$

其中，$\hat{H}$ 称为系统能量哈密顿算符，$\hbar$ 为普朗克常量，E 为常数，μ 为电子折合质量，$V(r) = -\dfrac{Ze^2}{4\pi\varepsilon_0 r}$ 为中心力场(库仑势场)中电子势能，对氢原子，取 $Z = 1$. 根据式(56)，球坐标中的拉普拉斯算符为

$$\nabla^2 = \frac{1}{r^2}\left[\frac{\partial}{\partial r}\left(r^2\frac{\partial}{\partial r}\right) + \frac{1}{\sin\theta}\frac{\partial}{\partial\theta}\left(\sin\theta\frac{\partial}{\partial\theta}\right) + \frac{1}{\sin^2\theta}\frac{\partial^2}{\partial\varphi^2}\right]$$

令角动量平方算符

$$\hat{L}^2 = -\hbar^2\left[\frac{1}{\sin\theta}\frac{\partial}{\partial\theta}\left(\sin\theta\frac{\partial}{\partial\theta}\right) + \frac{1}{\sin^2\theta}\frac{\partial^2}{\partial\varphi^2}\right]$$
$$= -\left[\frac{\hbar^2}{\sin\theta}\frac{\partial}{\partial\theta}\left(\sin\theta\frac{\partial}{\partial\theta}\right) - \frac{\hat{L}_z^2}{\sin^2\theta}\right]$$

其中，角动量 z 分量算符为 $\hat{L}_z = -\mathrm{i}\hbar\dfrac{\partial}{\partial\varphi}$；径向角动量算符平方为

$$\hat{p}_r^2 = -\frac{1}{2\mu}\frac{\hbar^2}{r^2}\left[\frac{\partial}{\partial r}\left(r^2\frac{\partial}{\partial r}\right)\right]$$

于是，氢原子哈密顿算符可写成

$$\hat{H} = \hat{p}_r^2 + \frac{\hat{L}^2}{2\mu r^2} + V(r) \tag{67}$$

与获得式(58)、式(59)的方法相似，将 ψ 中的径向和角向波函数分离变量，令

① 曾谨言. 量子力学(卷 I). 5 版. 北京: 科学出版社, 2013.

$$\psi(r, \theta, \varphi) = R_l(r)Y_{lm}(\theta, \varphi) \tag{68}$$

代入薛定谔方程(66)，对于氢原子(类氢离子)，$V(r)$为中心力场势能，故分离变量后，角向波函数Y_{lm}亦为球谐函数，常数l和m的取法与式(64)一样，即

$$l = 0, 1, 2, \cdots; \quad m = 0, \pm 1, \pm 2, \cdots, \pm l$$

换言之，只要势能$V = V(r)$为中心力场，它对角向方程没有影响. 于是，求解薛定谔方程与求解拉普拉斯方程有一共同点：它们的角向波函数均为球谐函数Y_{lm}，满足方程(59).

中心力场势能$V(r)$只体现在径向波函数的求解中，分离变量后，得氢原子(类氢离子)径向波函数所满足的径向方程为

$$\left\{ \frac{1}{r}\frac{d^2}{dr^2}r + \frac{2\mu}{\hbar^2}[E - V(r)] - \frac{l(l+1)}{r^2} \right\} R_l(r) = 0$$

或

$$\frac{d^2\chi_l(r)}{dr^2} + \left[\frac{2\mu}{\hbar^2}\left(E + \frac{Ze^2}{4\pi\varepsilon_0 r} \right) - \frac{l(l+1)}{r^2} \right]\chi_l(r) = 0 \tag{69}$$

其中，$\psi(r,\theta,\varphi) = R_l(r)Y_{lm}(\theta,\varphi)$，$R_l(r) = \chi_l(r)/r$. 显然，从式(69)可以看出，对于所有中心力场势能$V = V(r)$，由于它与角度无关，势能只体现在径向方程中. 具体求解径向方程(69)的方法，请参阅本书第5章和曾谨言著的《量子力学》(卷 I)[①].

附录六　总角动量及其量子数关系证明

电子轨道角动量L与自旋角动量S耦合成总角动量J，根据矢量量子化合成规则，有

$$\hat{J} = \hat{L} + \hat{S}$$

$$\hat{J}^2 = \hat{J}_x^2 + \hat{J}_y^2 + \hat{J}_z^2 \tag{70}$$

(1) 在中心力场中，电子的总角动量$\hat{J} = \hat{L} + \hat{S}$是守恒量.

在中心力场中，轨道角动量$\hat{L}$的三个分量之间不对易，但$[\hat{L}^2, \hat{L}_\alpha] = 0(\alpha = x, y, z)$. 此外，由于$\hat{L}$和$\hat{S}$属于不同自由度，则$[\hat{L}_\alpha, \hat{S}_\beta] = 0(\alpha, \beta = x, y, z)$. 可以证明：与$\hat{L}$和$\hat{S}$一样，$\hat{J}$满足对易式

① 曾谨言. 量子力学(卷 I). 5 版. 北京: 科学出版社, 2013.

$$[\hat{J}_x, \hat{J}_y] = i\hbar\hat{J}_z$$

$$[\hat{J}_y, \hat{J}_z] = i\hbar\hat{J}_x$$

$$[\hat{J}_z, \hat{J}_x] = i\hbar\hat{J}_y \qquad (71)$$

$$[\hat{J}^2, \hat{J}_\alpha] = 0, \quad \alpha = x, y, z$$

$$[\hat{\boldsymbol{J}}, \hat{\boldsymbol{S}} \cdot \hat{\boldsymbol{L}}] = 0, \quad [\hat{L}^2, \hat{\boldsymbol{S}} \cdot \hat{\boldsymbol{L}}] = 0$$

例如

$$[\hat{J}_x, \hat{J}_y] = [\hat{L}_x + \hat{S}_x, \hat{L}_y + \hat{S}_y]$$

$$= [\hat{L}_x, \hat{L}_y] + [\hat{S}_x, \hat{S}_y]$$

$$= i\hbar\hat{L}_z + i\hbar\hat{S}_z$$

$$= i\hbar\hat{J}_z$$

又如

$$[\hat{J}^2, \hat{J}_x] = [\hat{J}_x^2 + \hat{J}_y^2 + \hat{J}_z^2, \hat{J}_x]$$

$$= [\hat{J}_y^2 + \hat{J}_z^2, \hat{J}_x]$$

$$= [\hat{J}_y^2, \hat{J}_x] + [\hat{J}_z^2, \hat{J}_x]$$

$$= \hat{J}_y[\hat{J}_y, \hat{J}_x] + [\hat{J}_y, \hat{J}_x]\hat{J}_y + \hat{J}_z[\hat{J}_z, \hat{J}_x] + [\hat{J}_z, \hat{J}_x]\hat{J}_z$$

$$= -i\hbar\hat{J}_y\hat{J}_z - i\hbar\hat{J}_z\hat{J}_y + i\hbar\hat{J}_z\hat{J}_y + i\hbar\hat{J}_y\hat{J}_z = 0$$

再如, 因为

$$\hat{\boldsymbol{J}} = \hat{\boldsymbol{L}} + \hat{\boldsymbol{S}}, \quad \hat{\boldsymbol{L}} \cdot \hat{\boldsymbol{S}} = (\hat{J}^2 - \hat{L}^2 - \hat{S}^2)/2$$

所以

$$[\hat{\boldsymbol{J}}, \hat{\boldsymbol{S}} \cdot \hat{\boldsymbol{L}}] = [\hat{\boldsymbol{J}}, \hat{J}^2 - \hat{L}^2 - \hat{S}^2]/2$$

$$= -[\hat{\boldsymbol{J}}, \hat{L}^2]/2 - [\hat{\boldsymbol{J}}, \hat{S}^2]/2$$

$$= -[\hat{\boldsymbol{L}} + \hat{\boldsymbol{S}}, \hat{L}^2]/2 - [\hat{\boldsymbol{L}} + \hat{\boldsymbol{S}}, \hat{S}^2]/2 = 0$$

　　因此, 关于中心力场中运动的电子能量本征态, 在计及自旋-轨道耦合的情况下, 尽管 $\hat{\boldsymbol{L}}$ 和 $\hat{\boldsymbol{S}}$ 均不是守恒量, 但 $\hat{\boldsymbol{J}}$ 和 $\hat{L}^2$ 均为守恒量($\hat{S}^2$ 也是守恒量), 故可选取守恒量完全集($\hat{H}, \hat{L}^2, \hat{J}^2, \hat{J}_z$), 它们具有共同本征态. 它们的空间角度和自旋部分波函数可取($\hat{L}^2, \hat{J}^2, \hat{J}_z$)的共同本征函数.

　　(2) ($\hat{L}^2, \hat{J}^2, \hat{J}_z$)的共同本征函数.

　　在(θ, φ, S_z)表象中, ($\hat{L}^2, \hat{J}^2, \hat{J}_z$)的共同本征函数可表示为

$$\psi(\theta, \varphi, S_z) = \begin{pmatrix} \psi(\theta, \varphi, \hbar/2) \\ \psi(\theta, \varphi, -\hbar/2) \end{pmatrix} = \begin{pmatrix} \psi_1(\theta, \varphi) \\ \psi_2(\theta, \varphi) \end{pmatrix}$$

首先，上式应该是 $\hat{L}^2$ 的本征函数，即

$$\hat{L}^2\psi_1 = C\psi_1$$

$$\hat{L}^2\psi_2 = C\psi_2$$

其次，要求 ψ 是 $\hat{J}_z = \hat{L}_z + \dfrac{\hbar}{2}\hat{\sigma}_z$ 的本征函数，本征值为 J'_z，即

$$\hat{J}_z\begin{pmatrix}\psi_1 \\ \psi_2\end{pmatrix} = \hat{L}_z\begin{pmatrix}\psi_1 \\ \psi_2\end{pmatrix} + \frac{\hbar}{2}\begin{pmatrix}1 & 0 \\ 0 & -1\end{pmatrix}\begin{pmatrix}\psi_1 \\ \psi_2\end{pmatrix} = J'_z\begin{pmatrix}\psi_1 \\ \psi_2\end{pmatrix}$$

所以得

$$\hat{L}_z\psi_1 = \left(J'_z - \frac{\hbar}{2}\right)\psi_1, \quad \hat{L}_z\psi_2 = \left(J'_z + \frac{\hbar}{2}\right)\psi_2 \tag{72}$$

因此 ψ_1、ψ_2 均是 L_z 的本征态，对应本征值相差 $\hbar$，故设

$$\psi(\theta, \varphi, \hat{S}_z) = \begin{pmatrix}a\mathrm{Y}_{lm} \\ b\mathrm{Y}_{lm+1}\end{pmatrix} \tag{73}$$

上式是 $\hat{L}^2$、$\hat{J}_z$ 的共同本征函数，本征值分别为 $l(l+1)\hbar^2$ 和 $m_j\hbar = (m+1/2)\hbar$.

因为

$$\hat{J}^2 = (\hat{\boldsymbol{L}} + \hat{\boldsymbol{S}})^2 = \hat{L}^2 + \hat{S}^2 + 2\hat{\boldsymbol{S}} \cdot \hat{\boldsymbol{L}}$$

$$= \hat{L}^2 + \frac{3}{4}\hbar^2 + \hbar(\hat{\sigma}_x\hat{L}_x + \hat{\sigma}_y\hat{L}_y + \hat{\sigma}_z\hat{L}_z)$$

$$= \begin{pmatrix}\hat{L}^2 + \dfrac{3}{4}\hbar^2 + \hbar\hat{L}_z & \hbar\hat{L}_- \\[2mm] \hbar\hat{L}_+ & \hat{L}^2 + \dfrac{3}{4}\hbar^2 - \hbar\hat{L}_z\end{pmatrix}$$

其中 $\hat{L}_\pm = \hat{L}_x \pm \mathrm{i}\hat{L}_y$. 利用公式 $\hat{L}_\pm \mathrm{Y}_{lm} = \hbar\sqrt{(l \mp m)(l \pm m + 1)}\ \mathrm{Y}_{lm\pm1}$，$\hat{J}^2$ 的本征方程为

$$\hat{J}^2\begin{pmatrix}a\mathrm{Y}_{lm} \\ b\mathrm{Y}_{lm+1}\end{pmatrix} = \lambda\hbar^2\begin{pmatrix}a\mathrm{Y}_{lm} \\ b\mathrm{Y}_{lm+1}\end{pmatrix} \tag{74}$$

求解后得

$$\left[l(l+1) + \frac{3}{4} + m\right]a\mathrm{Y}_{lm} + \sqrt{(l-m)(l+m+1)}\ b\mathrm{Y}_{lm} = \lambda a\mathrm{Y}_{lm} \tag{75}$$

$$\sqrt{(l-m)(l+m+1)}\ a\mathrm{Y}_{lm+1} + \left[l(l+1) + \frac{3}{4} - (m+1)\right]b\mathrm{Y}_{lm+1} = \lambda b\mathrm{Y}_{lm+1} \tag{76}$$

对式(75)和式(76)分别乘 Y_{lm}^*，Y_{lm+1}^*，对(θ, φ)积分后得

$$\left[l(l+1) + \frac{3}{4} + m - \lambda\right]a + \sqrt{(l-m)(l+m+1)}\ b = 0 \tag{77}$$

$$\sqrt{(l-m)(l+m+1)}\,a+\left[l(l+1)+\frac{3}{4}-(m+1)-\lambda\right]b=0 \tag{78}$$

式(77)和式(78)是确定 a 和 b 的线性齐次方程组, 有非平庸解的充要条件是系数行列式等于零, 即

$$\begin{vmatrix} l(l+1)+\dfrac{3}{4}+m-\lambda & \sqrt{(l-m)(l+m+1)} \\ \sqrt{(l-m)(l+m+1)} & l(l+1)+\dfrac{3}{4}-m-1-\lambda \end{vmatrix}=0$$

得两个根

$$\lambda_1=(l+1/2)(l+3/2), \quad \lambda_2=(l-1/2)(l+1/2) \tag{79}$$

或表示成

$$\lambda=j(j+1), \quad j=l\pm1/2 \tag{80}$$

将根 $j=l+1/2$ 代入式(77)或式(78), 得

$$a/b=\sqrt{(l+m+1)/(l-m)}$$

同理, 将根 $j=l-1/2$ 代入式(77)或式(78), 得

$$a/b=-\sqrt{(l-m)/(l+m+1)}$$

再利用归一化条件得出$(\hat{L}^2, \hat{J}^2, \hat{J}_z)$的共同本征函数如下:

对于 $j=l+1/2$ 时

$$\psi_{ljm_j}=\psi(\theta,\varphi,m_s)=\frac{1}{\sqrt{2l+1}}\begin{pmatrix}\sqrt{l+m+1}\ Y_{lm} \\ \sqrt{l-m}\ Y_{lm+1}\end{pmatrix}=\sqrt{\frac{l+m+1}{2l+1}}\alpha Y_{lm}+\sqrt{\frac{l-m}{2l+1}}\beta Y_{lm+1} \tag{81}$$

对于 $j=l-1/2$ 时

$$\psi_{ljm_j}=\psi(\theta,\varphi,m_s)=\frac{1}{\sqrt{2l+1}}\begin{pmatrix}-\sqrt{l-m}\ Y_{lm} \\ \sqrt{l+m+1}\ Y_{lm+1}\end{pmatrix}=-\sqrt{\frac{l-m}{2l+1}}\alpha Y_{lm}+\sqrt{\frac{l+m+1}{2l+1}}\beta Y_{lm+1} \tag{82}$$

其中 $\alpha=\begin{pmatrix}1\\0\end{pmatrix}=\chi_{1/2}$, $\beta=\begin{pmatrix}0\\1\end{pmatrix}=\chi_{-1/2}$.

上述式(81)、式(82)即为$(\hat{L}^2, \hat{J}^2, \hat{J}_z)$的共同本征函数, 相应的本征值分别为 $l(l+1)\hbar^2$, $j(j+1)\hbar^2$ 和 $m_j\hbar=(m+1/2)\hbar$, 且 $j=l+1/2$, $j=l-1/2\,(l\neq0)$. 但上式并不是 $\hat{L}_z$ 和 $\hat{S}_z$ 的本征态.

(3) 量子数 m_j 的可能取值范围.

在式(80)和式(81)中, 当 $j=l+1/2$ 时, 由 $m_{max}=l$, $m_{min}=-(l+1)$, 所以 m 可

能取值为 $l, l-1, \cdots, 0, \cdots, -(l+1)$. 而 $m_j = m+1/2$ ，相应取值为 $l+1/2, l-1/2, \cdots,$ $1/2, \cdots, -(l+1/2)$ ，即 $m_j = j, j-1, \cdots, 1/2, \cdots, -j$ ，共 $(2j+1)$ 个可能取值.

同理，在式(80)和式(82)中，当 $j=l-1/2$ 时，由 $m_{\max}=l-1$ (当 $m=l$ 时， $\psi=0$)， $m_{\min}=-l$ (当 $m=-l-1$ 时， $\psi=0$)，所以 m 可能取值为 $l-1, l-2, \cdots, -l+1, -l$. 而 $m_j = m+1/2$ 相应取值为 $l-1/2, l-3/2, \cdots, 1/2, \cdots, -l+3/2, -l+1/2$ ，即 $m_j = j, j-1, \cdots, 1/2, \cdots, -j$ ，共 $(2j+1)$ 个可能取值.

练 习 题

1. 证明： $\lim\limits_{\sigma\to 0}\dfrac{1}{\sqrt{2\pi\sigma}}\exp\left(-\dfrac{x^2}{2\sigma}\right)=\delta(x)$.

2. 证明： $\dfrac{1}{2}\dfrac{\mathrm{d}^2}{\mathrm{d}x^2}|x|=\delta(x)$.

3. 试证明： $\delta(x)$ 函数的导数是奇函数，即 $\delta'(-x)=-\delta'(x)$.

4. 分别将函数 $\delta(x)$ 和 $\delta'(x)$ 展开为实数形式的傅里叶积分.

5. 在边界条件 $f(0)=0$ 下，将定义在 $(0,\infty)$ 上的函数 $f(x)=\mathrm{e}^{-\lambda x}$ 展开为傅里叶积分.

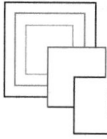

练习题答案(部分)

第 1 章

1-1　略

1-2　(1) $\nu_0 = 4.59 \times 10^{14} \text{Hz}$，$\lambda_0 = 6.53 \times 10^3 \text{Å}$；(2) $\lambda = 3.65 \times 10^3 \text{Å}$

1-3　$W_0 = 4.66 \times 10^{-19} \text{J} = 2.90 \text{eV}$

1-4　H，He$^+$，Li^{++}

　　(1) H：$r_{\text{H1}} = 0.529 \text{Å}$，$v_{\text{H1}} = 2.19 \times 10^6 \text{m/s}$

　　　　　$r_{\text{H2}} = 4r_{\text{H1}} = 2.12 \text{Å}$，$v_{\text{H2}} = \dfrac{1}{2} v_{\text{H1}} = 1.09 \times 10^6 \text{m/s}$

　　　　He$^+$：$r_{\text{He1}} = 0.265 \text{Å}$，$v_{\text{He1}} = 4.38 \times 10^6 \text{m/s}$

　　　　　　　$r_{\text{He2}} = 1.06 \text{Å}$，$v_{\text{He2}} = 2.19 \times 10^6 \text{m/s}$

　　　　Li^{++}：$r_{\text{Li1}} = 0.176 \text{Å}$，$v_{\text{Li1}} = 6.57 \times 10^6 \text{m/s}$

　　　　　　　$r_{\text{Li2}} = 0.704 \text{Å}$，$v_{\text{Li2}} = 3.29 \times 10^6 \text{m/s}$

　　(2) H：$E_{\text{H1}} = -13.6 \text{eV}$

　　　　He$^+$：$E_{\text{He1}} = -54.4 \text{eV}$

　　　　Li^{++}：$E_{\text{Li1}} = -122.4 \text{eV}$

　　(3) H：$\Delta E_{\text{H1}} = 10.2 \text{eV}$，$\lambda_{\text{H1}} = 1216 \text{Å}$

　　　　He$^+$：$\Delta E_{\text{He1}} = 40.8 \text{eV}$，$\lambda_{\text{He1}} = 304 \text{Å}$

　　　　Li^{++}：$\Delta E_{\text{Li1}} = 91.8 \text{eV}$，$\lambda_{\text{Li1}} = 135 \text{Å}$

1-5　(1) $v = 3.26 \text{m/s}$；(2) $E_{\text{R}} = \dfrac{(h\nu)^2}{2mc^2}$，$\dfrac{E_{\text{R}}}{h\nu} = 5.44 \times 10^{-9}$

1-6　属于赖曼系，由第一激发态向基态跃迁产生

1-7　(1) $r_1 = 2.8 \times 10^{-3} \text{Å}$；(2) $E_1 = -2530 \text{eV}$；(3) $\lambda_{\min} = 4.90 \text{Å}$

1-8　$\Delta\lambda = \lambda_{\text{H}} - \lambda_{\text{D}} = 1.786 \text{Å}$

1-9　电离势 $U_{\text{i}} = 5.39 \text{V}$；第一激发电势 $U_1 = 1.85 \text{V}$

1-10　$\lambda_{\min} = 0.062 \text{Å}$

1-11　$Z = 43$

1-12　　$E_L = 6.53 \times 10^3 \text{eV}$

1-13　　(1) $E_K = -87.9\text{keV}$；$E_L = -13.6\text{keV}$；$E_M = -3.01\text{keV}$；$E_N = -0.62\text{keV}$

　　　　(2) $\lambda_{L_\alpha} = 1.17\text{Å}$；激发 L 系所需最小能量 $\Delta E = E_\infty - E_L = 13.6\text{keV}$

1-14　　(1) 当 $\lambda_{\min} = 0.40\text{Å}$ 时，可打出 K 电子，可观察到 K 系特征 X 射线；

　　　　(2) 当 $\lambda_{\min} = 0.68\text{Å}$ 时，不能产生 K 系 X 射线

1-15　　大于等于 67.6kV

1-16　　$\sin\theta = \lambda / (2d) = 0.197$，$\theta = 11°22'$

1-17　　$h = 6.6 \times 10^{-34} \text{J·s}$

1-18　　$\lambda' = \dfrac{hc}{h\nu'} = 3\lambda_{\text{ec}}$，$\varphi = 180°$

1-19　　$\lambda = 0.018\text{Å}$，$\lambda' = 0.066\text{Å}$

1-20　　$h\nu = 54.6\text{MeV}$

第 2 章

2-1　　当 $V = 10\text{eV}$ 时，$\lambda_e = 3.88\text{Å}$；当 $V = 1000\text{eV}$ 时，$\lambda_e = 0.388\text{Å}$

2-2　　(1) $p_\gamma / p_e = 1$；(2) $\dfrac{E_\gamma}{E_e} = 340$

2-3　　(1) $v = 0.866c$；(2) $\lambda \approx 0.014\text{Å}$

2-4　　(1) 略；(2) $E_k = \left(\sqrt{2} - 1\right) E_0 \approx 0.212\text{MeV}$，$v = 0.707c$

2-5　　$d = 0.96\text{Å}$

2-6　　$\psi_1 = e^{i2x/\hbar}$，$\psi_4 = -e^{i2x/\hbar}$ 和 $\psi_6 = (4 + 2i)e^{i2x/\hbar}$ 属于同一态；

　　　　$\psi_2 = e^{-i2x/\hbar}$ 和 $\psi_5 = 3e^{-i(2x + \pi\hbar)/\hbar}$ 属于同一态

2-7　　略

2-8　　(1) $N = \dfrac{1}{2\sqrt{2abc}}$；(2) $\dfrac{1}{2}\left(1 - \dfrac{1}{e}\right)$；(3) $\left(1 - \dfrac{1}{e}\right)^2$

2-9　　电子在半径为 $2a_0$ 球外出现的概率为 $13e^{-4} \approx 0.24$

2-10　　$\Delta t \approx 1.59 \times 10^{-9} \text{s}$

2-11　　$E \approx 9.4\text{MeV}$

第 3 章

3-1　　(1) 能级表达式 $ka = n\pi - \arcsin\sqrt{\dfrac{E}{V_0}}$，$n = 1, 2, 3, \cdots$；(2) 略

3-2　　(1) 偶宇称：能量 $E = -\dfrac{\hbar^2 k^2}{2m} = -\dfrac{mV_0^2}{2\hbar^2}$，为唯一束缚态；

$$\text{波函数 } \psi = \begin{cases} ce^{-kx}, & x > 0 \\ ce^{kx}, & x < 0 \end{cases}, \quad c = \sqrt{k}$$

(2) 奇宇称无束缚态

3-3　　$\lambda = \dfrac{\hbar}{2\sqrt{mV_B}}$

3-4　　$\langle F_{右} \rangle = \langle F_{左} \rangle = \dfrac{2E}{a} = \dfrac{2E_n}{a}$

3-5　　$E_{n_x n_y} = \dfrac{\hbar^2 \pi^2}{2m}\left(\dfrac{n_x^2}{a^2} + \dfrac{n_y^2}{b^2}\right)$; $\quad \psi_{n_x n_y} = \dfrac{2}{\sqrt{ab}}\sin\dfrac{\pi n_x x}{a}\sin\dfrac{\pi n_y y}{b}$, $\quad n_x, n_y = 1, 2, 3, \cdots$

当 $a = b$ 时，则有

$$E_{n_x n_y} = \dfrac{\hbar^2 \pi^2}{2ma^2}\left(n_x^2 + n_y^2\right), \quad \psi_{n_x n_y} = \dfrac{2}{a}\sin\dfrac{\pi n_x x}{a}\sin\dfrac{\pi n_y y}{a}$$

此时，若 $n_x = n_y$，则能级不简并；若 $n_x \neq n_y$，则能级一般是二度简并

第 4 章

4-1　　$\overline{x} = \dfrac{a}{2}$; $\quad \overline{x^2} = \dfrac{a^2}{3} - \dfrac{a^2}{2\pi^2 n^2}$; $\quad \overline{(x - \overline{x})^2} = \dfrac{a^2}{12}\left(1 - \dfrac{6}{\pi^2 n^2}\right)$, $\quad \lim\limits_{n \to \infty}\overline{(x - \overline{x})^2} \to \dfrac{a^2}{12}$

证明：据经典理论，粒子在 $[0, a]$ 出现的概率相等，均为 $P(x) = \dfrac{1}{a}$，则

$\overline{x} = \displaystyle\int_0^a xP(x)\mathrm{d}x = \dfrac{a}{2}$; $\quad \overline{x^2} = \displaystyle\int_0^a x^2 P(x)\mathrm{d}x = \dfrac{a^2}{3}$; $\quad \overline{(x - \overline{x})^2} = \overline{x^2} - \overline{x}^2 = \dfrac{a^2}{12}$, $\quad n \to \infty$
时两者一致

4-2　　(1) 在 x 表象中：$\overline{(p - p_0)^2} = \hbar^2 \alpha / 2$; (2) 在 p 表象中，结果相同

4-3　　$\overline{p} = 0$; $\quad \overline{E} = \dfrac{1}{2}\hbar\omega$

4-4　　略

4-5　　$\overline{\left(-\dfrac{e^2}{4\pi\varepsilon_0 r}\right)} = \dfrac{-e^2}{4\pi\varepsilon_0 a_0}$

4-6　　(1) $A = \sqrt{\dfrac{1}{\pi a_0^3}}$; (2) $\rho(r)\mathrm{d}r = \dfrac{4}{a_0^3}e^{-2r/a_0}r^2\mathrm{d}r$; (3) 当 $r = a_0$ 时概率最大

4-7　　略

4-8　　略

4-9　　不成立，除非 $\hat{a}$、$\hat{b}$ 对易

4-10　　略

4-11　略

4-12　略

4-13　略

4-14　(a) L_z 的可能测量值为 $\hbar$，0；平均值为 $\dfrac{|c_1|^2}{|c_1|^2+|c_2|^2}\hbar$

　　　(b) L^2 的可能测量值为 $2\hbar^2\,(l=1)$ 与 $6\hbar^2\,(l=2)$，相应概率分别为 $|c_1|^2/(|c_1|^2+|c_2|^2)$ 和 $|c_2|^2/(|c_1|^2+|c_2|^2)$

4-15　略

4-16　略

4-17　略

4-18　略

4-19　略

4-20　$|\pm\rangle=\begin{pmatrix} x_1 \\ x_2 \end{pmatrix}=\dfrac{1}{2}\begin{pmatrix} \sqrt{2\mp\sqrt{3}} \\ \pm\sqrt{2\pm\sqrt{3}} \end{pmatrix}$；　$U=\begin{pmatrix} \dfrac{1}{2}\sqrt{2-\sqrt{3}} & \dfrac{1}{2}\sqrt{2+\sqrt{3}} \\ \dfrac{1}{2}\sqrt{2+\sqrt{3}} & -\dfrac{1}{2}\sqrt{2-\sqrt{3}} \end{pmatrix}$

第 5 章

5-1　略

5-2　$\left\langle (\hat{F}-\bar{F})^2 \right\rangle_{nlm}=\overline{\hat{F}^2}-\bar{F}^2=\dfrac{1}{\left(l+\dfrac{1}{2}\right)n^3}\dfrac{z^2}{a_0^2}-\dfrac{z^2}{a_0^2 n^4}=\dfrac{z^2}{a_0^2 n^3}\left(\dfrac{1}{l+\dfrac{1}{2}}-\dfrac{1}{n}\right)$

5-3　略

5-4　$\left\langle r^2 \right\rangle_N=\left(N+\dfrac{3}{2}\right)\dfrac{\hbar}{\mu\omega}$；　$\left\langle \dfrac{1}{r^2}\right\rangle_{n,lm}=\dfrac{\mu\omega}{\left(l+\dfrac{1}{2}\right)\hbar}=\dfrac{\alpha^2}{l+\dfrac{1}{2}}$，　$\alpha=\sqrt{\dfrac{\mu\omega}{\hbar}}$

5-5　$\sin^2(\alpha a)=\dfrac{\alpha^2}{\alpha^2+\beta^2}=1+\dfrac{E}{V_0}$，其中 $\alpha=\sqrt{2\mu(V_0+E)}/\hbar$，$\beta=\sqrt{-2\mu E}/\hbar$

5-6　$V_0=\dfrac{\hbar^2}{2\mu a}$，相应能级 $E=0^-$

第 6 章

6-1　$\mathrm{Tr}(\boldsymbol{\sigma}\cdot\boldsymbol{A})=0$；　$\mathrm{Tr}\big[(\boldsymbol{\sigma}\cdot\boldsymbol{A})(\boldsymbol{\sigma}\cdot\boldsymbol{B})\big]=2\boldsymbol{A}\cdot\boldsymbol{B}$；

　　　$\mathrm{Tr}\big[(\boldsymbol{\sigma}\cdot\boldsymbol{A})(\boldsymbol{\sigma}\cdot\boldsymbol{B})(\boldsymbol{\sigma}\cdot\boldsymbol{C})\big]=2\mathrm{i}(\boldsymbol{A}\times\boldsymbol{B})\cdot\boldsymbol{C}$

6-2　$e^{i\theta\sigma_z}\sigma_x e^{-i\theta\sigma_z}=\sigma_x\cos(2\theta)-\sigma_y\sin(2\theta)$；　$e^{i\theta\sigma_z}\sigma_y e^{-i\theta\sigma_z}=\sigma_x\sin(2\theta)+\sigma_y\cos(2\theta)$

6-3　$\mathrm{Tr}\,e^{i\boldsymbol{\sigma}\cdot A}=2\cos A$；　$\mathrm{Tr}\left(e^{i\boldsymbol{\sigma}\cdot A}\cdot e^{i\boldsymbol{\sigma}\cdot B}\right)=2\cos A\cos B-2\dfrac{\boldsymbol{A}\cdot\boldsymbol{B}}{AB}\sin A\sin B$

6-4　略

6-5　$\Delta E=2\mu_{s_z}B=2\mu_{\mathrm{B}}B=1.39\times10^{-4}\,\mathrm{eV}$

6-6　(1) $^1\mathrm{P}_1$ 态，$\mu_j=-\sqrt{2}\mu_{\mathrm{B}}$，$\mu_{j_z}=-m_j g_j\mu_{\mathrm{B}}=(1,0,-1)\mu_{\mathrm{B}}$；

　　　(2) $^3\mathrm{P}_2$ 态，$\mu_j=-\dfrac{3}{2}\sqrt{6}\mu_{\mathrm{B}}$，$\mu_{j_z}=-m_j g_j\mu_{\mathrm{B}}=(2,1,0,-1,-2)\dfrac{3}{2}\mu_{\mathrm{B}}$

6-7　$\dfrac{\partial B}{\partial z}=\dfrac{\Delta z M v^2}{2\mu_{\mathrm{B}}d\cdot D}\approx1.2\times10^2\,\mathrm{T/m}$

6-8　$^3\mathrm{S}_1\rightarrow{}^3\mathrm{P}_0$：分裂为三条；　$\Delta\tilde{\nu}=\dfrac{\Delta E}{hc}=93.4\,\mathrm{cm}^{-1}$；是反常塞曼效应

6-9　$Z=3$，是 Li^{++}

6-10　反常塞曼效应；$^2\mathrm{P}_{1/2}$ 分裂为两条能级，$^2\mathrm{P}_{3/2}$ 分裂为四条能级

6-11　相邻支能级间隔为 $\delta_E=g_j\mu_{\mathrm{B}}B=1.25\times10^{-5}\,\mathrm{eV}$；　$B=\dfrac{\delta E}{g_j\mu_{\mathrm{B}}}=0.16\,\mathrm{T}$

6-12　(1) $\delta E=g_j\mu_{\mathrm{B}}B=5.8\times10^{-5}\,\mathrm{eV}$；(2) $B=0.25\,\mathrm{T}$

6-13　$B=\dfrac{3h\nu}{2\mu_{\mathrm{B}}}=0.21\,\mathrm{T}$

6-14　$\lambda=\dfrac{hc}{g_j\mu_{\mathrm{B}}B}\approx2\,\mathrm{cm}$，电磁波波长为 cm 数量级，属微波段

6-15　$s=0$，属正常塞曼效应；$^1\mathrm{F}$ 能级分裂成 7 条支能级，且能级间隔 $\delta E=\mu_{\mathrm{B}}B$；
　　　总裂距 $\Delta E=3.5\times10^{-5}\,\mathrm{eV}\,(B=0.1\,\mathrm{T})$

第 7 章

7-1　$E_1=24.5\,\mathrm{eV}$；$E_2=-Z^2 E_0=54.4\,\mathrm{eV}$；$E=E_1+E_2=78.9\,\mathrm{eV}$

7-2　$\boldsymbol{L}\cdot\boldsymbol{S}=\hbar^2$，$-\dfrac{3}{2}\hbar^2$

7-3　$^3\mathrm{F}_2$ 态的总角动量与轨道角动量的夹角 $\cos\theta=\dfrac{2}{3}\sqrt{2}$，$\theta\approx19°28'$

7-4　价电子数为偶数的氦、铍、镁、钙原子可能出现正常塞曼效应，因为 s 可能为零

7-5　(1) $n\mathrm{p}^1$ 形成的态为 $^2\mathrm{P}_{1/2}$，$^2\mathrm{P}_{3/2}$，其中 $^2\mathrm{P}_{1/2}$ 态能量最低(精细结构分裂)；

　　　(2) $n\mathrm{p}^5$ 与 $n\mathrm{p}^1$ 所形成态相同，即 $^2\mathrm{P}_{1/2}$，$^2\mathrm{P}_{3/2}$，是反常次序，$^2\mathrm{P}_{3/2}$ 态能量最低；

(3) nd^2 形成的态：$s=0(\uparrow\downarrow)$时，有态 $^1G_4$，$^1D_2$，$^1S_0$；$s=1(\uparrow\uparrow)$时，态为 $^3F_{4,3,2}$，$^3P_{2,1,0}$，是正常次序，$^3F_2$ 能量最低；

(4) nd^8 形成的态与 nd^2 形成的态相同，不过是反常次序，故 $^3F_4$ 能量最低

7-6 从 3p 态向低能级跃迁，共可产生 10 条谱线；若电子被激发到 2p 态，只产生 1 条谱线.

  选择定则：$\Delta s=0$，$\Delta l=\pm 1$，$\Delta j=0$，± 1

7-7 略

7-8 略

7-9 略

7-10 该原子可能为 $^2P_{3/2}$ 或 $^2P_{1/2}$ 原子态

7-11 $(nd)^2$ 组态可形成的原子态：$s=0(\uparrow\downarrow)$，$l=4,2,0$，有态：$^1G_4$，$^1D_2$，$^1S_0$；$s=1(\uparrow\uparrow)$，$l=3,1$，有态：$^3F_{4,3,2}$，$^3P_{2,1,0}$.

  因此，钛原子 $\left(3d^2 4s^2\right)$ 基态为 $^3F_2$，$s=1$，$l=3$，$j=2$，$m_j=2,1,0,-1,-2$，求解后可得 $g_j=\dfrac{2}{3}$. 原子磁矩的大小为 $\mu_j=g_j\sqrt{j(j+1)}\mu_B=\dfrac{2\sqrt{6}}{3}\mu_B$；在外磁场 B 中的可能值为 $\mu_{jz}=-m_j g_j \mu_B=(2,1,0,-1,-2)\dfrac{2}{3}\mu_B$.

  此外，对于镍原子 $\left(3d^8 4s^2\right)$ 其可能态同钛原子，但反常次序，故其基态为 $^3F_4$

7-12 第三周期内原子序数范围从 11 到 18，即从碱金属 Na 到惰性气体 Ar

7-13 略

7-14 (1) 氮基态为 $^4S_{3/2}$；(2) 硅基态为 $^3P_0$；(3) 磷基态为 $^4S_{3/2}$；(4) 锆基态为 $^3F_2$；(5) 铂基态为 $^3D_3$

7-15 氦原子束通过非均磁场，屏上接收到 1 束；硼原子束通过非均磁场，屏上接收到 2 束

第 8 章

8-1 $E_1^{(1)}=H'_{11}=\displaystyle\int_0^a |\psi_1(x)|^2 \cdot H'(x)\mathrm{d}x=\cdots=\left(\dfrac{1}{2}+\dfrac{2}{\pi^2}\right)\lambda$

8-2 $E_1=E_1^{(0)}+a-\dfrac{c^2}{E_2^{(0)}-E_1^{(0)}}$，$E_2=E_2^{(0)}+d+\dfrac{b^2}{E_2^{(0)}-E_1^{(0)}}$

8-3 $E_n^{(1)}=H'_{nn}=\dfrac{\lambda}{2}\left(n+\dfrac{1}{2}\right)\hbar\omega$，$E_n^{(2)}=-\dfrac{\lambda^2}{8}\left(n+\dfrac{1}{2}\right)\hbar\omega$，与精确解一致(二级小量)

8-4 $\left\langle\varphi_0\left|\hat{B}\right|\varphi_0\right\rangle=B_0+\lambda C_0$，其中 φ_0 为微扰后的基态

8-5 略

第 9 章

9-1 (1) 振子只可能处于激发态 $|1\rangle$，概率为 $P_{10}(\infty) = \dfrac{q^2\varepsilon^2}{2\mu\hbar\omega}\pi\tau^2 \mathrm{e}^{-\omega^2\tau^2/2}$；

    (2) 振子仍然处于基态的概率为 $1 - P_{10}(\infty)$

9-2 $t > 0$ 时，体系处于 ψ_2 态的概率为 $\left|\langle\psi_2|\psi(t)\rangle\right|^2 \propto \left(\dfrac{2\gamma}{\hbar\Omega}\right)^2 \sin^2\dfrac{\Omega t}{2}$

9-3 跃迁至各激发态的概率为 $P = (e\varepsilon_0 a_0 / \hbar)^2$；仍然留在基态的概率为 $1 - P$

9-4 略

9-5 氢原子第一激发态的自发辐射系数为 $A_{1\mathrm{s},2\mathrm{p}} = \left(\dfrac{2}{3}\right)^8 \dfrac{c}{a_0}\left(\dfrac{e^2}{\hbar c}\right)^4 \approx 6.27\times10^8\mathrm{s}^{-1}$；

    第一激发态的寿命为 $\tau \approx \dfrac{1}{A_{1\mathrm{s},2\mathrm{p}}} \approx 1.6\times10^{-9}\mathrm{s}$；能量不确定范围 $\Delta E \sim \dfrac{\hbar}{\tau} \approx 4.1\times$

    $10^{-7}\mathrm{eV}$

第 10 章

10-1 算符 $\hat{n}$ 的本征值为 $n = 1,0$；$\left[\hat{n}, a^+\right] = a^+$；$\left[\hat{n}, a\right] = -a$

10-2 $\left[\hat{n}, (a^+)^k\right] = k(a^+)^k$，$\left[\hat{n}, a^k\right] = -ka^k$，$k = 1,2,\cdots$

10-3 略

10-4 $\boldsymbol{\sigma}_1 \cdot \boldsymbol{\sigma}_2$ 的本征值为 $1, -3$；$\boldsymbol{S}^2$ 的本征值为 $2, 0$

10-5 略

10-6 (3) $\langle\psi|(\boldsymbol{\sigma}_1 \cdot \boldsymbol{a})(\boldsymbol{\sigma}_2 \cdot \boldsymbol{b})|\psi\rangle = -\boldsymbol{a} \cdot \boldsymbol{b}$

10-7 测得 $S^2 = 0$ 的概率为 $1/4$，从而 $S^2 = 2$ 的概率为 $3/4$，S^2 的平均值为 $\dfrac{3}{2}$

10-8 共四个能级：$E = c_0 \pm 2c_1$，$E = -c_0 \pm 2\sqrt{c_0^2 + c_2^2}$，$c_1 = \dfrac{1}{2}(a+b)$，$c_2 = \dfrac{1}{2}(a-b)$.

数学附录

4. $\delta(x) = \dfrac{1}{\pi}\displaystyle\int_0^\infty \cos(\omega x)\cdot\mathrm{d}\omega$；$\delta'(x) = -\dfrac{1}{\pi}\displaystyle\int_0^\infty \omega\sin(\omega x)\cdot\mathrm{d}\omega$

5. $f(x) = \mathrm{e}^{-\lambda x} = \dfrac{2}{\pi}\displaystyle\int_0^\infty \dfrac{\omega}{\lambda^2 + \omega^2}\cdot\sin(\omega x)\mathrm{d}\omega$

参考书目

[美] 基泰尔 C. 2005. 固体物理导论. 8 版. 项金钟, 吴兴惠, 译. 北京: 化学工业出版社.

褚圣麟. 1979. 原子物理学. 北京: 高等教育出版社.

匀清泉. 1982. 原子物理学. 3 版. 北京: 高等教育出版社.

胡安, 章维益. 2007. 固体物理学. 北京: 高等教育出版社.

李承祖, 黄明球, 陈平形, 等. 2000. 量子通信和量子计算. 北京: 国防科技大学出版社.

梁昆淼. 2020. 数学物理方法. 5 版. 北京: 高等教育出版社.

史斌星. 1982. 量子物理. 北京: 清华大学出版社.

杨福家. 2010. 原子物理学. 4 版. 北京: 高等教育出版社.

曾谨言. 2013. 量子力学(卷 I). 5 版. 北京: 科学出版社.

曾谨言. 2014. 量子力学(卷 II). 5 版. 北京: 科学出版社.

赵凯华, 罗蔚茵. 2008. 量子物理. 2 版. 北京: 高等教育出版社.

周世勋. 2009. 量子力学教程. 2 版. 北京: 高等教育出版社.

朱福炘, 高琴, 金博文, 卢兆伦. 1990. 近代物理学讲义. 杭州大学印制.

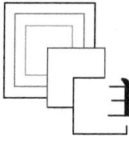

主要物理常数附表(国际单位制)

常数名称	符号	数值	单位
普朗克常量	h	6.6260755(40)	10^{-34}J·s
	$\hbar = \dfrac{h}{2\pi}$	1.05457266(63)	10^{-34}J·s
		6.5821220(20)	10^{-22}MeV·s
真空光束	c	2.99792458	10^{8}m/s
真空磁导率	μ_0	4π	10^{-7}N/A^2
真空介电常量	$\varepsilon_0 = \dfrac{1}{\mu_0 c^2}$	8.854187817	10^{-12}F/m
电子电荷	e	1.60217733(49)	10^{-19}C
电子质量	m_e	9.1093897(54)	10^{-31}kg
		0.51099906(15)	MeV/c^2
质子质量	m_p	1.6726231(10)	10^{-27}kg
		938.27231(28)	MeV/c^2
		1836.152701(37)m_e	
中子质量	m_n	1.67492878	10^{-27}kg
		939.56563(28)	MeV/c^2
阿伏伽德罗常量	N_A	6.0221367(36)	10^{23}/mol
玻尔兹曼常量	k_B	1.380658(12)	10^{-23}J/K
		8.617385(73)	10^{-5}eV/K
法拉第常数	F	9.64853415(39)	10^{4}C/mol
玻尔半径	$a_0 = 4\pi\varepsilon_0 \dfrac{\hbar^2}{m_e e^2}$	0.529177249(24)	10^{-10}m
玻尔磁子	$\mu_B = \dfrac{e\hbar}{2m_e}$	0.9274×10^{-23}	J/T
		5.78838263(52)	10^{-5}eV/T
里德堡常数	$R_\infty = \dfrac{2\pi^2 m_e e^4}{(4\pi\varepsilon_0)^2 \hbar^3 c}$	10973731.57	m^{-1}
精细结构常数	$\alpha = \dfrac{e^2}{4\pi\varepsilon_0 \hbar c}$	1/137.0359895(61)	
电子康普顿波长	$\lambda_c = \dfrac{h}{m_e c}$	2.426	10^{-12}m

元素周期表

周期\族	IA 1	IIA 2	IIIB 3	IVB 4	VB 5	VIB 6	VIIB 7		VIII 8,9,10		IB 11	IIB 12	IIIA 13	IVA 14	VA 15	VIA 16	VIIA 17	0 18
1	1 H 氢 1.008 1s¹																	2 He 氦 4.003 1s²
2	3 Li 锂 6.941 2s¹	4 Be 铍 9.012 2s²											5 B 硼 10.81 2s²2p¹	6 C 碳 12.01 2s²2p²	7 N 氮 14.01 2s²2p³	8 O 氧 16.00 2s²2p⁴	9 F 氟 19.00 2s²2p⁵	10 Ne 氖 20.18 2s²2p⁶
3	11 Na 钠 22.99 3s¹	12 Mg 镁 24.31 3s²											13 Al 铝 26.98 3s²3p¹	14 Si 硅 28.09 3s²3p²	15 P 磷 30.97 3s²3p³	16 S 硫 32.06 3s²3p⁴	17 Cl 氯 35.45 3s²3p⁵	18 Ar 氩 39.95 3s²3p⁶
4	19 K 钾 39.10 4s¹	20 Ca 钙 40.08 4s²	21 Sc 钪 44.96 3d¹4s²	22 Ti 钛 47.87 3d²4s²	23 V 钒 50.94 3d³4s²	24 Cr 铬 52.00 3d⁵4s¹	25 Mn 锰 54.94 3d⁵4s²	26 Fe 铁 55.85 3d⁶4s²	27 Co 钴 58.93 3d⁷4s²	28 Ni 镍 58.69 3d⁸4s²	29 Cu 铜 63.55 3d¹⁰4s¹	30 Zn 锌 65.41 3d¹⁰4s²	31 Ga 镓 69.72 4s²4p¹	32 Ge 锗 72.64 4s²4p²	33 As 砷 74.92 4s²4p³	34 Se 硒 78.96 4s²4p⁴	35 Br 溴 79.90 4s²4p⁵	36 Kr 氪 83.80 4s²4p⁶
5	37 Rb 铷 85.47 5s¹	38 Sr 锶 87.62 5s²	39 Y 钇 88.91 4d¹5s²	40 Zr 锆 91.22 4d²5s²	41 Nb 铌 92.91 4d⁴5s¹	42 Mo 钼 95.94 4d⁵5s¹	43 Tc 锝 [98] 4d⁵5s²	44 Ru 钌 101.1 4d⁷5s¹	45 Rh 铑 102.9 4d⁸5s¹	46 Pd 钯 106.4 4d¹⁰	47 Ag 银 107.9 4d¹⁰5s¹	48 Cd 镉 112.4 4d¹⁰5s²	49 In 铟 114.8 5s²5p¹	50 Sn 锡 118.7 5s²5p²	51 Sb 锑 121.8 5s²5p³	52 Te 碲 127.6 5s²5p⁴	53 I 碘 126.9 5s²5p⁵	54 Xe 氙 131.3 5s²5p⁶
6	55 Cs 铯 132.9 6s¹	56 Ba 钡 137.3 6s²	57-71 La-Lu 镧系	72 Hf 铪 178.5 5d²6s²	73 Ta 钽 180.9 5d³6s²	74 W 钨 183.8 5d⁴6s²	75 Re 铼 186.2 5d⁵6s²	76 Os 锇 190.2 5d⁶6s²	77 Ir 铱 192.2 5d⁷6s²	78 Pt 铂 195.1 5d⁹6s¹	79 Au 金 197.0 5d¹⁰6s¹	80 Hg 汞 200.6 5d¹⁰6s²	81 Tl 铊 204.4 6s²6p¹	82 Pb 铅 207.2 6s²6p²	83 Bi 铋 209.0 6s²6p³	84 Po 钋 [209] 6s²6p⁴	85 At 砹 [210] 6s²6p⁵	86 Rn 氡 [222] 6s²6p⁶
7	87 Fr 钫 [223] 7s¹	88 Ra 镭 [226] 7s²	89-103 Ac-Lr 锕系	104 Rf 𬬻* [261] (6d²7s²)	105 Db 𬭊* [262] (6d³7s²)	106 Sg 𬭳* [266]	107 Bh 𬭛* [264]	108 Hs 𬭶* [277]	109 Mt 鿏* [268]	110 Ds 𫟼* [281]	111 Rg 𬬭* [272]	112 Uub * [285]						

镧系

57 La 镧 138.9 5d¹6s²	58 Ce 铈 140.1 4f¹5d¹6s²	59 Pr 镨 140.9 4f³6s²	60 Nd 钕 144.2 4f⁴6s²	61 Pm 钷 [145] 4f⁵6s²	62 Sm 钐 150.4 4f⁶6s²	63 Eu 铕 152.0 4f⁷6s²	64 Gd 钆 157.3 4f⁷5d¹6s²	65 Tb 铽 158.9 4f⁹6s²	66 Dy 镝 162.5 4f¹⁰6s²	67 Ho 钬 164.9 4f¹¹6s²	68 Er 铒 167.3 4f¹²6s²	69 Tm 铥 168.9 4f¹³6s²	70 Yb 镱 173.0 4f¹⁴6s²	71 Lu 镥 175.0 4f¹⁴5d¹6s²

锕系

89 Ac 锕 [227] 6d¹7s²	90 Th 钍 232.0 6d²7s²	91 Pa 镤 231.0 5f²6d¹7s²	92 U 铀 238.0 5f³6d¹7s²	93 Np 镎 [237] 5f⁴6d¹7s²	94 Pu 钚 [244] 5f⁶7s²	95 Am 镅 [243] 5f⁷7s²	96 Cm 锔 [247] 5f⁷6d¹7s²	97 Bk 锫 [247] 5f⁹7s²	98 Cf 锎 [251] 5f¹⁰7s²	99 Es 锿 [252] 5f¹¹7s²	100 Fm 镄 [257] 5f¹²7s²	101 Md 钔 [258] 5f¹³7s²	102 No 锘 [259] 5f¹⁴7s²	103 Lr 铹 [262] 5f¹⁴6d¹7s²